Formeln

Elektrische Spannung	$U = \dfrac{W}{Q}$	Elektrische Stromstärke $\quad I = \dfrac{Q}{t}$
Ohmsches Gesetz	$I = \dfrac{U}{R}$	$U = I \cdot R \qquad R = \dfrac{U}{I}$
Elektrischer Widerstand	$R = \dfrac{\varrho \cdot l}{q}$	$R = \dfrac{l}{\varkappa \cdot q} \qquad R = \dfrac{1}{G}$
Leitwert	$G = \dfrac{1}{R}$	

Differentieller Widerstand (Wechselstromwiderstand) $\quad r = \dfrac{\Delta U}{\Delta I}$

Widerstand bei Temperaturänderung

$$\left.\begin{array}{l} \Delta R = R_{20} \cdot \Delta T \cdot \alpha \\ R_T = R_{20} + \Delta R \end{array}\right\} R_T = R_{20}(1 + \Delta T \cdot \alpha)$$

Arbeit, Energie
- mechanisch $\quad W = F \cdot h$
- elektrisch $\quad W = U \cdot Q \qquad W = U \cdot I \cdot t$

Leistung
- mechanisch $\quad P = \dfrac{W}{t} \qquad P = \dfrac{F \cdot s}{t}$
- elektrisch $\quad P = U \cdot I \qquad P = \dfrac{U^2}{R} \qquad P = I^2 \cdot R$

Wirkungsgrad $\quad \eta = \dfrac{P_{ab}}{P_{zu}}$

Gesamtwirkungsgrad $\quad \eta_g = \eta_1 \cdot \eta_2 \ldots \eta_n$

Periodendauer $\quad T = \dfrac{1}{f} \qquad$ **Frequenz** $\quad f = \dfrac{1}{T}$

Tastgrad $\quad g = \dfrac{t_i}{T}$

Effektivwert
- der sinusförmigen Wechselspannung $\quad \hat{u} = U \cdot \sqrt{2}, \quad U = \dfrac{\hat{u}}{\sqrt{2}}$
- des sinusförmigen Wechselstromes $\quad \hat{\imath} = I \cdot \sqrt{2}, \quad I = \dfrac{\hat{\imath}}{\sqrt{2}}$

Stromstärke bei der Reihenschaltung $\quad I = I_1 = I_2 = \ldots = I_n$

Spannung bei der Reihenschaltung $\quad U_g = U_1 + U_2 + \ldots + U_n$

Gesamtwiderstand bei der Reihenschaltung $\quad R_g = R_1 + R_2 + \ldots + R_n$

Spannung bei der Parallelschaltung $\quad U_g = U_1 = U_2 = \ldots = U_n$

Stromstärke bei der Parallelschaltung $\quad I_g = I_1 + I_2 + \ldots + I_n$

Gesamtleitwert bei der Parallelschaltung $\quad \dfrac{1}{R_g} = \dfrac{1}{R_1} + \dfrac{1}{R_2} + \ldots + \dfrac{1}{R_n}$

Klemmenspannung $\quad U_{Kl} = U_q - U_i$

Gesamtspannung bei Reihenschaltung von Spannungsquellen $\quad U_{qg} = U_{q1} + U_{q2} + \ldots + U_{qn}$

Formeln

Gesamtinnenwiderstand bei Reihenschaltung von Spannungsquellen $\quad R_{ig} = R_{i1} + R_{i2} + \ldots + R_{in}$

Spannungsfall auf einer mit Gleichstrom belasteten Leitung:
$$U_v = I \cdot R_{Ltg}$$
$$U_v = \dfrac{2 \cdot I \cdot l}{\varkappa \cdot q} = \dfrac{2 \cdot I \cdot \varrho \cdot l}{q}$$

Verlustleistung auf einer mit Gleichstrom belasteten Leitung
$$P_v = I^2 \cdot R_{Ltg}$$
$$P_v = \dfrac{2 \cdot I^2 \cdot l}{\varkappa \cdot q}$$

Stromdichte $\quad J = \dfrac{I}{q}$

Elektrische Feldstärke $\quad E = \dfrac{F}{Q}$

Elektrolytische Stoffabscheidung $\quad m = c \cdot I \cdot t$

Kapazität eines galvanischen Elementes $\quad K = I \cdot t$

Aufgenommene Wärme eines Stoffes $\quad Q = m \cdot c \cdot \Delta T$

Feldstärke des Plattenkondensators $\quad E = \dfrac{U}{d}$

Elektrische Kapazität $\quad C = \dfrac{Q}{U}$

Kapazität des Plattenkondensators $\quad C = \dfrac{\varepsilon_r \cdot \varepsilon_0 \cdot A}{d}$

Parallelschaltung von Kondensatoren $\quad C_g = C_1 + C_2 + \ldots + C_n$

Reihenschaltung von Kondensatoren $\quad \dfrac{1}{C_g} = \dfrac{1}{C_1} + \dfrac{1}{C_2} + \ldots + \dfrac{1}{C_n}$

Magnetischer Fluß $\quad \Phi = B \cdot A$

Elektrische Durchflutung $\quad \Theta = I \cdot N$

Magnetische Feldstärke $\quad H = \dfrac{\Theta}{l} = \dfrac{I \cdot N}{l}$

Permeabilität $\quad \mu = \mu_0 \cdot \mu_r$

Magnetische Flußdichte $\quad B = \mu \cdot H$

Kraft auf einen stromdurchflossenen Leiter im Magnetfeld $\quad F = B \cdot I \cdot l$

Induktionsspannung $\quad U = B \cdot l \cdot v \cdot z$
$$U_0 = N \dfrac{\Delta \Phi}{\Delta t}$$

Konstanten

Elektrische Feldkonstante $\quad \varepsilon_0 = 8{,}86 \cdot 10^{-12} \, \dfrac{As}{Vm}$

Magnetische Feldkonstante $\quad \mu_0 = 1{,}257 \cdot 10^{-6} \, \dfrac{Vs}{Am}$

Heinrich Hübscher, Jürgen Klaue,
Werner Pflüger, Siegfried Appelt

Elektrotechnik
Grundbildung

westermann

2. Auflage   Druck   5   4   3   2

Herstellungsjahr   1991   1990

Alle Drucke dieser Auflage können im Unterricht parallel
verwendet werden.

© Westermann Schulbuchverlag GmbH, Braunschweig 1988

Verlagslektorat: Armin Kreuzburg, Katja Meier
Herstellung: Herbert Heinemann
Satz: Hermann Hagedorn, Berlin
Reproduktion: büscher repro, Bielefeld, Braunschweig
Druck und Bindung: westermann druck, Braunschweig

ISBN 3 - 14 - 221030 - X

Vorwort

Die Elektrotechnik wird ständig weiterentwickelt. Verbesserte Werkstoffe und modernisierte Verarbeitungstechniken ermöglichen die Konstruktion neuer Bauteile und erschließen neue Anwendungsbereiche. Trotz der Veränderungen gibt es wesentliche und übergreifende Grundlagen, die in einer Ausbildung vermittelt werden müssen. Diese berufsfeldbreite Grundbildung ist das Fundament für eine berufliche Mobilität sowie eine Basis für selbständiges Weiterlernen.

Als Grundlagen für die Auswahl der Lernziele/Lerninhalte dieses Buches diente der Rahmenlehrplan der Kultusministerkonferenz für das erste Ausbildungsjahr der industriellen Elektroberufe, der Rahmenplan über die Berufsausbildung in den handwerklichen Elektroberufen sowie die Lehrpläne der Bundesländer. Dabei konnte auf das beim Westermann Verlag erschienene Buch »Elektrotechnik Grundstufe« zurückgegriffen werden. Eine gründliche Überarbeitung und Anpassung an die Lehrplanvorgaben waren erforderlich. Der bewährte Aufbau wurde beibehalten, einige Kapitel besonders herausgestellt (z.B. Meßtechnik) und andere Gebiete neu aufgenommen (z.B. Steuerungstechnik, Elektronik und elektronische Datenverarbeitung).

Das vorliegende Buch deckt für alle Bundesländer die Lernziele/Lerninhalte des ersten Ausbildungsjahres im Berufsfeld Elektrotechnik in folgenden Bereichen ab:

- Duales System in Handwerk und Industrie
- Berufsgrundbildungsjahr
- Berufsgrundschuljahr
- Berufsfachschulen

Darüber hinaus ist dieses Buch im Unterricht in Fachschulen und in allen Klassen einsetzbar, in denen Grundlagen der Elektrotechnik vermittelt werden. Es ist aber auch zum Selbststudium und für die Weiterbildung geeignet.

Motivation, Veranschaulichung und Festigung des Stoffes waren besondere Intention bei der Erstellung des Buches.

Eine Lernmotivation soll erreicht werden durch Praxisbezug, erklärende und herleitende Darstellung, problemorientierte Sachverhalte und mehrfarbige Abbildungen.

Die Veranschaulichung der abstrakten elektrotechnischen Vorgänge wird ermöglicht durch ausführliche Experimente, gestufte Abstraktion und zahlreiche Fotos und Zeichnungen.

Zur Festigung des Gelernten dienen Beispiele, Berechnungen, Merksätze und Aufgaben. Farbige Hinterlegungen der Merksätze und das Herausstellen wichtiger Begriffe, Größen und Formeln auf der Randspalte erleichtern einen schnellen Überblick. Das Buch ist so aufgebaut, daß einzelne Teile in unterschiedlicher Reihenfolge durchgearbeitet werden können. Eine Anpassung an die jeweiligen Lehrpläne und an die methodischen Vorstellungen der Lehrer ist daher möglich. Vertiefende Teile oder Randbereiche können übersprungen werden.

Die Schüler können mit dem Buch während des Unterrichts sowohl in Gruppen als auch einzeln arbeiten oder den Stoff zu Hause selbständig vor- und nacharbeiten.

Für Hinweise und Verbesserungsvorschläge sind Autoren und Verlag jederzeit aufgeschlossen und dankbar.

Autoren und Verlag　　　　　　　Braunschweig 1988

Inhaltsverzeichnis

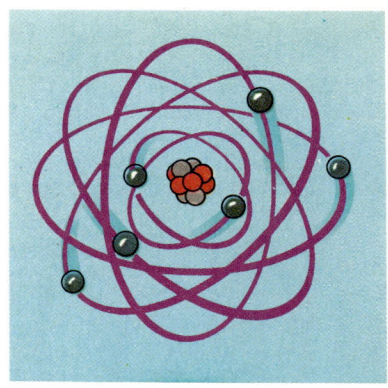

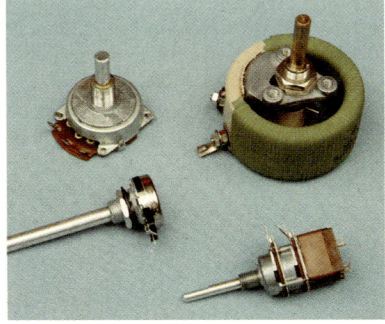

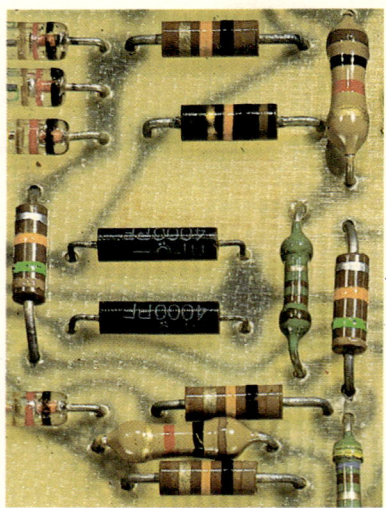

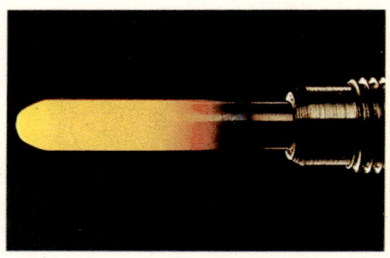

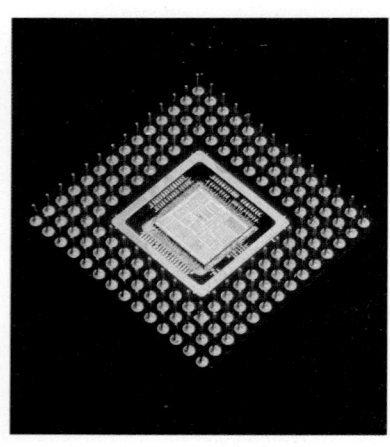

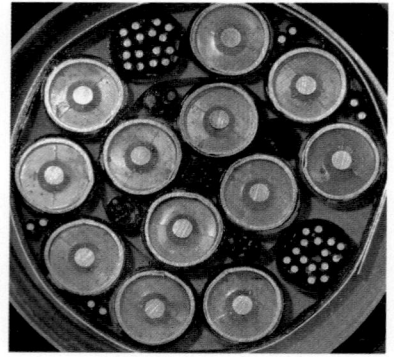

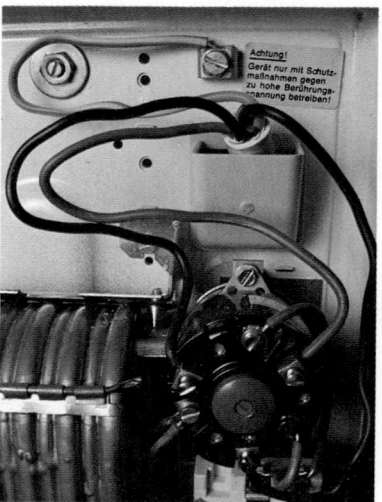

1 Grundbegriffe der Elektrotechnik

1.1 Einführung

Obwohl unsere Welt entscheidend durch die Elektrotechnik bestimmt wird, haben natürliche elektrische Phänomene, wie z.B. der Blitz, ihre beeindruckende Wirkung auf den Menschen nicht verloren.

Sie zeigen uns immer wieder, welche Naturkräfte und Gefahren mit der Elektrizität verbunden sind. Deutlich wird ebenfalls, welche besonderen Leistungen notwendig waren, um sie für die Menschheit nutzbar zu machen.

Künstlich hervorrufbare elektrische Erscheinungen sind seit langem bekannt. Bereits die Griechen des Altertums wußten, daß leichte Stoffe, wie z.B. Haare, Federn oder Fasern, durch einen mit einem Tuch geriebenen Bernstein angezogen werden können. Dieses Phänomen konnte damals nur als magischer oder göttlicher Einfluß gedeutet werden. Aus dieser Zeit stammt auch ein wichtiger Begriff dieser Erscheinungen, denn Bernstein heißt im Griechischen Elektron.

Die Anwendung solcher Reibungselektrizität erstreckte sich jedoch zunächst nur auf die schaustellerische Darbietung. Bis zum Ende des 18. Jahrhunderts konnte man sich bei entsprechenden Veranstaltungen elektrisieren lassen (Abb. 2).

Die umfangreichen Versuche von Oersted[1] und Galvani[2] (Abb. 1 u. 3) gingen über schaustellerische Darbietungen weit

Abb. 1: Oersted entdeckt den Zusammenhang von Elektrizität und Magnetismus

Abb. 2: Vorführung einer Elektrisiermaschine (Anfang des 18. Jh.). Elektrizität entstand durch Reibung an einer Schwefelkugel.

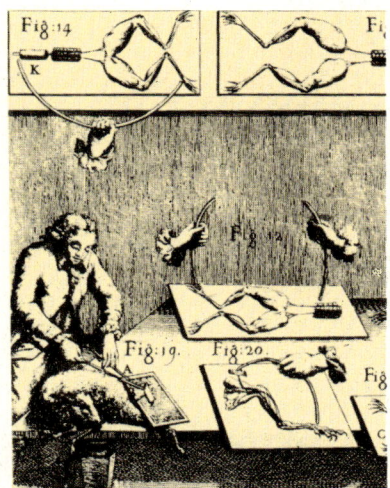

Abb. 3: Galvanis Experimente mit »tierischer Elektrizität« (1791)

---

[1] HANS CHRISTIAN OERSTED, dänischer Physiker, 1777 ... 1851
[2] ALOISIO LUIGI GALVANI, italienischer Arzt, 1737 ... 1798

hinaus und führten unter anderem zur Entwicklung erster Spannungsquellen.

Die im 19. Jahrhundert betriebene Grundlagenforschung führte unter anderem 1854 zur Erfindung der Glühlampe durch Heinrich Goebel[1]. Unabhängig davon erfand auch Thomas Alva Edison[2] 1879 die Glühlampe, aber erst im Jahre 1882 gelang die serienmäßige Herstellung. Damit war ein erster Schritt getan, um die Elektrizität für den Menschen auch nutzbar zu machen.

Abb. 1: Erste Dynamomaschine, Werner v. Siemens, 1866

Abb. 2: Generator der Gegenwart

Abb. 3: Richtantenne zur Nachrichtenübertragung durch elektromagnetische Wellen

Die Erzeugung von Elektrizität mittels Magnetismus war eine weitere wichtige Entwicklung zur technischen Nutzung. Den ersten Generator nach diesem Verfahren erfand Werner von Siemens[3] im Jahre 1866. Damit wurde es möglich, Elektrizität einfach und wirtschaftlich zu erzeugen (Abb. 1).

Neben der energietechnischen Anwendung wurde die Elektrotechnik in verstärktem Maße auch zur Übermittlung von Nachrichten verwendet. Die zunächst an Leitungen gebundene Informationsübertragung wurde durch die drahtlose Übertragung von Signalen ergänzt. Ergebnisse dieser Technik sind z.B. der Fernsprechapparat, das Radio und das Fernsehgerät.

Die Entwicklung des Mikroprozessors als ein hochintegriertes elektronisches Bauteil mit recht geringen Fertigungskosten hat für eine weite Verbreitung des Computers gesorgt (Abb. 4).

Unsere Abhängigkeit von elektrischen Geräten und Anlagen wird besonders dann deutlich, wenn sie ausgefallen sind. In den meisten Fällen wird der benachrichtigte Fachmann, und dieses Buch soll die Grundlagen dafür legen, den Schaden schnell finden und beseitigen.

[1] Heinrich Goebel, deutscher Mechaniker und Optiker, 1818 ... 1893
[2] Thomas Alva Edison, amerikanischer Erfinder, 1847 ... 1931
[3] Werner von Siemens, deutscher Erfinder und Ingenieur, 1816 ... 1892

Abb. 4: Mikroprozessor

Im Berufsfeld Elektrotechnik bildet sowohl das Handwerk als auch die Industrie aus. Da es sich um ein gemeinsames Berufsfeld handelt, wird im ersten Jahr der Ausbildung eine gemeinsame berufliche Grundbildung vermittelt.

Danach folgt die spezielle Fachbildung. Im Handwerk gibt es sechs Ausbildungsberufe (Abb. 6) und in der Industrie vier (Abb. 8). Einige Industrieberufe sind noch zusätzlich in Fachrichtungen gegliedert.

Die Deutsche Bundespost gehört heute ausbildungsmäßig zur Industrie: Kommunikationselektroniker mit der Fachrichtung Telekommunikationstechnik.

Darüber hinaus gibt es noch den Meß- und Regelmechaniker, der, obwohl er nicht im Schaubild (Abb. 8) auftaucht, ebenfalls als Industrieberuf zum Berufsfeld Elektrotechnik gehört. Er wurde im Zuge der Neuordnung nicht in die neue Konzeption einbezogen. Für ihn gilt jedoch auch die gemeinsame berufliche Grundbildung.

Abb. 5: Energieelektroniker bei der Fehlersuche

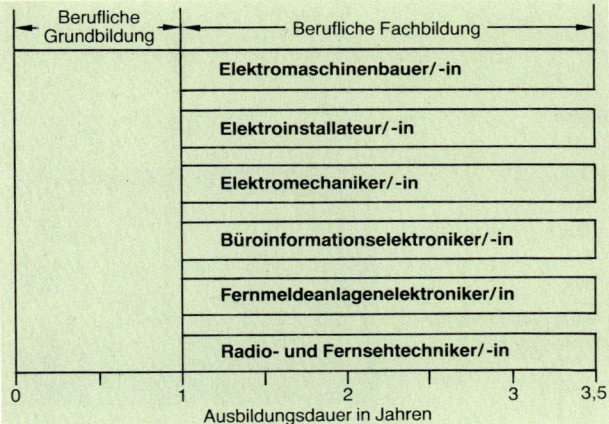

Abb. 6: Handwerkliche Elektroberufe

Abb. 7: Radio- und Fernsehtechniker bei der Fehlersuche

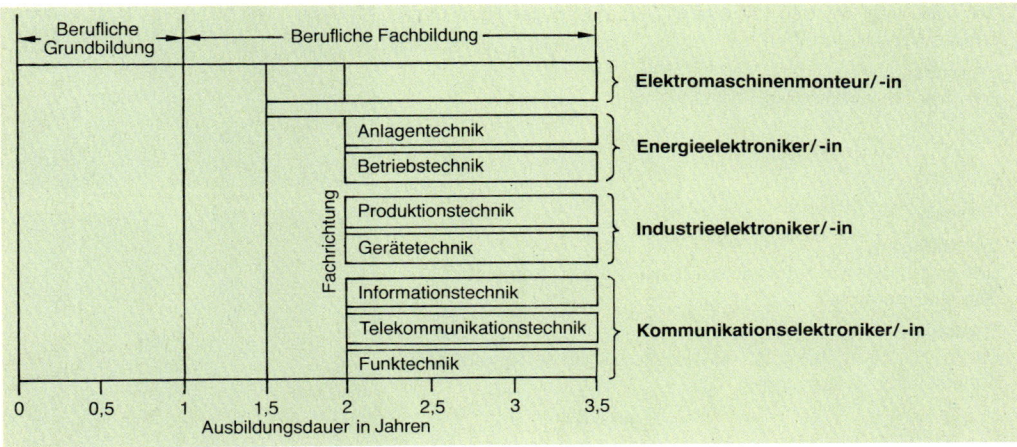

Abb. 8: Industrielle Elektroberufe

1.2 Elektrische Erscheinungen und ihre Ursachen

Elektrische Vorgänge spielen sich nicht nur in technischen Geräten ab, sondern auch in unserer natürlichen Umwelt. Die beim Ausziehen eines Kunstfaserpullovers gelegentlich knisternden Funken und das Haften von Papierschnipseln an Kunststoffen sind z.B. elektrische Vorgänge. Die zur Deutung dieser Erscheinungen notwendigen Grundlagen wollen wir in den folgenden Abschnitten erarbeiten.

1.2.1 Aufladung von Stoffen

Reibt man einen Kunststoffstab mit einem Tuch oder Bekleidungsstück, dann werden durch ihn leichte Gegenstände angezogen, wie z.B. Papierschnipsel (Abb. 1). Gelegentlich wird auch eine Abstoßung beobachtet.

Dies ist eine elektrische Eigenschaft. Man spricht von einer **Aufladung** des Kunststoffstabes.

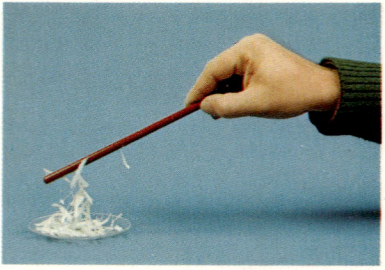

Abb. 1: Anziehung durch einen aufgeladenen Kunststoffstab

Versuch 1–1:
Gegenseitige Beeinflussung geladener Stäbe

Versuch A

Durchführung
Die Kunststoffstäbe werden mit einem Wolltuch gerieben und dann einander genähert.

Ergebnis
Der drehbar aufgehängte Kunststoffstab wird abgestoßen.

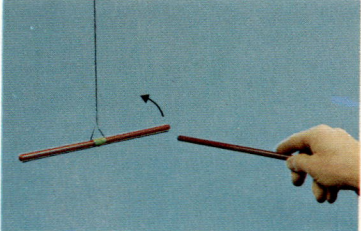

Versuch B

Durchführung
Die Glasstäbe werden mit einem Seidentuch gerieben und dann einander genähert.

Ergebnis
Der drehbar aufgehängte Glasstab wird abgestoßen.

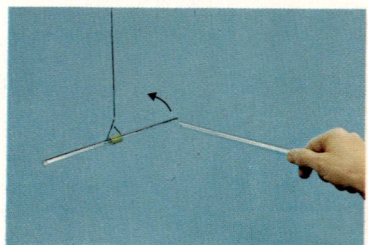

Versuch C

Durchführung
Der aufgeladene Kunststoffstab wird dem aufgeladenen Glasstab genähert.

Ergebnis
Der drehbar aufgehängte Glasstab wird durch den geladenen Kunststoffstab angezogen.

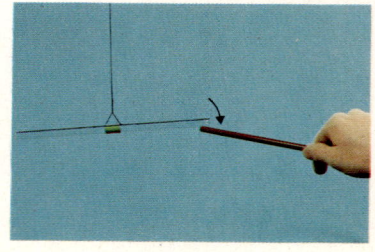

Der Mensch kann keine Ladungszustände wahrnehmen. Er besitzt dafür kein Sinnesorgan. Er kann lediglich die Wirkungen dieser Aufladungen, in diesem Fall Kraftwirkungen, erkennen und so auf den Ladungszustand schließen.

Um genaue Aussagen über die Arten der Ladungen und ihre Wirkungen machen zu können, müssen gezielt Versuche durchgeführt werden (z.B. 1–1).

Sie zeigen, daß zwischen geladenen Körpern **Anziehungs- und Abstoßungskräfte** wirken. Abstoßung tritt auf, wenn die Ladungen der Körper von der gleichen Art sind. Anziehung tritt auf, wenn die Ladungen der Körper von unterschiedlicher Art sind (Abb. 2).

Gleichartige Ladungen stoßen sich ab,
ungleichartige Ladungen ziehen sich an.

Zwischen elektrisch neutralen Körpern treten keine elektrischen Kräfte auf.

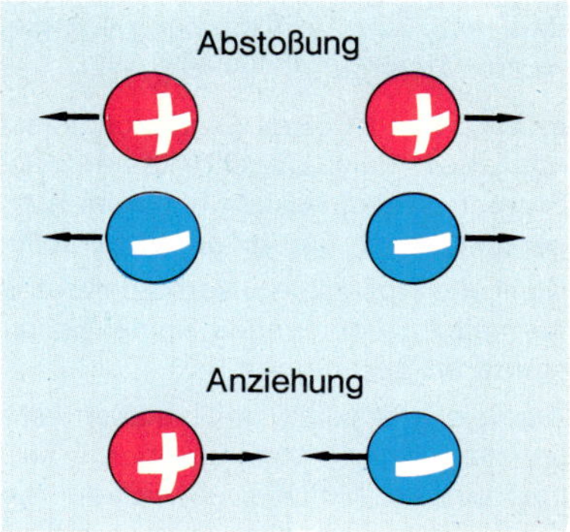

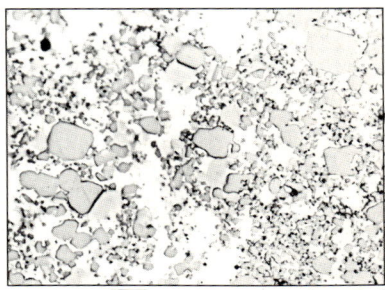

Abb. 2. Abstoßung und Anziehung zwischen Ladungen

1.2.2 Aufbau der Materie

Jeder Körper ist im normalen Zustand elektrisch neutral. Durch äußere Einflüsse kann er geladen werden. Dabei wird sein Aussehen nicht verändert. Der Ladungszustand läßt sich nur mit dem Aufbau der Materie erklären.

Materie kann man vereinfacht in Grundstoffe und Verbindungen einteilen. Darüber hinaus gibt es **Gemenge** (Gemische), die aus verschiedenen Grundstoffen oder Verbindungen bestehen. Luft ist z.B. ein Gemenge aus verschiedenen Gasen.

Grundstoffe (Abb. 4) werden auch als **Elemente** bezeichnet. Zur Zeit kennen wir über 100 Elemente. Einige kommen nicht natürlich vor, sie können nur künstlich hergestellt werden.

Grundstoffe lassen sich durch mechanische oder chemische Einflüsse nicht mehr in andere Stoffe zerlegen.

Beispiele für Grundstoffe

Wasserstoff, Sauerstoff, Kohlenstoff, Schwefel, Kupfer, Aluminium, Eisen, Magnesium.

Atome[1] sind die kleinsten Teilchen eines Grundstoffes, die noch die chemischen Eigenschaften des Grundstoffes haben.

Verbinden sich Atome verschiedener Grundstoffe miteinander, dann entstehen neue Stoffe. Diese nennt man **Verbindungen.**

Beispiele für Verbindungen

Polyvenylchlorid (PVC), Rost, Kochsalz, Wasser, Benzol, Schwefelsäure.

Die kleinsten Teile einer Verbindung nennt man **Moleküle.** Der Molekülbegriff wird nicht nur bei Verbindungen von unterschiedlichen Atomen, sondern auch bei gleichen Atomen verwendet.

Abb. 3: Gemenge (Legierung) aus Silber und Wolfram (500fache Vergrößerung)

Abb. 4: Grundstoffe in Pulverform (Reihenfolge: a) Aluminium, b) Magnesium, c) Schwefel, d) Kohlenstoff)

---

[1] Der Begriff kommt aus dem Griechischen und bedeutet soviel wie »das Unteilbare«

Moleküle sind Verbindungen von gleichen oder unterschiedlichen Atomen.

In Abb. 1 ist z.B. das Sauerstoffmolekül abgebildet. Es besteht
aus zwei gleichartigen Atomen. Das ebenfalls abgebildete
Wassermolekül besteht dagegen aus drei Atomen, zwei Was-
serstoffatomen und einem Sauerstoffatom.

Nicht alle Stoffe gehen Verbindungen ein. Edelgase bilden unter
normalen Bedingungen keine Moleküle, sondern liegen im
atomaren Zustand vor.

Atome sind so klein, daß sie auch mit Hilfsmitteln nicht sichtbar
gemacht werden können. Über ihren Aufbau hat man deshalb
theoretische Modelle entwickelt. Diese Modellvorstellungen
dienen dazu, Zusammenhänge und damit auch Ergebnisse von
Experimenten erklären zu können. Als nützlich hat sich hierfür
das Bohrsche[1] Atommodell erwiesen.

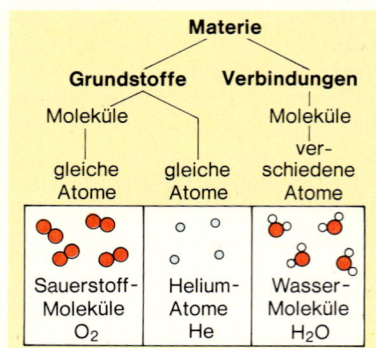

Abb. 1: Aufbau der Materie

Das Atom besteht aus einem Kern und einer Hülle. Der Kern
setzt sich aus Protonen und Neutronen zusammen. Um den
Kern bewegen sich Elektronen auf kreis- bzw. ellipsen-
förmigen Bahnen.

Die Elektronen bewegen sich mit hoher Geschwindigkeit um
den Kern und wirken so wie eine Hülle.

Das Atom wirkt von außen wie eine Kugel (Abb. 3). Die Abmessungen eines Atoms sind unvorstellbar klein. Der Durchmesser
eines Wasserstoffatoms beträgt z.B. etwa 10^{-10} m und der
Durchmesser des Wasserstoffatomkerns nur etwa 10^{-15} m.
Veranschaulichen kann man diese extrem kleinen Zahlen mit
der nicht maßstäblichen Zeichnung von Abb. 2. In ihr wird der
Kern des Atoms mit den Abmessungen eines Streichholzkopfes
gleichgesetzt (ein bis zwei Millimeter Durchmesser). Der Durchmesser der Bahnkurve für das Elektron würde dann der Höhe
eines Fernsehturmes entsprechen (ca. 100 m).

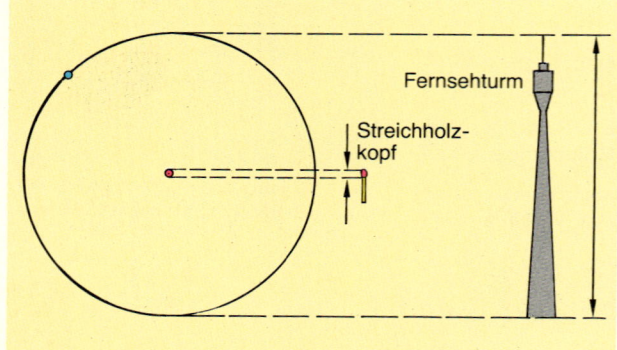

Abb. 2: Größenverhältnisse im Wasserstoffatom. Die Größe des
Streichholzkopfes entspricht dem Kern- und die des Fernsehturms
dem Atomdurchmesser

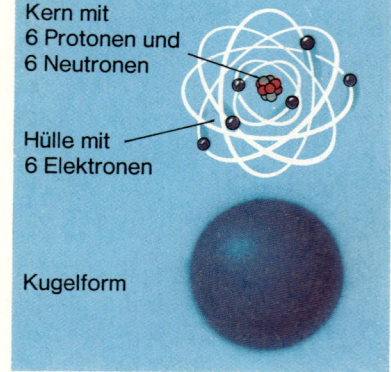

Abb. 3: Kohlenstoffatom

---

[1] NIELS HENRICK DAVID BOHR, dänischer Physiker, 1885 ... 1962.
Das nach ihm benannte Atommodell ist grundlegend für die moderne Theorie
des Atomaufbaus und wird heute ständig weiterentwickelt.

Alle Atome sind aus den gleichen Elementarteilchen, den **Protonen, Neutronen** und **Elektronen,** aufgebaut. Der Unterschied der Grundstoffe besteht lediglich in der Anzahl der Teilchen. So besitzt z.B. Kupfer 29 Protonen und Zink 30 Protonen im Kern. In Abb. 4 sind einige Atome als Modelle vereinfacht in einer Ebene dargestellt.

Bei einem vollständigen Atom ist die Anzahl der Elektronen stets gleich der Anzahl der Protonen. Die Neutronenzahl weicht häufig von der Protonenzahl ab. Protonen und Elektronen verursachen die elektrischen Erscheinungen.

Die Elektronen bewegen sich in bestimmten Bereichen um den Kern. Diese werden Schalen genannt und mit fortlaufenden Buchstaben gekennzeichnet. (Von innen nach außen von K bis Q, Tabelle 1.1).

Jede Schale kann weiter unterteilt werden. Man kennzeichnet diese Unter-Schalen mit den Kleinbuchstaben s, p, d und f.

Tabelle 1.1: Elektronenbesetzung

Schalen-bezeichnung	max. mögliche Elektronenzahl
K	2
L	8
M	18
N	32
O	50
P	72
Q	98

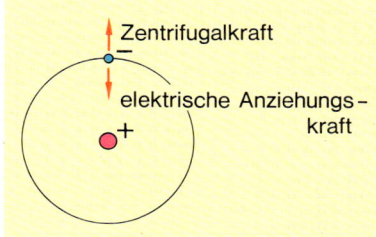

Abb. 5: Modell eines Wasserstoffatoms

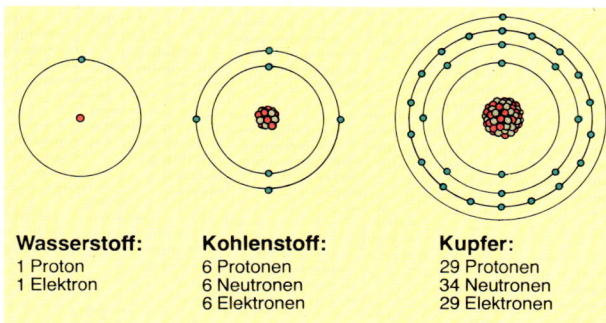

Wasserstoff:
1 Proton
1 Elektron

Kohlenstoff:
6 Protonen
6 Neutronen
6 Elektronen

Kupfer:
29 Protonen
34 Neutronen
29 Elektronen

Abb. 4: Flächenartige Darstellung verschiedener Atome

1.2.3 Elektrische Eigenschaften der Atome

Die elektrischen Eigenschaften der Atome sollen am Wasserstoffatom verdeutlicht werden, da es am einfachsten aufgebaut ist. Es besteht lediglich aus einem Proton als Kern und einem Elektron (Abb. 5).

Das Elektron bewegt sich auf einer Kreisbahn um den Kern. Bei der Kreisbewegung wirkt eine Kraft, die vom Mittelpunkt weggerichtet ist (Zentrifugalkraft).

Die Zentrifugalkraft kennen wir auch in unserem persönlichen Erfahrungsbereich, z.B. Karussel, Hammerwerfen und Fahrt durch eine Kurve.

Das Elektron würde sich demnach vom Kern entfernen, wenn nicht die Zentrifugalkraft durch eine Anziehungskraft aufgehoben würde. Diese Anziehungskraft hat eine elektrische Ursache. Die Zentrifugalkraft und die elektrische Anziehungskraft sind gleich groß, aber entgegengesetzt gerichtet.

Die Anziehungskraft entsteht durch unterschiedliche Ladungsarten. Die Ladungsart des Elektrons wird negativ und die des Protons positiv bezeichnet. Neutronen sind elektrisch neutral.

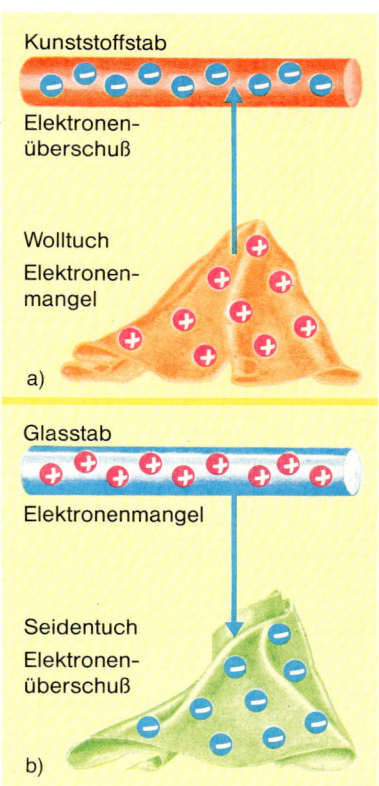

Kunststoffstab

Elektronen-überschuß

Wolltuch
Elektronen-mangel

a)

Glasstab

Elektronenmangel

Seidentuch
Elektronen-überschuß

b)

Abb. 6: Reibungsversuch

Elektronen sind negativ geladene Atombausteine der Hülle.
Protonen sind positiv geladene Atombausteine des Kerns.
Neutronen sind elektrisch neutrale Atombausteine des Kerns.

Mit dieser Vorstellung über den atomaren Aufbau der Materie
lassen sich die Experimente in Versuch 1–1 (S. 14) erklären:

Durch das Reiben des Kunststoffstabes mit dem Wolltuch treten
Elektronen vom Tuch zum Stab über. Er besitzt nun mehr
Elektronen als vorher und ist dadurch negativ geladen (Abb.
6a; Seite 17).

Das Reiben des Glasstabes mit dem Seidentuch bewirkt, daß
Elektronen aus dem Glasstab gerissen werden und am Tuch
hängen bleiben. Beim Glasstab überwiegen die positiven
Ladungen, er ist positiv geladen (Abb. 6b; Seite 17).

Die Ladungen sind bestrebt, sich gegenseitig in ihrer Wirkung
zu neutralisieren und verursachen dadurch zwischen unterschiedlich geladenen Körpern Anziehungskräfte.

1.2.4 Elektrische Felder

Wenn aufgeladene Gegenstände aufeinander Kräfte ausüben,
dann muß der Raum zwischen ihnen einen besonderen Zustand
aufweisen. Einen solchen Raum nennt man **elektrisches Feld.**

Das elektrische Feld ist ein Raum, in dem auf Ladungen
Kräfte ausgeübt werden.

Elektrische Felder entstehen durch Aufladung.

Ladungen verursachen Elektrische Felder.

Elektrische Felder beeinflussen den Raum. Für diese Beeinflussung besitzen wir keine Sinnesorgane. Wir können lediglich
Wirkungen erkennen und Modellvorstellungen entwickeln.

Zum Nachweis solcher Wirkungen werden z. B. Kunststoffasern
zwischen die Elektroden gestreut. Durch das elektrische Feld
werden die Teilchen ausgerichtet. Der Aufbau des Feldes wird
dadurch deutlich (Abb. 1).

Die Fasern richten sich nur deshalb aus, weil sich durch das
elektrische Feld die Ladungsverteilung in den Fasern verändert.
Diese innere Ladungsverschiebung (Influenz) führt dazu, daß
positive und negative Ladungen nicht mehr gleichmäßig verteilt
sind. Abb. 2 zeigt eine Faserkette zwischen zwei Elektroden.
Jedes Faserstück ist zum Dipol (Teilchen mit zwei Polen)
geworden.

Die durch die Fasern gebildeten Bahnkurven werden **Feldlinien**
genannt. Sie ermöglichen eine Modellvorstellung vom Aufbau
des elektrischen Feldes. Sie werden zum Darstellen und
Erklären elektrischer Felder benutzt.

Aus Abb. 1 sind die Skizzen der Abb. 3 entstanden. Sie geben
in einer weiteren Vereinfachung den Aufbau der einzelnen
Felder wieder. Die Feldlinien haben außerdem eine Richtung
erhalten. Man hat festgelegt, daß sie von der positiven Elektrode
zur negativen Elektrode verlaufen.

Elektrische Feldlinien haben eine Richtung. Sie gehen vom
Pluspol zum Minuspol.

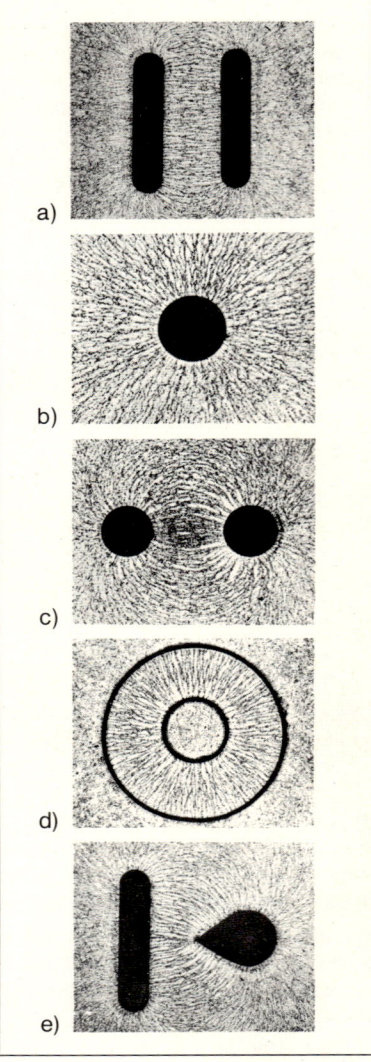

a)

b)

c)

d)

e)

Abb. 1: Projektionen verschiedener Felder

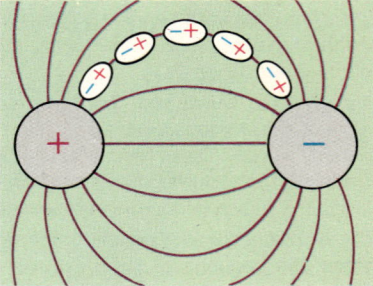

Abb. 2: Polarisierte Faserkette im elektrischen Feld

Elektrische Felder wirken sich in vielen Anlagen störend aus, denn sie verursachen durch Influenz eine Ladungsverschiebung und damit eine Spannung. Aus diesem Grunde müssen Abschirmungen vorgenommen werden. Benutzt werden dazu beliebige Metalle wie z.B. Kupfer oder Aluminium. Die zu schützende Anlage bzw. der zu schützende Raum wird mit einer allseitig geschlossenen Metallhülle umgeben. Befindet sich eine solche Hülle in einem elektrischen Feld, dann werden auf die Außenseite Ladungen **influenziert.** Die Innenseite der Hülle bleibt jedoch ladungsfrei. Ebenso bleibt der umschlossene Raum feldfrei (Abb. 4 u. 5). Eine Hülle aus einem Drahtgitter zeigt die gleiche Wirkung (Faraday-Käfig[1]).

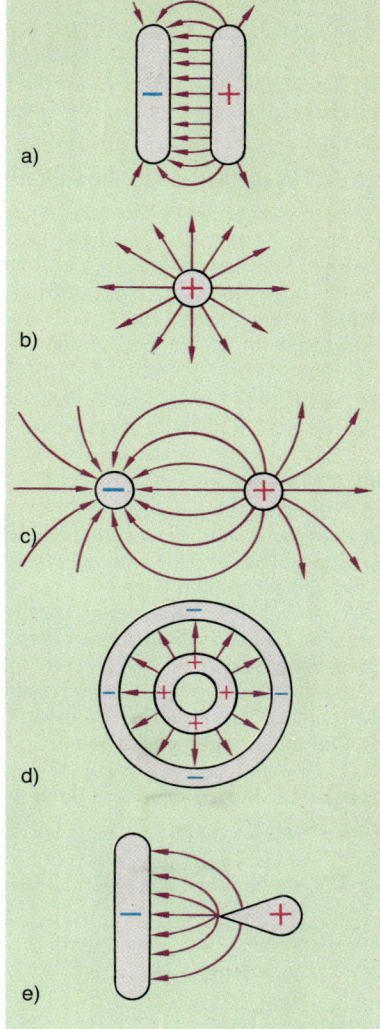

Abb. 3: Feldlinienbilder zwischen unterschiedlichen Elektroden

Abb. 4: Abschirmung gegen Hochspannung, Faraday-Käfig

Aufgaben zu 1.2

1. Welche Ladungen stoßen sich ab?
2. Wie heißt der kleinste Baustein eines Grundstoffes, der noch dessen chemische Eigenschaft besitzt?
3. Nennen Sie den Unterschied zwischen Grundstoffen und Verbindungen!
4. Ordnen Sie folgende Stoffe in Grundstoffe und Verbindungen ein: Gips, Glas, Zink, Keramik, Uran, Alkohol, Stickstoff, Kupfer, Kohlenstoff, Aluminium, Schwefelsäure! (Hinweis: Benutzen Sie die Periodentafel der Elemente, vgl. S. 251)
5. Aus welchen Bausteinen setzt sich ein Molekül zusammen?
6. Skizzieren Sie den Aufbau eines Helium-Atoms!
7. Skizzieren Sie das Modell eines Wasserstoff-Atoms mit Angabe der Ladungen und Kräfte!
8. Wodurch werden elektrische Felder verursacht?

[1] FARADAY, MICHAEL, engl. Naturforscher, 1791–1867.

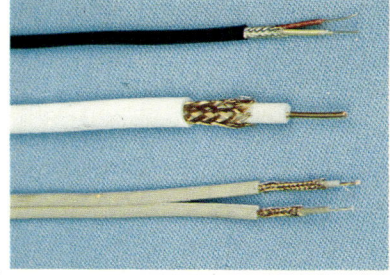

Abb. 5: Abgeschirmte Leitungen

1.3 Mechanische Grundbegriffe

Einige elektrische Erscheinungen und Zusammenhänge können nur mit Hilfe von Erkenntnissen, Begriffen und Größen aus der Mechanik erklärt werden. Um die folgenden Kapitel besser verstehen zu können, müssen wir einige dieser Begriffe kennen.

1.3.1 Physikalische Größen, Einheiten und Gleichungen

Damit physikalische Phänomene vergleichbar sind, müssen sie eindeutig beschrieben werden. Dazu dienen physikalische **Größen.** Sie sind meßbare Eigenschaften von physikalischen Objekten, Zuständen oder Vorgängen. Zur abgekürzten Schreibweise physikalischer Größen werden Formelzeichen verwendet. In einem gedruckten Text sind sie in kursiver (schräger) Schrift gesetzt, z.B. F (Kraft).

Zu jeder Größe gehört eine **Einheit.** Bei der Länge ist dies z.B. das Meter. Mit ihr wird angegeben, wie die Größe mengenmäßig zu beschreiben ist. Die Zeichen für die Einheiten werden im gedruckten Text in senkrechter Schrift gesetzt, z.B. m (Meter).

In der Physik und in der Technik führt man alle meßbaren Erscheinungen und Objekte auf wenige Größen zurück. Diese werden **Basisgrößen** genannt. Sie sind voneinander unabhängig. International sind sieben Basisgrößen mit ihren entsprechenden Einheiten festgelegt worden. Sie sind Grundlage des **SI-Einheitensystems**[1]. Seit dem 2. Juli 1969 sind sie durch das »Gesetz über Einheiten und Meßwesen« für die Bundesrepublik Deutschland verbindlich. Die Tabelle 1.2 gibt die sieben Basisgrößen mit ihren Einheiten wieder.

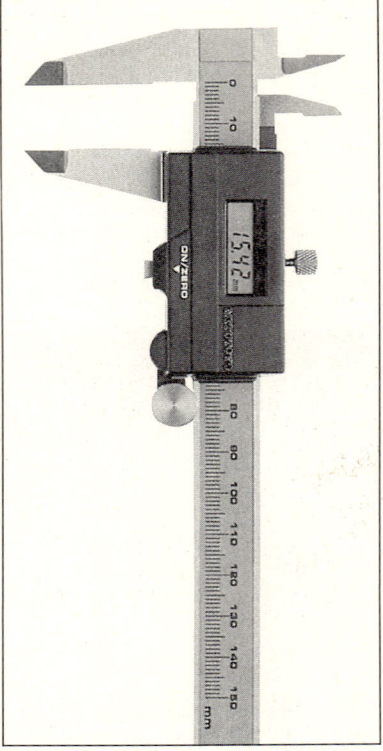

Abb. 1: Meßschieber

Tabelle 1.2: Basisgrößen und Basiseinheiten

Basisgröße		Basiseinheit	
Name	Formel-zeichen	Name	Einheiten-zeichen
Länge	l	Meter	m
Masse	m	Kilogramm	kg
Zeit	t	Sekunde	s
Elektrische Stromstärke	I	Ampere	A
Thermo-dynamische Temperatur	T	Kelvin	K
Stoffmenge	n	Mol	mol
Lichtstärke	I_v	Candela	cd

Abb. 2: Waage zur Massenmessung

Die aufgeführten Größen werden mit Meßgeräten gemessen. Mit diesen Geräten kann durch Ablesen des Zahlenwertes und der Einheit der Größenwert ermittelt werden. Jede Größe besteht damit aus einem Zahlenwert und einer Einheit. Sie wird in Form einer Gleichung geschrieben.

---

[1] SI bedeutet: **S**ystème **I**nternational d'Unités, französisch

Beispiele für die Schreibweise eines physikalischen Größenwertes:

$l = 2$ m $m = 50$ kg

Größenwert = Zahlenwert · Einheit

Mit den sieben Basisgrößen sind alle anderen Größen ausdrückbar und damit auch deren Einheiten. Sie werden abgeleitete Größen bzw. abgeleitete Einheiten genannt.

Eine abgeleitete Größe setzt sich aus Basisgrößen zusammen.
Eine abgeleitete Einheit setzt sich aus Basiseinheiten zusammen.

Für abgeleitete Größen bzw. abgeleitete Einheiten werden häufig neue Symbole zur abgekürzten Schreibweise verwendet.

Abb. 3: Stoppuhr zur Zeitmessung

Beispiel für abgeleitete Größen

Fläche A

Die Fläche eines Rechtecks läßt sich ermitteln, indem man die Länge l und die Breite b miteinander multipliziert.

Die abgeleitete Größe A ist dann das Produkt von zwei Basisgrößen, der Länge l und der Breite b. Als abgeleitete Einheit ergibt sich dann ebenfalls ein Produkt.

$A = l \cdot b$
$[A] = $ m · m
$[A] = $ m²

Wenn man die Einheit einer physikalischen Größe angeben will, dann setzt man die Größe (Formelzeichen) in eckige Klammern und schreibt hinter das Gleichheitszeichen die Einheit (Einheitenzeichen, DIN[1] 1313).

Physikalische Größen werden in Gleichungen zusammengefügt, um damit den Zusammenhang zwischen den Größen zu verdeutlichen.

Es werden dabei Größengleichungen, zugeschnittene Größengleichungen und Einheitengleichungen unterschieden.

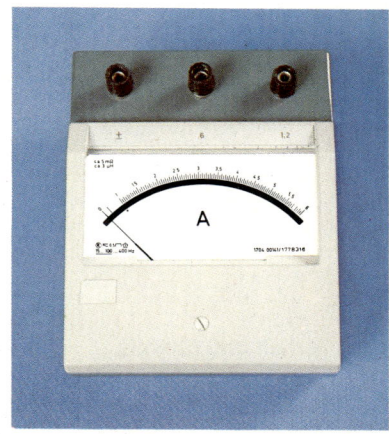
Abb. 4: Strommesser zur Messung der elektrischen Stromstärke

Größengleichungen

In Größengleichungen sind die Beziehungen zwischen den Größen in Form einer Gleichung aufgestellt. Bei der Berechnung müssen die Einheiten (Einheitenzeichen) mit berücksichtigt werden.

Beispiel: $A = l \cdot b$
$= 12$ m · 15 m
$= 180$ m²

Zugeschnittene Größengleichungen

Sie unterscheiden sich von den Größengleichungen dadurch, daß die Einheiten in der Gleichung festgelegt sind. Bei der Berechnung müssen sie beachtet werden.

Beispiel: $\dfrac{A}{\text{m}^2} = \dfrac{l}{\text{m}} \cdot \dfrac{b}{\text{m}}$

Gleichungen mit

Größen   **Einheiten**

$A = l \cdot b$

$[A] = $ m · m
$[A] = $ m²

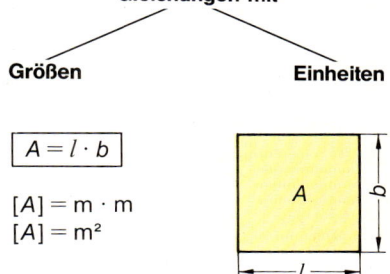

[1] **D**eutsches **I**nstitut für **N**ormung e.V.

Einheitengleichungen

In Einheitengleichungen setzt man Einheiten in eine gleichungsmäßige Beziehung. Mit ihrer Hilfe können Umrechnungen zwischen Einheiten vorgenommen werden.

Beispiel: 1 m = 100 cm   1 m² = 10⁴ cm²

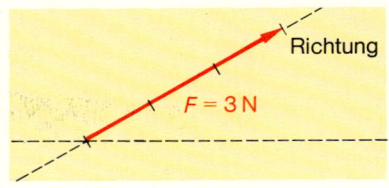

Abb. 1: Kraftdarstellung

1.3.2 Kraft und Weglänge

Die Kraft ist als Größe nicht wahrnehmbar. Wir können nur ihre Wirkung erkennen. Sie wird symbolhaft durch einen Pfeil dargestellt. Die Länge des Pfeiles kann entsprechend eines Maßstabes die Größe der Kraft angeben. Die Pfeilspitze zeigt dann die Wirkungsrichtung an (Abb. 1). Die Größe Kraft hat die Einheit **Newton**[1].

Wirkt eine Kraft auf einen feststehenden Gegenstand, dann wird dieser verformt (Abb. 2).

Wirkt eine Kraft auf einen beweglichen Gegenstand, dann ändert sich seine Bewegung.

Die Größe Weglänge hat die Einheit **Meter.** Für die gleiche Größe gibt es noch weitere Benennungen, z.B. Länge l, Breite b, Höhe h, Radius r, Durchmesser d, Wellenlänge λ. In der Elektrotechnik gibt es z.B. die Leiterlänge l, den Leiterdurchmesser d usw.

Kraft

Formelzeichen	F
Einheitenzeichen	N

Weglänge

Formelzeichen	s
Einheitenzeichen	m

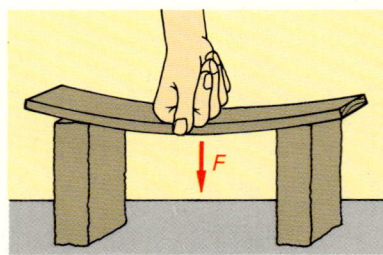

Abb. 2: Kraftwirkung auf einen ruhenden Gegenstand

1.3.3 Arbeit und Energie

Arbeit und Energie sind zwei Begriffe, die in der modernen Industriegesellschaft eine große Bedeutung haben. Sie lassen sich leicht bei der Hubarbeit erklären.

Die Größen Arbeit und Energie haben die Einheit **Joule**[2].

Hubarbeit wird verrichtet, wenn man z.B. 10 l Wasser eine Etage (z.B. von der 2. zur 3. Etage 3,06 m) hoch trägt. Hierfür benötigt man eine Kraft $F = 98,1$ N. Sie muß solange wirksam sein, bis der Höhenunterschied überwunden ist (Abb. 3).

Der Wasserträger muß Arbeit verrichten. Diese ist von der aufzubringenden Kraft F und von dem zu überwindenden Höhenunterschied h (Hubweg) abhängig.

Mechanische Arbeit wird immer dann verrichtet, wenn an einem Körper längs eines bestimmten Weges in Wegrichtung eine Kraft wirkt.

Arbeit = Kraft · Weg

1 J   = 1 N · 1 m

Kraftrichtung und Wegrichtung müssen übereinstimmen, sonst darf man die Gleichung für die Berechnung der Arbeit nicht einsetzen. Zieht man z.B. einen Schlitten, dann wirkt die Kraft schräg nach oben, während sich der Schlitten waagerecht bewegt. Für die Berechnung darf in diesem Fall nur die waagerechte Komponente der Kraft berücksichtigt werden.

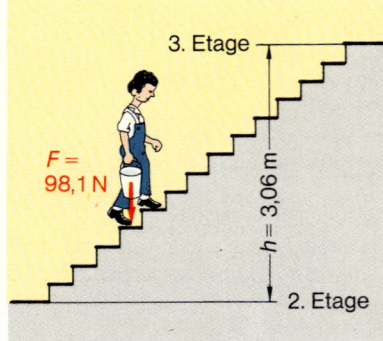

Abb. 3: Der Wasserträger verrichtet Hubarbeit

Arbeit, Energie

Formelzeichen	W
Einheitenzeichen	J

Arbeit

$$W = F \cdot h$$

$[W] = $ Nm

---

[1] Benannt nach Sɪʀ Isᴀᴀᴄ Nᴇᴡᴛᴏɴ, englischer Physiker, 1642 ... 1727
[2] Benannt nach Jᴀᴍᴇs Pʀᴇsᴄᴏᴛᴛ Jᴏᴜʟᴇ (sprich: dschul), englischer Physiker, 1818 ... 1889

Arbeit und Energie stehen in einem bestimmten Zusammenhang. Während man bei der Arbeit etwas über einen Vorgang aussagt, beschreibt man mit der Energie den Zustand eines Körpers oder eines Systems. Energie entsteht durch Arbeit.

Die Ursache für eine Energie ist ein Arbeitsvorgang.

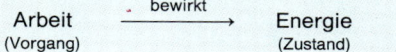

Für die Energie darf nach DIN 1304 neben *W* auch das Formelzeichen *E* gewählt werden.

Wird ein Körper auf die Höhe *h* gehoben, dann ist dazu eine bestimmte Arbeit erforderlich. Der Körper besitzt danach eine entsprechende Energie. Sie wird mit Energie der Lage oder mit **potentieller Energie E_p** bezeichnet (Abb. 4).

Die einmal verrichtete Arbeit ist nicht verloren, sondern steht als Energie zur Verfügung. Mit ihr kann wiederum Arbeit verrichtet werden.

Energie ist die Arbeitsfähigkeit eines Körpers oder eines Systems.

In unserem Beispiel könnte man das Wasser durch ein Rohr zur 2. Etage zurückfließen lassen. Auf dem Boden der zweiten Etage könnten wir damit eine kleine Turbine antreiben. Hierdurch ließe sich die verrichtete Arbeit (Hubarbeit) als Antriebsarbeit zurückgewinnen (Verluste sind vernachlässigt).

Nach diesem Prinzip arbeitet z.B. ein Pumpspeicherwerk (Abb. 5). Die potentielle Energie des Wassers wird hierbei in Bewegungsenergie umgewandelt. Sie wird auch als **kinetische Energie E_k** bezeichnet.

Die Energie eines Körpers hängt von dem jeweiligen Bezugspunkt ab. Alle Punkte auf der gleichen Höhe haben gegenüber diesem das gleiche **Potential.**

In Abb. 6 sind die Energiewerte von 10 l Wasser potentialmäßig bezogen auf das Erdgeschoß dargestellt.

Arbeit muß verrichtet werden, wenn sich das Potential erhöhen soll; sie wird frei, wenn das Potential kleiner wird.

Die verschiedenen Energiearten können ineinander umgewandelt werden. Dieses wichtige physikalische Gesetz gilt nicht nur in der Mechanik, sondern in allen Bereichen. Dabei ist stets die Summe der Energien in einem System konstant (Energieerhaltung).

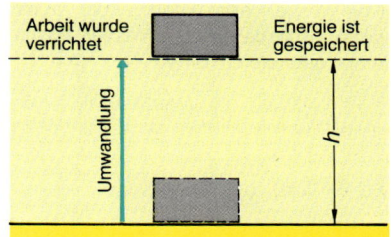

Abb. 4: Arbeit und Energie beim Anheben eines Körpers

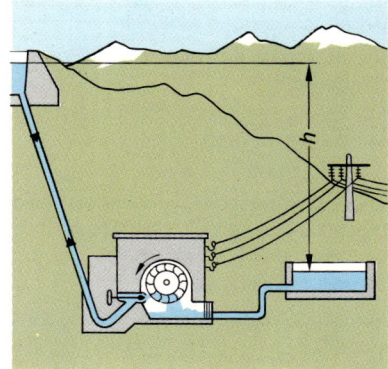

Abb. 5: Energieumwandlung beim Pumpspeicherwerk

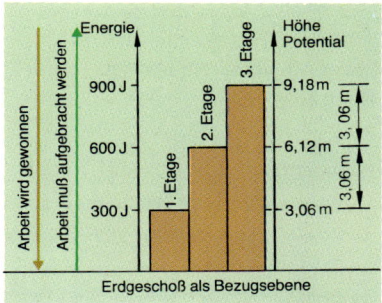

Abb. 6: Energiewerte und Potentiale von 10 l Wasser in einem Haus, bezogen auf das Erdgeschoß

1.3.4 Arbeit und Leistung

Kapitel 1.3.3 verdeutlicht, daß Arbeit und Energie die gleiche Einheit haben und damit technisch quasi identisch sind. So verrichtet z.B. der Wasserträger 900 J bzw. 900 Nm Arbeit, wenn er 10 l Wasser bis zur dritten Etage trägt und gewinnt damit Energie von 900 Nm. Die Arbeit sagt jedoch nichts darüber aus, wieviel er leistet. Er kann diese Arbeit in 10 Minuten verrichten, er kann sich aber auch beeilen und diese Arbeit in 3 Minuten verrichten. Im zweiten Fall hat er mehr geleistet.

Arbeit

| Formelzeichen | *W* |
| Einheitenzeichen | kWh |

$$W = P \cdot t$$

1 Ws = 1 W · 1 s

$[W] =$ Ws
$[W] =$ kWh

Der Wasserträger kann jedoch auch in 10 Minuten zweimal gehen und damit 20 l Wasser hochtragen. Auch jetzt hat er mehr geleistet.

Die Leistung ist um so größer, je größer die verrichtete Arbeit und je kleiner die dafür benötigte Zeit ist.

$$\text{Leistung} = \frac{\text{Arbeit}}{\text{Zeit}}$$

Die Größe Leistung hat die Einheit **Watt**[1].

In der Technik wird oft die Arbeit über die Leistung ermittelt. Dazu wird die Leistungsformel nach W umgestellt.

Arbeit ist Leistung mal Zeit

Damit ergibt sich für die Arbeit eine weitere Einheit Ws **(Wattsekunde).**

Für die Größe Arbeit können also drei Einheiten gleichwertig verwendet werden.

1 Ws = 1 Nm = 1 J

In der Elektrotechnik verwendet man die Ws (Wattsekunde). Da diese Einheit jedoch sehr klein ist, hat sich die Einheit Kilowattstunde kWh durchgesetzt.

1 kWh = 3600000 Ws

Für den Wasserträger gilt bei $t = 3$ min:

$$P = \frac{W}{t},$$

$$P = \frac{900 \text{ Ws}}{180 \text{ s}},$$

$$P = 5 \text{ W}$$

Seine Arbeit in kWh beträgt:

$$W = 0{,}0025 \text{ kWh}$$

Leistung

Formelzeichen P
Einheitenzeichen   W

$$P = \frac{W}{t}$$

$$P = \frac{F \cdot s}{t}$$

$$1 \text{ W} = \frac{1 \text{ Nm}}{1 \text{ s}} = \frac{1 \text{ J}}{1 \text{ s}}$$

$$[P] = \text{W}$$

Aufgaben zu 1.3

1. Welche Angaben bestimmen den Wert einer Größe?

2. Worin unterscheiden sich abgeleitete Größen von Basisgrößen?

3. Erklären Sie den Unterschied zwischen Größengleichungen und zugeschnittenen Größengleichungen.

4. Erklären Sie den Unterschied zwischen Arbeit und Energie!

5. Wie verändert sich das Potential wenn Arbeit frei gesetzt wird?

6. Drei Pumpen befördern Wasser auf eine Höhe von 40 m. Welche Pumpe leistet am meisten und welche am wenigsten?
   a) Pumpe 1 pumpt 200 l in 20 min
   b) Pumpe 2 pumpt 500 l in einer Stunde
   c) Pumpe 3 pumpt 300 l in 25 min

---

[1] Benannt nach JAMES WATT, englischer Ingenieur, 1736 … 1819

1.4 Elektrische Spannung

1.4.1 Elektrische Ladung

Durch Reibung erfolgt Aufladung und infolge dieser Aufladung entstehen Abstoßungs- und Anziehungskräfte. Die Ladung ist die elektrische Eigenschaft der Materie, auf die alle elektrischen Erscheinungen zurückgeführt werden können.

Die Größe Ladung hat die Einheit **Coulomb**[1].

Es gibt zwei gegensätzliche Ladungsarten: positive und negative Ladungen (vgl. 1.2.3).

Die Elektronen sind die Träger der negativen und die Protonen die Träger der positiven Ladung. Der Ladungswert eines Elektrons ist gleich dem Ladungswert eines Protons.

Ladung eines Elektrons: Ladung eines Protons:

$e = -1,602 \cdot 10^{-19}$ C $e = +1,602 \cdot 10^{-19}$ C

Besitzt also ein Atom genausoviele Elektronen wie Protonen (das ist der Normalzustand), dann heben sich die Ladungswirkungen gegenseitig auf. Das Atom wirkt nach außen elektrisch neutral (Abb. 1).

1.4.2 Spannungserzeugung

Prinzip der Spannungserzeugung

Der Gleichgewichtszustand der neutralen Atome kann von außen gestört werden, z.B. durch Reibung. Mit einem Bandgenerator (Abb. 2) läßt sich die Ladungstrennung leicht durchführen und erklären.

Der Bandgenerator wird über eine Metallrolle angetrieben. Ein breites Gummiband überträgt die Drehbewegung wie bei einem Riementrieb auf eine Plexiglasrolle. Dabei reibt das Band auf der Plexiglasrolle und »reißt« aus ihr Elektronen heraus. Die Elektronen und damit negative elektrische Ladungen werden nach unten zur Metallwalze befördert. Dadurch werden der neutrale Zustand der Plexiglasrolle und der der Metallrolle gestört. Die Plexiglasrolle gibt Elektronen ab, die Zahl der Protonen überwiegt, und sie wird elektrisch positiv. Die Metallrolle dagegen wird negativ geladen, weil hier die Elektronen überwiegen.

Über den Metallkamm wird ein Kontakt zwischen der Plexiglasrolle (mit dem Gummiband) und dem Metallkorb hergestellt. Die positiv geladene Plexiglasrolle sorgt dafür, daß aus dem Metallkorb über den Kamm ständig Elektronen herausgezogen werden und über das Gummiband zur Metallrolle befördert werden. Der Metallkorb wird auf diese Weise auch wie die Plexiglasrolle positiv geladen (Abb. 1, S. 26).

Die Trennung der negativen von den positiven Ladungen und der Ladungstransport geschehen nicht ungehindert. Die Elektronen sind bestrebt, zur Plexiglasrolle zurückzukehren, denn ungleichnamige Ladungen ziehen sich an. Diesen Anziehungskräften muß entgegengewirkt werden. Die Gegenkräfte werden durch den Antrieb erzeugt. Sie wirken entlang des Weges s. Es wird dabei die Arbeit W verrichtet (Abb. 1, S. 26).

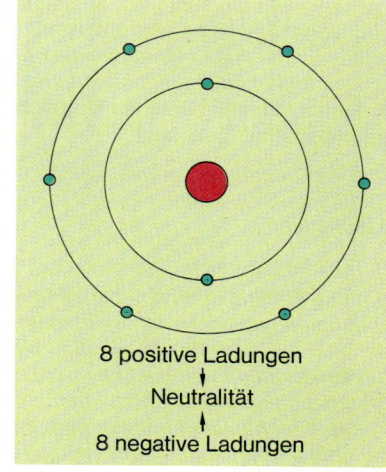

8 positive Ladungen
↓
Neutralität
↑
8 negative Ladungen

Abb. 1: Neutrales Sauerstoffatom

Ladung

Formelzeichen Q
Einheitenzeichen   C

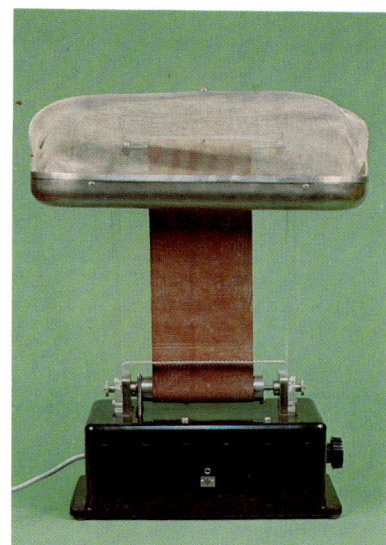

Abb. 2: Bandgenerator

---

[1] Benannt nach CHARLES-AUGUSTIN COULOMB, franz. Physiker, 1736 … 1806

Wir schließen ein Meßgerät an den Bandgenerator an. Durch den Zeigerausschlag wird angezeigt, daß zwischen den Anschlüssen ein Ladungsunterschied besteht. Zwischen unterschiedlichen Ladungen bestehen Anziehungskräfte. Die Ladungen sind bestrebt, sich auszugleichen. Dies bezeichnet man als elektrische Spannung.

> Die elektrische Spannung entsteht durch Ladungstrennung. Die elektrische Spannung ist das Ausgleichsbestreben von Ladungen.

Die Größe elektrische Spannung hat die Einheit **Volt**[1].

Um zu erklären, wovon die elektrische Spannung genau abhängt, vereinfachen wir die Zusammenhänge, indem wir den Versuch mit dem Bandgenerator abwandeln. Wir behandeln nicht mehr den Erzeugungsvorgang, sondern gehen von den bereits aufgeladenen Platten der Abb. 2 aus. Zwischen den Platten herrscht demnach die elektrische Spannung U, und die Ladungen sind bestrebt, sich auszugleichen.

Wir wollen jetzt in einem Gedankenexperiment weitere Ladungen zwischen den Platten bewegen. Wenn wir z.B. von der positiven Platte Elektronen zur negativen Platte transportieren wollen, muß eine Kraft entlang der Wegstrecke s aufgebracht werden. Dies ist aber gleichbedeutend mit einer verrichteten Arbeit W. Je höher die Spannung zwischen den Ladungen der beiden Platten ist, umso mehr Arbeit ist zum Transport der weiteren Ladungen erforderlich.

W proportional U: $W \sim U$

Die notwendige Arbeit hängt außerdem von der Größe der transportierten Ladung ab. Je größer sie ist, desto mehr Arbeit ist erforderlich.

W proportional Q: $W \sim Q$

Das Verhältnis von Arbeit pro Ladung $\frac{W}{Q}$ ist konstant und damit ein Maß für die elektrische Spannung, die zwischen den beiden Platten besteht.

> Spannung ist proportional der Arbeit, die bei Ladungstrennung und Ladungstransport pro Ladungseinheit erforderlich ist.

In einer Spannungsquelle werden Ladungen getrennt. Es entsteht die elektrische Spannung U. Dies ist ein elektrischer Energiezustand, denn die Ladungen sind bestrebt, sich wieder auszugleichen.

> Elektrische Energie ist Spannung mal Ladung.

Diese elektrische Energie kann wieder Arbeit verrichten. Eine Spannungsquelle ist also eine Energiequelle (Abb. 3).

Es gilt das Gleichgewicht:

$$
\begin{aligned}
W &= E_{el} \\
F \cdot s &= U \cdot Q \\
1\,N \cdot 1\,m &= 1\,V \cdot 1\,C
\end{aligned}
$$

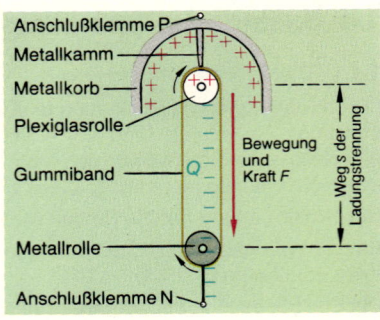

Abb. 1: Querschnitt und grundsätzliche Wirkung des Bandgenerators

Elektrische Spannung

Formelzeichen U
Einheitenzeichen   V

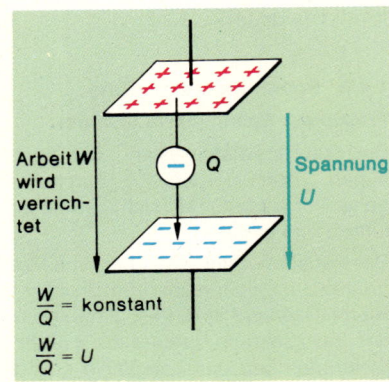

Abb. 2: Elektrische Spannung zwischen zwei geladenen Platten

Größenordnungen für Spannungen

Menschliches Herz	ca. 0,001 V
Bleiakkumulator (6 Zellen)	12 V
Niederspannungsnetz	z.B. 220 V
Farbbildröhre	ca. 25000 V
Hochspannungsnetz	z.B. 110000 V

$$U = \frac{W}{Q} \qquad 1\,V = \frac{1\,J}{1\,C} = \frac{1\,N\,m}{1\,C}$$

Elektrische Energie

$$E_{el} = U \cdot Q$$

---

[1] Benannt nach ALESSANDRO VOLTA, italienischer Physiker, 1745 ... 1827

Arten der Spannungserzeugung

In der Technik werden nach verschiedenen Verfahren Spannungen erzeugt. Einige davon sollen im folgenden Teil kurz beschrieben werden.

Spannung durch Reibung (vgl. 1.2.1).

Spannung durch bewegte Magnete oder Spulen

Der Ladungsunterschied wird durch bewegte Spulen in einem Magnetfeld oder durch bewegte Magnete mit einer ruhenden Spule erzeugt. Dieses Verfahren wird z.B. in Generatoren der Elektrizitätswerke verwendet. Auch der Fahrraddynamo und das dynamische Mikrofon funktionieren nach dem gleichen Prinzip.

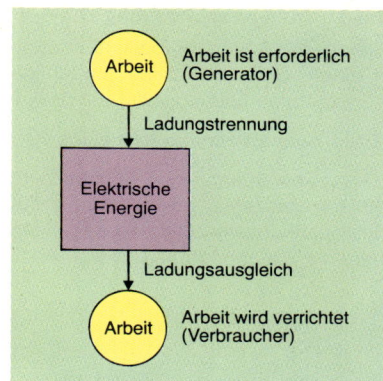

Abb. 3: Prinzip der Umwandlungen zwischen Arbeit und elektrischer Energie

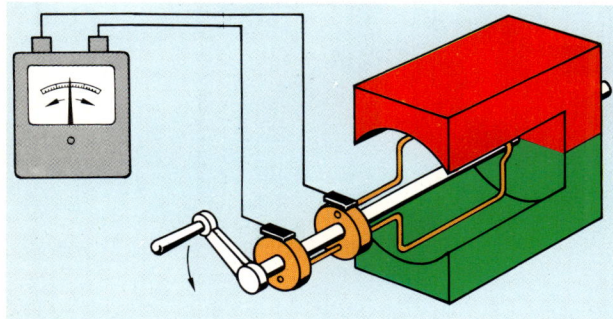

Abb. 4: Modell eines Wechselspannungsgenerators

Spannung durch Druck oder Zug bei Kristallen

Durch Änderung des Drucks oder Zugs entsteht zwischen den Oberflächen bestimmter Kristalle (z.B. Quarz) ein Ladungsunterschied. Er hängt von der Stärke des äußeren Einflusses ab (Abb. 5).

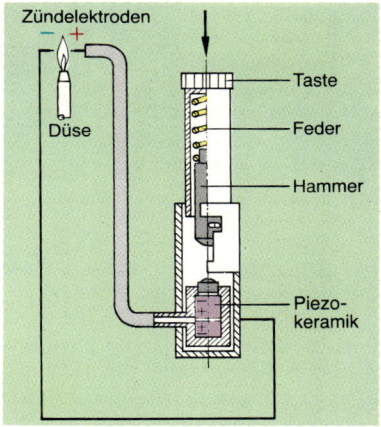

Abb. 5: Zündsystem (Spannungserzeugung durch Druck)

Spannung durch Wärme

Verbindet man zwei unterschiedliche Metalle und erhitzt die Verbindungsstelle, dann entsteht eine kleine Spannung (einige Millivolt). Die Größe der Spannung ist von der Temperatur abhängig. Dieses Verfahren wird zur Temperaturmessung verwendet (Abb. 6).

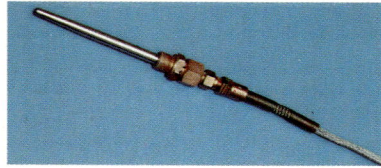

Abb. 6: Thermoelement

Spannung durch Licht

Fällt Licht auf bestimmte Materialien (Silicium, Germanium), kommt es zu einer Ladungstrennung. Angewendet wird dieses Verfahren z.B. beim Belichtungsmesser oder bei der Spannungserzeugung in Satelliten (Abb. 7).

Spannung durch chemische Vorgänge

Taucht man zwei unterschiedliche Leiter in eine stromleitende Flüssigkeit, dann findet eine Ladungstrennung statt. Verwendet wird dieses Verfahren bei allen elektrochemischen Spannungsquellen (vgl. 6.2).

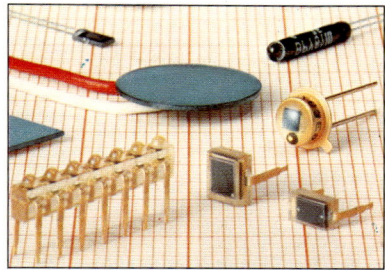

Abb. 7: Fotoelemente

1.4.3 Spannungsmessung

Elektrische Spannung besteht überall dort, wo zwischen zwei Punkten unterschiedliche Ladungen vorhanden sind. Es herrscht eine Ladungsdifferenz bzw. Potentialdifferenz.

Elektrische Spannung ist elektrische Potentialdifferenz.

Elektrische Spannungen können mit geeigneten Meßgeräten einfach gemessen werden. Man verbindet die zwei Klemmen des Spannungsmessers mit den Meßpunkten, zwischen denen man die Spannung messen will (Abb. 1).

Element, Akkumulator oder Batterie

Spannungsmesser

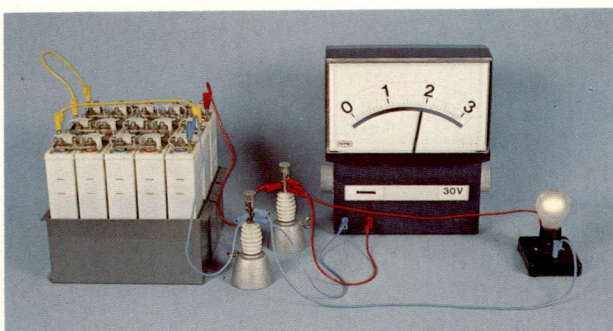

Abb. 1: Spannungsmessung (Aufbau)

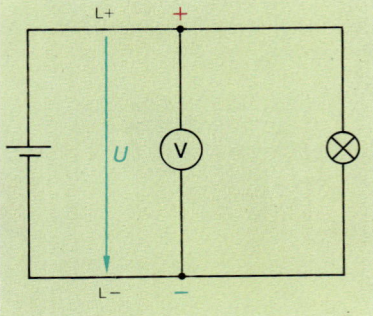

Abb. 2: Spannungsmessung (Schaltbild)

Es gibt verschiedene Arten von Spannungsmessern. Ihre Eigenarten sind bei der Messung zu beachten. So muß man z.B. bei einigen Meßgeräten auf die Spannungsart und auf die Polarität achten (vgl. 1.4.4). Viele Spannungsmesser besitzen mehrere Meßbereiche (Vielfachmeßgeräte). Will man eine Spannung messen, deren ungefähre Größe nicht bekannt ist, dann wählt man den größten Meßbereich und schaltet danach die Spannung ein. Man darf niemals bei eingeschalteter Spannung an einer Schaltung arbeiten. Dann verringert man mittels Umschalter den Meßbereich so lange, bis die Anzeige genügend genau abgelesen werden kann.

Herrscht an einem Punkt Elektronenmangel und an einem anderen Elektronenüberschuß, dann besteht zwischen beiden Punkten eine elektrische Spannung.

Dies ist jedoch nicht die einzige Möglichkeit. Es tritt z.B. auch dann zwischen zwei Punkten mit Elektronenüberschuß eine Spannung auf, wenn dieser Überschuß unterschiedlich groß ist.

Wir müssen wie bei der mechanischen Energie (vgl. 1.3.3) einen Bezugspunkt festlegen und können dann die Spannungen bzw. Potentiale betrachten. In Abb. 3 ist eine unterschiedliche Ladungskonzentration mit unterschiedlichen Spannungswerten dargestellt. Der Bezugspunkt ist mit dem Massezeichen ⊥ gekennzeichnet. Die Pfeile geben die jeweilige Spannungsrichtung an (von + nach −).

Der Bezugspunkt kann jedoch auch verlegt werden, ohne daß sich die Potentialdifferenzen ändern. Es ändern sich nur die Potentialwerte (Abb. 3b).

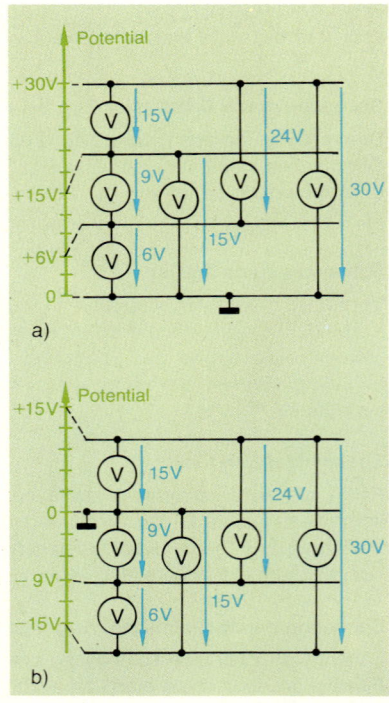

Abb. 3: Beispiele für Spannungen und Potentiale

1.4.4 Spannungsarten und Spannungswerte

Für die verschiedenen technischen Anforderungen sind entsprechende Spannungsquellen entwickelt worden. Sie liefern je nach Aufbau eine Gleich-, Wechsel- oder Mischspannung. Die Unterschiede sollen in diesem Teil dargestellt werden.

Zeitabhängige elektrische Größen können mit dem Oszilloskop[1] sichtbar gemacht werden. In Abb. 4 sind eine Gleichspannung in Abhängigkeit von der Zeit in der Form eines Oszillogramms und die zugehörige graphische Darstellung zu sehen. Diese graphische Darstellung heißt **Liniendiagramm.**

Ein Liniendiagramm ist eine grafische Darstellung, in der eine Größe, hier die elektrische Spannung, in Abhängigkeit von der Zeit dargestellt ist. Das Oszilloskop ist ein Spannungsmesser. Die Darstellung erfolgt mit einem Lichtpunkt. Sein senkrechter Abstand von der Mittelinie ist ein Maß für die Höhe der Spannung. Während der Messung wird der Lichtpunkt nach rechts verschoben. Dadurch sind zeitliche Veränderungen erkennbar. Da die Lichtpunktanzeige etwas träge erfolgt, entsteht ein ruhendes Bild.

Die **Gleichspannung** ist von stets gleichbleibender Höhe. Sie ist nach dem Einschalten in voller Höhe vorhanden und bleibt bis zum Ausschalten bestehen. Die Polarität der Spannungsquelle ändert sich nicht.

Wechselspannungsquellen ändern ihre Polarität und damit die Richtung und in der Regel auch ihre Größe ständig. Die von den Elektrizitätswerken gelieferte Spannung ist eine **sinusförmige Wechselspannung.** Abb. 5 zeigt den Verlauf einer sinusförmigen Wechselspannung in der Form eines Oszillogramms und eines Liniendiagramms.

Eine **Mischspannung** setzt sich aus einer Gleich- und einer Wechselspannung zusammen. Abb. 6 zeigt einen möglichen Verlauf. Die Höhe der Spannung ist nicht konstant. Sie schwankt um einen Mittelwert (mittlere Gleichspannung), der in diesem Fall 10 V beträgt.

> Den mittleren Gleichspannungswert einer Mischspannung ist der arithmetische Mittelwert U_{AV}[2].

Soll ein elektrisches Gerät angeschlossen werden, dann muß die geforderte Spannungsart und Spannungsgröße beachtet werden. Bei Gleichspannung ist das einfach, es gibt nur eine Größe. So liefert z.B. eine Autobatterie konstant 12 V.

Wesentlich komplizierter verhält es sich bei einer Wechselspannung. Da in der Technik überwiegend sinusförmige Größen zu Grunde gelegt werden, soll im folgenden auch nur eine sinusförmige Spannung behandelt werden.

Zunächst einmal ist wichtig, wie oft die Spannung ihre Polarität wechselt. Hierüber gibt die **Frequenz** Auskunft.

> Die Frequenz f gibt an, wie oft ein periodischer Polaritätswechsel pro Sekunde auftritt.

Abb. 4: Oszillogramm und Liniendiagramm einer Gleichspannung

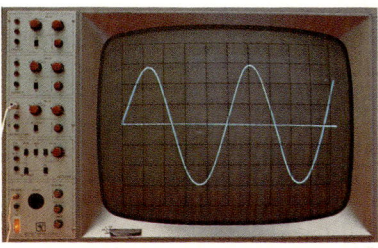
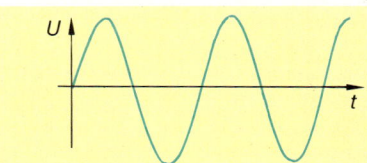

Abb. 5: Oszillogramm und Liniendiagramm einer Wechselspannung

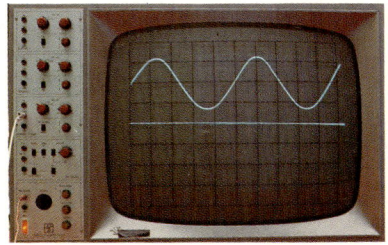
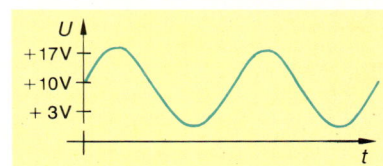

Abb. 6: Oszillogramm und Liniendiagramm einer Mischspannung

---

[1] Zusammengesetzt aus den Wörtern Oszillation (lat.): Schwingung; . . . skop (gr.): Gerät zur optischen Untersuchung oder Betrachtung.

[2] AV (Average Value $\triangleq$ Mittelwert)

Die Elektrizitätswerke in Deutschland liefern eine Spannung mit einer Frequenz von $f = 50$ Hz. Es treten also pro Sekunde 50 vollständige Polaritätswechsel auf. Einen vollständigen Polaritätswechsel nennt man auch Periode.

Damit liegt auch die **Periodendauer** fest. Sie beträgt bei 50 Hz 1/50 Sekunde:

$f = 50\,\text{Hz} \Rightarrow T = 0,02\,\text{s} \quad T = 20\,\text{ms}$

> Die Periodendauer T gibt an, wie groß die Zeit eines Periodendurchlaufs ist.

Sinusförmige Wechselspannungen kann man für jeden Augenblick berechnen und als Liniendiagramm darstellen (Abb. 1).

$u = \hat{u} \cdot \sin (2 \cdot \pi \cdot f \cdot t)$

> Augenblickswerte werden mit kleinen Buchstaben gekennzeichnet.

Bei genauer Betrachtung des Liniendiagramms erkennt man, daß nur die **Spitzenwerte,** auch **Maximalwerte** oder **Amplitude** genannt, eindeutig festzulegen sind. Sie werden $\hat{u}$ (sprich u-Dach) genannt. Bei $t = 5$ ms beträgt der Spitzenwert $+311$ V und bei $t = 15$ ms -311 V. Während der Zwischenzeiten schwankt die Spannung zwischen $+311$ V und -311 V.

In der Praxis werden jedoch weder Spitzenwerte noch Augenblickswerte, sondern Mittelwerte angegeben. Man bezeichnet sie als **Effektivwerte.** Sie werden durch Großbuchstaben gekennzeichnet (z.B.: U, I). Es ist auch üblich, die Bezeichnung U_{RMS}[1] zu verwenden. Jeder Wechselspannungsmesser zeigt bei der Wechselspannungseinstellung den Effektivwert an.

$U = 0,707 \cdot \hat{u} \qquad \hat{u} = \sqrt{2} \cdot U$

Bei der sinusförmigen Wechselspannung ist der Spitzenwert $\sqrt{2}$-fach größer als der Effektivwert. In 2.3 ist dieses Verhältnis näher erklärt. Bei einem Spitzenwert von 311 V beträgt der Effektivwert 220 V.

Mischspannungen haben mehrere Mittelwerte. Den Gleichspannungsanteil nennt man den Arithmetischen Mittelwert U_{AV}. In Abb. 6 (Seite 29) beträgt er z.B. $+10$ V. Die überlagerte Wechselspannung besitzt einen eigenen Effektivwert, in Abb. 6 (Seite 29) z.B. 4,9 V. Die gesamte Mischspannung hat wiederum einen eigenen Effektivwert, in Abb. 6 (Seite 29) z.B. 11,2 V.

Neben der sinusförmigen Wechselspannung kommen auch noch andere Spannungsformen vor (Abb. 2).

Periodendauer

Formelzeichen T
Einheitenzeichen   s

$$T = \frac{1}{f} \qquad [T] = s$$

Frequenz

Formelzeichen f
Einheitenzeichen   Hz

$$f = \frac{1}{T} \qquad [f] = Hz$$

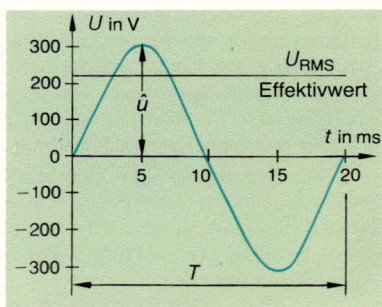

Abb. 1: Liniendiagramm einer sinusförmigen Wechselspannung

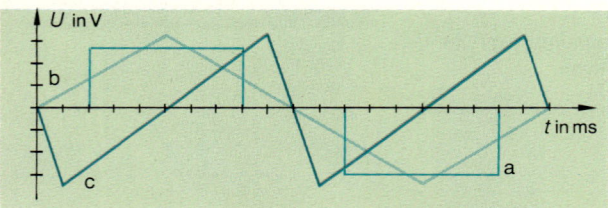

Abb. 2: Beispiele für Wechselspannungen; a) Rechteckform mit Lücken; b) Dreieckform (symmetrisch); c) Dreieckform (Sägezahn)

---

[1] RMS (root mean square)

Eine wichtige Spannungsform ist der rechteckförmige Spannungsimpuls (Abb. 3). In der Digitaltechnik, aber auch in der Meßtechnik tritt er häufig auf.

Will man z.B. die Drehzahl eines Motors bestimmen, dann kann man eine Anordnung nach Abb. 4 verwenden. In einer Scheibe, die sich mit dem Motor dreht, ist eine Bohrung (es können auch mehrere sein) angebracht. Auf der einen Seite der Scheibe ist ein lichtempfindlicher Sensor (Fotoelement oder Fotowiderstand) montiert. Immer, wenn zwischen Lichtquelle und Sensor die Bohrung vorbeikommt, wird im Sensor eine Spannung erzeugt. Diese Spannung ist ein rechteckförmiger Spannungsimpuls. In der Praxis treten oft noch Verzerrungen auf, die aber mit elektronischen Schaltungen rechteckförmig gestaltet werden.

Da nun die Zahl der Spannungsimpulse pro Zeit von der Drehzahl abhängt, braucht man nur die Spannung zu messen und in Umdrehungen pro Minute zu eichen. Welchen Wert mißt nun aber der Spannungsmesser?

In Abb. 3 ist der Spannungsimpuls 5 V groß und dauert 2 ms. Nach einer Pause von 8 ms beginnt ein neuer Impuls. Eine Umdrehung dauert also 10 ms, daß heißt, der Motor dreht sich pro Sekunde 100mal und pro Minute 6000mal.

Impulsdauer $\quad t_i = 2$ ms

Impulspause $\quad t_p = 8$ ms

Periodendauer $\quad T = t_i + t_p = 10$ ms

Impulsfrequenz $\quad f = 100$ Hz

Mißt man nun mit einem Gleichspannungsmesser, der den arithmetischen Mittelwert mißt, dann zeigt er nicht 5 V sondern 1 V an. Wie ist das zu erklären?

Das arithmetische Mittelwertmeßgerät (z.B. ein Drehspulmeßwerk) wandelt modellhaft die Spannungszeitfläche des Impulses um in eine Spannungszeitfläche, deren Grundlinie die Periodendauer T darstellt.

$U \cdot t_i = U_{AV} \cdot T$

Ändert sich nun die Impulsbreite, dann ändert sich auch der arithmetische Mittelwert. Es gilt aber auch: ändert sich die Impulsfrequenz, ändert sich auch der arithmetische Mittelwert.

In Abb. 5 sind einige Beispiele dargestellt. Dabei ist die Höhe des Spannungsimpulses immer 5 V.

Für Impulse kann man auch den Tastgrad g angeben, er gibt das Verhältnis von Impulsdauer zu Periodendauer an.

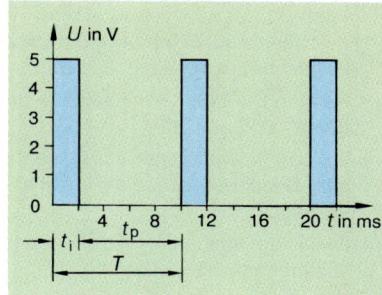

Abb. 3: Rechteckförmiger Spannungsimpuls

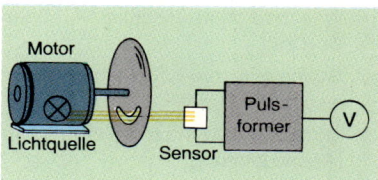

Abb. 4: Prinzipskizze einer Drehzahlmeßanlage

Mittelwert eines Impulses

Formelzeichen $\quad U_{AV}$

Einheitenzeichen $\quad$ V

$$U_{AV} = \frac{U \cdot t_i}{T}$$

Tastgrad

Formelzeichen $\quad g$

$$g = \frac{t_i}{T}$$

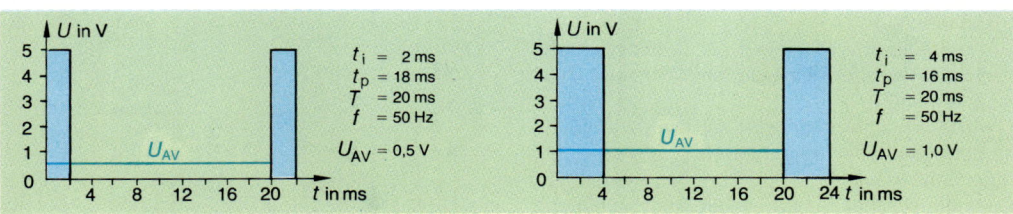

$t_i = 2$ ms
$t_p = 18$ ms
$T = 20$ ms
$f = 50$ Hz

$U_{AV} = 0{,}5$ V

$t_i = 4$ ms
$t_p = 16$ ms
$T = 20$ ms
$f = 50$ Hz

$U_{AV} = 1{,}0$ V

Abb. 5: Beispiele für Impulsgrößen

Aufgaben zu 1.4

1. Zwischen zwei Polen herrscht ein Ladungsunterschied. Wie bezeichnet man diesen Zustand?

2. Nennen Sie das Formelzeichen und die Einheit der Spannung!

3. Mit einem Bandgenerator lassen sich Spannungen erzeugen. Beschreiben Sie die mechanischen und elektrischen Vorgänge!

4. Zwischen Spannung, Arbeit und Ladung besteht ein Zusammenhang. Drücken Sie diesen in einer Formel aus!

5. Nennen Sie einige Geräte, mit denen Spannungen erzeugt werden können, und geben Sie das Prinzip an, nachdem diese Spannung erzeugt wird!

6. Was muß beim Anschluß von Spannungsmessern beachtet werden?

7. Geben Sie den Unterschied zwischen Gleich- und Wechselspannung an!

8. Skizzieren Sie in einem Liniendiagramm den Verlauf einer Mischspannung!

9. Mit welchem Gerät können Spannungen in Abhängigkeit von der Zeit sichtbar gemacht werden?

10. Nennen und beschreiben Sie die Werte einer sinusförmigen Wechselspannung!

11. Nennen und beschreiben Sie die Mittelwerte einer Mischspannung!

12. Nennen und beschreiben Sie die Kennwerte eines rechteckförmigen Spannungsimpulses.

13. Abb. 1 gibt noch einmal die Potentiale der Spannungen von Abb. 3b (S. 28) wieder. Außerdem ist hier ein Spannungsmesser dargestellt. Beim Anschluß dieses Spannungsmessers ist auf die Polarität der zu messenden Spannung zu achten.

    a) Wie groß sind die Spannungen U_{12}, U_{13}, U_{14}, U_{23}, U_{24} und U_{34}?

    b) Mit welchen Klemmen (1, 2, 3 oder 4) müssen die Klemmen des Spannungsmessers (M1 oder M2) verbunden werden, wenn die Spannungsmessungen nacheinander durchgeführt werden?

14. Abb. 2 zeigt vier unterschiedliche Mischspannungen.
    Spannung 1:
    Arithmetischer Mittelwert der Gleichspannung $= -5\ V$
    Effektivwert der überlagerten Wechselspannung $= 10{,}6\ V$
    Spannung 2:
    Arithmetischer Mittelwert der Gleichspannung $= +15\ V$
    Effektivwert der überlagerten Wechselspannung $= 3{,}5\ V$
    Spannung 3:
    Arithmetischer Mittelwert der Gleichspannung $= +5\ V$
    Effektivwert der überlagerten Wechselspannung $= 10{,}6\ V$
    Spannung 4:
    Arithmetischer Mittelwert der Gleichspannung $= +10\ V$
    Effektivwert der überlagerten Wechselspannung $= 7{,}1\ V$
    Ordnen Sie die Spannungen den Abb. 2a, b, c oder d zu!

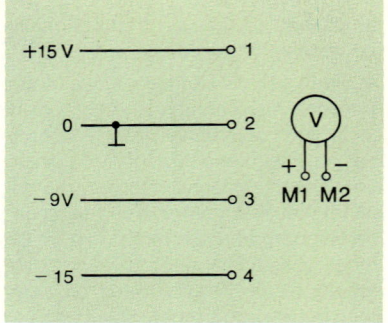

Abb. 1: Schaltung zu Aufgabe 13

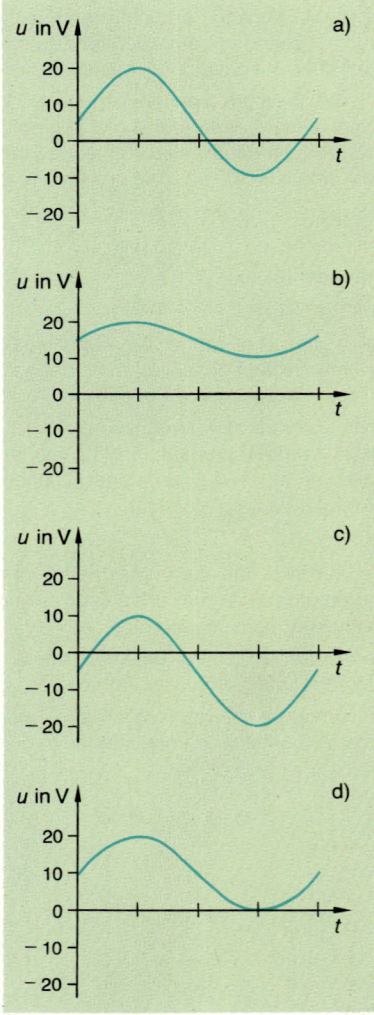

Abb. 2: Verschiedene Mischspannungen (zu Aufgabe 14)

1.5 Elektrischer Strom

1.5.1 Stromkreis und Stromrichtung

In der Spannungsquelle wird Ladung getrennt und damit Spannung erzeugt. Diese ist bestrebt, die Ladungstrennung rückgängig zu machen. Das wird jedoch innerhalb der Spannungsquelle durch die Ladungstrennungskräfte verhindert.

Schließt man dagegen an die Spannungsquelle über Leitungen einen Verbraucher an, dann kann hierüber die Ladungstrennung wieder rückgängig gemacht werden. Dies ist dann ein geschlossener Stromkreis (Abb. 3).

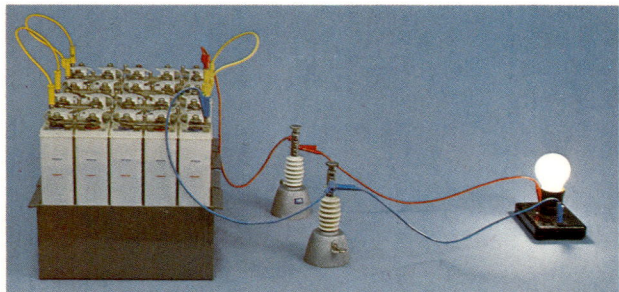

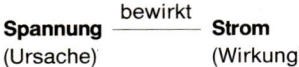
Abb. 3: Elektrischer Stromkreis

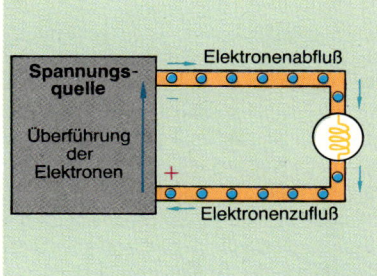
Abb. 4: Modellhafte Darstellung des Elektronenflusses in einem elektrischen Stromkreis

In einem solchen Fall wird der Ladungsunterschied und damit die Spannung kleiner. Hierdurch überwiegen die in der Spannungsquelle wirksamen Ladungstrennungskräfte, und es werden neue Ladungen getrennt. Der ursprüngliche Zustand wird sofort wieder hergestellt.

In den Leitungen und im Verbraucher fließen Ladungen (Elektronen). Da gleichzeitig in der Quelle eine Ladungstrennung stattfindet, fließen Elektronen auch innerhalb der Spannungsquelle. Es ist also ein geschlossener Ladungsfluß entstanden. Die Ladungsbewegung ist der elektrische Strom.

Dieser ist nicht nur Bewegung negativer, sondern auch Bewegung positiver Ladungen (z.B. in Flüssigkeiten). Entscheidend ist nur, daß sich Ladungen in eine bestimmte Richtung bewegen.

Elektrischer Strom ist gerichtete Bewegung von Ladungen.

Der Ladungsausgleich kann nur stattfinden, wenn eine Spannung vorhanden ist. Spannung und Strom stehen damit im Zusammenhang wie Ursache und Wirkung.

Spannung ──bewirkt── **Strom**
(Ursache)   (Wirkung)

Die Spannung ist die Ursache für den Strom.

Die Elektronen bewegen sich im Leiter mit einer sehr geringen Geschwindigkeit. Sie beträgt nur wenige Millimeter in der Minute.

Die Ursache dafür sind die unbeweglichen Atomrümpfe, die für die Elektronen Hindernisse darstellen (Abb. 5). Die Elektronen

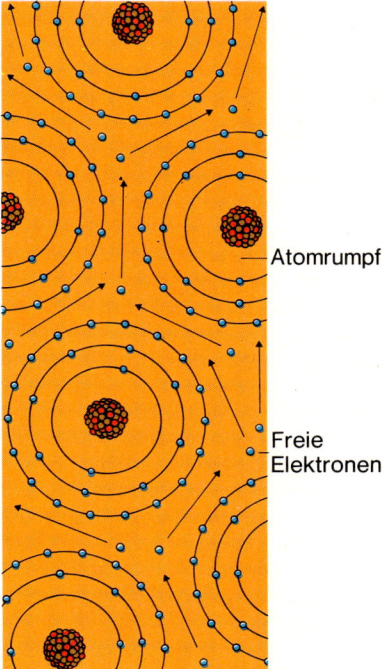

Atomrumpf

Freie Elektronen

Abb. 5: Bewegung von Elektronen zwischen den Atomrümpfen

müssen sich in einer Art Zickzack-Bewegung an ihnen vorbei-
bewegen.

Nach dem Einschalten z.B. einer Glühlampe leuchtet diese
jedoch sofort, also ist die Wirkung des Stroms sofort vorhanden. Woher kommt das?

Durch die Spannungsquelle wird vom Minuspol ein »Druck« auf
die frei beweglichen Elektronen im Leiter (Abstoßung) und vom
Pluspol ein »Sog« ausgeübt (Anziehung), der sich im gesamten
Stromkreis sofort ausbreitet (Abb. 1).

Wir haben gesehen, daß in einem Stromkreis die Elektronen
außerhalb der Spannungsquelle von L− nach L+ und
innerhalb von L+ nach L− fließen. Dies ist die Elektronenstromrichtung (Abb.. 2a).

Als man noch keine genauen Vorstellungen über die Ladungsbewegung in einem Stromkreis hatte, wurden bereits Zusammenhänge über den elektrischen Stromfluß entdeckt. Für die
ermittelten Gesetze war außerhalb der Spannungsquelle eine
Richtung des Stromflusses vom Pluspol zum Minuspol angenommen worden (Abb. 2b).

Für die Wirkung des Stromes (z.B. das Leuchten einer Lampe)
ist unerheblich, in welcher Richtung der Stromfluß angenommen wird. Deshalb hat man diese einmal festgelegte Stromrichtung in der Technik beibehalten.

> Die technische Stromrichtung geht außerhalb der Span-
> nungsquelle vom Pluspol zum Minuspol.

Um die Richtung des Stromes in Schaltbildern zu verdeutlichen, kennzeichnet man sie durch Pfeile, ähnlich wie bei der
Spannung.

1.5.2 Stromstärke

Es ist nicht nur wichtig zu wissen, ob und in welcher Richtung
ein Strom fließt, sondern auch, wie groß die Ladungsbewegung ist.

Bildlich ist das sehr einfach vorstellbar. Man denkt sich eine
Leitung durchgeschnitten und zählt die Elektronen, die pro
Sekunde aus diesem Querschnitt austreten. Es ist also gewis-
sermaßen eine »Verkehrszählung« (Abb. 3).

> Die elektrische Stromstärke ist die Ladungsmenge, die pro
> Sekunde durch einen Leiterquerschnitt fließt.

Die Größe Stromstärke hat die Einheit **Ampere**[1].

Wenn man einen gleichbleibenden Stromfluß voraussetzt, dann
bewegt sich bei doppelter Zählzeit die doppelte Ladungsmenge
durch einen Querschnitt. Um die Ladungsmenge pro Zeiteinheit
berechnen zu können, muß die gesamte Ladung durch die
Zählzeit dividiert werden.

$$\text{Stromstärke} = \frac{\text{Ladungsmenge}}{\text{Bewegungszeit}}$$

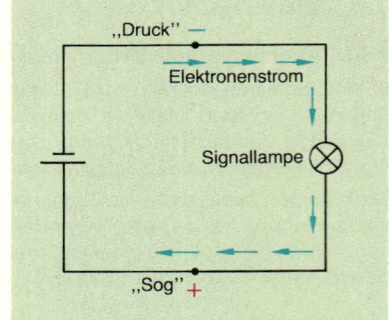

Abb. 1: Ausbreitung der Druck- und
Sogwirkung im elektrischen Stromkreis

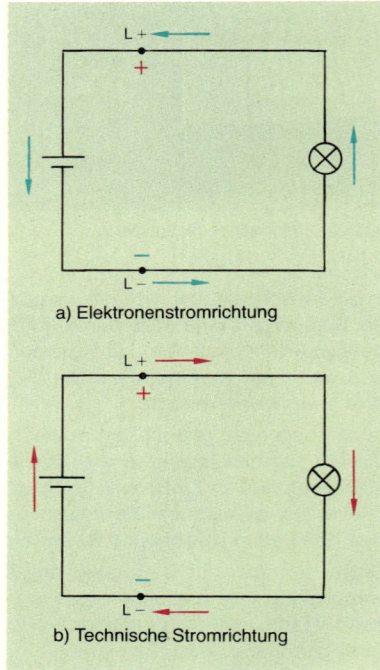

a) Elektronenstromrichtung

b) Technische Stromrichtung

Abb. 2: Elektronenstromrichtung
und Technische Stromrichtung

Stromstärke
Formelzeichen I
Einheitenzeichen   A

$$I = \frac{Q}{t}$$

---

[1] Benannt nach André-Marie Ampère, französischer Physiker, 1775 ... 1836

Stellt man die Gleichung nach der Ladungsmenge Q um, dann ergibt sich eine Gleichung zur Bestimmung von Q.

Ladung ist Stromstärke mal Zeit

$$1\,C \quad = 1\,A \quad \cdot \quad 1\,s$$

In der Praxis ist es gebräuchlicher, die Ladung in Amperesekunden statt in Coulomb anzugeben.

Berechnung der Elektronenzahl von 1 A s

Ein Strom von ein Ampere fließt eine Sekunde lang durch einen Leiter. Wie viele Elektronen sind bewegt worden, wenn die Ladung eines einzelnen Elektrons $1{,}6 \cdot 10^{-19}$ A s beträgt?

Die Stromstärke $I = 1$ A fließt dann, wenn sich pro Sekunde eine Ladung von 1 A s durch einen Leiterquerschnitt bewegt. Folglich bewegen sich

$$\frac{1\,A\,s}{1{,}6 \cdot 10^{-19}\,A\,s} = 0{,}625 \cdot 10^{19}\ \text{Elektronen.}$$

Die Stromstärke 1 A ist die Ladungsbewegung von $6{,}25 \cdot 10^{18}$ Elektronen pro Sekunde.

Dies ist eine unvorstellbar große Zahl. Ausgeschrieben lautet sie 6 250 000 000 000 000 000.

Größenordnungen für Stromstärken

Belichtungsmesser	ca. 0,0001 A
Glühlampe, 100 Watt	0,45 A
Bügeleisen	ca. 2 A
Straßenbahn	ca. 50 A
Aluminiumschmelzofen	ca. 15000 A
Gewitterblitz	ca.100000 A

1.5.3 Strommessung

Elektrischer Strom ist gerichtete Ladungsbewegung, z.B. in einem Leiter. Soll diese Ladungsbewegung gemessen werden, dann muß die Leitung eines Stromkreises aufgetrennt und das Meßgerät in die Leitung geschaltet werden. Der gesamte Strom muß durch das Meßgerät fließen (Abb. 4 und 5).

Es gibt verschiedene Arten von Strommessern. Ihre Eigenarten sind zu beachten. Bei einigen Meßgeräten darf der Strom nur in einer Richtung durch das Gerät (von $+$ nach $-$) fließen.

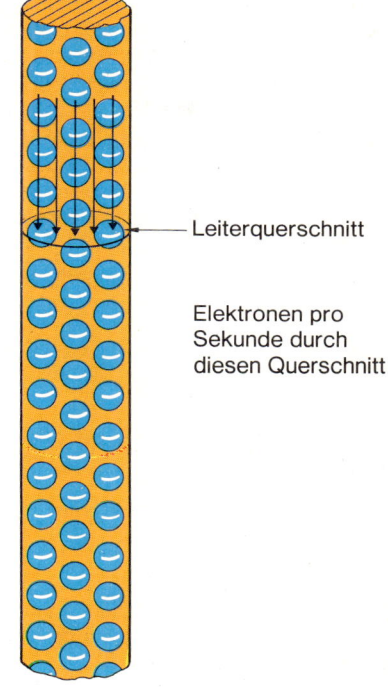

Leiterquerschnitt

Elektronen pro Sekunde durch diesen Querschnitt

Abb. 3: Symbolhafte Darstellung der Stromstärke

Strommesser

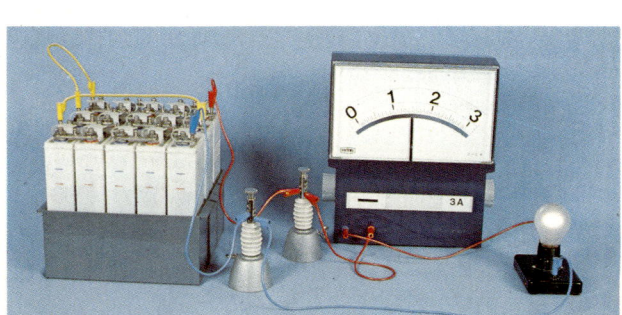

Abb. 4: Strommessung (Aufbau)

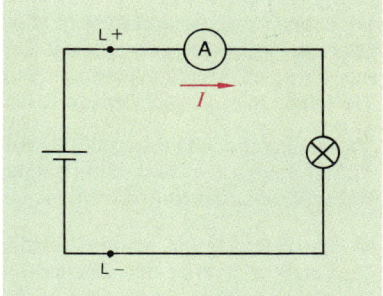

Abb. 5: Strommessung (Schaltbild)

1.5.4 Stromarten und Stromwerte

Die Spannung ist die Ursache für den elektrischen Strom. Liegt an einem Stromkreis eine Gleichspannung, dann fließt ein Gleichstrom. Die Ladungsbewegung erfolgt nur in einer Richtung (Abb. 1).

Liegt an dem Stromkreis eine Wechsel- oder eine Mischspannung, dann entsteht auch ein Wechsel- oder ein Mischstrom (Abb. 2 und Abb. 3). Wechselstrom ändert seine Richtung periodisch. Die Elektronen wandern deshalb ständig hin und her.

Genau wie bei den Spannungen gibt es bei den Strömen unterschiedliche Werte:

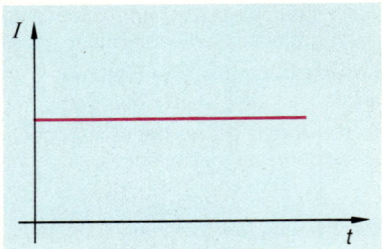

Abb. 1: Liniendiagramm eines Gleich-stromes

Der Arithmetische Mittelwert I_{AV} ist der Wert eines echten Gleichstromes oder der Gleichstromanteil eines Misch-stromes.

Der Effektivwert I bzw. I_{RMS} ist der Mittelwert eines echten Wechselstromes.

Bei sinusförmigen Wechselströmen gilt:

$I = 0{,}707 \cdot \hat{\imath}$

$\hat{\imath} = \sqrt{2} \cdot I$

Mischströme haben neben dem arithmetischen Mittelwert den Effektivwert des Wechselstromanteils und den Effektivwert des gesamten Mischstromes.

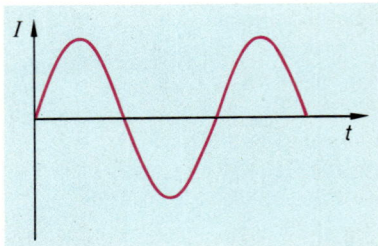

Abb. 2: Liniendiagramm eines Wechsel-stromes

Die Zusammenhänge der einzelnen Kennwerte sind recht kompliziert. Bei Messungen muß man besonders achtgeben (vgl. Kap. 7). Hier ist zunächst einmal wichtig, mit welchem Meßwerk gemessen wird. So zeigen z.B. Meßgeräte mit einem Drehspulmeßwerk immer den arithmetischen Mittelwert an, sie sind also echte Gleichstrommeßgeräte.

Mißt man mit einem Drehspulmeßwerk in einem Stromkreis mit echter Wechselspannung bzw. mit echtem Wechselstrom, dann zeigt das Gerät Null an.

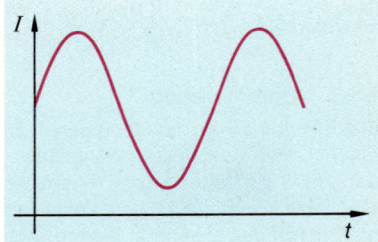

Abb. 3: Liniendiagramm eines Misch-stromes

Der arithmetische Mittelwert eines Wechselstromes bzw. einer Wechselspannung ist immer Null.

Trotzdem kann man auch mit Drehspulmeßwerken Wechsel-größen messen. Man muß sie nur vorher gleichrichten. Dies tun z.B. Wechselstrommesser mit Drehspulmeßwerken. Das Meßgerät mißt dann den arithmetischen Mittelwert der gleich-gerichteten Wechselgröße, zeigt aber den Effektivwert an. Die Skala ist in Effektivwerten geeicht. Da die Eichung in der Regel nur für sinusförmige Wechselgrößen gilt, ist der angezeigte Wert auch nur für sinusförmige Größen richtig.

Wechselstrommeßgeräte mit Drehspulmeßwerk und Gleich-richter zeigen nur dann den richtigen Effektivwert an, wenn die Wechselgröße sinusförmig ist.

Ist ein Meßgerät mit einem Dreheisenmeßwerk ausgerüstet, dann mißt es immer den Effektivwert und zeigt ihn auch an. Mit einem solchen Gerät kann man also in einem Wechsel-stromkreis direkt messen.

Mißt man in einem Stromkreis mit einem reinen Gleichstrom sowohl mit einem Drehspulmeßwerk als auch mit einem Dreheisenmeßwerk, dann zeigen beide den gleichen Wert an.

Bei reinen Gleichströmen bzw. bei reinen Gleichspannungen ist der arithmetische Mittelwert gleich dem Effektivwert.

Mißt man in einem Stromkreis mit einem Mischstrom, dann sind die Zusammenhänge komplizierter. Ein Meßgerät mit Drehspulmeßwerk zeigt den arithmetischen Mittelwert an. Das ist der Gleichstromanteil des Mischstromes. Ein Meßgerät mit Dreheisenmeßwerk zeigt den Effektivwert des gesamten Mischstromes, also Gleichstromanteil plus Wechselstromanteil, an. Die Meßwerte stimmen also jetzt nicht mehr überein.

Den Effektivwert des Wechselstromanteils kann man wie folgt berechnen:

$$I_{RMS}{}^2 = I_{AV}{}^2 + I_{rms}{}^2$$

I_{RMS} : Effektivwert des Mischstromes
I_{AV} : arithmetischer Mittelwert des Gleichstromanteils
I_{rms} : Effektivwert des Wechselstromanteils

Aufgaben zu 1.5

1. Zählen Sie die Bedingungen auf, unter denen ein elektrischer Strom fließen kann!
2. Weshalb bleibt die Spannung (Ladungsunterschied) zwischen den Klemmen einer Spannungsquelle konstant, obwohl Elektronen abfließen?
3. Nennen Sie die Stromrichtung innerhalb der Spannungsquelle!
4. Was versteht man unter einem elektrischen Stromfluß?
5. Ordnen Sie den Begriffen Strom und Spannung die Begriffe Ursache und Wirkung zu!
6. Geben Sie die technische Stromrichtung und die Elektronenstromrichtung an!
7. Zeichnen Sie eine Spannungsquelle mit einer angeschlossenen Lampe! Geben Sie die Elektronenstromrichtung an!
8. Nennen Sie Formelzeichen und Einheit der Stromstärke!
9. Drücken Sie die folgenden Werte in Ampere aus: 3,6 mA; 25 µA; 6,8 kA!
10. Nennen Sie Formelzeichen und Einheit der Ladung!
11. Zeichnen Sie eine Schaltung, nach der die Stromstärke gemessen wird!
12. Bei einer sinusförmigen Wechselspannung wurden der Effektivwert $U = 24\,V$ und die Frequenz $f = 60\,Hz$ gemessen. Wie groß sind der Spitzenwert u^1 und die Periodendauer T der Spannung?
13. Während einer Minute treten 1200 Rechteckimpulse von 12 V Höhe und 4 ms Impulsdauer auf. Wie groß ist der arithmetische Mittelwert dieser rechteckförmigen Spannung?

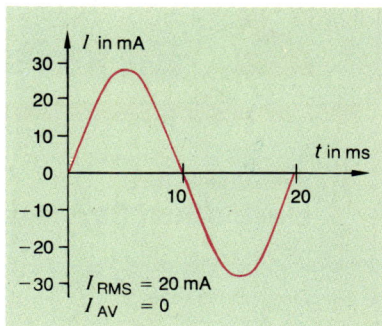

Abb. 4: Wechselstrom

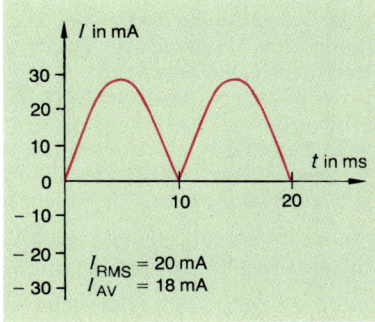

Abb. 5: Gleichgerichteter Wechselstrom

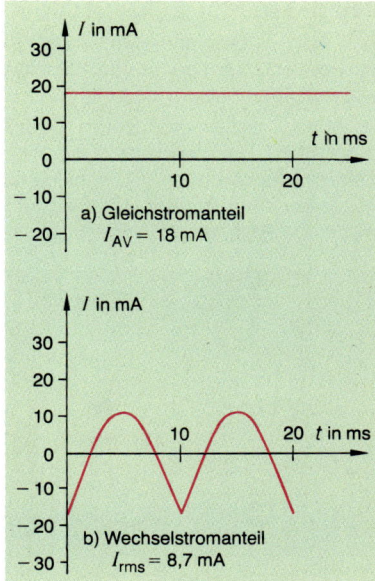

Abb. 6: Anteile des gleichgerichteten Wechselstromes

2 Elektrischer Stromkreis

2.1 Aufbau eines elektrischen Stromkreises

Ein elektrischer Stromkreis besteht aus

- der Spannungsquelle
- der Leitung
- dem Verbraucher.

In der Spannungsquelle wird Energie in elektrische Energie umgewandelt. Dabei entsteht eine elektrische Spannung.

Im Verbraucher wird die elektrische Energie in die gewünschte Energieform umgewandelt. Dabei wird elektrische Energie »verbraucht« und eine andere Energieform »erzeugt«. Eigentlich ist er also gar **kein Verbraucher, sondern ein Energieumwandler.** Diese Umwandlung vollzieht sich in den Verbrauchern durch die Behinderung der Elektronen in ihrer Bewegung. Diese Behinderung des elektrischen Stromes ist eine elektrische Größe und wird elektrischer **Widerstand** genannt.

> Der elektrischer Widerstand ist die Behinderung des Elektronenflusses durch einen Stoff.

Die Größe elektrischer Widerstand hat die Einheit **Ohm**[1].

Der elektrische Widerstand ist demnach eine Eigenschaft aller Verbraucher. Wie dieses Widerstandsverhalten erklärt werden kann und von welchen Einflußgrößen es abhängt, wird in Kapitel 3 behandelt.

Das Wort »Widerstand« wird in der Praxis auch für das Bauteil verwendet. Man spricht von Schichtwiderständen, von Drahtwiderständen usw.

In Abb. 1 ist ein kompletter Stromkreis mit Schaltzeichen dargestellt. Der besseren Übersichtlichkeit wegen wurden Schalter, Sicherungen und sonstige Schutzeinrichtungen weggelassen. Abb. 2 zeigt den gleichen Stromkreis im Aufbau, wobei als Spannungsquelle hier ein Netzteil verwendet wurde.

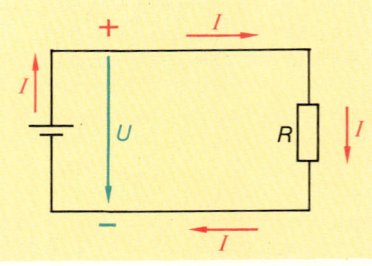

Abb. 1: Elektrischer Stromkreis (Schaltung)

Elektrischer Widerstand

Formelzeichen R
Einheitenzeichen Ω

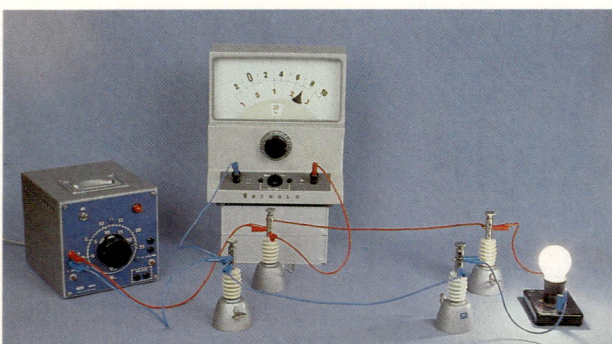

Abb. 2: Elektrischer Stromkreis (Aufbau)

---

[1] Benannt nach GEORG SIMON OHM, deutscher Physiker, 1787 … 1854

2.2 Ohmsches Gesetz

Im folgenden wollen wir durch ein Experiment die Abhängigkeit der Größen Stromstärke, Spannung und Widerstand in einem einfachen Stromkreis klären. Sinnvollerweise gehen wir so vor, daß immer nur eine Größe gezielt verändert und die andere konstant gehalten wird.

In einem Stromkreis kann man entweder die Spannung U oder den Verbraucher, also den Widerstandswert R, verändern. Entsprechend der Spannung U und dem Widerstand R wird sich eine Stromstärke I einstellen.

Die Experimente können sowohl mit Gleichstrom als auch mit Wechselstrom durchgeführt werden. Die sich ergebenden Gesetzmäßigkeiten gelten dann entweder für die arithmetischen Mittelwerte oder für die Effektivwerte.

Experimentiert man mit Mischströmen, dann können Meßfehler auftreten (vgl. Kap. 7).

Stromversorgungsgerät
Umsetzung von Wechsel- in Gleichstrom

Versuch 2–1:
Abhängigkeit der Stromstärke von der Spannung bei gleichbleibendem Widerstand

Aufbau

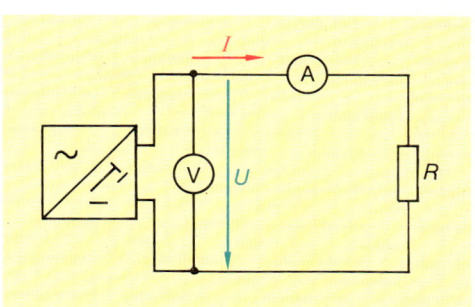

Als Spannungsquelle wird ein Netzgerät gewählt, das die 220 V Netzspannung in eine kleinere Ausgangsspannung umwandelt und bei dem die Ausgangsspannung kontinuierlich verändert werden kann.

Um einen genauen Widerstandswert zu erhalten, wird ein geeichter Widerstand verwendet.

Durchführung

Bei konstantem elektrischen Widerstand $R = 20\ \Omega$ wird die Spannung von $U = 0$ V bis $U = 10$ V verändert. Gemessen werden jeweils die Spannung U und die Stromstärke I.

Meßergebnis

Nr.	U in V	I in A
1	0	0
2	2	0,1
3	4	0,2
4	6	0,3
5	8	0,4
6	10	0,5

$R =$ konstant
$R = 20\ \Omega$

Der Versuch 2–1 zeigt:

> Die elektrische Stromstärke I ist von der Spannung abhängig. Bei gleichbleibendem Widerstand R erhöht sich die Stromstärke I im gleichen Verhältnis (proportional) wie die Spannung U.

Das Versuchsergebnis können wir auch graphisch darstellen. Die Ursache für die Stromänderung ist die Spannungsänderung. Man stellt deshalb die Stromstärke in Abhängigkeit von der Spannung dar (Abb. 1).

Die Verbindung der Meßpunkte in Abb. 1 ergibt eine Gerade. Das ist ein Beweis für die Proportionalität. Mathematisch ausgedrückt:

I ist proportional U oder

I ist verhältnisgleich U

$I \sim U$

Die Proportionalitätsaussage $I \sim U$ läßt sich auch in eine Gleichung umformen: $I = k \cdot U$. Der Wert k kann für die einzelnen Meßpunkte berechnet werden (rechte Spalte):

Für alle Meßpunkte ist k gleich. Also ist k eine Konstante. Sie gibt an, wie groß die Stromstärke bei einer Spannung von $U = 1$ V ist.

Diese Größe kann nur vom Verbraucher abhängen. Sie heißt elektrischer **Leitwert.**

Die Größe elektrischer Leitwert hat die Einheit **Siemens.**

> Der elektrische Leitwert eines Verbrauchers gibt an, welche Stromstärke pro Volt angelegter Spannung vorhanden ist.

Je größer der elektrische Leitwert in einem Stromkreis ist, desto größer ist die Stromstärke.

Im Versuch 2–1 blieb der Leitwert konstant, auch der Widerstand wurde nicht verändert. Folglich muß zwischen Widerstand und Leitwert ein Zusammenhang bestehen.

> Der elektrische Widerstand eines Verbrauchers gibt an, welche Spannung erforderlich ist, wenn ein elektrischer Strom von 1 A fließen soll.

In Versuch 2–1 fließt bei $U = 10$ V ein Strom von 0,5 A.

Der elektrische Widerstand ist demnach

$R = 20 \, \dfrac{\text{V}}{\text{A}} \quad R = 20 \, \Omega.$

Wenn Sie die beiden Erklärungssätze genau durchlesen und miteinander vergleichen (das gilt auch für die Einheiten) erkennen Sie:

> Der Leitwert ist der Kehrwert des Widerstandes.

Man kann sowohl mit dem Leitwert als auch mit dem Widerstand rechnen und schlußfolgern. Empfehlenswert ist es, sich an einer Größe zu orientieren.

> Eine Leitung leitet den elektrischen Strom umso schlechter, je größer ihr Widerstand ist.

Das folgende Experiment soll dies beweisen!

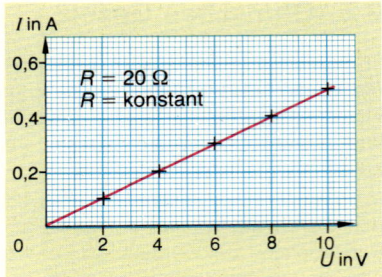

Abb. 1: Abhängigkeit der Stromstärke von der Spannung bei konstantem Widerstand

Berechnung der Meßpunkte

Meßpunkt Nr. 2 (U = 2 V):	Meßpunkt Nr. 5 (U = 8 V):
$k = \dfrac{I}{U}$	$k = \dfrac{I}{U}$
$k = \dfrac{0{,}1 \text{ A}}{2 \text{ V}}$	$k = \dfrac{0{,}4 \text{ A}}{8 \text{ V}}$
$k = 0{,}05 \, \dfrac{\text{A}}{\text{V}}$	$k = 0{,}05 \, \dfrac{\text{A}}{\text{V}}$

Elektrischer Leitwert

Formelzeichen G
Einheitenzeichen S

$1 \text{ S} = \dfrac{1 \text{ A}}{1 \text{ V}} \qquad [G] = \dfrac{\text{A}}{\text{V}}$

$1 \, \Omega = \dfrac{1 \text{ V}}{1 \text{ A}} \qquad [R] = \dfrac{\text{V}}{\text{A}}$

Leitwert   **Widerstand**

$G = \dfrac{1}{R} \qquad R = \dfrac{1}{G}$

$1 \text{ S} = \dfrac{1}{\Omega} \qquad 1 \, \Omega = \dfrac{1}{\text{S}}$

Bisher wurde der Widerstand R und damit der Leitwert G in Versuch 2–1 konstantgehalten. Bei größer werdender Spannung U stieg die elektrische Stromstärke I. In einem weiteren Versuch wollen wir klären, wie sich die Stromstärke ändert, wenn wir die Spannung konstanthalten und den Widerstand ändern.

Versuch 2–2: Abhängigkeit der Stromstärke vom Widerstand bei gleichbleibender Spannung

Aufbau

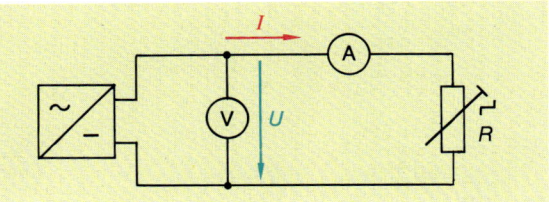

Durchführung

Bei konstanter Spannung wird der Widerstand stufenweise von $R = 10\,\Omega$ bis $R = 40\,\Omega$ verändert. Gemessen wird die Stromstärke I für die jeweiligen Widerstände. Der Spannungsmesser dient zur Kontrolle der Spannung.

Als Spannungsquelle wird wie in Versuch 2–1 ein Netzgerät verwendet, der Widerstand ist stufig einstellbar.

Meßergebnis

Nr.	R in Ω	I in A		Nr.	R in Ω	I in A
1	10	1		3	30	0,33
2	20	0,5		4	40	0,25

$U = $ konstant
$U = 10$ V

Der Versuch 2–2 zeigt:

Vergrößert man den elektrischen Widerstand R bei gleichbleibender Spannung U, so wird die elektrische Stromstärke I kleiner.

Auch dieses Versuchsergebnis können wir in einem Diagramm graphisch darstellen. Die Ursache der Stromänderung ist die Widerstandsänderung. Man stellt deshalb die Stromstärke in Abhängigkeit vom Widerstand dar (Abb. 2). Das Kurvenbild ist eine Hyperbel und kennzeichnet eine umgekehrte Proportionalität.

Mathematisch ausgedrückt:

I ist umgekehrt proportional R: $\quad I \sim \dfrac{1}{R}$

Faßt man die Ergebnisse aus Versuch 2–1 und 2–2 zusammen, so ergibt sich:

In einem geschlossenen elektrischen Stromkreis ist die Stromstärke von der Spannung und vom Widerstand abhängig.

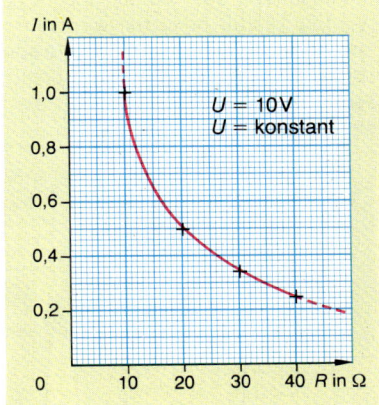

Abb. 2: Abhängigkeit der Stromstärke vom Widerstand bei konstanter Spannung

Ohmsches Gesetz

Die elektrische Stromstärke I ist der anliegenden Spannung U direkt und dem Widerstand R umgekehrt proportional.

In Abb. 1 ist die Abhängigkeit der Stromstärke von der Spannung für verschieden große Widerstände dargestellt. Es gilt: Je kleiner der Widerstand, desto steiler ist die Funktionslinie.

Ohmsches Gesetz

$$I = \frac{U}{R}$$

Umstellungen:

$$R = \frac{U}{I}$$

$$U = I \cdot R$$

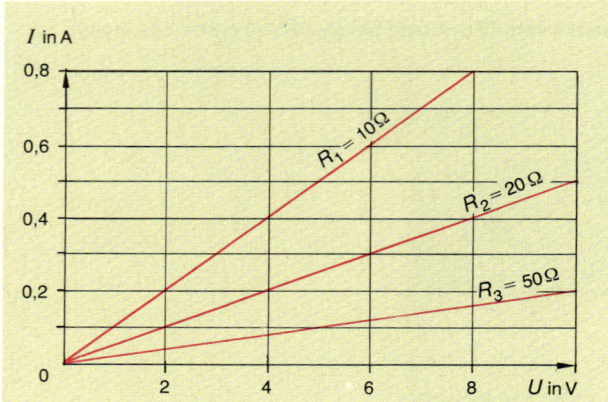

Abb. 1: Kennlinien verschiedener linearer Widerstände

2.3 Elektrische Arbeit und Leistung

2.3.1 Elektrische Arbeit

In jeder Spannungsquelle wird Energie in elektrische Energie umgewandelt. Dabei entsteht nicht nur eine elektrische Spannung, sondern auch eine elektrische Ladung. Die dabei gewonnene Energie muß in der Lage sein, Arbeit zu verrichten.

Im folgenden soll die elektrische Ladung näher betrachtet werden. Hierfür benutzen wir ein Gerät, das eine bestimmte und bekannte elektrische Energie speichert. Ein solches Gerät ist der Kondensator. Er wird später ausführlicher behandelt. Hier soll nur seine Eigenschaft als Energiespeicher berücksichtigt werden.

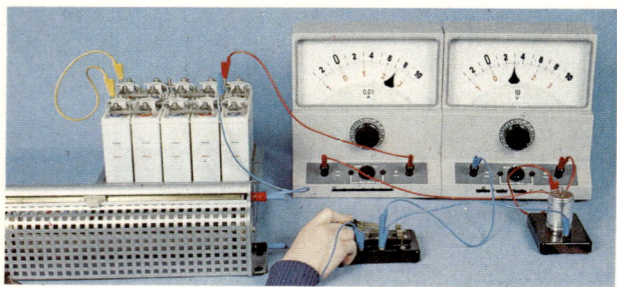

Abb. 2: Der Kondensator wird aufgeladen. Es fließt ein Strom und die Kondensatorspannung steigt. Der Kondensator speichert Energie.

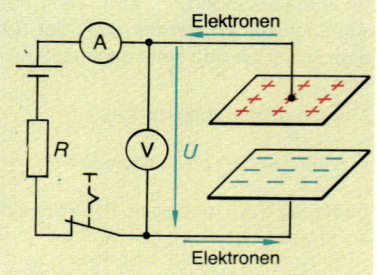

Abb. 3: Aufladevorgang eines Kondensators

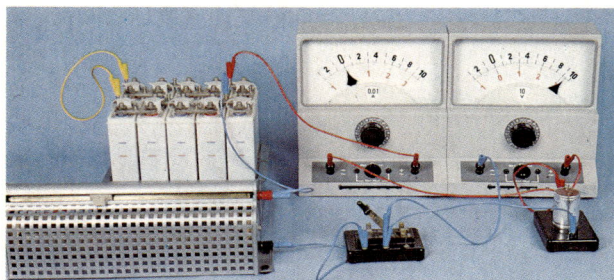

Abb. 4: Der Stromkreis ist unterbrochen, es fließt kein Strom. Am Kondensator wird Spannung gemessen, er hat also Energie gespeichert.

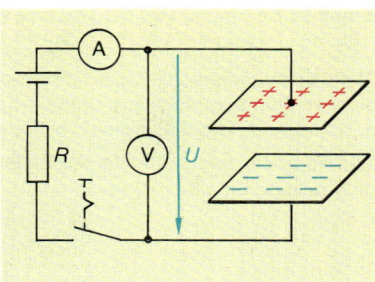

Abb. 5: Aufgeladener Kondensator

Abb. 6: Der Kondensator wird entladen. Es fließt ein Strom und mit schreitender Zeit fällt die Kondensatorspannung.

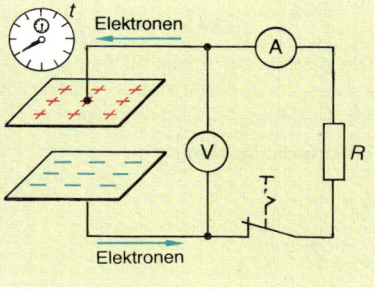

Abb. 7: Entladevorgang eines Kondensators

Der Kondensator besteht aus zwei voneinander isolierten Platten. Schließt man an diesen eine Spannungsquelle an, dann zieht der Pluspol Elektronen aus der einen Platte. Es bleiben positive Ladungen zurück. Der Minuspol »drückt« zusätzlich Elektronen auf die andere Platte. Sie wird dadurch negativ geladen (Abb. 2 u. 3).

Die negative Ladung, die der oberen Platte entzogen wurde, ist auf der unteren gespeichert. Man sagt, der Kondensator ist geladen. Einen Beweis hierfür liefert der Spannungsmesser. Er zeigt eine Spannung an. Diese bleibt auch dann bestehen, wenn die Spannungsquelle abgeklemmt wird. Der Kondensator hat also elektrische Energie gespeichert (Abb. 4 u. 5).

$E = U \cdot Q$

Diese elektrische Energie kann als elektrische Arbeit wieder abgegeben werden, wenn ein Verbraucher angeschlossen wird.

$E = W \quad \Rightarrow \quad W = U \cdot Q$

Wenn der Kondensator entladen wird, fließt während einer bestimmten Zeit t ein Strom I, bis der Kondensator entladen ist. Dabei wird Ladung bewegt (Abb. 6 u. 7).

Es gilt: $Q = I \cdot t$

Für die elektrische Arbeit ergibt sich damit:

$W = U \cdot Q$
$W = U \cdot I \cdot t$

Elektrische Arbeit

Formelzeichen W

$$W = U \cdot I \cdot t$$

$[W] = V\,A\,s$
$[W] = W\,s$

Arbeit ist Spannung mal Stromstärke mal Zeit

$1\,J\ =\ \ \ 1\,V\ \ \ \ \cdot\ \ \ \ 1\,A\ \ \ \cdot\ \ 1\,s$

Elektrische und mechanische Arbeit haben das gleiche Formelzeichen. Stimmen auch ihre Einheiten überein? Wir wollen dies durch einen Einheitenvergleich prüfen (rechte Spalte):

Das Ergebnis zeigt, daß sich die Einheiten ineinander umwandeln lassen. Es gilt:

$1\,Nm\ =\ 1\,VAs$

Einheitenvergleich

$$[W] = V \cdot A \cdot s \qquad 1\,V = \frac{1\,N \cdot m}{1\,A \cdot s}$$

$$[W] = \frac{N \cdot m \cdot A \cdot s}{A \cdot s}$$

$$[W] = N \cdot m$$

2.3.2 Elektrische Leistung

In 1.3.4 ist die Leistung als Arbeit pro Zeit erklärt worden. Dies gilt auch für die Elektrotechnik.

$$\text{Leistung} = \frac{\text{Arbeit}}{\text{Zeit}}$$

Die elektrische Arbeit ist das Produkt von Spannung, Stromstärke und Zeit. Wir können diesen Ausdruck in die Formel zur Leistungsberechnung einsetzen.

Elektrische Leistung

$$P = \frac{W}{t}$$

$$P = \frac{U \cdot I \cdot t}{t}$$

$$P = U \cdot I$$

Elektrische Arbeit

$$W = U \cdot I \cdot t$$

Elektrische Leistung

Formelzeichen P

$$\boxed{P = U \cdot I}$$

$[P] = VA$
$[P] = W$

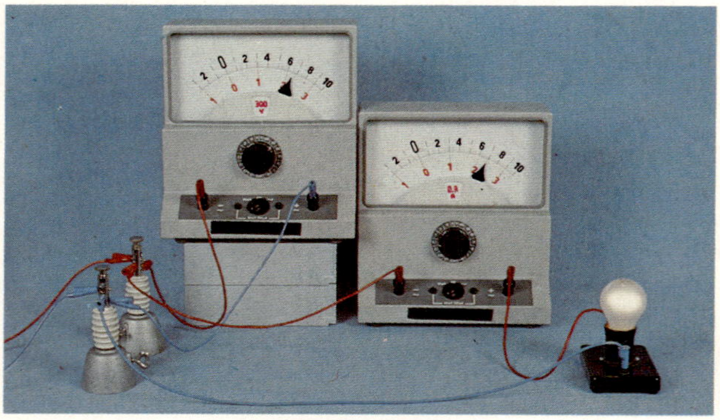

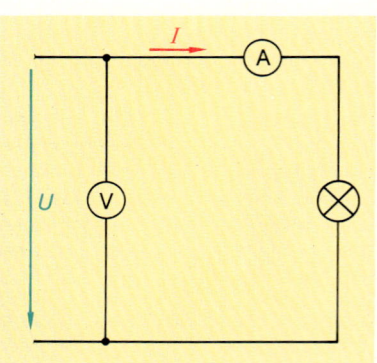

Abb. 1: Indirekte Leistungsmessung (Aufbau)

Abb. 2: Indirekte Leistungsmessung (Schaltung)

Elektrische Leistung = Spannung mal Stromstärke

$\ \ \ \ \ 1\,W\ \ \ \ \ \ =\ \ \ \ 1\,V\ \ \ \ \cdot\ \ \ \ \ 1\,A$

Damit gilt für die Einheit W:

$$1\,W = 1\,VA = \frac{1\,Nm}{1\,s} = \frac{1\,J}{1\,s}$$

Elektrischer Leistungsmesser

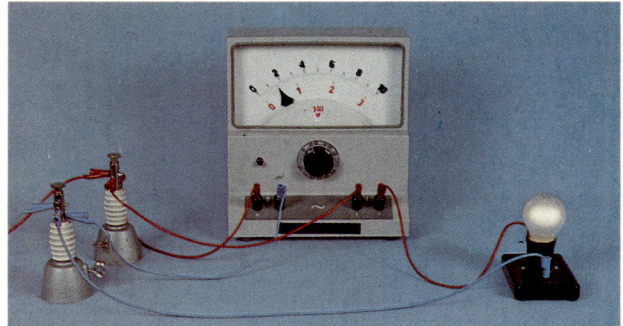

Abb. 3: Direkte Leistungsmessung (Aufbau)

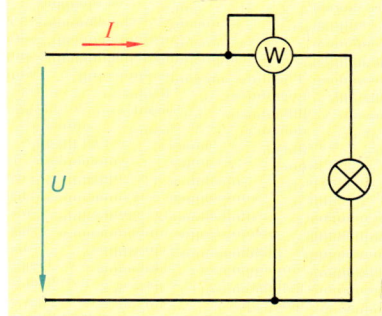

Abb. 4: Direkte Leistungsmessung (Schaltung)

Größenordnungen von Leistungswerten elektrischer Geräte:

Kofferradio z. B.	5 W
Glühlampe (220 V) z. B.	40 W
Farbfernsehgerät z. B.	90 W
Kühlschrank z. B.	120 W
Elektroherd z. B.	5 000 W
Elektrolokomotive z. B.	1 000 000 W

Größenordnungen von Leistungswerten elektrischer Kraftwerke:

Wasserkraftwerk Walchensee	124 000 000 W = 124 MW
Kohlekraftwerk Borken	356 000 000 W = 356 MW
Pumpspeicherwerk Waldeck	440 000 000 W = 440 MW
Kernkraftwerk Würgassen	670 000 000 W = 670 MW

2.3.3 Messung der elektrischen Leistung und Arbeit

Die Beziehung für die elektrische Leistung verdeutlicht, daß es sehr einfach ist, elektrische Leistung zu messen. Man benötigt einen Spannungsmesser und einen Strommesser. Beide Meßwerte miteinander multipliziert ergeben die Leistung (Abb. 1 und 2).

In der Technik werden jedoch auch Instrumente benutzt, in denen das Spannungsmeßwerk und der Strommeßwert gemeinsam auf einen Zeiger wirken. Man spricht von einem Produktmesser. Hier wird die Leistung direkt angezeigt (Abb. 3 und 4).

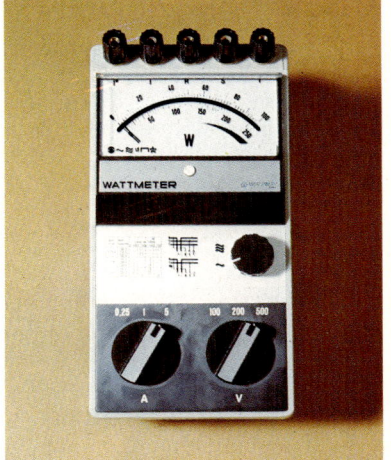

Abb. 5: Leistungsmesser

Der elektrische Leistungsmesser besitzt einen Spannungspfad (Spannungsmesser) und einen Strompfad (Strommesser). Beim Anschließen eines Leistungsmessers muß man besonders sorgfältig vorgehen, damit die beiden Pfade nicht vertauscht werden. Der Spannungspfad ist hochohmig. Er muß an die zu messende Spannung angeschlossen werden. Der Strompfad ist niederohmig. Schließt man ihn parallel zur Spannungsquelle an, dann fließt ein zu großer Strom, der das Gerät zerstört. Er muß deshalb in den Stromkreis geschaltet werden.

Selbst bei richtigem Anschluß kann das Meßgerät, dessen Zeiger bei einer Messung noch nicht den Endwert anzeigt, zerstört werden. Dies ist besonders bei umschaltbaren Instrumenten zu beachten. Ein Beispiel soll dies verdeutlichen.

Bei einem Leistungsmesser ist der Spannungspfad auf 300 V und der Strompfad auf 1 A eingestellt. Der Meßbereich beträgt also 300 W.

Der Verbraucher, dessen Leistung gemessen werden soll, liegt an 100 V. Es fließt ein Strom von 2,5 A. Das Meßgerät zeigt den richtigen Wert an, nämlich 250 W.

Der Meßwert ist also kleiner als der Meßbereich des Leistungsmessers. Trotzdem wird der Leistungsmesser zerstört, da sein Strompfad um 150% überlastet ist.

Will man die elektrische Arbeit bestimmen, dann muß man die Leistungsmessung mit einer Zeitmessung ergänzen und den Leistungswert mit dem Zeitwert malnehmen (Abb. 1).

Eine weitere recht einfache Möglichkeit ist der Einsatz eines Elektrizitätszählers. Er besteht im Prinzip aus einem Leistungsmesser, der auf ein Zählwerk wirkt. Das Zählwerk registriert entsprechend der Einschaltdauer (Zeit) die Elektrische Arbeit (Abb. 3).

Leistungsmesser besitzen in der Regel elektrodynamische Meßwerke (vgl. 7.7.1). Diese sind für Gleich- und Wechselstrom geeignet. Dagegen besitzen die gebräuchlichen Elektrizitätszähler ein Induktionsmeßwerk. Dies arbeitet nur bei Wechselstrom. Für Gleichstrom gibt es besondere Motorzähler, Wattstundenzähler oder Elektrolytzähler. Die Messung nach Abb. 3 erfolgt mit Wechselstrom.

Abb. 1: Indirekte Arbeitsmessung (Aufbau)

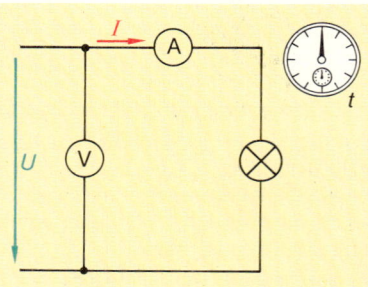

Abb. 2: Indirekte Arbeitsmessung (Schaltung)

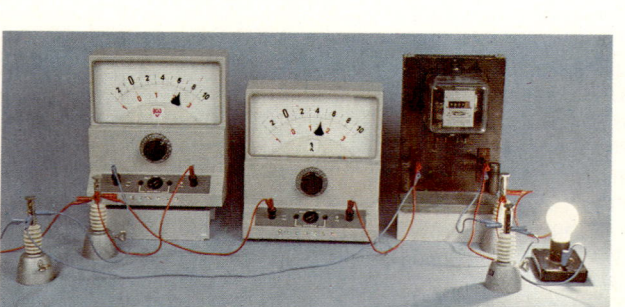

Abb. 3: Direkte Arbeitsmessung (Spannungs- und Strommessung zur Kontrolle), (Aufbau)

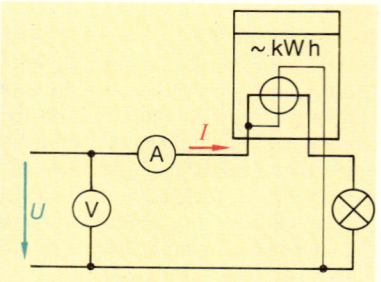

Abb. 4: Direkte Arbeitsmessung (Spannungs- und Strommessung zur Kontrolle), (Schaltung)

2.3.4 Arbeit und Leistung im Gleichstromkreis

Schließt man an einen Widerstand von z.B. 20 Ω eine Gleichspannung von 7 V an, dann fließt ein Gleichstrom von 0,35 A. In dem Widerstand wird eine Leistung von

$P = U \cdot I$ $P = 7\,V \cdot 0,35\,A$ $P = 2,45\,W$ umgesetzt.

Je nach Einschaltdauer ergibt sich die Arbeit. Um einen späteren Vergleich mit Wechselspannung vornehmen zu können, soll eine recht kleine Zeit von 20 ms angenommen werden.

$W = P \cdot t$ $W = 2,45\,W \cdot 20\,ms$ $W = 49\,mWs$.

In Abb. 5 sind die Liniendiagramme für u, i und p dargestellt.

Betrachtet man sich das Liniendiagramm der Leistung etwas genauer, dann erkennt man, daß die Fläche unter der Leistungsgeraden (im vorliegenden Fall ein Rechteck) genau dem Wert der Arbeit entspricht.

In einem Leistungsdiagramm entspricht die Fläche zwischen Funktionslinie und Zeitachse dem Wert der verrichteten Arbeit.

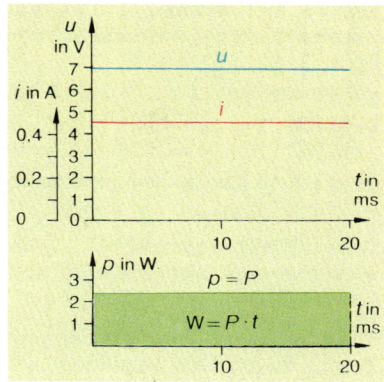

Abb. 5: Spannung, Stromstärke und Leistung in einem Gleichstromkreis

2.3.5 Arbeit und Leistung im Wechselstromkreis

An einen gleichgroßen Widerstand von 20 Ω wird nun eine Wechselspannung angeschlossen. Die Wechselspannung soll einen Spitzenwert von 10 V haben. Im Widerstand fließt jetzt ein Wechselstrom. Dieser hat einen Spitzenwert, der sich nach dem Ohmschen Gesetz berechnen läßt:

$\hat{\imath} = \dfrac{\hat{u}}{R}$ $\hat{\imath} = \dfrac{10\,V}{20\,\Omega}$ $\hat{\imath} = 0,5\,A$.

In Abb. 6 sind die Liniendiagramme für die Spannung und die Stromstärke dargestellt. Multipliziert man für einzelne Zeitpunkte die Momentanwerte von Spannung und Stromstärke, dann erhält man die entsprechenden Momentanwerte der Leistung. Für Abb. 7 ist dies geschehen und das Liniendiagramm der Leistung in Abhängigkeit von der Zeit gezeichnet. Es gilt:

Das Liniendiagramm der Leistung ist eine ins positive verschobene sinusförmige Linie, die im Verhältnis zur sinusförmigen Spannung und zum sinusförmigen Strom mit doppelter Frequenz schwingt.

Auch hier gilt, daß die Fläche unter der Leistungslinie so groß ist, wie die verrichtete elektrische Arbeit. Da die Fläche jetzt kein Rechteck darstellt, läßt sich die Arbeit nicht so einfach berechnen. Man kann jedoch die Fläche unter der Leistungslinie recht einfach in ein Rechteck umwandeln. In Abb. 1, S. 48 ist dies geschehen. Es ergibt sich ein Mittelwert der Leistung P, der genau halb so groß ist wie der Spitzenwert.

$\hat{p} = \hat{u} \cdot \hat{\imath}$ $\hat{p} = 10\,V \cdot 0,5\,A$ $\hat{p} = 5\,W$
$P = 0,5\,\hat{p}$ $P = 2,5\,W$

Die elektrische Arbeit, die pro Periode verrichtet wird, beträgt:

$W = P \cdot t = 2,5\,W \cdot 20\,ms = 50\,mWs$

Ein Vergleich mit dem obenstehenden Gleichstrombeispiel zeigt Übereinstimmung. Damit ist eine Gleichspannung von 7 V genau so effektiv, wie eine sinusförmige Wechselspannung mit

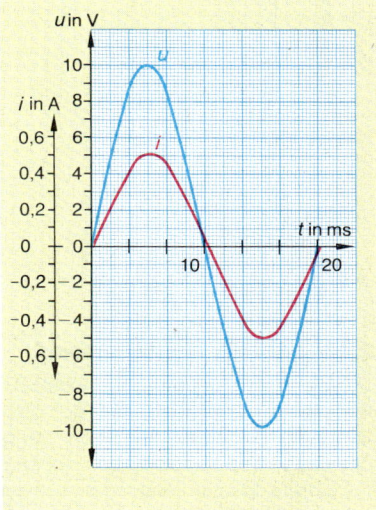

Abb. 6: Spannung und Stromstärke im Wechselstromkreis

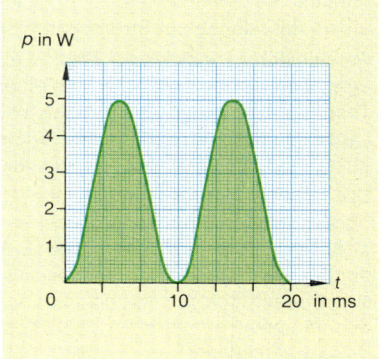

Abb. 7: Leistung im Wechselstromkreis

einem Spitzenwert von $\hat{u} = 10$ V und ein Gleichstrom von 0,35 A wie ein sinusförmiger Wechselstrom mit einem Spitzenwert von 0,5 A.

Verwendet man die in 1.4.4 und 1.5.4 eingeführten Effektivwerte,

$U = 0,707 \cdot \hat{u}$ $U = 0,707 \cdot 10$ V $U = 7,07$ V   und

$I = 0,707 \cdot \hat{\imath}$ $I = 0,707 \cdot 0,5$ A $I = 0,354$ A,

dann kommt man zu dem gleichen Ergebnis!

$P = 7,07$ V $\cdot$ 0,354 A $P = 2,5$ W

Da beim Gleichstrombeispiel 7 V und nicht 7,07 V angenommen worden ist, ergibt sich eine kleine Abweichung von 0,05 W bzw. 1 mWs.

> Die Effektivwerte einer Wechselspannung und eines Wechselstromes entsprechen gleichgroßen Gleichstromwerten. Es wird gleichgroße Arbeit verrichtet.

Diese Aussage läßt sich für eine sinusförmige Spannung und sinusförmigen Strom herleiten:

$\hat{p} = \hat{u} \cdot \hat{\imath}$

$P = \dfrac{\hat{p}}{2} = \dfrac{\hat{u} \cdot \hat{\imath}}{2}$ $P = \dfrac{\hat{u} \cdot \hat{\imath}}{\sqrt{2} \cdot \sqrt{2}}$ $P = \dfrac{\hat{u}}{\sqrt{2}} \cdot \dfrac{\hat{\imath}}{\sqrt{2}}$

$U_{RMS} = U = \dfrac{\hat{u}}{\sqrt{2}}$

$I_{RMS} = I = \dfrac{\hat{\imath}}{\sqrt{2}}$

$P = U_{RMS} \cdot I_{RMS}$ $P = U \cdot I$

2.3.6 Leistung und Widerstand

Die elektrische Leistung ist sowohl im Gleichstromkreis als auch im Wechselstromkreis von der Spannung und vom Strom abhängig. Da jedoch der Strom bei gegebener Spannung von der Größe des Widerstandes abhängig ist, ist der Widerstand für die elektrische Leistung eine entscheidende Größe. In ihm wird immer die Leistung umgesetzt, in ihm entsteht immer Wärme. Dies kann erwünscht sein, z.B. bei dem Elektroherd, dies kann jedoch auch unerwünscht sein, z.B. bei Elektromagneten, bei elektrischen Lichtquellen (vgl. 5.2). Oft werden auch Widerstände zur Strombegrenzung als Schutz eingesetzt.

Der einfachste elektrische Stromkreis besteht aus der Spannungsquelle, den Leitungen und einem Verbraucher. Alle drei Teile besitzen einen elektrischen Widerstand. Wir wollen zunächst einmal die elektrischen Widerstände der Spannungsquelle und der Leitungen vernachlässigen. In diesem Fall gilt:

Die Spannungsquelle erzeugt die Quellenspannung U_q (vgl. Abb. 2). Ist der Stromkreis geschlossen, dann fließt ein Strom I. Nun wissen wir, daß immer dann, wenn ein elektrischer Strom durch einen Widerstand fließt, ein elektrischer Spannungsfall auftritt. Nach Abb. 2 ist das nur am Verbraucher der Fall. Dieser Spannungsfall am Verbraucher läßt sich nach dem Ohmschen Gesetz berechnen:

$U_R = I \cdot R$

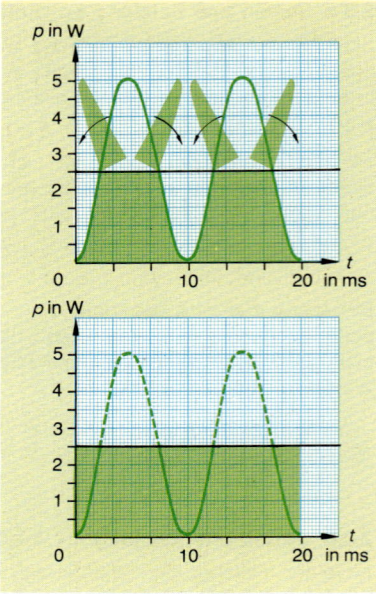

Abb. 1: Flächenwandlung der Fläche unter der Leistungskurve

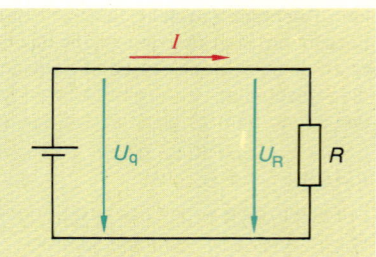

Abb. 2: Elektrischer Stromkreis mit Quellenspannung U_q und Spannungsabfall am Verbraucher U_R

In dem Stromkreis muß nun ein elektrisches Gleichgewicht herrschen, der Spannungsfall am Verbraucher muß genau so groß sein, wie die Quellenspannung:

$U_R = U_q$

Damit diese Bedingung erfüllt ist, stellt sich eben die erforderliche Stromstärke ein. Dieser Strom wiederum erzeugt nicht nur den erforderlichen Spannungsabfall (im folgenden werden wir nur von der Spannung sprechen), sondern er erzeugt auch Wärme. Es entsteht also Leistung. Aus diesen Überlegungen wird deutlich, daß Stromstärke und Leistung bei einer vorgegebenen Spannungsquelle mit konstanter Spannung von dem Widerstand des Verbrauchers abhängen. In einem Versuch soll nun diese Abhängigkeit gezielt untersucht werden. Als Versuchsobjekt bietet sich die Herdplatte eines Elektroherdes an. Mit dem 7-Takt-Schalter (eine Ausschaltstellung und sechs unterschiedliche Einschaltstellungen) wird die Leistung der Herdplatte gesteuert.

Versuch 2–3:
Zusammenhang zwischen Stromstärke, Leistung und Widerstand bei einer Herdplatte

Aufbau

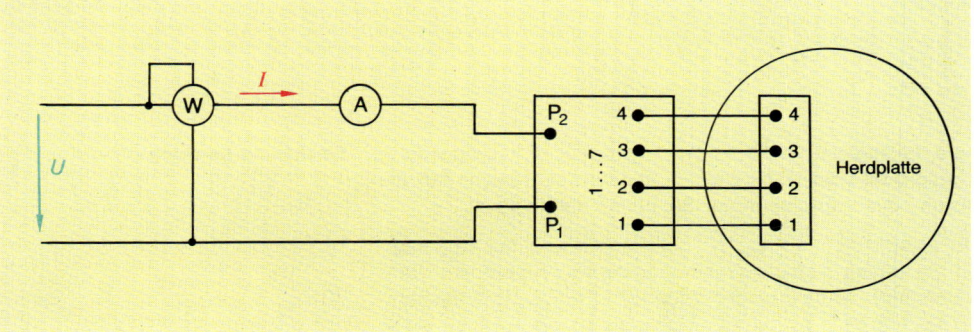

Durchführung

Die Herdplatte $P = 2000\ \text{W}$ wird an ihre Nennspannung $U = 220\ \text{V}$ angeschlossen. Für jede Schalterstellung des 7-Takt-Schalters werden Leistung und Stromstärke gemessen.

Meßergebnis

Nr.	1	2	3	4	5	6	7
Stufe	0	0●1	1	1●2	2	2●3	3
P in W	0	200	300	450	950	1400	2000
I in A	0	0,91	1,36	2,05	4,32	6,36	9,1
$R = \dfrac{U}{I}$ in Ω	∞	242	162	107	51	34,6	24,2

$U = $ konstant $U = 220\ \text{V}$

Die Meßwerte bestätigen die in 2.3.2 gefundene Gesetzmäßigkeit.

> Bei konstanter Spannung steigt die Stromstärke im gleichen Verhältnis wie die Leistung.

Wenn sich in einem Stromkreis bei konstanter Spannung die Stromstärke ändert, dann kann die Ursache hierfür nur eine Widerstandsänderung sein. Durch Betätigen des 7-Takt-Schalters ist also der Widerstand der Herdplatte verändert worden.

Die technische Verwirklichung dieser Veränderung wird in 4.1 und 4.2 geklärt. Hier soll untersucht werden, in welchem Maß der Widerstand verändert wird und welche Auswirkung dies auf die Leistung hat.

In der Tabelle der Meßergebnisse von Versuch 2–3 sind die Widerstandswerte der einzelnen Schaltstufen ausgerechnet. Sie zeigen deutlich, daß die Leistung steigt, wenn der Widerstand kleiner wird. Untersucht man den Zusammenhang genauer, dann ermittelt man eine umgekehrte Proportionalität. Dies zeigt auch das Diagramm (Abb. 2) zu Versuch 2–3.

> Die Leistung eines Verbrauchers an konstanter Spannung steigt in dem Maß, in dem der Widerstand kleiner wird.

Das umgekehrte Proportionalitätsverhältnis läßt sich auch in einer Formel ausdrücken. Sie wird hier mathematisch hergeleitet.

$$P = U \cdot I \qquad I = \frac{U}{R}$$

$$P = \frac{U \cdot U}{R}$$

Diese Leistungsformel bestätigt nicht nur die umgekehrte Abhängigkeit vom Widerstand R, sondern sagt auch, daß die Leistung quadratisch von der Spannung abhängig ist.

> Die elektrische Leistung ist quadratisch von der angelegten Spannung abhängig und umgekehrt proportional zum Widerstand. Je kleiner der Widerstand eines Verbrauchers ist, desto größer ist seine Leistungsaufnahme.

Da auch die Stromstärke von der Spannung und vom Widerstand abhängig ist, läßt sich auch die Leistung mit Hilfe der Stromstärke berechnen.

Ersetzt man in der Grundformel U durch $I \cdot R$, dann erhält man eine dritte für die Praxis sehr wichtige Leistungsformel:

$$P = U \cdot I \qquad U = I \cdot R$$
$$P = I \cdot R \cdot I$$

Die Berechnung der Leistung kann insgesamt mit den drei folgenden Formeln erfolgen:

$$\boxed{P = U \cdot I}$$

$$\boxed{P = \frac{U^2}{R}}$$

$$\boxed{P = I^2 \cdot R}$$

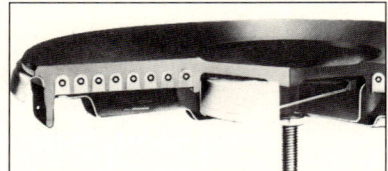

Abb. 1: Schnitt durch eine Herdplatte

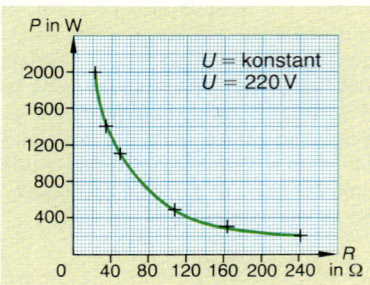

Abb. 2: Abhängigkeit der Leistung vom Widerstand bei konstanter Spannung

Elektrische Leistung

$$\boxed{P = \frac{U^2}{R}}$$

$$[P] = \frac{V^2}{\Omega}$$

$$\boxed{P = I^2 \cdot R}$$

$$[P] = A^2\,\Omega$$

Aufgaben zu 2

1. a) Berechnen Sie in Anlehnung an Versuch 2–1 von $U = 0$ V bis $U = 20$ V die Stromstärke für die Widerstände $R_1 = 30\ \Omega$ und $R_2 = 10\ \Omega$!
   b) Tragen Sie in ein neues Diagramm die Kennlinien ein!
   c) Zu welchem Widerstand (zum größten oder kleinsten) gehört die steilste Kennlinie? Begründen Sie Ihre Antwort!

2. Wie groß ist die Stromstärke durch einen 15 kΩ-Widerstand, wenn er an 60 V angeschlossen wird?

3. Wie groß ist der Widerstand, durch den an 220 V angeschlossen ein Strom von 9,1 A fließt?

4. Wie groß ist der Leitwert eines Verbrauchers, durch den bei einer Spannung von 500 V ein Strom von 22,5 A fließt?

5. An welche Spannung kann ein Widerstand $R = 2,2$ kΩ angeschlossen werden, wenn die höchstzulässige Stromstärke $I = 50$ mA beträgt?

6. Nennen und begründen Sie die Einheiten für die elektrische Leistung!

7. Warum darf der Strompfad eines Leistungsmessers nicht parallel zur Spannungsquelle angeschlossen werden?

8. Erklären Sie, warum der Strompfad oder der Spannungspfad eines Leistungsmessers überlastet sein kann, obwohl der Leistungsmesser noch nicht den Endwert anzeigt?

9. Von welchen Größen ist die Arbeit in einem Stromkreis abhängig?

10. Wann wird in einem Gleichstromkreis eine gleichgroße Leistung umgesetzt wie in einem Wechselstromkreis?

11. In welcher Weise ändert sich die Leistungsaufnahme eines Stromkreises, wenn bei gleichbleibender Spannung der Widerstand verdoppelt wird? Begründen Sie Ihre Antwort!

12. In Abb. 3 ist die Leistung in Abhängigkeit von der Spannung für einen Widerstand dargestellt.
    a) Wie groß ist die Leistung des Widerstandes bei einer Spannung von 10 V?
    b) Wie groß ist die Leistung, wenn die Spannung verdoppelt wird?
    c) Wie groß ist der Widerstand?

13. In Abb. 4 ist die Leistung in Abhängigkeit vom Widerstand R dargestellt.
    a) Wie groß ist der Widerstand, wenn die Leistung 7,5 W beträgt? (Kurve 1)
    b) Für welche Spannung gilt die Kurve 1?
    c) Für welche Spannung gilt die Kurve 2?

14. In Abb. 5 ist die Leistung in Abhängigkeit von der Stromstärke dargestellt.
    a) Wie groß ist die Leistung bei einer Stromstärke von 0,07 A? (Kurve 1)
    b) Für welchen Widerstand gilt die Kurve 1?
    c) Für welche Widerstände gilt die Kurve 2 und 3?

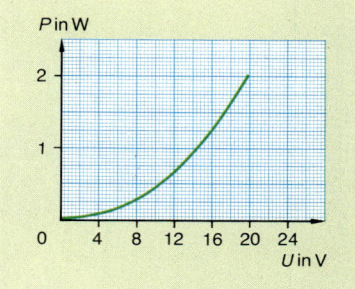

Abb. 3: Diagramm zu Aufgabe 12

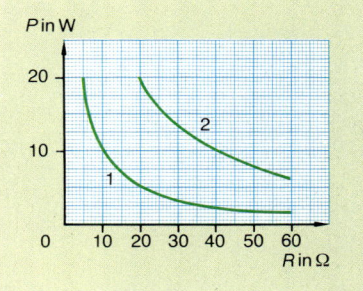

Abb. 4: Diagramm zu Aufgabe 13

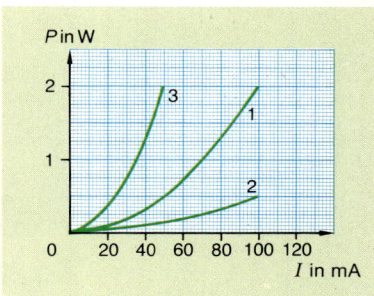

Abb. 5: Diagramm zu Aufgabe 14

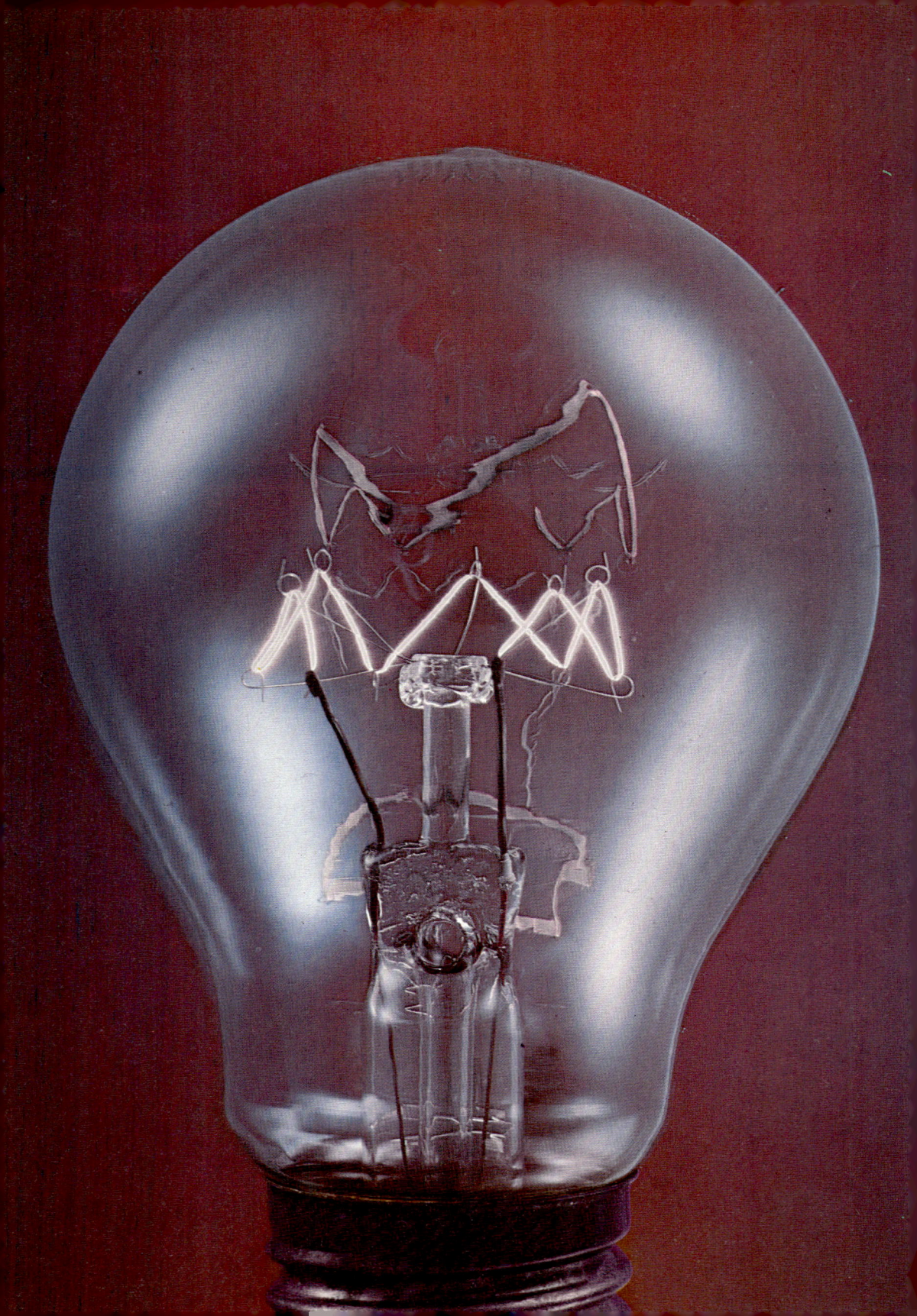

3 Elektrischer Widerstand

Die Eigenschaft von Stoffen, den elektrischen Strom nicht ungehindert fließen zu lassen, wurde bereits in 2.1 als elektrischer Widerstand bezeichnet. Wir sind dort aber nicht darauf eingegangen, wie man diese Erscheinung erklären kann und wovon sie abhängt. Beiden Fragen wollen wir in diesem Kapitel nachgehen.

3.1 Stromleitung in Metallen

Aus Ihrer Erfahrung wissen Sie, daß sich Drähte erwärmen, wenn Strom hindurch fließt. In Verbrauchern (z.B. Glühlampen, Heizdraht) ist das erwünscht, in den Zuleitungen sicher nicht. Gemeinsam ist beiden, daß sie zumeist aus Metallen bestehen. Deshalb wollen wir uns in einer ersten Überlegung mit der Stromleitung in Metallen beschäftigen.

Metalle leiten den elektrischen Strom gut. Da dieser Strom eine gerichtete Bewegung von Elektronen ist, müssen diese Elementarteilchen bei Leitern eine besondere Rolle spielen.

Nach dem Atommodell (vgl. Kap. 1) befinden sich die Elektronen auf Bahnen (Schalen) um den Kern. Bei Metallen sind die Elektronen der äußersten Schale nicht besonders fest eingebunden, d.h., sie lassen sich leicht aus der Bahn entfernen. Da sie sich aber nicht völlig frei bewegen können, nennt man sie quasifreie[1] Elektronen. Wenn diese die Atome verlassen haben, bleiben unvollständige Atome zurück, die man Atomrümpfe nennt. Diese sind positiv geladen, da Elektronen fehlen.

Beim Erstarren einer Metall-Schmelze ordnen sich diese Atomrümpfe zu regelmäßigen räumlichen Gittern an. Die quasifreien Elektronen bewegen sich in diesem Gitter in ungeordneten Bahnen (sog. Zickzack-Bewegungen). Man bezeichnet diese Anordnung als **Metallbindung** (Abb. 2).

Trotz der negativen beweglichen Elektronen bleibt das Metall nach außen neutral, weil sich die Ladungen insgesamt wegen der positiven Atomrümpfe gleichmäßig verteilen und damit in ihrer Wirkung aufheben.

Legt man jetzt eine Spannung an, so führen die Elektronen eine zusätzliche gerichtete Bewegung zum Pluspol aus. Es fließt also ein elektrischer Strom.

Die Elektronen werden bei ihrer Bewegung im Leiter durch Zusammenstöße mit den Atomrümpfen behindert. Diese Eigenschaft wird als elektrischer Widerstand bezeichnet. Die Elektronen geben dabei einen Teil ihrer Bewegungsenergie an die Atomrümpfe ab, so daß diese in stärkere Schwingungen versetzt werden. Es entsteht Wärme (Abb. 3).

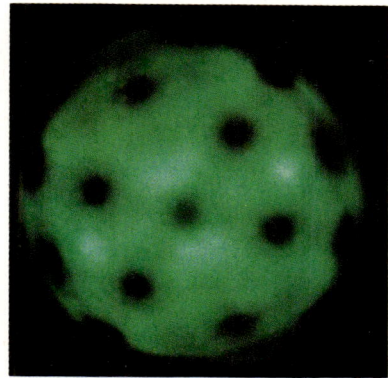

Abb. 1: Metallgitterstruktur einer Wolfram-Spitze. Fotografie eines Bildes aus dem Feldemissions-Mikroskop (Vergrößerung 1 : 500000)

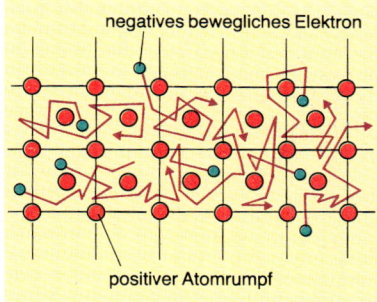

Abb. 2: Metallgitter (vereinfacht in einer Ebene dargestellt)

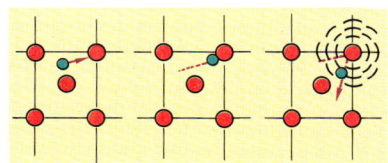

Abb. 3: Weitergabe der Energie von Elektronen an Atomrümpfe

---

[1] quasi (lat.): gewissermaßen, gleichsam, sozusagen

3.2 Widerstand von Leitern

Zur Einführung in diesen Abschnitt wollen wir uns mit einem Problem aus der praktischen Erfahrung eines Auszubildenden beschäftigen.

Er sollte auf einem großen Betriebsgelände eine Baustellenbeleuchtung anschließen. Dazu verlegte der Auszubildende ca. 150 m Kupferleitung mit einem Aderquerschnitt von 1,5 mm² (Abb. 1). Als er die Beleuchtung einschaltete, leuchtete diese schwächer als üblich. Um den Fehler zu finden, führte er bei ausgeschalteter Beleuchtung eine Spannungsmessung am Anfang und am Ende der Leitung durch. Beide Spannungsmesser zeigten 220 V an. Dann schaltete er die Beleuchtung wieder ein, und die Spannung am Ende der Leitung ging auf 170 V zurück. Es mußten also 50 V in der Leitung »verloren« gehen. Oder anders ausgedrückt: in der Leitung trat ein Spannungsfall von 50 V auf. Die Abb. 2 zeigt die Zusammenhänge.

Bei der Beleuchtungsanlage treten also bei angeschlossenem Verbraucher drei Spannungen auf:

● Spannung am Leitungsanfang U_1
● Spannung am Leitungsende U_2
● Spannungsfall (Spannungsverlust) U_v als Unterschied zwischen U_1 und U_2.

Aus der Schilderung des Beispiels kann man bereits eine wichtige Tatsache entnehmen:

Spannungsfall tritt nur dann auf, wenn Strom fließt.

Nach dem Ohmschen Gesetz läßt sich der Spannungsfall berechnen, wenn man den Leiterwiderstand kennt. Folglich muß zunächst untersucht werden, von welchen Größen der Leiterwiderstand abhängt, und wie sich der Leiterwiderstand ändert, wenn man diese Größen gezielt verändert.

In einer Vorüberlegung kommt man sicher zu der Annahme, daß der Leiterwiderstand abhängt von

● dem Leiterquerschnitt,
● der Leiterlänge und
● dem Leitermaterial.

Im Versuch 3–1 wollen wir untersuchen, ob die Hypothese richtig oder falsch ist. Darüber hinaus soll der Versuch bei richtiger Hypothese auch eine Aussage darüber machen, wie der Leiterwiderstand von Leiterquerschnitt, Leiterlänge und Material abhängt. Deshalb wird eine Einflußgröße gezielt verändert und die anderen als Parameter[1] konstant gelassen.

Unter **Leiterquerschnitt** versteht man die Fläche, die entsteht, wenn man einen Leiter senkrecht zur Längsachse durchschneidet (Abb. 3).

Neben dem Formelzeichen q für den Querschnitt ist auch S möglich (DIN 1304). Das Formelzeichen A gilt für die Fläche allgemein, so daß auch häufig die Querschnittsfläche mit A bezeichnet wird.

Die Leiterquerschnitte sind genormt. Beispiele für feste Leitungsverlegung: 1,5 mm²; 2,5 mm²; 4 mm²; 10 mm² (Tab. 10.3).

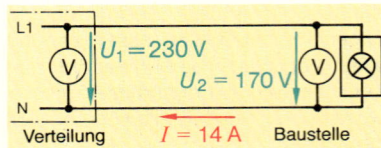

Abb. 1: Anschluß einer Baustellenbeleuchtung

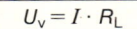

Abb. 2: Gemessene Werte bei der Anlage in Abb. 1

Spannungsfall an Leitungen

Formelzeichen U_v

$$U_v = U_1 - U_2 \qquad U_v = I \cdot R_L$$

Abb. 3: Verschiedene Querschnittsflächen von Leitern

Leiterquerschnitt

Formelzeichen q (S; A)
$[q] = m²$
$[q] = mm²$

---

[1] Parameter = Nebenmaß (griech.), veränderbare Zahlengröße

Bei der Längenangabe muß genau darauf geachtet werden, ob die **Leiter**länge oder die **Leitungs**länge angegeben ist, da Leitungen für Gleich- und Wechselstrom den Hin- und Rückleiter umfassen.

Leiterlänge

Formelzeichen l

$[l] = \mathrm{m}$

Versuch 3–1:
Abhängigkeit des Leiterwiderstandes von den Abmessungen und dem Material

Aufbau

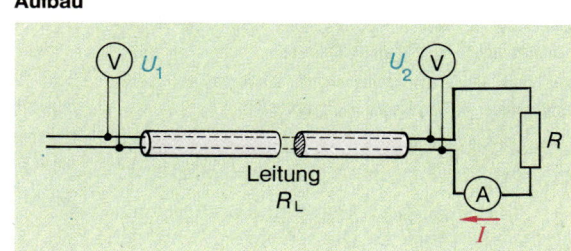

Leitung
R_L

Durchführung

Der Widerstand wird nicht direkt gemessen, sondern durch Strom- und Spannungswerte errechnet. Als Spannung wird dabei der Spannungsfall an der Leitung zugrundegelegt. Die Größe des Belastungswiderstandes ist in diesem Zusammenhang belanglos.

- Messungen bei **verschiedenen Querschnitten,** gleicher Leiterlänge und gleichem Material.
- Messungen bei **verschiedenen Längen,** gleichem Querschnitt und gleichem Material.
- Messungen bei **verschiedenem Material,** gleichem Querschnitt und gleicher Länge.

Meßergebnis

Nr.	l in mm	q in mm²	Material	U_2 in V	$U_v = U_1 - U_2$ in V	I in A	$R_L = \dfrac{U_v}{I}$ in Ω
1	100	1,5	Kupfer	202,6	17,4	14,6	1,19
2	100	2,5	Kupfer	209,2	10,8	15,1	0,72
3	50	1,5	Kupfer	210,9	9,1	15,2	0,6
4	100	2,5	Aluminium	202,3	17,7	14,6	1,21

$U_1 = \text{konstant}$
$U_1 = 220\ \text{V}$

Aus Versuch 3–1 lassen sich folgende Aussagen ableiten:

- Aus den Meßwerten 1 und 2 ergibt sich, daß ein größerer Querschnitt einen kleineren Leiterwiderstand zur Folge hat.

Man kann sich vorstellen, daß in einem Leiter mit großem Querschnitt mehr Elektronen vorhanden sind. Dadurch fließt bei konstanter Spannung mehr Strom, der Widerstand ist kleiner.

großer Leiterquerschnitt $\Rightarrow$ kleiner Widerstand

Der Widerstand eines Leiters ist umgekehrt proportional zum Leiterquerschnitt

$R_L \sim \dfrac{1}{q}$

- Aus den Meßwerten 1 und 3 ergibt sich, daß ein längerer Leiter einen größeren Widerstand zur Folge hat.

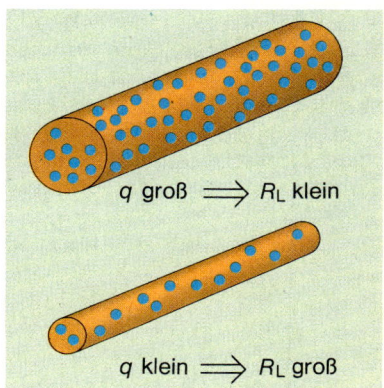

q groß $\Longrightarrow R_L$ klein

q klein $\Longrightarrow R_L$ groß

Abb. 4: Abhängigkeit des Widerstandes vom Leiterquerschnitt

Hierbei kann man sich vorstellen, daß in einem längeren Leiter die Behinderung der Elektronen wegen des längeren Weges größer ist.

große Leiterlänge ⇒ großer Widerstand

Der Widerstand eines Leiters ist proportional zur Leiterlänge.

$R_L \sim l$

● Aus den Meßwerten 2 und 4 ergibt sich, daß der Widerstand eines Leiters vom Material abhängt.

Die Abhängigkeit des Widerstandes vom Material wird als **spezifischer elektrischer Widerstand** bezeichnet.

Der spezifische elektrische Widerstand ist der Widerstand eines Leiters von 1 m Länge und einem Querschnitt von 1 m².

Da Leiter von 1 m² Querschnitt völlig praxisfremd sind, gibt man den Querschnitt meistens in mm² an. Das hat dazu geführt, daß man früher den spezifischen Widerstand auch auf einen Querschnitt von 1 mm² bezogen hat. Das ergab dann als Einheit für den spezifischen Widerstand:

$$[\varrho] = \frac{\Omega \cdot mm^2}{m}$$

Beim Umrechnen von Größen mit dieser Einheit auf $\Omega \cdot m$ geht man wie folgt vor:

$$1 \frac{\Omega \cdot mm^2}{m} = 1 \frac{\Omega \cdot (10^{-3}\,m)^2}{m}$$

$$1 \frac{\Omega \cdot mm^2}{m} = 1 \frac{\Omega \cdot 10^{-6}\,m^2}{m}$$

$$1 \frac{\Omega \cdot mm^2}{m} = 10^{-6} \cdot \Omega\,m$$

Um die Zahlenwerte der früher gebräuchlichen Einheiten beibehalten zu können, werden also die spezifischen Widerstände in $\mu\,\Omega\,m$ angegeben. Die Tabelle 3.1 enthält spezifische Widerstände wichtiger Werkstoffe.

Faßt man jetzt alle Folgerungen aus dem Versuch 3–1 zusammen, ergibt sich folgender Sachverhalt:

Der Widerstand eines Leiters ist um so größer

● je größer der spezifische elektrische Widerstand ist,
● je größer die Leiterlänge ist,
● je kleiner der Leiterquerschnitt ist.

In der Elektrotechnik wird sehr oft der Kehrwert des spezifischen Widerstandes benutzt, der als **elektrische Leitfähigkeit** $\varkappa$ bezeichnet wird. Neben dem Formelzeichen $\varkappa$ sind auch γ und σ möglich.

Die Einheit der Leitfähigkeit ergibt sich wie folgt:

$$\varkappa = \frac{1}{\varrho}$$

$$[\varkappa] = \frac{1}{\Omega m} \qquad \frac{1}{\Omega} = S$$

$$[\varkappa] = 1\,\frac{S}{m}$$

Spezifischer elektrischer Widerstand

Formelzeichen ϱ

$[\varrho] = \Omega\,m$

auch

$$[\varrho] = \frac{\Omega \cdot mm^2}{m}$$

$$1 \frac{\Omega \cdot mm^2}{m} = 1\,\mu\,\Omega\,m$$

Leiterwiderstand

$$\boxed{R_L = \frac{\varrho \cdot l}{q}}$$

Elektrische Leitfähigkeit

Formelzeichen $\varkappa$

$$\boxed{\varkappa = \frac{1}{\varrho}}$$

$$[\varkappa] = \frac{S}{m}$$

Benutzt man die Leitfähigkeit an Stelle des spezifischen Widerstandes, dann kommt man zu einer zweiten Formel für die Berechnung des Leiterwiderstandes

$$R_L = \frac{\varrho \cdot l}{q} \qquad \varkappa = \frac{1}{\varrho} \Rightarrow \varrho = \frac{1}{\varkappa}$$

$$R_L = \frac{\frac{1}{\varkappa} \cdot l}{q}$$

$$R_L = \frac{l}{\varkappa \cdot q}$$

Leiterwiderstand

$$R_L = \frac{l}{\varkappa \cdot q}$$

Tabelle 3.1: Spezifische elektrische Widerstände und elektrische Leitfähigkeiten von Werkstoffen bei 20 °C

Werkstoffe	ϱ in $\mu\Omega$ m	$\varkappa$ in $\frac{MS}{m}$
Silber	0,016	62
Kupfer	0,018	56
Gold	0,022	44
Aluminium	0,028	36
Zink	0,06	16,7
Messing	0,07	14,3
Eisen	0,1	10
Platin	0,106	9,4
Zinn	0,11	9,1
Blei	0,208	4,8
Kohle	66,667	0,015

Der Leiterwiderstand bei dem eingangs geschilderten Problem ist somit:

$$R_L = \frac{l}{\varkappa \cdot q}$$

$$R_L = \frac{300 \text{ m}}{56 \cdot 10^6 \frac{S}{m} \cdot 15 \cdot 10^{-6} \text{ m}^2};$$

$$\underline{R_L = 3,57 \ \Omega}$$

Wir können nun den Spannungsfall berechnen:

$$U_v = I \cdot R_L; \qquad U_v = 14 \text{ A} \cdot 3,57 \ \Omega; \qquad \underline{U_v = 50 \text{ V}}$$

Damit die Beleuchtung einwandfrei arbeitet, muß der Leiterwiderstand wesentlich geringer sein (damit kleinerer Spannungsfall). Dies ist bei vorgegebener Länge nur durch einen größeren Querschnitt zu erreichen.

In der Praxis ist der zulässige Spannungsfall oft vorgeschrieben. So beträgt er z.B. bei 220 V Wechselspannung 1,5%, also 3,3V. Dies wiederum bedeutet, daß Stromkreise, deren Leitungslänge und Leitungsquerschnitt bauseits festliegen, nur bis zu einem Höchstwert belastet werden können. So beträgt z.B. bei einer Leitungslänge von ca. 14 m und einem Querschnitt von 1,5mm² die höchstzulässige Belastung 10A (vgl. 10.3).

Spannungsfall bei vorgegebener Länge

großer Leiterquerschnitt

⇓

kleiner Leiterwiderstand

⇓

kleiner Spannungsfall

⇓

große Spannung am Leitungsende

3.3 Abhängigkeit des Widerstandes von der Temperatur

Mit einem einfachen Versuch (Abb. 1 bis 3) läßt sich zeigen, daß der Widerstand eines Drahtes mit zunehmender Temperatur steigt. Aus dem kleineren Strom im Versuchsaufbau der Abb. 2 kann man bei gleichgebliebener Spannung auf einen größeren Widerstand schließen.

Um diese Erscheinung zu deuten, muß man sich noch einmal mit der Erklärung der Energieform Wärme beschäftigen. Wärme ist Bewegung der Moleküle bzw. Atome. Je wärmer ein Stoff ist, desto stärker bewegen sich die Moleküle, d.h., sie schwingen stärker um ihren Platz im Kristallgitter (vgl. 5.1). Damit wächst die Möglichkeit des Zusammenstoßens der quasifreien Elektronen mit den Atomrümpfen bzw. deren festgebundenen Elektronen. Es steigt also die Behinderung der Elektronen und damit der Widerstand.

Neben Metallen zeigen auch andere Werkstoffe dieses Verhalten. Da sie im »kalten« Zustand besser leiten als im »heißen«, nennt man sie **Kaltleiter.**

> Kaltleiter sind Stoffe, die im kalten Zustand besser leiten als im heißen.

Würde man die Werkstoffe bis zum absoluten Nullpunkt (0 K[1] = −273,15 °C) abkühlen, wäre ihr Widerstand Null. Man nennt diese Eigenschaft dann **Supraleitfähigkeit** und die Leiter bei sehr tiefen Temperaturen Supraleiter. Solche Leiter können auch bei kleinem Querschnitt große Ströme übertragen.

So wie die Schwingungen der Atomrümpfe die Bewegung der quasifreien Elektronen beeinflussen, ist es auch umgekehrt der Fall. Die quasifreien Elektronen veranlassen durch die Zusammenstöße mit den Elektronen der Bahnen der Atomrümpfe diese zu stärkerem Schwingen, was sich als Temperaturerhöhung bemerkbar macht. Diese Eigenschaft wird in den elektrischen Heiz- und Wärmegeräten ausgenutzt.

Die Erwärmung auf Grund des durchfließenden Stromes wird als **Eigenerwärmung** bezeichnet, während unter **Fremderwärmung** eine Erwärmung von außen verstanden wird.

Wenn man in dem Versuch die Erhitzung des Widerstandsdrahtes verstärkt, so sinkt der Strom weiter, d.h., der Widerstand wird größer (Abb. 3).

große		große
Temperaturänderung	⇒	**Widerstandsänderung**

$\Delta R \sim \Delta T$

Wenn man für den Versuch (Abb. 1 bis 3) verschieden lange Widerstandswendeln benutzt hätte, wären auch große und kleine Widerstandszunahmen aufgetreten. Man kann damit feststellen:

großer		große
Ausgangswiderstand	⇒	**Widerstandsänderung**

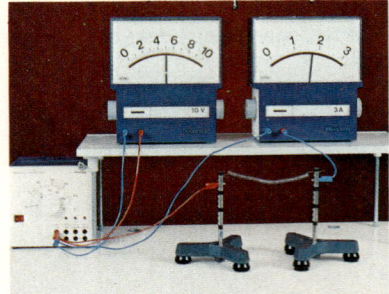

Abb. 1: Keine Erwärmung durch Bunsenbrenner. Der Draht hat ca. 20 °C; 1,8 A

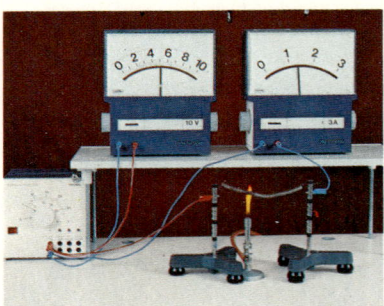

Abb. 2: Erwärmung durch einen Bunsenbrenner, ca. 1,3 A

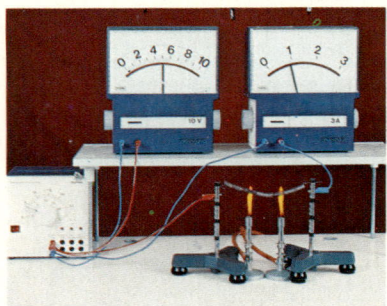

Abb. 3: Erwärmung durch zwei Bunsenbrenner, ca. 0,9 A

Widerstandsänderung

Formelzeichen ΔR

Temperaturänderung

Formelzeichen $\Delta T (\Delta \vartheta)$
Einheitenzeichen K

---

[1] Benannt nach LORD KELVIN OF LARGS, englischer Physiker, 1824 … 1907

Da die Materialien verschiedenen Kristallaufbau haben, ist die Erhöhung des elektrischen Widerstandes bei Temperaturänderungen auch unterschiedlich. Der Wert, der über die Widerstandsänderung eines bestimmten Werkstoffes Auskunft gibt, heißt **Temperaturkoeffizient** α (oder Temperaturbeiwert). Er bezieht sich auf einen Widerstand von 1 Ω und eine Temperaturänderung um 1 K. Die Temperaturänderung wird stets in K angegeben (auch bei der Änderung von Temperaturen in °C).

> Der Temperaturkoeffizient (Temperaturbeiwert) ist die Widerstandsänderung eines Leiters von 1 Ω bei einer Temperaturänderung um 1 K.

Faßt man alle drei Größen zusammen, dann ergibt sich:

Die Widerstandsänderung ist um so größer,

- je größer der Widerstand ist,
- je größer die Temperaturänderung ist,
- je größer der Temperaturkoeffizient ist.

Bis jetzt wurden die Verhältnisse bei Metallen untersucht. Es gibt aber auch eine Reihe von Werkstoffen (z.B. Kohle, Halbleiter), bei denen es gerade umgekehrt ist (vgl. 8.1.3). Ihr Widerstand verringert sich bei Temperaturerhöhung. Man nennt solche Stoffe Heißleiter. Ihr Temperaturkoeffizient ist daher negativ.

> Heißleiter sind Stoffe, die im heißen Zustand besser leiten als im kalten.

Gegenüberstellung Kaltleiter – Heißleiter

Kaltleiter

- leiten besser im kalten Zustand
- haben positiven Temperaturkoeffizienten
- heißen auch **PTC**-Widerstände (positive temperature coefficient)

Heißleiter

- leiten besser im heißen Zustand
- haben negativen Temperaturkoeffizienten
- heißen auch **NTC**-Widerstände (negative temperature coefficient)

Die Pfeilanordnung bei den Schaltzeichen kann man sich gut wie folgt merken

- Temperaturänderung und Widerstandsänderung sind gleichsinnig
  ↑↑
- Temperaturänderung und Widerstandsänderung sind gegensinnig
  ↑↓

Durch Kombinieren von PTC- und NTC-Werkstoffen erhält man Widerstandsmaterialien mit extrem kleinen Temperaturkoeffizienten, so daß sich der Widerstandswert praktisch nicht ändert. Die Tabelle 3.2 enthält wichtige Werkstoffe mit ihren Temperaturkoeffizienten.

An Hand des Werkstoffes CuNi45Mn1, der auch als Konstantan bekannt ist, wollen wir uns die geringfügige Widerstandserhöhung verdeutlichen.

Aus Konstantan soll ein Widerstand mit dem Wert 1 kΩ hergestellt werden. Im Betrieb kommen Temperaturen bis etwa 200 °C vor. Wie groß ist dann die Widerstandszunahme?

Temperaturkoeffizient

Formelzeichen α

$$[\alpha] = \frac{1}{K}$$

Widerstandsänderung bei Temperaturänderung

$$\Delta R = R_{20} \cdot \Delta T \cdot \alpha$$

Widerstand bei 20 °C

Formelzeichen R_{20}

Kaltleiter

nicht linear

Heißleiter

nicht linear

Widerstand nach Erwärmung

Formelzeichen R_T

$$R_T = R_{20} + \Delta R$$

$$R_T = R_{20} \cdot (1 + \Delta T \cdot \alpha)$$

Tabelle 3.2: Temperaturkoeffizienten von Werkstoffen bei einer Ausgangstemperatur von 20 °C

Werkstoffe	α in $\frac{1}{K}$
Eisen	0,005
Zinn	0,0046
Blei	0,0042
Zink	0,0042
Gold	0,004
Platin	0,004
Silber	0,004
Kupfer	0,0039
Aluminium	0,0036
Messing	0,0015
Konstantan	0,00004
Kohle	− 0,00045

$R_{20} = 1\ \text{k}\Omega$

$\vartheta_1 = 20\ °C$
$\qquad \Rightarrow \qquad$
$\Delta T = \Delta \vartheta = \vartheta_2 - \vartheta_1$

$\vartheta_2 = 200\ °C$
$\qquad\qquad$
$\Delta T = \Delta \vartheta = 180\ \text{K}$

$\alpha = 0{,}00004\ \dfrac{1}{K}$

$\Delta R = R_{20} \cdot \Delta T \cdot \alpha$

$\Delta R = 1000\ \Omega \cdot 180\ \text{K} \cdot 0{,}00004\ \dfrac{1}{K}$

$\underline{\Delta R = 7{,}2\ \Omega}$

Der Widerstand R_T nach der Erwärmung ist dann:

$R_T = R_{20} + \Delta R$

$R_T = 1000\ \Omega + 7{,}2\ \Omega$

$\underline{R_T = 1007{,}2\ \Omega}$

Der Widerstandswert hat sich also unwesentlich erhöht (nur 0,72 %). Solche Änderungen liegen weit unter den üblichen Toleranzen von 5 % oder 10 % (IEC-Reihe 24 bzw. 12, vgl. 3.4).

Ist nicht die Widerstandsänderung, sondern die Temperaturänderung bekannt, dann kann R_T wie folgt berechnet werden:

$R_T = R_{20} + \Delta R \qquad\qquad \Delta R = R_{20} \cdot \Delta T \cdot \alpha$

$R_T = R_{20} + R_{20} \cdot \Delta T \cdot \alpha$

$R_T = R_{20} \cdot (1 + \Delta T \cdot \alpha)$

3.4 Kenngrößen und Bauformen von Widerständen

Wenn von elektrischen Widerständen die Rede ist, dann kann damit einerseits die Eigenschaft eines Materials gemeint sein, andererseits ein Bauteil. Wir wollen uns in diesem Abschnitt mit dem **Bauteil** Widerstand beschäftigen.

Vielleicht haben Sie sich beim Bestellen von Widerständen schon darüber gewundert, daß in den Listen Werte angegeben waren wie z.B. 27 Ω, 33 Ω, 56 Ω. Sie fanden dann außerdem dort als »glatten« Zehnerwert nur 10 Ω, aber keine 20 Ω usw. Warum das so ist und welche anderen Größen für Widerstandsbauteile wichtig sind, soll in diesem Abschnitt geklärt werden. Außerdem werden die Kennzeichnung durch Farben anstelle von Ziffern erläutert und die Bauformen besprochen.

Welche Größen sind für Widerstände wichtig?

- Nennwert des Widerstandes
- Toleranz dieses Wertes
- Belastbarkeit des Bauteils.

Dazu kommen noch eine Reihe weiterer Werte, die im Einzelfall interessant sein können, wie Grenztemperatur, Alterungsverhalten, Eigenrauschen usw.

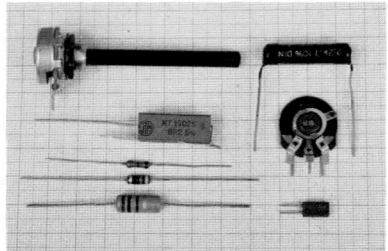

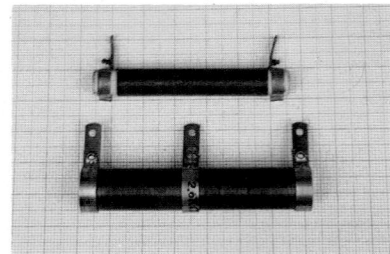

Abb. 1: Verschiedene Bauformen von Widerständen

Nennwert des Widerstandes und dessen Toleranz

Die Abstufungen der Nennwerte hängen mit der Toleranz zusammen und werden nach IEC[1] folgendermaßen ermittelt:

● Es wurden Zahlenreihen für eine Dekade festgelegt.

Beispiel:
E12 ≙ 12 Werte zwischen 1 und 10

● Die Nennwerte wurden so errechnet, daß die Ausschöpfung des Toleranzbereiches zweier benachbarter Werte geringe Überlappungen ergibt.

Beispiel:
$R_1 = 10\ \Omega \pm 10\% = 9\ \Omega \ldots 11\ \Omega$
$R_2 = 12\ \Omega \pm 10\% = 10,8\ \Omega \ldots 13,2\ \Omega$

● Es ergaben sich die IEC-Normzahlen. Die Reihen
E6 mit ±20% Toleranz,
E12 mit ±10%Toleranz und
E24 mit ± 5% Toleranz sind die üblichen.

● In jeder Dekade (Zehnerpotenz) sind nur diese Zahlen der IEC-Reihen zu finden.

Man kann jetzt die Nennwerte der Widerstände durch drei Angaben bezeichnen:

IEC-Zahl · Dekadenanzahl (Zehnerpotenz) · Ω

Beispiel: $1 \cdot 10^3 \cdot \Omega = 1\ k\Omega$

Anstelle der Zahlen werden auch Farben verwendet. Diese werden meistens als Farbringe, aber auch als Streifen oder Punkte aufgetragen (vgl. Tab. 3.5, S. 62). Die IEC-Zahl wird dabei als zweiziffrige ganze Zahl gekennzeichnet, also für unser Beispiel: braun-schwarz-rot ≙ $10 - 10^2$ (Abb. 2). Um die Leserichtung eindeutig zu bestimmen, ist nach DIN 41429 vorgeschrieben, den ersten Farbring wesentlich näher an das eine Ende des Widerstandes heranzubringen als der letzte Ring vom anderen Ende entfernt ist.

Werden Widerstände durch fünf Farbringe (-punkte, -striche) gekennzeichnet, dann bilden die ersten **drei** die Ziffern des Widerstandswertes. Die beiden anderen Ringe haben dieselbe Bedeutung wie bei der Vier-Ring-Kennzeichnung.

Eine andere Form ist die Kennzeichnung mit Buchstaben und Zahlen. Das System ist aus Tabelle 3.4 erkennbar.

Belastbarkeit von Widerstandsbauteilen

Der Strom erwärmt die Widerstände. Bei zu hoher Erwärmung werden die physikalischen und technologischen Eigenschaften verschlechtert. Man muß also dafür sorgen, daß die Wärme an die Umgebung abgegeben wird.

Dies kann z.B. durch eine vergrößerte Oberfläche des Widerstandes unter Beibehaltung des Querschnittes erreicht werden oder durch starke Zu- und Ableitungen (Abb. 3). Irgendwann sind aber auch diesen Möglichkeiten Grenzen gesetzt, so daß man zu einer Begrenzung der Leistung des Widerstandes kommt.

[1] International Electrotechnical Commission

Tabelle 3.3: IEC-Reihen

E6 ± 20%	E12 ± 10%	E24 ± 5%
1,0	1,0	1,0
		1,1
	1,2	1,2
		1,3
1,5	1,5	1,5
		1,6
	1,8	1,8
		2,0
2,2	2,2	2,2
		2,4
	2,7	2,7
		3,0
3,3	3,3	3,3
		3,6
	3,9	3,9
		4,3
4,7	4,7	4,7
		5,1
	5,6	5,6
		6,2
6,8	6,8	6,8
		7,5
	8,2	8,2
		9,1

Abb. 2: Farbkennzeichnung eines Widerstandes (1 kΩ ±5%)

Tabelle 3.4: Wertkennzeichnung von Widerständen durch Buchstaben

Widerstandswert	Kennzeichnung
0,33 Ω	R33
3,3 Ω	3R3
33 Ω	33R
330 Ω	330R
0,33 kΩ	K33
3,3 kΩ	3K3
33 kΩ	33K
330 kΩ	330K
0,33 MΩ	M33
3,3 MΩ	3M3
33 MΩ	33M
330 MΩ	330M

Abb. 3: Widerstand mit starkem Anschlußdraht

Tabelle 3.5: Farbkennzeichnung von Widerständen (DIN 41429)

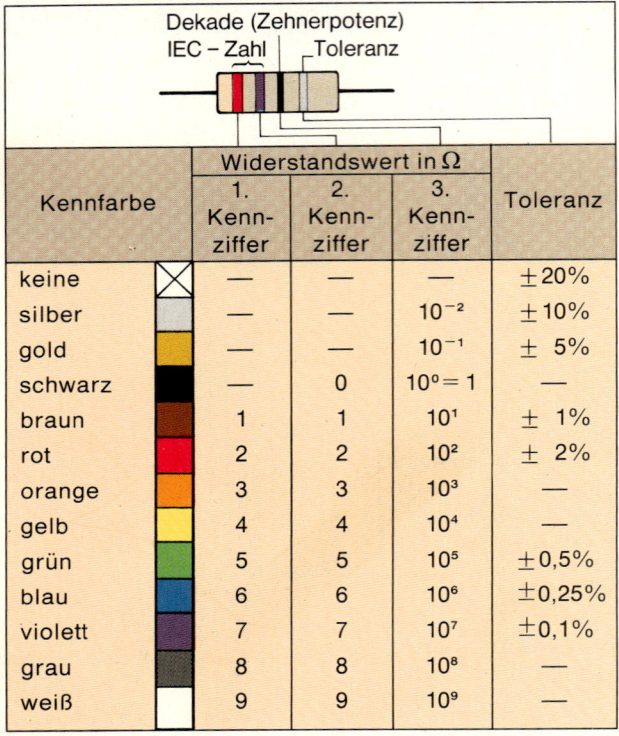

Kennfarbe		Widerstandswert in Ω			Toleranz
		1. Kenn-ziffer	2. Kenn-ziffer	3. Kenn-ziffer	
keine		—	—	—	$\pm 20\%$
silber		—	—	10^{-2}	$\pm 10\%$
gold		—	—	10^{-1}	$\pm\ 5\%$
schwarz		—	0	$10^{0}=1$	—
braun		1	1	10^{1}	$\pm\ 1\%$
rot		2	2	10^{2}	$\pm\ 2\%$
orange		3	3	10^{3}	—
gelb		4	4	10^{4}	—
grün		5	5	10^{5}	$\pm 0{,}5\%$
blau		6	6	10^{6}	$\pm 0{,}25\%$
violett		7	7	10^{7}	$\pm 0{,}1\%$
grau		8	8	10^{8}	—
weiß		9	9	10^{9}	—

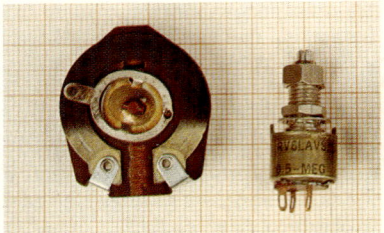

Abb. 1: Trimmpotentiometer

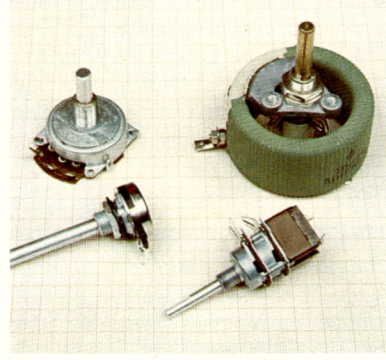

Abb. 2: Drehpotentiometer

Man versteht nun unter Belastbarkeit solcher Bauteile die Leistung, die der betreffende Widerstand ohne Beeinträchtigung seiner Funktion aufnehmen kann. Die Belastbarkeit sinkt, wenn das Bauteil einer höheren Umgebungstemperatur ausgesetzt wird. Die Wärmeabgabe hängt naturgemäß von dem Unterschied der Temperaturen auf der Oberfläche des Widerstandes und seiner Umgebung entscheidend ab.

Nach DIN 44050 sind die Nennleistungswerte genormt und liegen bei kleinen Bauteilen zwischen 50 mW und 500 mW, während große Drahtwiderstände 100 W und mehr aufnehmen können.

Die Hersteller von Widerständen geben deshalb neben dem Widerstands-Nennwert auch die Belastbarkeit bei den Umgebungstemperaturen 40 °C und 70 °C an.

Arten von Widerstandsbauteilen

Aus den vorangegangenen Abschnitten wurde deutlich, daß es Widerstände mit festen Nennwerten gibt und solche, bei denen man die Werte bewußt verändert. Wir nennen die erste Gruppe **Festwiderstände** und die zweite **veränderbare Widerstände.** Hierzu gehören auch die Bauteile, bei denen man mit Hilfe von Schleifern oder Abgriffen die Widerstandswerte einstellen kann. Sie werden als Potentiometer-Widerstände oder kurz als **Potentiometer** bezeichnet.

Trimmpotentiometer

Potentiometer

Veränderbarer Widerstand

Lineare Veränderbarkeit mit Schleifer

Stufige Veränderbarkeit mit Schleifer

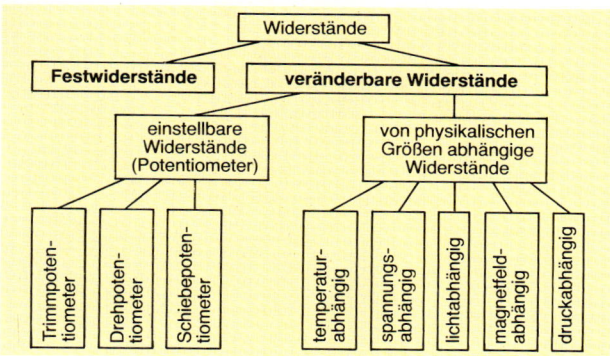

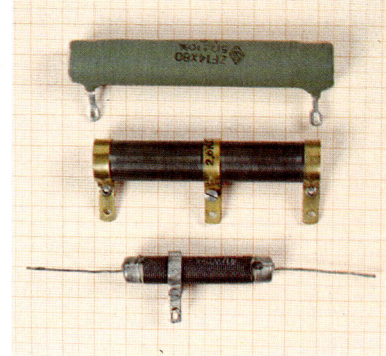

Unter Trimmpotentiometer versteht man Widerstände, die mit Hilfe eines Werkzeuges (z.B. Schraubendreher) eingestellt werden. So kann es z.B. bei der Arbeitspunkt-Einstellung bei Transistoren geschehen.

Bauformen von Widerständen

Die Werkstoffe und Verfahren zur Herstellung dieser Bauteile sind zahlreich, so daß wir uns auch hierzu erst einmal eine Übersicht ansehen müssen.

Die **Drahtwiderstände** werden aus isolierten oder oxidierten Widerstandsdrähten gewickelt und mit Anschlußfahnen, -schellen oder -kappen versehen (Abb. 3). Festwiderstände können anschließend lackiert, zementiert, glasiert oder mit Keramik überzogen werden. Solchermaßen geschützte Widerstände können auch die Drahtenden ohne besondere Befestigung herausgeführt haben (Abb. 4).

Abb. 3: Drahtwiderstände

Drahtwiderstände werden in allen Belastungsbereichen eingesetzt, vornehmlich aber bei höheren Leistungen, z.B. für Anlasserwiderstände für Motoren (Abb. 1, S. 64). Diese Bauform ist relativ alterungsbeständig und wenig empfindlich gegen Überlastung.

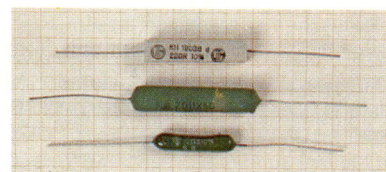

Abb. 4: Drahtwiderstände ohne Befestigung der Anschlußdrähte

Offen gewickelte oder lackierte Drahtwiderstände sind recht kostengünstig herzustellen. Ihre Oberflächentemperatur darf aber 140 °C nicht überschreiten, damit die Lacke oder Oxide nicht zerstört werden (Abb. 5). Anders ist das bei den zementierten oder keramiküberzogenen Widerständen. Diese dürfen eine Oberflächentemperatur von 350 °C haben.

Die glasierten Drahtwiderstände können noch höher als die anderen belastet werden, da sie eine Oberflächentemperatur von 450 °C aushalten. Ihr Nachteil ist die große Toleranzbreite, weil sich ihre Widerstandswerte durch die hohen Temperaturen beim Glasieren ändern.

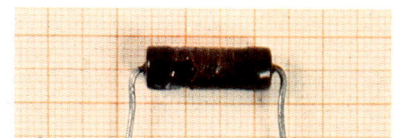

Abb. 5: Durch Überhitzung zerstörter Drahtwiderstand

Für **Kohleschicht-Widerstände** wird eine entsprechende Schicht von 0,001 μm bis 10 μm auf einen Träger aus Spezialporzellan aufgetragen. Durch Einschleifen von Wendeln (Abb. 6) erreicht man dabei Nennwerte bis zu 10 MΩ. Anschließend werden sie lackiert. Wegen ihres günstigen Preises sind diese Widerstände weit verbreitet. Ihr Nachteil ist die relativ große Widerstandsverringerung bei höheren Temperaturen.

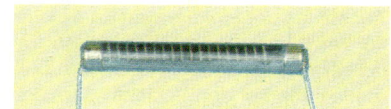

Abb. 6: Kohleschichtwiderstand mit eingeschliffener Wendel (Umhüllung teilweise entfernt)

Die **Metallschicht-Widerstände** werden auf zwei Arten herge-stellt. Bei der Dickschichttechnik wird eine Paste aus Metallen, Metallverbindungen und Glaspulver auf einen Keramikträger aufgetragen und anschließend gebrannt. Man spricht daher auch von Metallglasur-Widerständen. Sie sind hoch belastbar.

Bei dem Dünnschichtverfahren werden die Metalle durch eine Maske aufgedampft. Es entstehen dabei Schichten von nur 0,05 µm Stärke.

Diese Bauteile sind unterschiedlich belastbar, was sich auch aus den zulässigen Oberflächentemperaturen ablesen läßt.

Kohleschicht-Widerstände: 85 °C ... 155 °C
Metallfilm-Widerstände: 125 °C ... 175 °C
Metallglasur-Widerstände: 155 °C ... 255 °C

Alle Schichtwiderstände sind gegen mechanische und klimati-sche Einflüsse durch Kunstharzumhüllung geschützt. Daher sind sie äußerlich kaum voneinander zu unterscheiden.

Abb. 1: Anlasserwiderstand

3.5 Widerstandswerkstoffe

Werkstoffe für Schichtwiderstände

Mit den Widerständen in Abb. 2 soll elektrische Energie »verbraucht« werden. Da aber kein Verbrauch von Energie möglich ist, sondern immer nur die Umwandlung von einer Energieform in eine andere erfolgt, entsteht auch bei diesen Bauteilen Wärme. Da diese aber unerwünscht ist, müssen die Werkstoffe für Schichtwiderstände möglichst große spezifische Wärmekapazitäten und schlechte Wärmeleitfähigkeiten haben.

Keramische Stoffe haben diese Eigenschaften. Ihre sehr hohen elektrischen Widerstände lassen jedoch nur einen begrenzten Einsatz zu. Man verwendet Kohle, Metalle und Metalloxide.

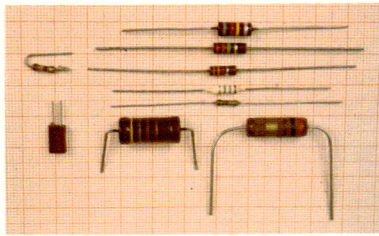

Abb. 2: Schichtwiderstände

Die Widerstandswerkstoffe werden entweder auf Träger aufge-dampft oder als Lösung aufgespritzt. Durch feine Dosierungen und durch nachträgliche Bearbeitung (Abbrennen oder Ab-schleifen) können sehr genaue Werte erreicht werden. Dies ist besonders wichtig, weil nur genaue Abstimmungen der Bauteile das Funktionieren der Schaltungen garantieren. Hieraus ergibt sich u.a., daß auch Temperaturschwankungen keinen Einfluß auf die elektrischen Werte haben dürfen.

Bedingt durch ihre kleinen Abmessungen lassen diese Wider-stände auch keine großen Belastungen zu, daher werden sie in der Energietechnik nicht so häufig eingesetzt.

**Anforderungen an
Schichtwiderstandswerkstoffe**

• hoher spezifischer Widerstand
• große spezifische Wärmekapazität
• schlechte Wärmeleitfähigkeit
• gute Korrosionsbeständigkeit
• gute Zunderbeständigkeit
• kleiner Ausdehnungskoeffizient
• kleiner Temperaturkoeffizient

Werkstoffe für Drahtwiderstände

Auch bei den Widerständen in Abb. 3 kommt es nicht auf die Umsetzung der elektrischen Energie in Wärme an, sondern auf die Verringerung der elektrischen Energie. Also müssen die hierbei verwendeten Werkstoffe ähnliche Voraussetzungen erfüllen wie bei den Schichtwiderständen.

In vielen Fällen spielt aber die Widerstandsänderung durch unterschiedliche Temperaturen keine große Rolle. Nur Meß-widerstände müssen einen sehr kleinen Temperaturkoeffizien-

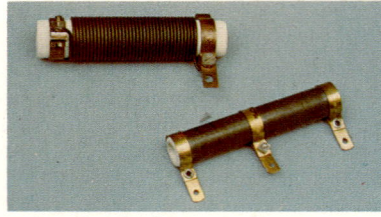

Abb. 3: Drahtwiderstände

ten haben. Hier hat sich eine Kupfer-Nickel-Mangan-Legierung besonders bewährt, die auch unter der Bezeichnung **Konstantan** (CuNi45Mn1) bekannt ist.

Bestandteile: (54% Cu, 45% Ni, 1% Mn)

Temperaturkoeffizient: $\alpha = 0,00004 \text{ K}^{-1}$

spezifischer Widerstand: $\varrho = 0,5 \ \mu\Omega \ \text{m}$

Früher hat man dafür auch die Bezeichnung WM 50 benutzt. Dieser Name ergibt sich aus der Abkürzung WM für Widerstandsmaterial und der Zahl 50 für den Wert des spezifischen Widerstandes: $50 \cong 50 \cdot 10^{-2} \ \mu\Omega \ \text{m}$.

Zu den angesprochenen elektrischen Eigenschaften kommen bei diesen Werkstoffen noch einige mechanische hinzu, da die Drähte aufgewickelt sind. Auch müssen die Materialien bei höheren Temperaturen ihre Festigkeit behalten.

An die Werkstoffe für Drahtwiderstände sind demnach folgende Anforderungen zu stellen (rechte Spalte):

Anforderungen an Drahtwiderstandswerkstoffe

- hoher spezifischer Widerstand
- große spezifische Wärmekapazität
- schlechte Wärmeleitfähigkeit
- gute Korrosionsbeständigkeit
- gute Zunderbeständigkeit
- kleiner Ausdehnungskoeffizient
- kleiner Temperaturkoeffizient (bei Meßwiderständen)
- gute mechanische Eigenschaften (elastisch, stoßfest)
- gute technologische Eigenschaften (lötbar, schweißbar, warmfest).

Aufgaben zu 3

1. Wie erklärt man das Vorhandensein von quasifreien Elektronen?

2. Wie kann man die Erwärmung von Metallen infolge elektrischen Stromes erklären?

3. Wo und unter welchen Bedingungen tritt Spannungsfall auf?

4. Wie verändert sich der Widerstand einer Leitung, wenn die Kupferleiter von $q = 4 \text{ mm}^2$ gegen Kupferleiter von $q = 6 \text{ mm}^2$ ausgetauscht werden?

5. Eine Aluminiumleitung soll durch eine Kupferleitung ersetzt werden. Der Widerstand soll unverändert sein. Welchen Querschnitt muß die Kupferleitung haben, wenn die Aluminiumleitung einen Querschnitt von $q = 50 \text{ mm}^2$ hat?

6. Welche zwei Bedeutungen hat der Begriff »elektrischer Widerstand«?

7. Welche Angaben müssen Sie mindestens beim Bestellen von Widerständen machen?

8. Welche Toleranz haben die Widerstandswerte der IEC-Reihe E12?

9. Welche Farbkennzeichnung muß ein Kohleschicht-Widerstand von $6,8 \text{ k}\Omega \pm 10\%$ tragen?

10. Welche Widerstandswerte haben die beiden in Abb. 4 dargestellten Widerstände?

11. Wodurch kann sich die Belastbarkeit von Widerständen ändern?

12. Wie unterscheiden sich veränderbare Widerstände von einstellbaren Widerständen?

13. Was ist ein Trimmpotentiometer?

14. Welche Vor- und Nachteile haben Drahtwiderstände gegenüber Schichtwiderständen?

15. Was bedeuten die Abkürzungen bzw. Bezeichnungen WM 10 und CuNi30Mn3?

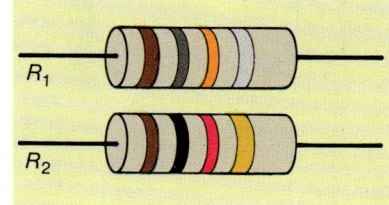

Abb. 4: Widerstände zu Aufgabe 10

4 Schaltungen elektrischer Widerstände

4.1 Reihenschaltung

An eine Spannungsquelle können mehrere elektrische Verbraucher (Widerstände) angeschlossen werden. Eine Möglichkeit hierfür ist die Reihenschaltung. In der Praxis kommt die Reihenschaltung nicht so häufig vor. Ein Beispiel ist jedoch allen bekannt, die Christbaumkette (Abb. 1).

Bei der Reihenschaltung werden die Bauteile hintereinandergeschaltet. Nur der Anfang des ersten Bauteils und das Ende des letzten sind an die Spannungsquelle angeschlossen. Bei Unterbrechung des Stromkreises (Schalter auf) sind alle Lampen stromlos.

In Versuchen mit jeweils drei Widerständen sollen die Gesetzmäßigkeiten der Reihenschaltung untersucht werden. Wie verhalten sich dabei Ströme, Spannungen und Widerstände? Um die Zusammenhänge herauszuarbeiten, wird die Frage für die Größen einzeln beantwortet.

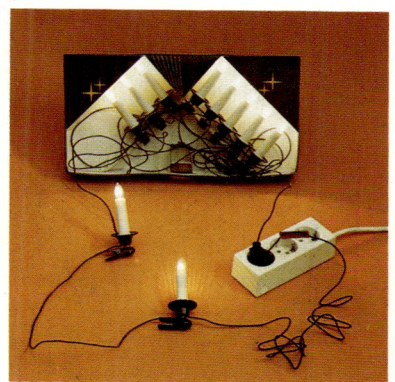

Abb. 1: Christbaumkette

4.1.1 Stromverhalten bei der Reihenschaltung

Versuch 4–1: Stromverhalten bei der Reihenschaltung

Aufbau

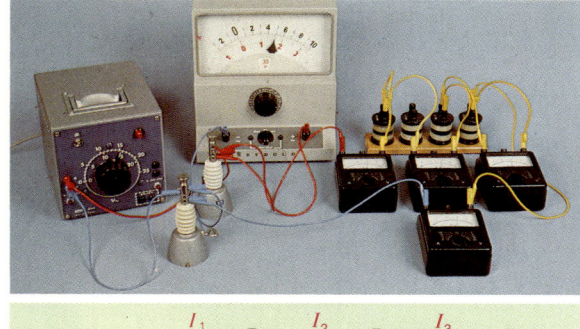

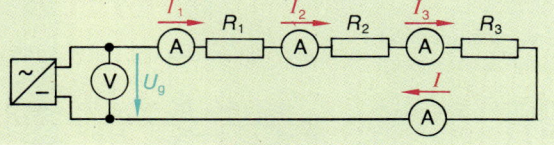

Drei Widerstände $R_1 = 10\,\Omega$, $R_2 = 20\,\Omega$ und $R_3 = 50\,\Omega$ werden in Reihe geschaltet und an eine Spannungsquelle mit $U_g = 16\,V$ angeschlossen. Der Spannungsmesser dient zur Kontrolle der Spannung.

Durchführung

Mit den Strommessern werden die Ströme durch die Widerstände gemessen.

Meßergebnis

U_g in V	I_1 in A	I_2 in A
16	0,2	0,2

I_3 in A	I in A
0,2	0,2

Versuch 4–1 zeigt:

Werden Widerstände in Reihe geschaltet und an eine Spannungsquelle angeschlossen, dann fließt durch alle Widerstände der gleiche Strom.

Stromstärke bei der Reihenschaltung

$$I = I_1 = I_2 = I_3$$

4.1.2 Spannungsverhalten bei der Reihenschaltung

Versuch 4–2: Spannungsverhalten bei der Reihenschaltung

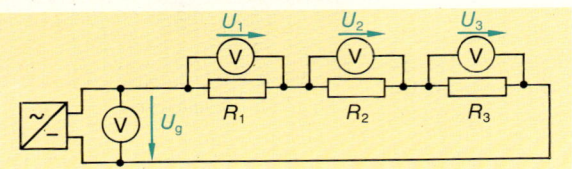

Aufbau

Drei Widerstände $R_1 = 10\ \Omega$, $R_2 = 20\ \Omega$ und $R_3 = 50\ \Omega$, werden in Reihe geschaltet und an eine Spannungsquelle mit $U = 16$ V angeschlossen.

Durchführung

Die Klemmenspannung, die Spannung an den Widerständen und die Stromstärke werden gemessen.

Meßergebnis

U_g in V	U_1 in V
16	2

$I = 0{,}2$ A

U_2 in V	U_3 in V
4	10

Vergleicht man die Teilspannungen mit der Gesamtspannung, so erkennt man, daß jede Teilspannung kleiner ist als die Gesamtspannung.

Zweites Kirchhoffsches[1] Gesetz

Die Gesamtspannung ist genauso groß wie die Summe der Teilspannungen.

Wären noch mehr Widerstände vorhanden, dann würde sich die Gesamtspannung auf diese aufteilen.

An der Schaltung liegt die Spannung des Netzteils $U_g = 16$ V. Sie verursacht einen Strom $I = 0{,}2$ A durch alle drei Widerstände. Dadurch fallen an den Widerständen Spannungen ab. Diese Teilspannungen lassen sich wie folgt berechnen:

$U_1 = I_1 \cdot R_1$ $U_2 = I_2 \cdot R_2$ $U_3 = I_3 \cdot R_3$
$U_1 = 0{,}2$ A $\cdot$ 10 Ω $U_2 = 0{,}2$ A $\cdot$ 20 Ω $U_3 = 0{,}2$ A $\cdot$ 50 Ω
$\underline{U_1 = 2\text{ V}}$ $\underline{U_2 = 4\text{ V}}$ $\underline{U_3 = 10\text{ V}}$

Die berechneten und die gemessenen Werte stimmen überein. Der jeweilige Spannungsabfall an den Teilwiderständen zeigt:

Am größten Teilwiderstand fällt die größte und am kleinsten Teilwiderstand die kleinste Spannung ab.

Wie verhalten sich die Spannungen zueinander?

$U_1 = I \cdot R_1$ $\dfrac{U_1}{U_2} = \dfrac{I \cdot R_1}{I \cdot R_2}$ $\dfrac{U_1}{U_2} = \dfrac{R_1}{R_2}$
$U_2 = I \cdot R_2$

---

[1] Benannt nach GUSTAV KIRCHHOFF, deutscher Physiker, 1824 … 1887

Spannung bei der Reihenschaltung von drei Widerständen

$$U_g = U_1 + U_2 + U_3$$

Spannung bei der Reihenschaltung

$$U_g = U_1 + U_2 + \ldots + U_n$$

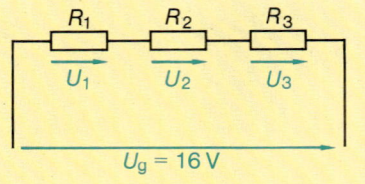

Abb. 1: Reihenschaltung von Widerständen

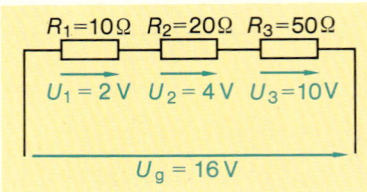

Abb. 2: Zusammenhang zwischen Teilwiderständen und Teilspannungen

Bei der Reihenschaltung verhalten sich die Teilspannungen wie die dazugehörigen Teilwiderstände.

$$\frac{U_1}{U_2} = \frac{R_1}{R_2} \quad \text{bzw.} \quad \frac{U_1}{U_3} = \frac{R_1}{R_3} \quad \text{bzw.} \quad \frac{U_2}{U_3} = \frac{R_2}{R_3}$$

4.1.3 Widerstandsverhalten bei der Reihenschaltung

Die Spannungsquelle mit $U = 16$ V versorgt die Reihenschaltung mit 0,2 A. Für die Quelle ist unerheblich, daß drei Widerstände von 10 Ω, 20 Ω und 50 Ω in Reihe geschaltet sind. Für die Spannungsquelle stellt sich die Reihenschaltung wie ein Widerstand dar. Dieser Widerstand ersetzt die ganze Schaltung. Er wird deshalb **Ersatzwiderstand** oder **Gesamtwiderstand** genannt (Abb. 3).

Mit dem Ersatzwiderstand (Gesamtwiderstand R_g) kann man die Reihenschaltung (oder eine beliebige andere) ersetzen. Die Spannungsquelle liefert den gleichen Strom wie vorher.

Der Gesamtwiderstand läßt sich ebenfalls berechnen:

$$R_g = \frac{U_g}{I} \qquad R_g = \frac{16 \text{ V}}{0,2 \text{ A}} \qquad \underline{R_g = 80 \text{ Ω}}$$

Das Ergebnis zeigt den Zusammenhang zwischen Gesamtwiderstand und Teilwiderständen.

$$R_g = R_1 + R_2 + R_3$$
$$80 \text{ Ω} = 10 \text{ Ω} + 20 \text{ Ω} + 50 \text{ Ω}$$

Bei der Reihenschaltung ist der Gesamtwiderstand (Ersatzwiderstand) so groß wie die Summe der Teilwiderstände.

Beispiel:

Meßbereichserweiterung von Spannungsmessern
(Drehspulmeßwerk)

Mit einem Spannungsmesser (Meßbereich: 60 mV, Innenwiderstand: 200 Ω) soll eine Spannung von etwa 2,5 V gemessen werden. Der Endausschlag wird auf 3 V festgelegt.

Welcher Widerstand muß zur Verringerung der Spannung dem Meßwerk vorgeschaltet werden?

Um R_v auszurechnen, benötigt man:
- die Stromstärke I durch den Widerstand
- die Spannung U_v am Widerstand

$$R_v = \frac{U_v}{I}$$

Die Stromstärke bei Vollausschlag läßt sich über die Werte des Meßwerkes berechnen:

$$I = \frac{U_M}{R_i}$$

Um die Spannung U_v bei Vollausschlag berechnen zu können, muß die Meßwerkspannung U_M von der Spannung U abgezogen werden.

$$U_v = U - U_M.$$

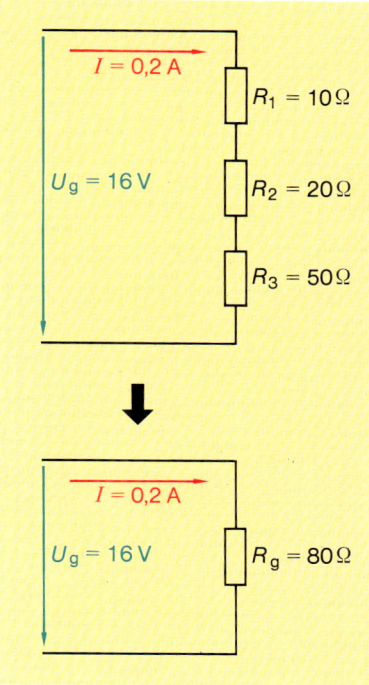

Abb. 3: Der Gesamtwiderstand hat die gleiche Wirkung wie seine Teilwiderstände

Gesamtwiderstand bei der Reihenschaltung

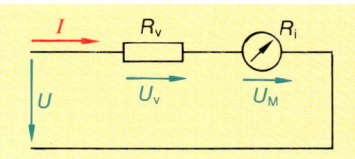

$$R_g = R_1 + R_2 + \ldots + R_n$$

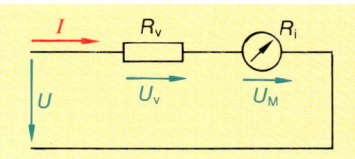

Abb. 4: Schaltung einer Spannungsmeßbereichserweiterung durch einen Vorwiderstand

Abb. 5: Vorwiderstand

Ersetzt man in der Widerstandsformel I und U_V durch die entsprechenden Gleichungen, dann ergibt sich

$$R_v = \frac{U - U_M}{\dfrac{U_M}{R_i}} \qquad R_v = R_i \cdot \frac{U - U_M}{U_M} \qquad R_v = 200\ \Omega \cdot \frac{3\ \text{V} - 0,06\ \text{V}}{0,06\ \text{V}}$$

$$R_v = 9,8\ \text{k}\Omega$$

4.1.4 Leistung bei der Reihenschaltung

Die Kochplatte mit dem 7-Takt-Schalter stellt in den ersten beiden Schaltstufen eine Reihenschaltung dar.

Die Abb. 1 zeigt die komplette Schaltung. Die Heizplatte besitzt drei verschieden große Widerstände, die mittels 7-Takt-Schalter verschieden geschaltet werden können. Im Schalter werden nur entsprechende Verbindungen zwischen P_1, P_2 und 1, 2, 3, 4 hergestellt.

Abb. 2 zeigt für die ersten drei Schaltstufen die Schaltverbindungen mit den dazugehörigen Widerstandsschaltungen in übersichtlicher Form.

In der Zwischenstufe 1●2 ist nur der Widerstand R_2 eingeschaltet. Er beträgt 107 Ω (vgl. Versuch 2–3, S. 49). Dieser Widerstand nimmt an 220 V eine Leistung von 450 W auf.

Schaltet man einen zweiten Widerstand dazu in Reihe und schließt diese Reihenschaltung an 220 V an, dann sinkt die Leistungsaufnahme. Dies entspricht der Schaltstufe 1. Laut Versuch 2–3 beträgt hier die Leistungsaufnahme 300 W und der Widerstand der Reihenschaltung $R_1 + R_2 = 162\ \Omega$. Der Widerstand R_1 läßt sich berechnen: $R_1 = 55\ \Omega$.

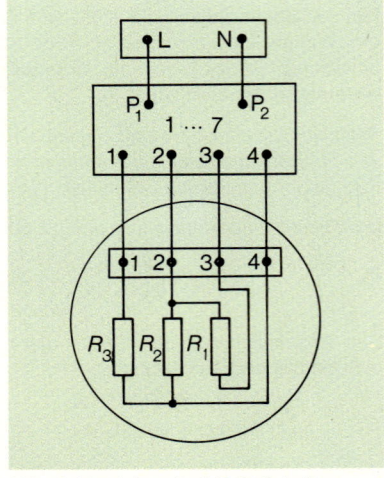

Abb. 1: Herdplatte in 7-Takt-Schaltung

Berechnung von R_1

$R_1 = R_{12} - R_2$
$R_1 = 162\ \Omega - 107\ \Omega$
$\underline{R_1 = 55\ \Omega}$

In der Zwischenstufe 0●1 sind die Widerstände R_1, R_2 und R_3 in Reihe geschaltet an 220 V angeschlossen. Jetzt beträgt bei einem Widerstand von 242 Ω die Leistungsaufnahme 200 W.

Berechnung von R_3

$R_3 = R_{123} - R_{12}$
$R_3 = 242\ \Omega - 162\ \Omega$
$\underline{R_3 = 80\ \Omega}$

> Erweitert man die Reihenschaltung um zusätzliche Widerstände, dann verringert sich die gesamte Leistungsaufnahme ($U =$ konst.).

Es soll weiter untersucht werden, wie groß die Leistungsaufnahme der einzelnen Widerstände bei der Reihenschaltung ist. Hierfür könnte die Herdplatte in der ersten Schalterstellung näher untersucht werden. Dies wäre jedoch zu aufwendig, da man die Plattenanlage öffnen müßte. Deshalb wird eine labormäßig aufgebaute Versuchsanordnung vorgezogen (Versuch 4–3).

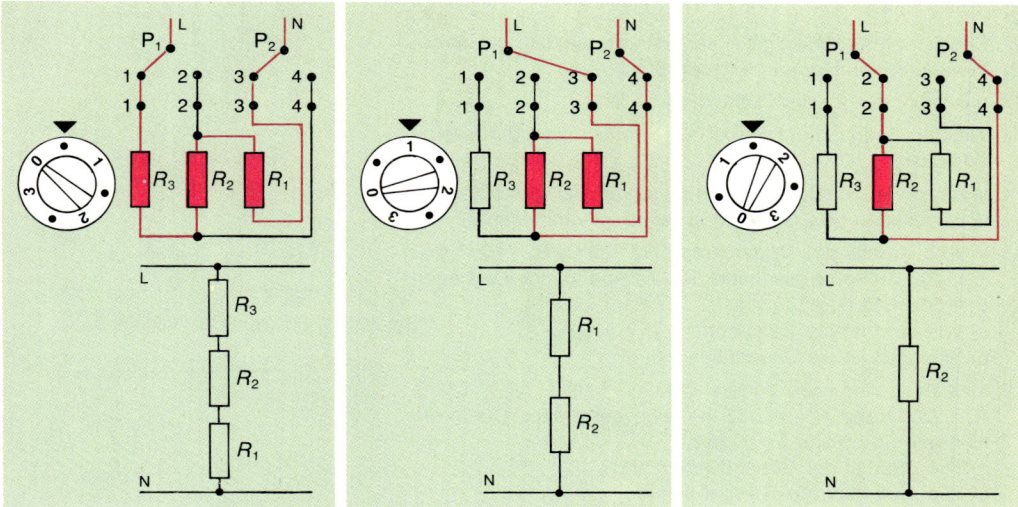

Abb. 2: Schaltstufen 0 • 1, 1 und 1 • 2 einer Herdplatte in 7-Takt-Schaltung

Versuch 4–3:   Leistung bei der Reihenschaltung

Aufbau

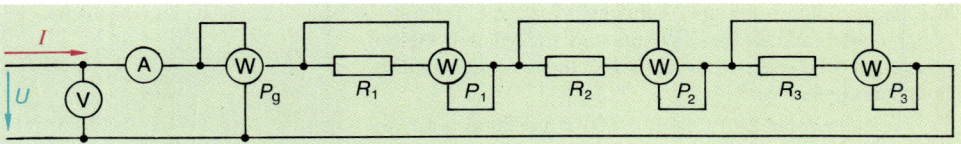

Drei Widerstände $R_1 = 20\ \Omega$, $R_2 = 40\ \Omega$ und $R_3 = 50\ \Omega$ werden in Reihe geschaltet und an 220 V angeschlossen.

Durchführung

Die Gesamtspannung, die Stromstärke, die Gesamtleistung und die Teilleistungen werden gemessen.

Meßergebnis

U in V	I in A	P_g in W	P_1 in W	P_2 in W	P_3 in W
220	2	440	80	160	200

Die Summe der Teilleistungen ist so groß wie die Gesamtleistung.

Der Widerstand $R_3 = 50\ \Omega$ (der größte) nimmt die größte Leistung auf, weil bei gleichem Strom an ihm die größte Spannung abfällt.

Bei der Reihenschaltung sind Leistungsaufnahme und Widerstand direkt proportional.

Die Meßergebnisse lassen sich rechnerisch kontrollieren.

Leistung bei der Reihenschaltung

$$P_g = P_1 + P_2 + \ldots + P_n$$

Aufgaben zu 4.1

1. Begründen Sie, warum bei der Reihenschaltung der Strom in allen Widerständen gleich groß ist!

2. Wie heißt das 2. Kirchhoffsche Gesetz?

3. Welche Bedeutung hat der Gesamtwiderstand für eine Schaltung?

4. Wie groß ist der Gesamtwiderstand von vier gleich großen Widerständen (je 2,5 Ω), die in Reihe geschaltet sind?

5. In Abb. 1 sind drei Widerstände $R_1 = 20\ \Omega$, $R_2 = 40\ \Omega$ und $R_3 = 40\ \Omega$ in Reihe geschaltet. Die Teilspannungen betragen $U_1 = 50\,V$ und $U_2 = 100\ V$.
   a) Wie groß ist die Teilspannung U_3?
   b) Wie groß ist die Gesamtspannung?

6. In Abb. 2 sind vier Widerstände $R_1 = 100\ \Omega$, $R_2 = 120\ \Omega$, $R_3 = 270\ \Omega$ und $R_4 = 470\ \Omega$ in Reihe geschaltet. Durch sie fließt ein Strom von $I = 50$ mA.
   a) Wie groß ist der Gesamtwiderstand?
   b) Wie groß sind die Teilspannungen?
   c) Wie groß ist die Gesamtspannung?

7. Eine Spannungsquelle mit $U = 24$ V speist eine Reihenschaltung von vier Widerständen. Drei Widerstände sind gleich groß ($R_1 = R_2 = R_3 = 4$ kΩ). An ihnen fallen drei Spannungen von je 4 V ab.
   a) Wie groß ist die Teilspannung U_4?
   b) Wie groß ist der Teilwiderstand R_4?
   c) Wie groß ist die Stromstärke?

8. Wie ändern sich bei einer Reihenschaltung die Teilspannungen, wenn ein weiterer Widerstand zusätzlich in Reihe geschaltet und die gesamte Schaltung an die gleiche Spannung gelegt wird?

9. Ein Bügeleisen für 220 V nimmt 1000 W Leistung auf. Wie groß ist die Stromstärke?

10. In Abb. 3 sind zwei Widerstände $R_1 = 40\ \Omega$ und $R_2 = 80\ \Omega$ in Reihe geschaltet. Die Leistungsaufnahme des Widerstandes R_1 beträgt $P_1 = 45$ W.
    a) Wieviel Leistung nimmt R_2 auf?
    b) Wie groß ist die Gesamtleistung?

11. Die Leistung eines Lötkolbens soll bei konstanter Netzspannung vermindert werden. Wie läßt sich dies realisieren?

12. Eine Glühlampe 110V, 100W, soll über einen Vorwiderstand an 220V angeschlossen werden.
    a) Wie groß muß der Vorwiderstand sein?
    b) Wieviel Leistung nimmt der Vorwiderstand auf?
    c) Verliert die Glühlampe durch diese Anordnung ihre Helligkeit?

13. Zwei gleich große Heizwiderstände nehmen in Reihe geschaltet und an 220V angeschlossen zusammen 15W auf.
    a) Wie groß ist die Stromstärke?
    b) Wie groß ist der Widerstand der Reihenschaltung?
    c) Wie groß ist der Widerstand eines Heizleiters?
    d) Wieviel Leistung würde ein Widerstand allein aufnehmen, wenn er an 220V angeschlossen wird?

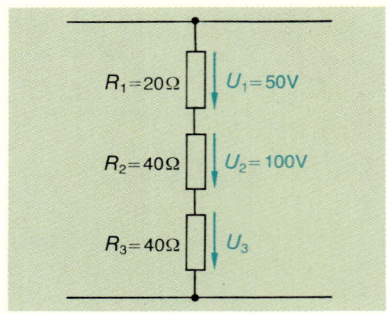

Abb. 1: Schaltung zu Aufgabe 5

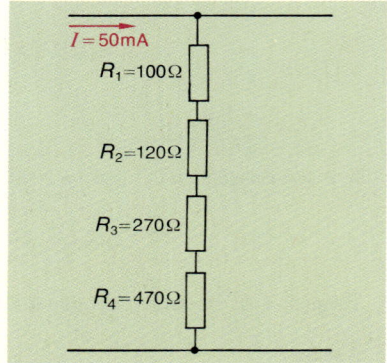

Abb. 2: Schaltung zu Aufgabe 6

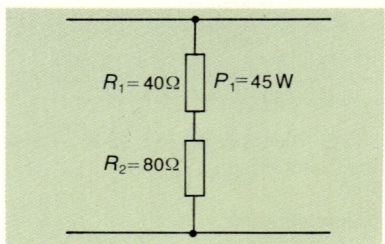

Abb. 3: Schaltung zu Aufgabe 10

4.2 Parallelschaltung

In vielen elektrischen Anlagen ist es möglich, elektrische Verbraucher beliebig und unabhängig voneinander ein- oder auszuschalten. Dies ist kennzeichnend für die Parallelschaltung. Die Verbraucher sind parallel zueinander an die gleiche Spannungsquelle angeschlossen (Abb. 4).

Für die Ermittlung der Gesetzmäßigkeiten soll ein Versuch durchgeführt werden. Um einen Vergleich mit der Reihenschaltung herstellen zu können, werden die gleichen Widerstände und die gleiche Spannungsquelle verwendet.

Die Ausgangsfrage für die Untersuchung lautet:
Wie verhalten sich Spannungen, Ströme und Widerstände bei der Parallelschaltung?

Wir wollen die Frage in dieser Reihenfolge durch Einzelversuche klären.

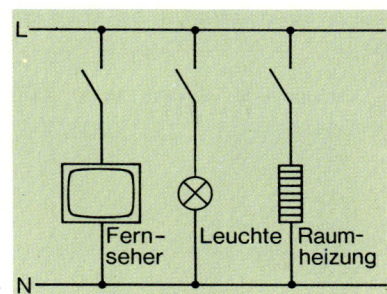

Abb. 4: Prinzip der Parallelschaltung
(Anmerkung: Das Zeichen für den Fernseher ist ein Bildzeichen nach DIN 30600, die anderen Zeichen sind Schaltzeichen nach DIN 40900)

4.2.1 Spannungsverhalten bei der Parallelschaltung

Versuch 4–4:   Spannung bei der Parallelschaltung

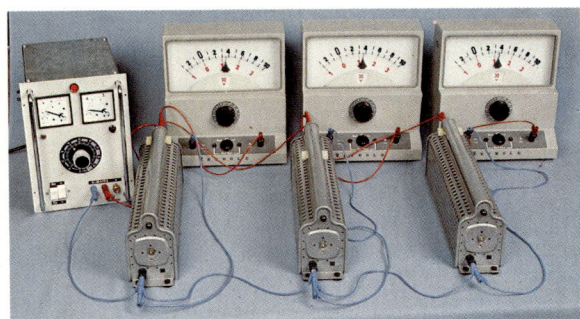

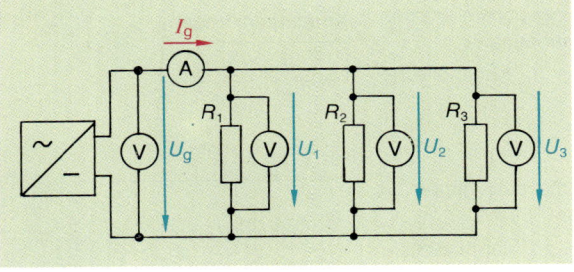

◁ **Aufbau**

Drei Widerstände $R_1 = 10\ \Omega$, $R_2 = 20\ \Omega$ und $R_3 = 50\ \Omega$ werden parallel an eine Spannungsquelle mit $U = 16$ V angeschlossen.

Durchführung

Die Quellenspannung U_g, die Stromstärke I_g und die Spannungen an den einzelnen Widerständen werden gemessen.

Meßergebnis

U_g in V	I_g in A	U_1 in V
16	2,72	16

U_2 in V	U_3 in V
16	16

Werden Widerstände parallelgeschaltet und an eine Spannungsquelle angeschlossen, dann liegt an allen Widerständen die gleiche Spannung.

Die Gesamtspannung ist so groß wie die Teilspannungen.

Spannung bei der Parallelschaltung

$$U_g = U_1 = U_2 = \ldots = U_n$$

4.2.2 Stromverhalten bei der Parallelschaltung

Versuch 4–5: Ströme bei der Parallelschaltung

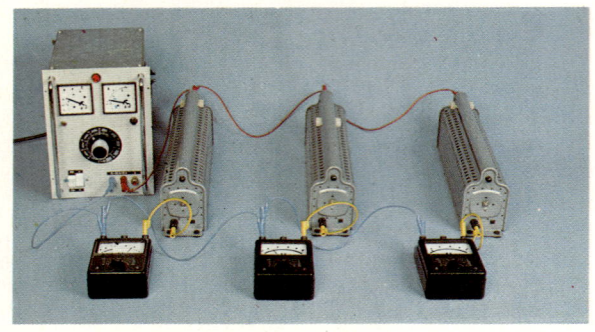

◁ **Aufbau**

Durchführung

Die Quellenspannung U_g, die Stromstärke I_g und die Teilströme durch die Teilwiderstände werden gemessen.

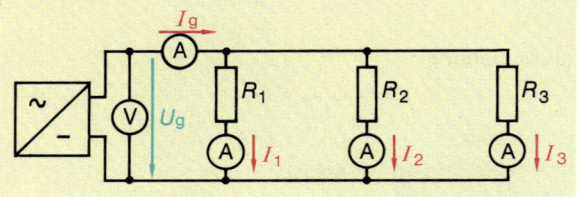

Meßergebnis

U_g in V	I_g in A	I_1 in A
16	2,72	1,6

I_2 in A	I_3 in A
0,8	0,32

Versuch 4–5 zeigt den Zusammenhang zwischen Gesamtstrom und Teilströmen.

Erstes Kirchhoffsches Gesetz

Der Gesamtstrom ist so groß wie die Summe der Teilströme.

Wären noch mehr Widerstände vorhanden, dann müßten die weiteren Teilströme ebenfalls addiert werden. Durch jeden weiteren parallel geschalteten Widerstand wird I_g erhöht.

Die Stromverzweigung in Versuch 4–5 läßt sich auch in Abb. 2 erkennen. Die einzelnen Verzweigungspunkte wurden zu je einem Knotenpunkt (A und B) zusammengefaßt.

Für diese Knotenpunkte gilt ebenfalls das 1. Kirchhoffsche Gesetz (Knotenpunktregel):

Knotenpunkt A   **Knotenpunkt B**

$I_g = I_1 + I_2 + I_3$ $I_1 + I_2 + I_3 = I_g$

Die einem Knotenpunkt zufließenden Ströme sind genau so groß wie die vom Knotenpunkt abfließenden Ströme.

Ordnet man die Ströme den Widerständen zu, durch die sie fließen (Abb. 1), so ergibt sich:

Durch den kleineren Widerstand fließt der größere Strom.

Wie verhalten sich aber die Ströme zueinander?

$$I_1 = \frac{U_g}{R_1} \qquad I_2 = \frac{U_g}{R_2} \qquad \frac{I_1}{I_2} = \frac{\dfrac{U_g}{R_1}}{\dfrac{U_g}{R_2}} \qquad \frac{I_1}{I_2} = \frac{R_2}{R_1}$$

Stromstärke bei der Parallelschaltung von drei Widerständen

$$I_g = I_1 + I_2 + I_3$$

Stromstärke bei der Parallelschaltung

$$I_g = I_1 + I_2 + \ldots + I_n$$

Knotenpunktregel

$$\sum{}^1 I_{zu} = \sum I_{ab}$$

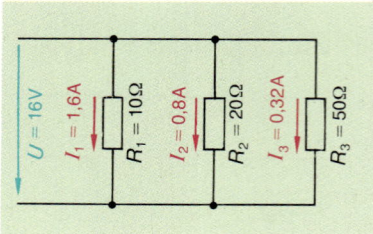

Abb. 1: Zusammenhang zwischen Widerständen und Strömen

---

[1] $\sum$ = mathematisches Summenzeichen

Bei der Parallelschaltung verhalten sich die Ströme umgekehrt zueinander wie die dazugehörigen Widerstände.

$$\frac{I_1}{I_2} = \frac{R_2}{R_1} \quad \text{bzw.} \quad \frac{I_1}{I_3} = \frac{R_3}{R_1} \quad \text{bzw.} \quad \frac{I_2}{I_3} = \frac{R_3}{R_2}$$

Bei gleichgroßen Teilwiderständen sind auch die Teilströme gleich groß.

4.2.3 Widerstandsverhalten bei der Parallelschaltung

Die Spannungsquelle mit $U = 16$ V versorgt die drei Widerstände und liefert dabei eine Stromstärke $I_g = 2,72$ A. Diese Stromstärke würde sich auch einstellen, wenn anstelle der drei Teilwiderstände der Gesamtwiderstand R_g (Ersatzwiderstand) vorhanden wäre. Nach dem Ohmschen Gesetz gilt:

$$R_g = \frac{U_g}{I_g}; \qquad R_g = \frac{16\ \text{V}}{2,72\ \text{A}}; \qquad \underline{R_g = 5,9\ \Omega}$$

Vergleichen wir diesen errechneten Gesamtwiderstand mit den Einzelwiderständen, so können wir feststellen:

Der Gesamtwiderstand der Parallelschaltung ist kleiner als der kleinste Teilwiderstand.

Dies kann man sich anschaulich dadurch erklären, daß in einem Stromkreis durch jeden weiteren parallel geschalteten Widerstand auch ein weiterer Stromweg eröffnet wird. Dadurch entsteht die gleiche Wirkung wie bei einer Querschnittsvergrößerung des Leiters.

Welcher Zusammenhang besteht bei der Parallelschaltung zwischen Gesamtwiderstand und Teilwiderständen?

Wir wollen diese Frage durch eine mathematische Betrachtung klären und gehen dabei vom 1. Kirchhoffschen Gesetz aus.

$$I_g = I_1 + I_2 + I_3$$

Mit dem Ohmschen Gesetz kann man die Gleichung umformen:

$$\frac{U_g}{R_g} = \frac{U_1}{R_1} + \frac{U_2}{R_2} + \frac{U_3}{R_3}$$

Da $U_g = U_1 = U_2 = U_3 = U$, dürfen wir die gesamte Gleichung durch U teilen und können dann kürzen.

$$\frac{U}{R_g \cdot U} = \frac{U}{R_1 \cdot U} + \frac{U}{R_2 \cdot U} + \frac{U}{R_3 \cdot U}$$

Bei der Parallelschaltung ist der Kehrwert des Gesamtwiderstandes so groß wie die Summe der Kehrwerte der Teilwiderstände.

Der Kehrwert eines Widerstandes ist sein Leitwert $G = \dfrac{1}{R}$

Setzt man den Leitwert in die gefundene Gesetzmäßigkeit ein, dann ergibt sich der Zusammenhang zwischen Gesamtleitwert und Teilleitwerten.

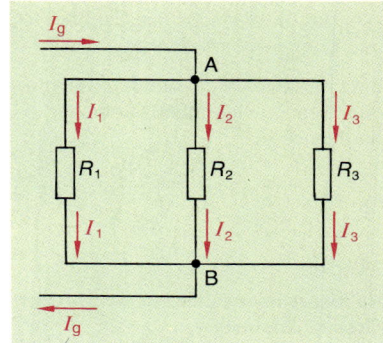

Abb. 2: Umzeichnung von Abb. 1

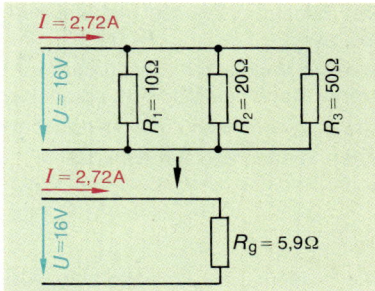

Abb. 3: Der Gesamtwiderstand hat die gleiche Wirkung wie seine Teilwiderstände

Gesamtleitwert bei der Parallelschaltung

$$\frac{1}{R_g} = \frac{1}{R_1} + \frac{1}{R_2} + \dots + \frac{1}{R_n}$$

$$G_g = G_1 + G_2 + \dots + G_n$$

Bei der Parallelschaltung ist der Gesamtleitwert so groß wie die Summe der Teilleitwerte.

Sind nur zwei Widerstände parallelgeschaltet, dann kann man den Gesamtwiderstand einfacher mit einer anderen Formel berechnen.

$$\frac{1}{R_g}=\frac{1}{R_1}+\frac{1}{R_2}; \quad \frac{1}{R_g}=\frac{R_2}{R_1 \cdot R_2}+\frac{R_1}{R_1 \cdot R_2}; \quad \frac{1}{R_g}=\frac{R_2+R_1}{R_1 \cdot R_2}$$

Beispiel:

Meßbereichserweiterung von Strommessern
(Drehspulmeßwerk)

Mit einem Strommesser (Meßbereich: 60 mV, Innenwiderstand: 200 Ω) soll eine Stromstärke von etwa 1 A gemessen werden. Der Endausschlag des Instrumentes wird deshalb auf 1,5 A festgelegt.

Welcher Widerstand (Shunt) muß zur Verringerung der Stromstärke durch das Meßwerk parallelgeschaltet werden?

Um R_p ausrechnen zu können, benötigt man:

- die Spannung U am Widerstand
- die Stromstärke I_p durch den Widerstand

$$R_p=\frac{U}{I_p}$$

Die Spannung bei Vollausschlag läßt sich über die Werte des Meßwerkes berechnen.

$$U=I_M \cdot R_i$$

Um die Stromstärke I_p bei Vollausschlag berechnen zu können, muß die Stromstärke I_M von der Stromstärke I abgezogen werden.

$$I_p=I-I_M$$

Ersetzt man in der Widerstandsformel U und I_p durch die entsprechenden Gleichungen, dann ergibt sich:

$$R_p=\frac{I_M \cdot R_i}{I-I_M} \qquad R_p=R_i\frac{I_M}{I-I_M}$$

$$I_M=\frac{U}{R_M} \qquad I_M=\frac{0,06\ V}{200\ \Omega} \qquad I_M=0,3\ mA$$

$$R_p=200\ \Omega\ \frac{0,3 \cdot 10^{-3}\ A}{1,5\ A-0,3 \cdot 10^{-3}\ A} \qquad \underline{R_p=0,04\ \Omega}$$

Gesamtwiderstand von zwei parallelgeschalteten Widerständen

$$R_g=\frac{R_1 \cdot R_2}{R_1+R_2}$$

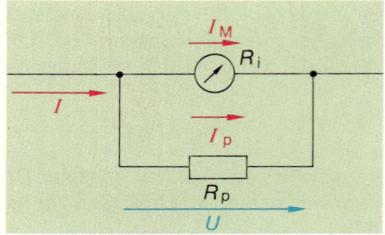

Abb. 1: Schaltung einer Strommeßbereichserweiterung durch einen Shunt

Abb. 2: Shunts (Nebenwiderstände)

4.2.4 Leistung bei der Parallelschaltung

Die Kochplatten mit dem 7-Takt-Schalter stellt in den Schaltstufen 2 ● 3 und 3 Parallelschaltungen dar. Abb. 3 zeigt für die Schaltstufen 2, 2 ● 3 und 3 die Schaltverbindungen in übersichtlicher Form.

In der Schaltstufe 2 ist nur der Widerstand $R_1 = 51\ \Omega$ eingeschaltet (vgl. Versuch 4–3, S. 71). Er nimmt an 220 V eine Leistung von 950 W auf.

Schaltet man einen zweiten Widerstand R_2 parallel, dann steigt bei gleichbleibender Spannung die Leistungsaufnahme. Das

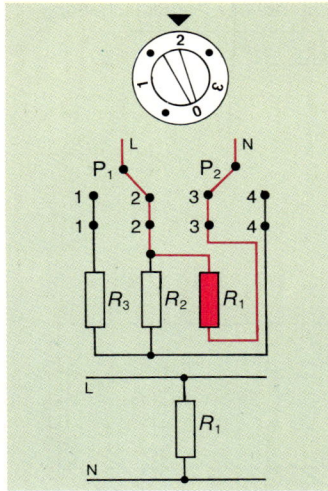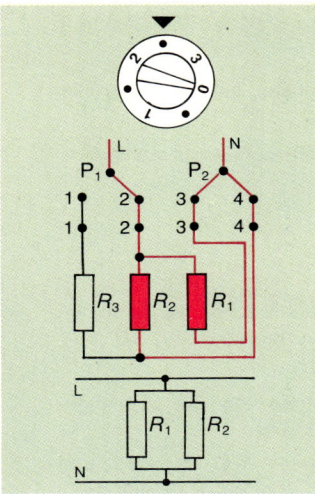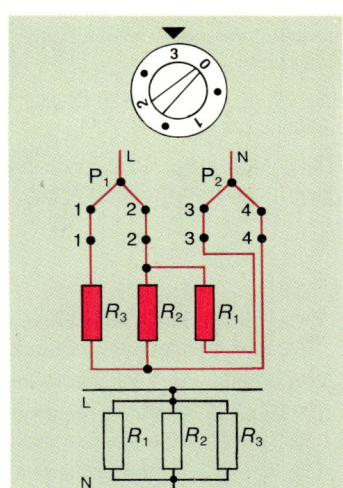

Abb. 3: Schaltstufen 2, 2 ● 3 und 3 einer Herdplatte in 7-Takt-Schaltung

entspricht der Zwischenstufe 2 ● 3. Der Widerstand R_2 ist in der Zwischenstufe 1 ● 2 allein eingeschaltet. Die Leistungsaufnahme beträgt hier 450 W. In der Zwischenstufe 2 ● 3 kommt also zur Leistungsaufnahme von R_2 die Leistungsaufnahme von R_1 hinzu.

$$P = P_{R_1} + P_{R_2} \qquad P = 950\ \text{W} + 450\ \text{W} \qquad P = \underline{1400\ \text{W}}$$

In der Schaltstufe 3 wird der dritte Widerstand R_3 parallel geschaltet. Die Leistungsaufnahme erhöht sich nochmals um den Leistungswert von R_3 auf 2000 W.

> Erweitert man die Parallelschaltung um zusätzliche Widerstände, dann vergrößert sich die gesamte Leistungsaufnahme (U = konst.).

Wir wollen nun den Zusammenhang zwischen Widerstand und Leistungsaufnahme ermitteln. Hierzu dient Versuch 4–6.

Versuch 4–6: Leistung bei der Parallelschaltung

Aufbau

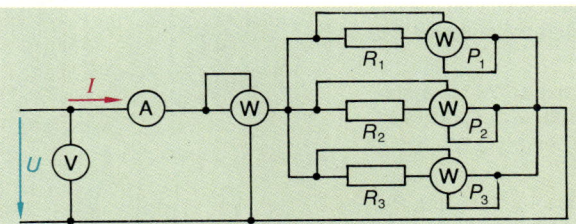

Drei Widerstände $R_1 = 20\ \Omega$, $R_2 = 40\ \Omega$ und $R_3 = 50\ \Omega$ werden parallel geschaltet und an 220 V angeschlossen.

Durchführung

Die Spannung, die Stromstärke, die Gesamtleistung und die Teilleistungen werden gemessen.

Meßergebnis

U in V	I in A	P_g in W
220	20,9	4598

P_1 in W	P_2 in W	P_3 in W
2420	1210	968

Die Summe der Teilleistungen ist so groß wie die Gesamt-leistung.

Leistung bei der Parallelschaltung

$$P_g = P_1 + P_2 + \ldots + P_n$$

Der Widerstand $R_1 = 20\,\Omega$ (der kleinste) nimmt die größte Leistung auf.

Bei der Parallelschaltung sind Leistungsaufnahme und Wider-stand umgekehrt proportional.

Aufgaben zu 4.2

1. Begründen Sie, warum bei der Parallelschaltung durch den kleineren Widerstand der größere Strom fließt!

2. Wie heißt das 1. Kirchhoffsche Gesetz?

3. Wie groß ist der Gesamtwiderstand von fünf parallelge-schalteten Widerständen von je 30 Ω?

4. In Abb. 1 sind drei Widerstände $R_1 = 20\,\Omega$, $R_2 = 40\,\Omega$ und $R_3 = 40\,\Omega$ parallelgeschaltet. Der Teilstrom I_1 beträgt 6 A.
   a) Wie groß sind die Teilströme I_2 und I_3?
   b) Wie groß ist der Gesamtstrom?
   c) Wie groß ist die Spannung?

5. Vier Widerstände $R_1 = 800\,\Omega$, $R_2 = 1200\,\Omega$, $R_3 = 1600\,\Omega$ und $R_4 = 2400\,\Omega$ sind parallelgeschaltet. Die Gesamtstromstärke beträgt 0,5 A.
   a) Wie groß ist der Gesamtwiderstand?
   b) Wie groß ist die Spannung?
   c) Wie groß sind die Teilströme?

6. Zwei Widerstände $R_1 = 400\,\Omega$ und R_2 sind parallelgeschal-tet. Der Gesamtstrom beträgt $I_g = 1$ A und der Teilstrom $I_1 = 0,6$ A.
   a) Wie groß ist die Spannung?
   b) Wie groß ist R_g?
   c) Wie groß ist R_2?

7. In Abb. 2 sind zwei Widerstände $R_1 = 40\,\Omega$ und $R_2 = 80\,\Omega$ parallelgeschaltet. Die Leistungsaufnahme des Widerstan-des R_1 beträgt $P_1 = 45$ W.
   a) Wieviel Leistung nimmt R_2 auf?
   b) Wie groß ist die Gesamtleistung?

8. Der Stromkreis in einer Küche ist mit 10 A abgesichert (Abb. 3). Dort werden neben anderen Kleingeräten ein elektrisches Heißwassergerät mit 2000 W und ein Toaster mit 1700 W betrieben. Jedesmal, wenn beide Geräte gleich-zeitig betrieben werden, spricht der Sicherungsautomat an. Wie ist das zu erklären?

9. Zwei parallelgeschaltete Widerstände, die an 230 V ange-schlossen sind, nehmen zusammen 1800 W auf. Wird nur einer an 230 V betrieben, dann nimmt er 1400 W auf. Wie groß sind die beiden Widerstände?

10. Kontrollieren Sie rechnerisch aus Versuch 4–6 (S. 77): I, P_g, P_1, P_2 und P_3.

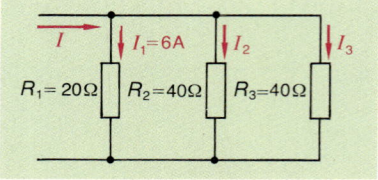

Abb. 1: Schaltung zu Aufgabe 4

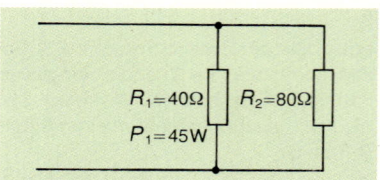

Abb. 2: Schaltung zu Aufgabe 7

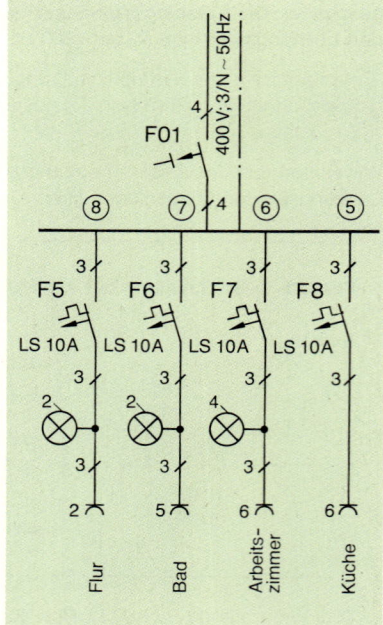

Abb. 3: Verteilungsplan einer Wohnung (Ausschnitt) zu Aufgabe 8

4.3 Gruppenschaltungen

In Abb. 4 ist ein Schaltungsausschnitt eines Fernsehgerätes abgebildet. Neben anderen Bauteilen, die später besprochen werden, sind verschiedene Widerstände eingebaut. Sie sind einzeln, in Reihe, parallel, aber auch in Gruppen geschaltet.

Gruppenschaltungen sind Kombinationen aus Reihen- und Parallelschaltungen.

Die in der Abb. 4 hinterlegte Schaltung ist eine Reihenschaltung von R_{32} und R_{33}, zu der zusätzlich R_{36} parallelgeschaltet ist. Diese Schaltung nennt man eine erweiterte Reihenschaltung (eine Reihenschaltung, die um eine Parallelschaltung erweitert wurde).

Die in Abb. 5 hinterlegte Schaltung ist eine Parallelschaltung von R_{36} einerseits und von R_{32} in Reihe mit R_{33} andererseits, die zusätzlich mit R_{37} in Reihe geschaltet ist. Diese Schaltung nennt man eine erweiterte Parallelschaltung (eine Parallelschaltung, die um eine Reihenschaltung erweitert wurde).

Im folgenden sollen diese beiden Schaltungskombinationen näher behandelt werden. Das kann natürlich experimentell geschehen. Da es sich jedoch im Prinzip um die Anwendung von Reihen- und Parallelschaltungen handelt, können wir die bereits gewonnenen Erkenntnisse übertragen.

4.3.1 Erweiterte Reihenschaltung

Zur Berechnung des Gesamtwiderstandes einer Gruppenschaltung gehen wir in Teilschritten vor.

Im ersten Schritt berechnen wir den Teil einer Schaltung, der aus einer Grundschaltung besteht, also aus einer Reihen- oder aus einer Parallelschaltung. Im vorliegenden Beispiel (Abb. 6a) ist es die Reihenschaltung von R_2 und R_3. Aus diesen beiden Werten läßt sich der Ersatzwiderstand R_{23} berechnen.

$$R_{23} = R_2 + R_3 \qquad R_{23} = 12\ \Omega + 8\ \Omega \qquad \underline{R_{23} = 20\ \Omega}$$

In Abb. 6b sind die Widerstände R_2 und R_3 durch den Widerstand R_{23} ersetzt worden.

Wir können die Gruppenschaltung nun als eine einfache Parallelschaltung betrachten. Der Gesamtwiderstand läßt sich dann wie folgt berechnen (vgl. 4.2):

$$\frac{1}{R_g} = \frac{1}{R_1} + \frac{1}{R_{23}}$$

$$\frac{1}{R_g} = \frac{1}{30\ \Omega} + \frac{1}{20\ \Omega}$$

$$\frac{1}{R_g} = 0{,}033\ \frac{1}{\Omega} + 0{,}05\ \frac{1}{\Omega}$$

$$\frac{1}{R_g} = 0{,}0833\ \frac{1}{\Omega}$$

$$R_g = \frac{1}{0{,}0833}\ \Omega \qquad\qquad \underline{R_g = 12\ \Omega}$$

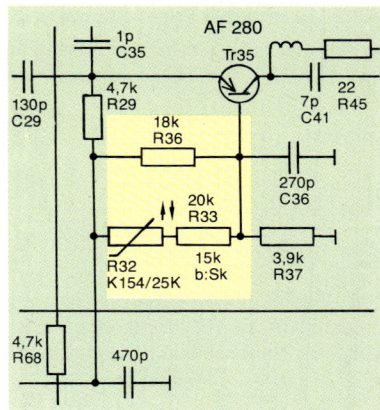

Abb. 4: Beispiel einer erweiterten Reihenschaltung

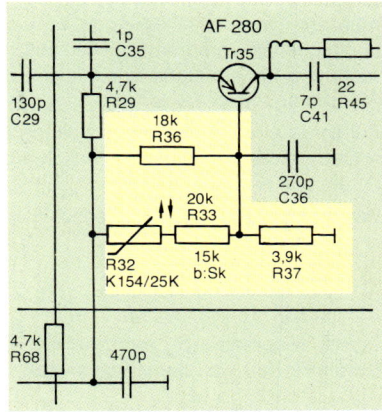

Abb. 5: Beispiel einer erweiterten Parallelschaltung

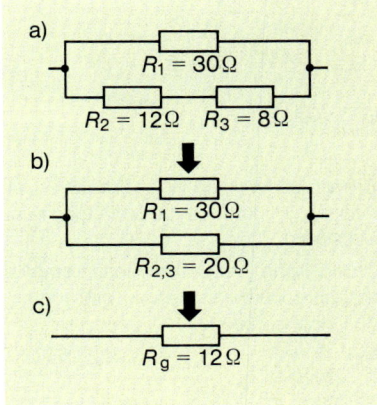

Abb. 6: Vereinfachung einer erweiterten Reihenschaltung

4.3.2 Erweiterte Parallelschaltung

In Abb. 1a tritt als reine Grundschaltung die Parallelschaltung von R_2 und R_3 auf. Diese wird zuerst berechnet.

$$\frac{1}{R_{23}} = \frac{1}{R_2} + \frac{1}{R_3} \qquad \frac{1}{R_{23}} = 0{,}0208\,\frac{1}{\Omega}$$

$$\frac{1}{R_{23}} = \frac{1}{120\ \Omega} + \frac{1}{80\ \Omega} \qquad R_{23} = \frac{1}{0{,}0208}\,\Omega$$

$$\frac{1}{R_{23}} = 0{,}0083\,\frac{1}{\Omega} + 0{,}0125\,\frac{1}{\Omega} \qquad \underline{R_{23} = 48\ \Omega}$$

Der Widerstand R_{23} kann die Parallelschaltung von R_2 und R_3 ersetzen (Abb. 1b). Wir können die Schaltung nun als eine einfache Reihenschaltung auffassen.

$$R_g = R_1 + R_{23}; \qquad R_g = 60\ \Omega + 48\ \Omega; \qquad \underline{R_g = 108\ \Omega}$$

4.3.3 Netzwerke

Ein Netzwerk ist ein verzweigter elektrischer Stromkreis, in dem mehrere Gruppenschaltungen und oft auch mehrere Spannungsquellen vorkommen. Hier soll nur eine Widerstandsberechnung für ein Netzwerk mit einer Spannungsquelle (Abb. 2a) durchgeführt werden.

Zunächst wird der Teil der Schaltung gesucht, der eine Grundschaltung darstellt. Das ist zunächst die Reihenschaltung von R_4, R_5 und R_6.

Der Widerstand dieser Reihenschaltung wird berechnet.

$R_{456} = R_4 + R_5 + R_6$
$R_{456} = 4\ \Omega + 9\ \Omega + 3\ \Omega$
$R_{456} = 16\ \Omega$

Dieser Widerstand R_{456} wird für R_4, R_5 und R_6 eingesetzt. Die Schaltung läßt sich damit wie in Abb. 2b gezeigt vereinfachen.

Deutlich ist zu erkennen, daß R_3 und R_{456} eine Parallelschaltung darstellen. Es gilt:

$$\frac{1}{R_{3456}} = \frac{1}{R_3} + \frac{1}{R_{456}} \qquad \frac{1}{R_{3456}} = 0{,}1042\,\frac{1}{\Omega}$$

$$\frac{1}{R_{3456}} = \frac{1}{24\ \Omega} + \frac{1}{16\ \Omega} \qquad R_{3456} = \frac{1}{0{,}1042}\,\Omega$$

$$\frac{1}{R_{3456}} = 0{,}0417\,\frac{1}{\Omega} + 0{,}0625\,\frac{1}{\Omega} \qquad \underline{R_{3456} = 9{,}6\ \Omega}$$

Dieser Widerstand R_{3456} ersetzt R_3 und R_{456} der Schaltung in Abb. 2b. Wir können die Schaltung nun wie in Abb. 2c dargestellt auffassen.

Damit kann man das recht komplizierte Netzwerk als eine einfache Reihenschaltung betrachten. Der Gesamtwiderstand des Netzwerkes ist:

$R_g = R_1 + R_{3456} + R_2; \qquad R_g = 6\ \Omega + 9{,}6\ \Omega + 6\ \Omega;$
$R_g = 21{,}6\ \Omega$

Bei solchen umfangreichen Aufgaben empfiehlt es sich nicht, die Berechnung in einem Rechengang durchzuführen.

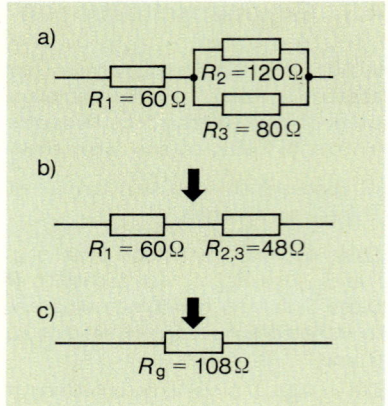

Abb. 1: Vereinfachung einer erweiterten Parallelschaltung

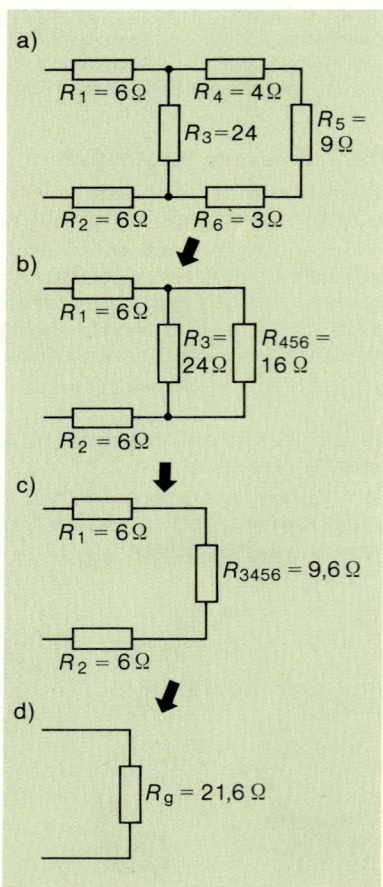

Abb. 2: Vereinfachung eines Netzwerkes

4.3.4 Spannungsteiler

In der Praxis benötigt man oft veränderbare Spannungen, um z.B. die Helligkeit von Leuchten, Drehzahlen von Motoren, Temperaturwerte von Heizgeräten usw. zu regulieren. Die Industrie stellt dafür besondere Geräte wie z.B. Stelltransformatoren und Dimmer her. Veränderbare Spannungen lassen sich aber auch mit Stellwiderständen (Potentiometern) erzeugen (Abb. 3).

Um z.B. die Spannung einer Glühlampe und damit den Glühlampenstrom sowie die Helligkeit zu beeinflussen, bieten sich die Reihenschaltung und die Spannungsteilerschaltung an (Abb. 4a).

Bei der Reihenschaltung leuchtet die Lampe dann mit größter Helligkeit, wenn der Vorwiderstand ausgeschaltet und der Schleifer direkt mit dem einen Pol der Spannungsquelle (in Abb. 4a oben) verbunden ist. Der kleinste Strom fließt dann, wenn der Vorwiderstand voll eingeschaltet ist (Schleifer in Abb. 4a unten). Die Glühlampe kann durch Veränderung der Schleiferstellung nie spannungsfrei werden.

Bei der Spannungsteilerschaltung (Abb. 4b) dagegen erhält die Glühlampe bei der unteren Schleiferstellung keine Spannung, während bei der oberen Schleiferstellung die volle Spannung anliegt.

Die Spannungsteilerschaltung liefert eine veränderbare Verbraucherspannung. Es soll in Versuch 4–7 untersucht werden, wie sich die Verbraucherspannung ändert, wenn der Schleifer schrittweise verstellt wird.

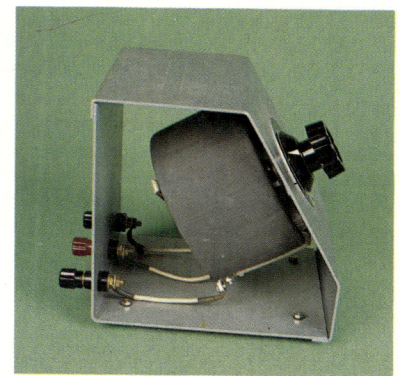

Abb. 3: Stellwiderstand für höhere Belastungen

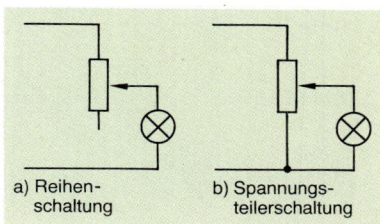

a) Reihenschaltung   b) Spannungsteilerschaltung

Abb. 4: Schaltungsmöglichkeiten für veränderbare Spannungen

Versuch 4–7:   Spannungsteilerschaltung

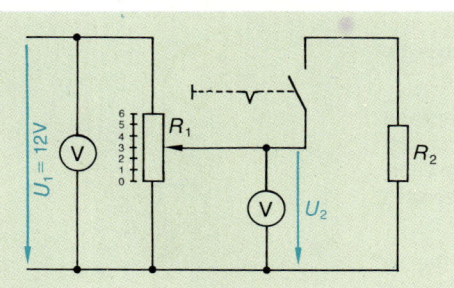

◁ **Aufbau**

Durchführung

Der Schleifer eines Stellwiderstandes wird stufenweise von 0 bis 6 verstellt. Für jede Einstellung wird die Spannung U_2 gemessen. Die Eingangsspannung bleibt konstant (Spannungsmesser zur Kontrolle). Die Messung wird (je nach Schalterstellung) für Leerlauf, Belastung mit 4 Ω und Belastung mit 24 Ω durchgeführt.

◁ **Meßergebnis**

Nr.	Schleiferstellung	U_2 in V (Leerlauf)	U_2 in V ($R_2 = 24\ \Omega$)	U_2 in V ($R_2 = 4\ \Omega$)
1	0	0	0	0
2	1	2	1,7	1,1
3	2	4	3,3	1,7
4	3	6	4,8	2,4
5	4	8	6,5	3,4
6	5	10	8,8	5,5
7	6	12	12	12

Die Werte aus Versuch 4–7 sind im Diagramm der Abb. 1 dargestellt. Die Ausgangsspannung U_2 (Senkrechte) ist in Abhängigkeit von der Schleiferstellung (Waagerechte) aufgetragen.

Wird der Spannungsteiler im Leerlauf betrieben, dann ergibt jede Schleiferverstellung eine sich in gleichem Maße verändernde Spannung. Wird dagegen der Spannungsteiler belastet, dann entspricht die Änderung der Spannung nicht mehr der Änderung der Schleiferstellung. Die Abweichung ist um so größer, je niederohmiger die Belastung im Vergleich zum Stellwiderstand ist.

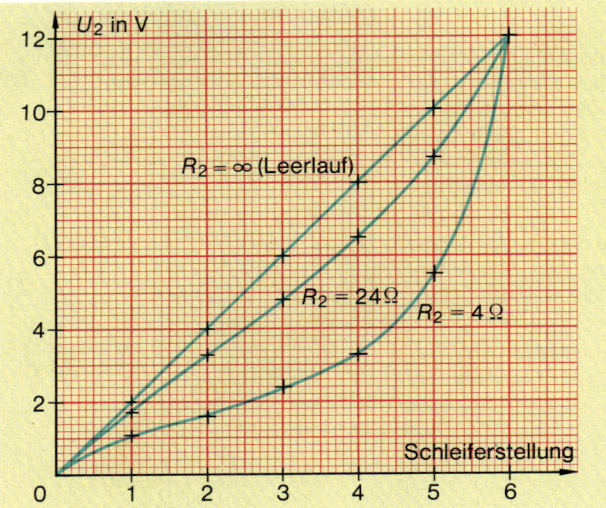

Abb. 1: Abhängigkeit der Ausgangsspannung von der Schleiferstellung

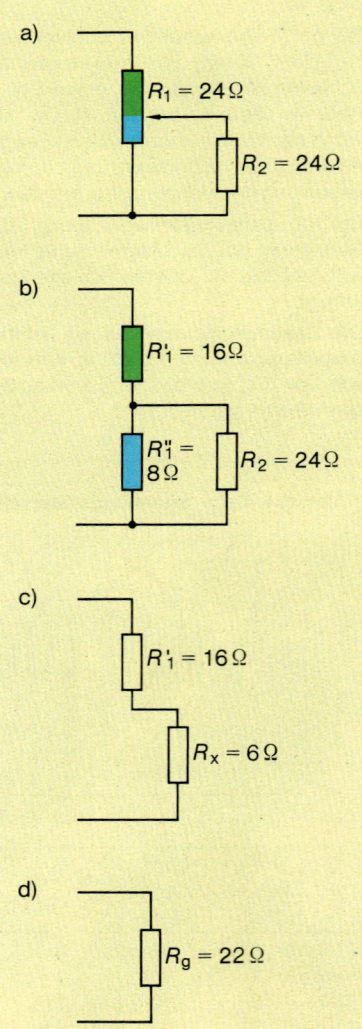

Abb. 2: Vereinfachung einer Spannungsteilerschaltung

Aus dieser Erkenntnis heraus sollte man für die Praxis beachten:

Bei der Spannungsteilerschaltung sollte der Stellwiderstand etwa den gleichen Widerstandswert wie der Belastungswiderstand haben. Wird der Stellwiderstand kleiner gewählt, dann nähern sich die Verhältnisse den idealen Leerlaufbedingungen.

Wir denken uns den Stellwiderstand an der Stelle, an der der Schleifer steht, aufgetrennt und mit Leitungen verbunden. Man kann dann die Spannungsteilerschaltung als eine erweiterte Reihenschaltung auffassen. Für die Schleiferstellung 2 und die Belastung $R_2 = 24\ \Omega$ ist das in Abb. 2a dargestellt.

Die Widerstände R_2 und R_1'' sind parallelgeschaltet (Abb. 2b). Ihr Ersatzwiderstand (hier R_x) ist:

$$\frac{1}{R_x} = \frac{1}{R_1''} + \frac{1}{R_2} \qquad\qquad \frac{1}{R_x} = 0{,}167\ \frac{1}{\Omega}$$

$$\frac{1}{R_x} = \frac{1}{8\ \Omega} + \frac{1}{25\ \Omega} \qquad\qquad R_x = \frac{1}{0{,}167}\ \Omega$$

$$\frac{1}{R_x} = 0{,}125\ \frac{1}{\Omega} + 0{,}0417\ \frac{1}{\Omega} \qquad\qquad \underline{R_x = 6\ \Omega}$$

Dieser Widerstand R_x bildet mit R_1' eine Reihenschaltung (Abb. 2c).

$R_g = R_1' + R_x;$ $R_g = 16\ \Omega + 6\ \Omega;$ $\underline{R_g = 22\ \Omega}$

Mit dem Gesamtwiderstand der Schaltung läßt sich der Gesamtstrom I_1 berechnen.

$I_1 = \dfrac{U_1}{R_g}$ $I_1 = \dfrac{12\ \text{V}}{22\ \Omega}$ $\underline{I_1 = 0{,}545\ \text{A}}$

Dieser Strom verursacht am Widerstand R_1' einen Spannungsabfall U_1'. Um diesen Wert ist die Ausgangsspannung U_2 kleiner als die Eingangsspannung U_1.

$U_1' = I_1 \cdot R_1'$ $\qquad U_2 = U_1 - U_1'$
$U_1' = 0{,}545\ \text{A} \cdot 16\ \Omega$ $\qquad U_2 = 12\ \text{V} - 8{,}7\ \text{V}$
$\underline{U_1' = 8{,}7\ \text{V}}$ $\qquad \underline{U_2 = 3{,}3\ \text{V}}$

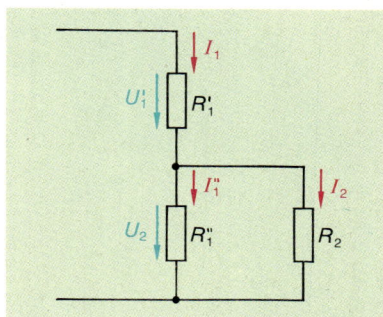

Der Strom I_1 teilt sich an der Stelle auf, an der der Schleifer steht. I_2 fließt durch den Belastungswiderstand.

$I_2 = \dfrac{U_2}{R_2}$ $I_2 = \dfrac{3{,}3\ \text{V}}{24\ \Omega}$ $\underline{I_2 = 0{,}14\ \text{A}}$

Der Differenzstrom I_1'' fließt durch R_1''. Hierfür gelten zwei Gleichungen:

Abb. 3: Spannungs- und Stromverhältnisse einer Spannungsteilerschaltung

$I_1'' = \dfrac{U_2}{R_1''}$ bzw. $I_1'' = I_1 - I_2$

$I_1'' = \dfrac{3{,}3\ \text{V}}{8\ \Omega}$ $\qquad I_1'' = 0{,}545\ \text{A} - 0{,}14\ \text{A}$

$\underline{I_1'' = 0{,}41\ \text{A}}$ $\qquad \underline{I_1'' = 0{,}41\ \text{A}}$

Aufgaben zu 4.3

1. Wie ändert sich die Gesamtstromstärke, wenn zu einer Reihenschaltung ein Widerstand bei konstanter Spannung parallelgeschaltet wird?

2. Wie ändert sich die Gesamtstromstärke, wenn zu einer Parallelschaltung ein Widerstand bei konstanter Spannung in Reihe geschaltet wird?

3. Eine Spannungsquelle $U = 12\ \text{V}$ speist eine Reihenschaltung von $R_1 = 82\ \Omega$ und $R_2 = 22\ \Omega$.
   a) Wie groß ist die Stromstärke?
   b) Wie groß ist die Gesamtstromstärke, wenn parallel zu dieser Reihenschaltung ein 3. Widerstand mit $R_3 = 47\ \Omega$ geschaltet wird?

4. Zwei Widerstände $R_1 = 39\ \Omega$ und $R_2 = 18\ \Omega$ werden parallel an 6 V angeschlossen. Das Netzgerät muß später gegen ein anderes, das eine Spannung von 10 V liefert, ausgetauscht werden. Da die Ströme durch die Widerstände nicht verändert werden sollen, muß in Reihe zu den parallel geschalteten ein 3. Widerstand R_3 geschaltet werden. Wie groß ist dieser?

5. Der Gesamtwiderstand der abgebildeten Schaltung (Abb. 4) ist zu berechnen!

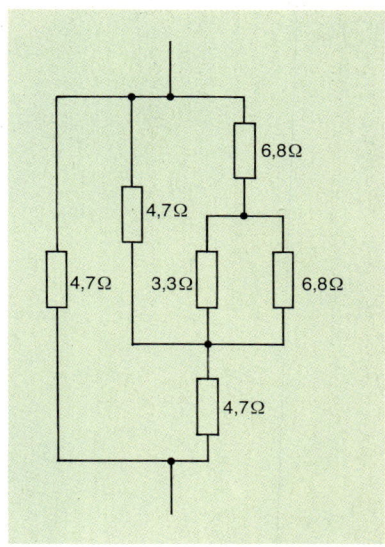

Abb. 4: Schaltung zu Aufgabe 5

5 Wirkungen des elektrischen Stromes

Mit dem elektrischen Strom können vielfältige Wirkungen erzielt werden. Grundsätzlich lassen sich die folgenden Wirkungen unterscheiden:

- Wärmewirkung,
- Lichtwirkung,
- Magnetische Wirkung,
- Chemische Wirkung,
- Physiologische Wirkung.

Diese Wirkungen treten nicht isoliert voneinander auf. Z.B. entsteht bei der Glühlampe durch den Stromfluß neben der erwünschten Lichtwirkung vorwiegend Wärme. Außerdem baut sich um den Leiter ein Magnetfeld auf. Es spielt dabei keine Rolle, ob es sich um einen metallischen oder um einen flüssigen Leiter (Elektrolyten) handelt.

Anders verhält es sich mit der Lichtwirkung. Nur bei metallischen Leitern geht bei erhöhter Stromstärke die Wärmewirkung über in eine Lichtabstrahlung. Die Wärmeabgabe erfolgt weiterhin. Nur ein Teil der zugeführten elektrischen Energie wird in sichtbares Licht umgewandelt.

Chemische und physiologische Wirkungen treten nur in bestimmten Leitern auf. Schickt man z.B. einen elektrischen Strom durch eine Salzlösung, so erfolgt eine Zersetzung der Stoffe und eine Abscheidung an den Elektroden. Verschiedenartigste Wirkungen treten auf, wenn durch organische Körper von außen zusätzliche Ströme eingeleitet werden (vgl. 12.1). Es erfolgt eine starke Beeinflussung bzw. Störung der körpereigenen Nervenströme. Man bezeichnet diese verschiedenartigen Auswirkungen als physiologische Wirkungen.

Klammert man die physiologische Wirkung aus, dann ist allen Wirkungen gemeinsam, daß in entsprechenden Anwendungsfällen elektrische Energie mit Hilfe technischer Geräte in andere Energieformen umgewandelt wird (Abb. 1).

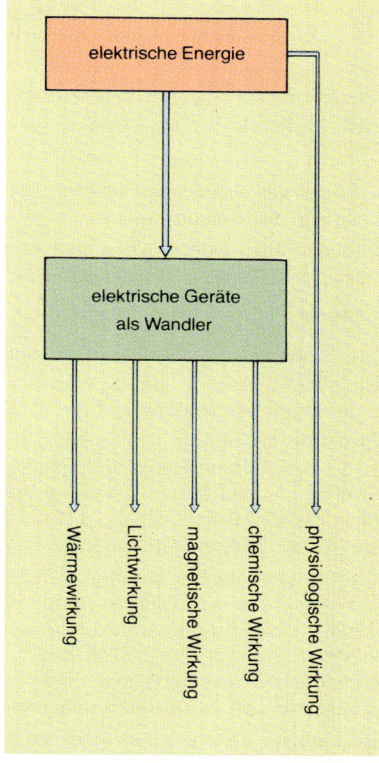

Abb. 1: Umwandlungen der elektrischen Energie

5.1 Wärmewirkung

Wärme und Temperatur

Ehe die elektrisch erzeugte Wärme, die Gesetzmäßigkeiten und Zusammenhänge untersucht werden können, müssen die physikalischen Größen Temperatur und Wärme näher erklärt werden.

Alle Stoffe, ob fest, flüssig oder gasförmig, lassen sich erwärmen. Ihr Aggregatzustand (fest, flüssig oder gasförmig) hängt vom Grad der Erwärmung ab.

Was ist erwärmen? Hierzu drei Beispiele:

- Speisen und Wasser werden im Haushalt auf dem Gasherd, Elektroherd oder anderen speziellen Elektrogeräten erwärmt.
- Metalle werden zum Bearbeiten (Schmieden, Gießen, Schweißen) mit Flammen oder elektrisch erwärmt.

Wärme

Formelzeichen Q
Einheitenzeichen J

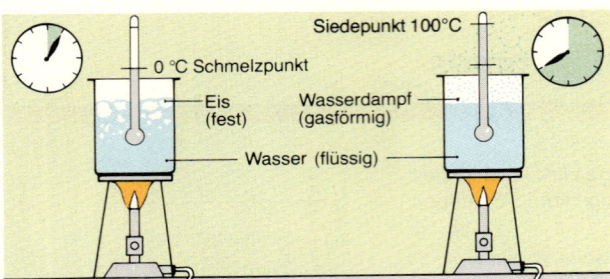

Abb. 1: Schmelz- und Siedepunkt

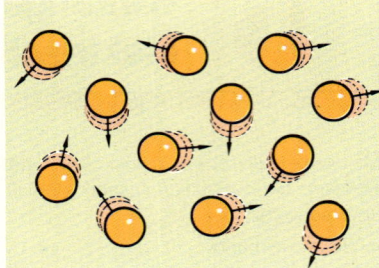

Abb. 2: Eigenschwingung der Moleküle durch Wärmezufuhr

● Lager von Maschinen werden bei schlechter Schmierung infolge der Reibung warm.

In allen Fällen werden verschiedene Energien in Wärme umgewandelt. Daraus läßt sich schließen:

Wärme (Wärmemenge) ist Energie.

Die Größe Wärme hat die Einheit **Joule** (festgelegt).

Um eine Vorstellung von der Wärme zu vermitteln, soll hier ein Experiment beschrieben werden (Abb. 1).

Eiswürfel aus einem Gefrierschrank sollen eine Temperatur von −4 °C haben. Sie werden langsam erwärmt. Es wird also Energie zugeführt und diese in Wärme umgewandelt. Die Eiswürfel erwärmen sich bis 0 °C und schmelzen. Sie werden zu Wasser. Diesen Temperaturpunkt nennt man **Schmelzpunkt**.

Die Wassermoleküle, die im festen Zustand (Eis) fest an einen Ort gebunden sind, führen eine geringe Eigenschwingung durch. Infolge der Energiezufuhr wird die Eigenschwingung kräftiger (Abb. 2). Schließlich reißen sich die Moleküle voneinander los und verlassen ihren festen Ort. Sie sind aber immer noch an ihren Raum gebunden.

Bei weiterer Energiezufuhr wird die Schwingung noch stärker, bis die Wassermoleküle schließlich im **Siedepunkt** den Topf verlassen und frei im Raum umherfliegen.

Wärme ist Bewegungsenergie von Teilchen.

Wir haben hier schon den Begriff Temperatur verwendet, der bisher noch nicht erklärt ist.

Die Größe Temperatur hat die Einheit **Kelvin**[1].

Die Temperatur ist ein Maß für den Wärmezustand (Schwingungszustand).

Der schwedische Physiker Anders Celsius (1701–1744) nannte den Schmelzpunkt des Wassers »Null Grad« (heute ihm zu Ehren »Null Grad Celsius« 0 °C) und den Siedepunkt »Hundert Grad« (heute 100 °C).

Entsprechend der Ausdehnung des Quecksilbers im Quecksilberthermometer (Abb. 3) unterteilte er die Ausdehnungsdifferenz in 100 gleiche Teile.

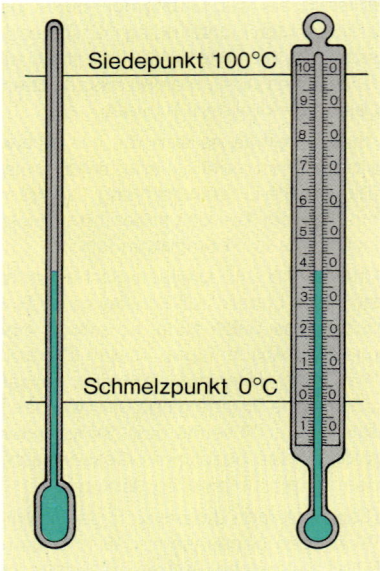

Abb. 3: Celsius-Temperaturskala

Temperatur

Formelzeichen T
Einheitenzeichen K

Celsius-Temperatur

Formelzeichen ϑ
Einheitenzeichen °C

[1] Benannt nach LORD KELVIN OF LARGS (SIR WILLIAM THOMSON), englischer Physiker, 1824 ... 1907

Wenn Wärme Schwingung der Teilchen ist und die Temperatur ein Maß für den Schwingungszustand, dann gibt es einen Zustand, bei dem alles in Ruhe ist, den **absoluten Nullpunkt.**

Bei $-273{,}15\,°C$ liegt der absolute Nullpunkt der Temperatur.

Parallel zur Celsius-Skala wurde deshalb die Kelvin-Skala eingeführt. Hier ist nicht mehr der Schmelzpunkt von Wasser Null, sondern der absolute Nullpunkt.

Damit liegt der Schmelzpunkt des Wassers bei $273{,}15\,K$ und der Siedepunkt bei $373{,}15\,K$ (Abb. 4).

Spezifische Wärmekapazität

Führt man einem Stoff Energie zu, dann erhöht sich der Schwingungszustand der Stoffteilchen. Es soll in Versuch 5–1 untersucht werden, wie sich die Temperatur von verschiedenen Stoffen verhält, wenn die gleiche Wärme zugeführt wird.

Die Versuchsdurchführung und die Meßergebnisse zeigen, das Maschinenöl erwärmt sich in der gleichen Zeit mehr als das Wasser. Da in beiden Fällen die gleiche Leistung während der gleichen Zeit zugeführt wird, kann das nur bedeuten:

Um Maschinenöl um $1\,K$ zu erwärmen, ist weniger Wärme erforderlich als bei Wasser.

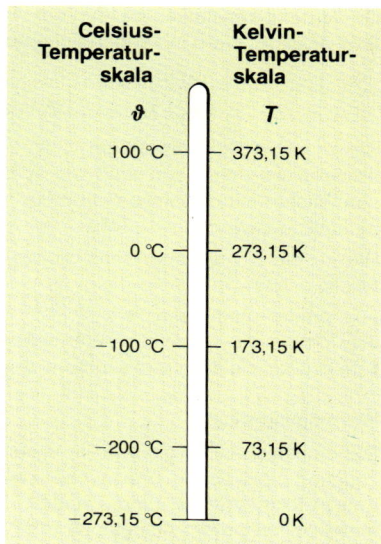

Abb. 4: Gegenüberstellung von Celsius- und Kelvin-Skala

Versuch 5–1:   Abhängigkeit der Temperaturerhöhung vom Material

Aufbau

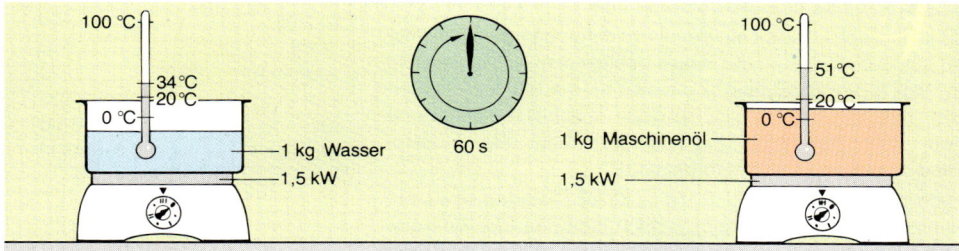

Durchführung

Auf zwei Kochplatten mit je $P = 1{,}5\,kW$ werden $1\,kg$ Wasser und $1\,kg$ Maschinenöl erwärmt. In gleichen Zeitabständen wird die Temperatur in beiden Flüssigkeiten gemessen. Während der Versuchsdurchführung müssen die Flüssigkeiten umgerührt werden, um die Temperatur gleichmäßig zu verteilen.

Meßergebnis

Nr.	t in s	ϑ_W in °C	T_W in K	$\vartheta_{Öl}$ in °C	$T_{Öl}$ in K
1	0	20	293	20	293
2	60	34	307	51	324
3	120	48	321	82	355
4	180	62	335	113	386
5	240	76	349	144	417

Die Materialkonstante, die darüber Auskunft gibt, wie gut ein Stoff erwärmt werden kann, heißt **spezifische Wärmekapazität.**

> Die spezifische Wärmekapazität gibt an, wieviel Wärme erforderlich ist, um 1 kg eines Stoffes um 1 K zu erwärmen.

Sollen z.B. 10 kg Wasser um 22 K (z.B. von 20 °C auf 42 °C) erwärmt werden, dann muß die spezifische Wärmekapazität von Wasser mit der Masse m und der Temperaturdifferenz ΔT multipliziert werden.

Die für die Erwärmung eines Stoffes erforderliche Wärme ist um so größer,

- je größer die Masse,
- je größer die spezifische Wärmekapazität,
- je größer die Temperaturdifferenz ist.

Spezifische Wärmekapazität

Formelzeichen c

$$[c] = \frac{J}{kg \cdot K}$$

Wärme, Wärmemenge

$$Q = m \cdot c \cdot \Delta T$$

Wärmeausbreitung

Die elektrische Energie wird in vielen Geräten zur Wärmeerzeugung verwendet. Elektrische Energie wird dabei in die Energieform Wärme umgewandelt. Die Weitergabe der im metallischen Leiter erzeugten Wärme zu dem zu erwärmenden Gut oder der Umgebungsluft kann als Wärmeleitung, Wärmeströmung oder als Wärmestrahlung erfolgen. Wir wollen die Unterschiede am Lötkolben, Fön und an der Höhensonne verdeutlichen.

- Im Lötkolben wird ein Metallstück erwärmt, das die Wärme über die Lötspitze an die Lötstelle weitergibt. Man nennt diese Weitergabe **Wärmeleitung** (Abb. 1).

  Es werden hierzu vor allen Dingen Metalle verwendet, da diese Werkstoffe gute Wärmeleiter sind.

- Beim Fön (Abb. 2) sorgt ein Ventilator dafür, daß die erwärmte Luft aus dem Gerät an die Haare geblasen wird. Man spricht hier von **Wärmeströmung** (Konvektion), die bei diesem Beispiel zwangsweise erfolgt. Vielfach kommt die Strömung allein durch das Aufsteigen leichterer Gase oder Flüssigkeiten zustande (z.B. Raumheizung).

- Durch die Höhensonne werden nur Gegenstände erwärmt, die sich direkt im Strahlungsbereich befinden. Die Energieübertragung findet hier hauptsächlich durch **Wärmestrahlung** statt (Abb. 3). Es wird hierzu kein Transportmittel (Medium) benötigt, so daß Wärmestrahlung auch im Vakuum möglich ist. Wir merken das vernehmlich bei den Sonnenstrahlen.

Tabelle 5.1: Spezifische Wärmekapazität einiger Stoffe

Material	c in $\dfrac{J}{kg \cdot K}$
Blei	130
Platin	130
Zinn	220
Silber	230
Kupfer	390
Messing	390
Zink	390
Konstantan	420
Nickel	460
Stahl	500
Aluminium	920
Luft	1000
Eis	2100
Wasser	4190

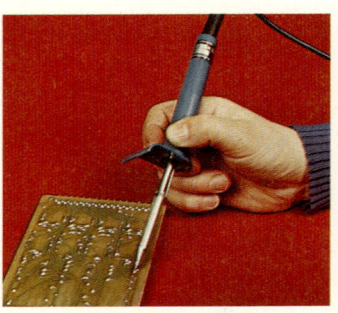

Abb. 1: Wärmeleitung

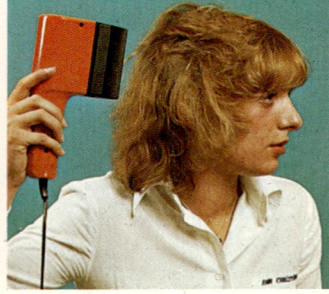

Abb. 2: Wärmeströmung

Abb. 3: Wärmestrahlung

Heizleiter

Für die Umwandlung von elektrischer Energie in Wärme sind spezielle Heizleiter entwickelt worden. In Abb. 4 ist z.B. der Heizleiter einer Waschmaschine zu sehen. Der die Wärme erzeugende metallische Leiter befindet sich innerhalb des gebogenen Metallrohres. Er ist in einer isolierenden Substanz (keramikähnliche Stoffe) eingebettet, die die Wärme gut weiterleitet. Zwischen der äußeren Metallumhüllung und dem im Inneren befindlichen elektrischen Leiter besteht somit keine elektrische Verbindung. Die Anschlüsse sind gegenüber der Befestigungsplatte und dem von außen erkennbaren Rohr ebenfalls isoliert.

Abb. 4: Heizleiter für eine Waschmaschine

Der Strom fließt durch den metallischen Leiter und die Elektronen geben ihre Bewegungsenergie teilweise an die Atomrümpfe ab, so daß diese in stärkere Schwingungen geraten. Hieraus folgt, daß der elektrische Widerstand (also die Behinderung der Elektronen) groß sein muß. Reine Metalle kommen dafür nicht in Frage. So werden meistens niedriglegierte (das sind Werkstoffe mit geringen Prozentsätzen an Legierungsbestandteilen) Metalle verwendet, da schon kleine Unregelmäßigkeiten im Gitteraufbau eine starke Behinderung für die Elektronen hervorrufen.

Da Heizleiter schnell mit kleiner Energie hohe Temperaturen erreichen sollen, müssen sie kleine spezifische Wärmekapazitäten und gute Wärmeleitfähigkeiten haben.

Durch diese hohen Temperaturen darf es natürlich nicht zu Veränderungen der Werkstoffe kommen, d.h., sie dürfen ihre mechanischen und technologischen Eigenschaften nicht verlieren oder sogar flüssig werden. Auch sollen die Materialien nicht verbrennen. Es müssen also Bestandteile hinzulegiert werden, die entweder das Verzundern völlig verhindern oder eine Oxidschicht bilden, die weiteres Verzundern ausschließt.

Hierbei spielt auch die »Umgebung« eine entscheidende Rolle. Wenn die Widerstandswerkstoffe völlig abgekapselt sind (z.B. in Keramik eingebettet), dann kann kein Sauerstoff hinzutreten und die Oxidation unterbleibt. Da keramische Werkstoffe aber schlechte Wärmeleiter sind, werden ihrem Einsatz Grenzen gesetzt. Bei Erwärmung dehnen sich keramische Stoffe weniger aus als Metalle. Dadurch würden sich die Heizleiter aus ihren Einbettungen herauslösen. Durch Legierungen erreicht man Werkstoffe mit sehr kleinen Ausdehnungskoeffizienten.

Damit ergeben sich für Heizleiter folgende **Anforderungen:**

- hoher spezifischer Widerstand
- kleine spezifische Wärmekapazität
- gute Wärmeleitfähigkeit
- hoher Schmelzpunkt
- gute Korrosionsbeständigkeit
- gute Zunderbeständigkeit bei freiliegenden Heizleitern
- kleiner Ausdehnungskoeffizient

Hierfür sind viele Werkstoffe entwickelt worden. Ihre Hauptbestandteile sind Aluminium, Chrom, Eisen, Nickel.

Beispiel: Cr Al 20 5 (20% Cr, 5% Al, 75% Fe). Andere bekannte **Handelsnamen** sind: Aluchrom, Cronifer, Cronix, Hawe, Megapyr I, Vacronium.

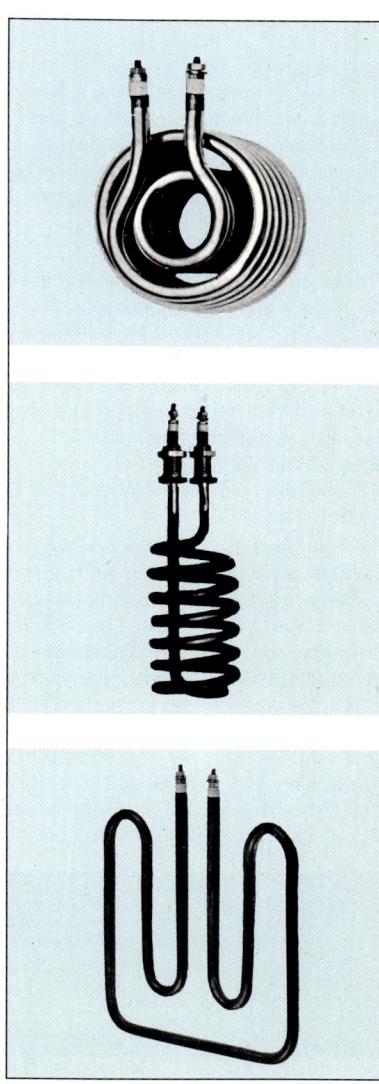

Abb. 5: Verschiedene Heizleiter

Abb. 1: Beispiele für Lichtwirkung. Von links nach rechts: Natrium-dampflampe, Kohlefadenlampe, Glühlampe, Quecksilberdampflampe

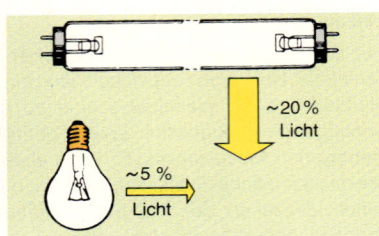

Abb. 2: Lichttechnischer Wirkungsgrad von Lampen

5.2 Lichtwirkung

Wir wollen uns jetzt mit der Glühlampe (Temperaturstrahler) und der Gasentladungslampe (Leuchtstofflampe) näher befassen. Sie unterscheiden sich in ihrer Arbeitsweise, in ihrem Aufbau und in ihrem Wirkungsgrad. In Glühlampen wird z.B. nur etwa 5% der elektrischen Energie in Licht umgewandelt, bei Leuchtstofflampen dagegen etwa 20% (Abb. 2).

Glühlampe

Erhöht man die Stromstärke durch einen metallischen Leiter, dann steigt auch die Temperatur. Die Schwingungen der Atome im Kristallgitter des Leiters nehmen zu. Ab etwa 800 °C beginnt der Leiter rot zu glühen und Licht entsteht. Die Farbe geht bei höheren Temperaturen in Weiß über. Dieses weiße Licht besteht wiederum aus verschiedenen Farbanteilen (Abb. 4). Im Gegensatz zu Leuchtstofflampen strahlen Glühlampen ein kontinuierliches Spektrum ab. Alle Farben sind vorhanden, allerdings mit verschieden großen Anteilen. Ein Übergewicht besitzt der Rotbereich.

Die Helligkeit einer Glühlampe steigt mit der Temperatur des Leuchtfadens. Es werden sehr dünne Drähte aus Wolfram verwendet. Die Glühfadentemperaturen liegen zwischen 2200 °C und 3200 °C. Der Leuchtfaden wird als Einfach- oder Doppelwendel in einen Glaskolben eingebracht (Abb. 3). Dadurch werden die Abmessungen klein gehalten und die Verluste durch Wärmeableitung verringert. Damit der Leuchtfaden nicht verbrennt, wird der Glaskolben bei Lampen bis 40 W luftleer gepumpt. Bei Lampen mit höheren Leistungen füllt man den Glaskolben mit den Gasen Stickstoff, Argon oder Krypton. Dadurch wird eine Oxidation und ein Verdampfen des Wolframfadens verringert. Die Lebensdauer steigt.

Abb. 3: Allgebrauchsglühlampe und Leuchtfaden als Doppelwendel

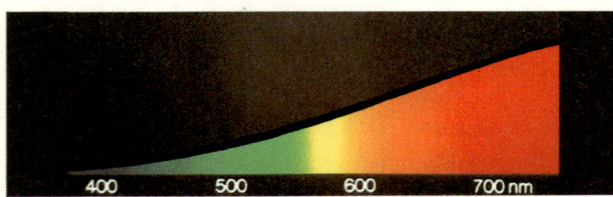

Abb. 4: Lichtspektrum der Glühlampe

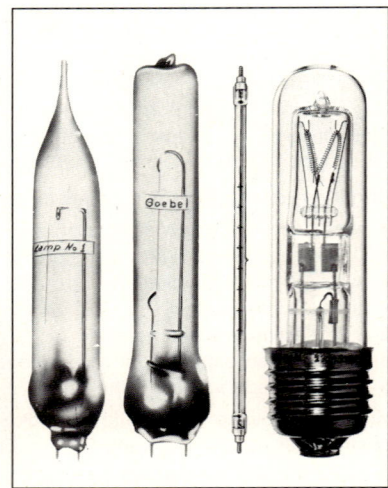

Abb. 5: Entwicklung der Glühlampe von den Anfängen bis zur Gegenwart

Die Fassungen der Glühlampen sind genormt. Allgebrauchs-
lampen haben z.B. einen Schraubsockel der Reihe E10, E14,
E27, E40 oder einen Bajonettsockel.

Glühlampen sollten mit der vorgeschriebenen Nennspannung
betrieben werden. Bei kleineren Spannungen verringert sich
die Lichtabgabe, bei größeren verringert sich die Lebensdauer.

Für verschiedene Anwendungsgebiete werden unterschiedliche Ausführungsformen für Glühlampen hergestellt. Das seit
der Herstellung der ersten Glühlampe durch H. Goebel (1854)
und Edison (1882) ständig vorhandene Streben nach Verbes-
serung dieses Lampentyps hat bis zur Entwicklung der **Halogen-
Glühlampe** geführt (Abb. 5).

Bei ihnen werden zusätzlich zur Gasfüllung die Halogene Jod
oder Brom in den Glaskolben eingebracht. Durch sie wird
erreicht, daß verdampftes Wolfram wieder zum Metallfaden
zurückgelangt. Die Lebensdauer steigt.

Der Glaskolben von Halogen-Glühlampen ist kleiner als bei
Normalglühlampen und besteht aus einem speziellen Quarz-
glas. Die dadurch erreichte höhere Festigkeit ermöglicht einen
höheren Gasdruck, der die Verdampfungsgeschwindigkeit
nochmals herabsetzt.

Halogen-Glühlampen haben eine lange Lebensdauer, keine
Schwärzung des Glaskolbens und eine hohe Lichtwirkung
während der gesamten Lebensdauer.

Gasentladungslampe

Die **Glimmlampe** ist eine einfache Gasentladungslampe. Sie
wird nicht zur Beleuchtung, sondern als Signallampe eingesetzt.
Mit ihr wollen wir die grundsätzliche Arbeitsweise von Gasent-
ladungslampen verdeutlichen.

Die Glimmlampe (Abb. 6) verfügt über zwei gegenüberliegende
Metallelektroden, die in einen Glaskolben eingeschmolzen sind.
Das im Glaskolben enthaltene Gas befindet sich unter einem
geringen Druck. Legt man jetzt an diese Elektroden eine
Spannung, dann fließt ein vernachlässigbarer kleiner Strom.

Die Lampe leuchtet noch nicht. Erst ab einer bestimmten
Spannung **(Zündspannung)** fließt ein technisch ausnutzbarer
Strom. Das Gas leuchtet. Damit der Strom nicht zu groß wird,
schaltet man einen Widerstand zur Begrenzung in Reihe (Abb.
7). Wie läßt sich dieses Verhalten erklären?

Wir greifen dazu auf die Modellvorstellungen über den atomaren Aufbau der Gase zurück. Danach kann man sich ein Gas
wie eine Ansammlung von frei beweglichen, nach außen wie
massive kugelförmige Körper vorstellen. Diese Moleküle bzw.
Atome (bei Edelgasen) bewegen sich aufgrund der Wärme auf
unregelmäßigen Bahnen ohne gegenseitige Bindungen hin und
her.

Unter normalen Bedingungen ist der größte Teil der im
Glaskolben eingeschlossenen Gasatome elektrisch neutral. Bei
wenigen Gasatomen werden aber durch Energiezufuhr von
außen (Wärme, Licht, Radioaktivität) Elektronen abgespalten.
Dadurch entstehen frei bewegliche Ladungsträger (Elektronen
und positive Gasionen, Abb. 8).

Abb. 6: Verschiedene Glimmlampen

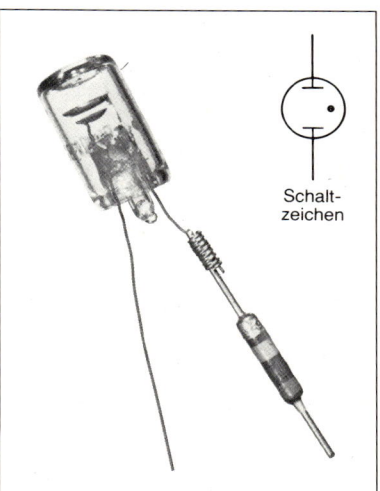

Schalt-
zeichen

Abb. 7: Glimmlampe mit im Sockel eingebautem Widerstand zur Strombegrenzung

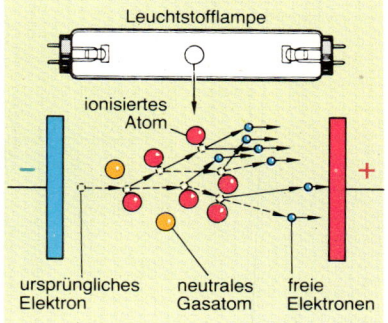

Leuchtstofflampe

ionisiertes
Atom

ursprüngliches
Elektron

neutrales
Gasatom

freie
Elektronen

Abb. 8: Ionisierung eines Gasatoms

Solange die an der Glimmlampe anliegende Spannung unterhalb der Zündspannung bleibt, werden die freien Ladungsträger nur wenig beschleunigt. Der Strom ist also noch gering.

Erreicht die angelegte Spannung die sog. Zündspannung, dann werden die Ladungsträger stark beschleunigt. Beim Zusammenstoß mit neutralen Gasatomen schlagen sie Elektronen heraus. Die Atome werden ionisiert. Die neu entstandenen Ladungsträger stehen nun ebenfalls für den Stromfluß zur Verfügung. Sie schlagen zusätzlich Elektronen aus den Gasatomen heraus usw. Es kommt zu einer Kettenreaktion (**Stoßionisation,** Abb. 1). Der Strom muß deshalb durch einen Vorwiderstand begrenzt werden. Wie entsteht nun aber das Licht beim Stromfluß durch das Gas?

Wir stellen uns vor, daß durch den Stromfluß Elektronen von den Außenschalen auf höhere Niveaus angehoben werden (Abb. 2a). Sie nehmen dadurch Energie auf. Da dieser Zustand nicht stabil ist, werden die Elektronen wieder auf ihr Ausgangsniveau zurückfallen (Abb. 2b). Die vorher aufgenommene Energie wird dabei als Lichtenergie abgegeben.

> Gasentladungslampen leuchten erst ab einer bestimmten Spannung (Zündspannung). Der durch die Stoßionisation hervorgerufene rasch ansteigende Stromfluß muß begrenzt werden. Licht entsteht, wenn Elektronen von höheren Bahnen auf ihre ursprünglichen zurückfallen. Das abgegebene Licht hat eine ganz bestimmte Farbe, die alleine von der Bahn abhängt, auf die das Elektron angehoben wurde.

Wir wollen uns jetzt etwas genauer mit der **Leuchtstofflampe** befassen (Abb. 4). An den Enden eines Glasrohres befinden sich zwei Glühelektroden. Das Glasrohr ist innen mit einem Leuchtstoff beschichtet. Das Gas besteht aus einer Mischung aus Quecksilber und Edelgasen. Der Gasdruck in der Lampe ist gering, daher auch die Bezeichnung Niederdruck-Entladungslampe. Zu einer Leuchtstofflampen-Schaltung gehören außer der Lampe ein Starter und ein Vorschaltgerät (Drosselspule). Wie arbeitet nun diese Leuchtstofflampe?

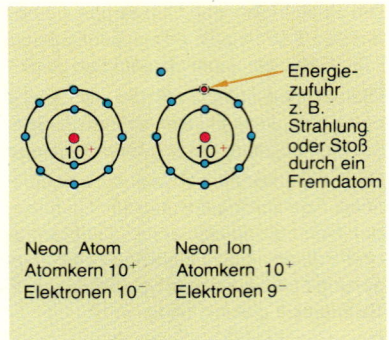

Neon Atom   Neon Ion
Atomkern 10^+ Atomkern 10^+
Elektronen 10^- Elektronen 9^-

Abb. 1: Stoßionisation in Gasen

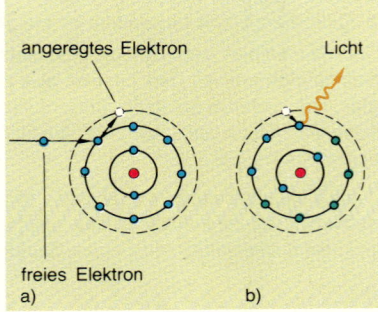

Abb. 2: Lichtentstehung in Gasen bei Stromfluß

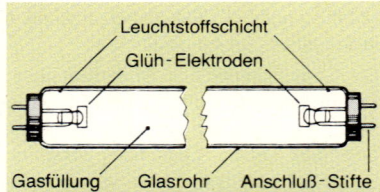

Abb. 3: Schaltung einer Leuchtstofflampe

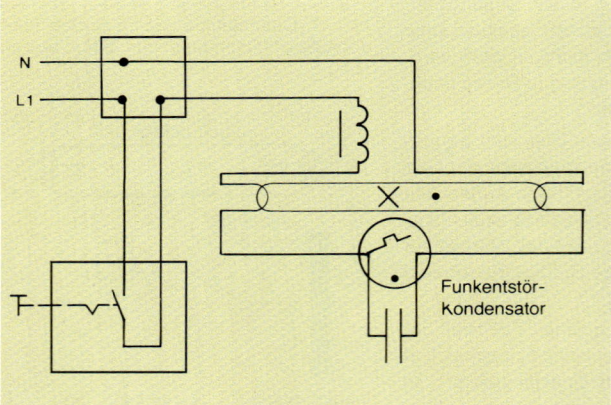

Abb. 4: Aufbau einer Leuchtstofflampe

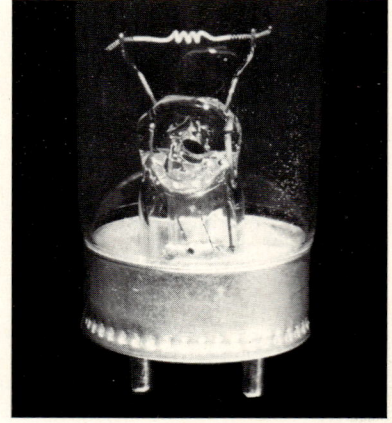

Wir wollen dazu von der kompletten Schaltung (Abb. 3) ausgehen und in einzelnen Schritten und mit Hilfe von vereinfachten Stromlaufplänen (Abb. 5) die Arbeitsweise erklären.

Zum Betrieb wird der Netzschalter geschlossen. Die Netzspannung liegt an der Lampe und am Starter. Die Spannung reicht noch nicht aus, das Gas in der Lampe zu zünden. Der Starter entspricht einer kleinen Glimmlampe. Für sie reicht die Netzspannung bereits aus, um eine Glimmentladung zu erzeugen. Es fließt deshalb über den Starter ein geringer Strom (Abb. 5a).

Durch den Stromfluß über den Starter erwärmt sich ein Bimetallschalter im Starter. Dieser verbiegt sich, so daß sich die Elektroden berühren. Es kann jetzt ein großer Strom (Maximalstrom) durch die Lampenelektroden fließen (Abb. 5b).

Aufgrund des Stromflusses durch die Elektroden beginnen diese zu glühen (Metallfäden). Elektronen treten aus dem Metall aus und das Quecksilber im Glasrohr verdampft (Abb. 5b).

Da durch die Berührung der Bimetallelektroden im Starter die Glimmentladung fehlt, kühlt sich dieser ab und die Kontakte öffnen sich wieder. Durch diese Unterbrechung des Stromflusses entsteht an der Vorschaltdrossel eine hohe Spannung (Induktionsspannung > 1000 V), die ein Zünden des Gases verursacht. Der Strom würde durch die Stoßionisation lawinenartig ansteigen. Er wird durch die Drosselspule begrenzt (Abb. 5c). Die Spannung an der Leuchtstofflampe entspricht etwa nur noch der Hälfte der Betriebsspannung. Diese verringerte Spannung reicht nicht aus, im Starter eine erneute Glimmentladung zu verursachen.

Innerhalb des Gases wird wie bei der Glimmlampe Licht erzeugt, indem Elektronen von höheren Niveaus auf ihre Ursprungsniveaus zurückfallen. Das dabei entstehende Licht liegt vorwiegend im ultravioletten Bereich. Deshalb sind die Innenseiten mit einem Leuchtstoff beschichtet, der die UV-Strahlung in sichtbares Licht umwandelt (Abb. 7).

Das Spektrum einer Leuchtstofflampe ist nicht kontinuierlich (Abb. 6). D.h., es sind nicht wie bei der Glühlampe alle Lichtfarben mit verschiedenen Intensitäten vorhanden. Bestimmte Anteile sind stärker vertreten und andere fehlen vollständig. Man nennt dieses Spektrum deshalb **Linienspektrum.** Durch entsprechende Gasfüllungen und Leuchtstoffe auf der Innenseite des Glasrohres kann das Spektrum verändert werden.

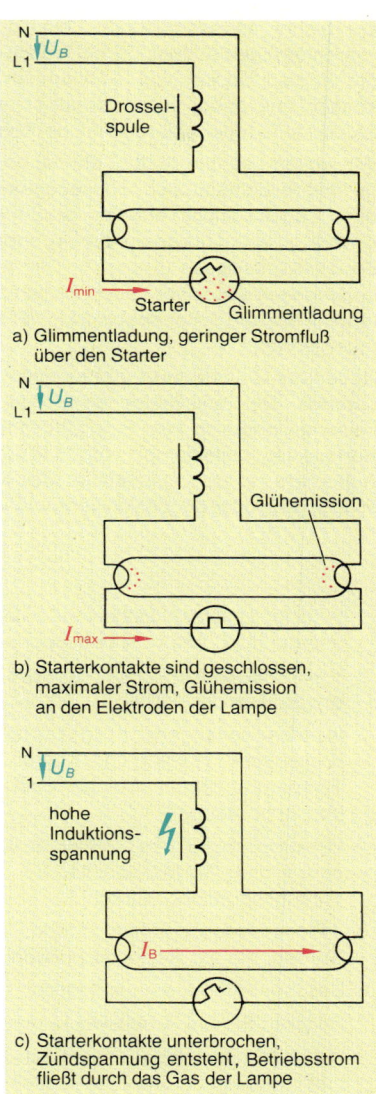

a) Glimmentladung, geringer Stromfluß über den Starter

b) Starterkontakte sind geschlossen, maximaler Strom, Glühemission an den Elektroden der Lampe

c) Starterkontakte unterbrochen, Zündspannung entsteht, Betriebsstrom fließt durch das Gas der Lampe

Abb. 5: Arbeitsweise der Leuchtstofflampe

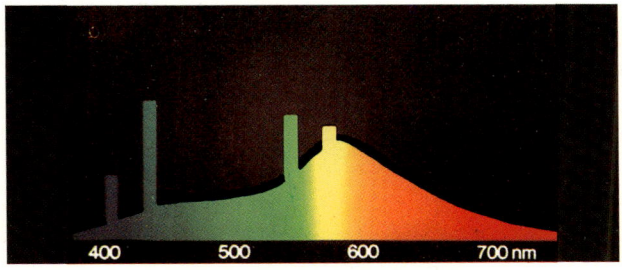

Abb. 6: Lampenspektrum der Leuchtstofflampe

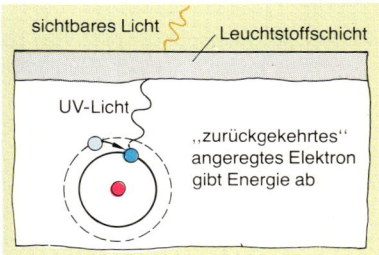

Abb. 7: Umwandlung von UV-Strahlung in sichtbares Licht bei einer Leuchtstofflampe

Die bisher angesprochenen Leuchtstofflampen haben einen röhrenförmigen Aufbau. Es gibt jedoch auch Leuchtstofflampen, die in den Sockel von Glühlampen eingeschraubt werden können und dabei so wirtschaftlich sind, wie herkömmliche Leuchtstofflampen. Man nennt sie **Kompaktleuchtstofflampen.**

Wir wollen uns den Aufbau einmal genauer ansehen (Abb. 1). Im Innern befindet sich ein gebogenes Glasrohr (2), das mit einer Leuchtschicht versehen ist. Ein Vorschaltgerät mit einer Drossel ist ebenfalls erkennbar (4), ebenso ein Starter mit einem Bimetallkontaktpaar (6 und 7). Der Aufbau und die Funktion entsprechen also einer Leuchtstofflampe. Allerdings sind in der neuen Form die Teile erheblich kleiner und im Innern der Lampe untergebracht.

Neben der Zylinderform gibt es noch birnen- und ringförmige Lampen. Der entscheidende Vorteil drückt sich in einem Leistungsvergleich aus. Eine Glühlampe von 100 W und eine Kompaktleuchtstofflampe von 25 W erzeugen gleichviel Licht. Außerdem ist die Lebensdauer der Kompaktleuchtstofflampe etwa 5mal größer als die von herkömmlichen Glühlampen.

Aufgaben zu 5.1 und 5.2

1. Welcher Unterschied besteht zwischen einer Temperaturangabe in °C und in K (mit Begründung)?

2. Warum hat sich in Versuch 5–1 (S. 87) das Maschinenöl mehr erwärmt als das Wasser?

3. In einem Behälter mit 10 kg Wasser liegt ein 20 kg schweres Kupferstück. Wasser und Kupfer werden um die gleiche Temperatur erhöht. Welcher Stoff nimmt mehr Wärme auf (mit Begründung)?

4. Wie groß ist nach den Meßwerten von Versuch 5–1 (S. 87) die spezifische Wärmekapazität für Maschinenöl, wenn der Wirkungsgrad 0,58 beträgt?

5. Welche Anforderungen müssen an Materialien gestellt werden, die als Heizleiter verwendet werden sollen?

6. Beschreiben Sie die Lichtentstehung in der Glühlampe!

7. Erklären Sie die Arbeitsweise einer Glimmlampe.

8. Welche Unterschiede bestehen zwischen den Spektren einer Glühlampe und einer Leuchtstofflampe?

9. Welche Geräte bzw. Bauteile sind zum Betreiben einer Leuchtstofflampe erforderlich und welche Aufgaben haben sie?

10. Welche Unterschiede bestehen hinsichtlich des Wirkungsgrades zwischen einer Glühlampe und einer Leuchtstofflampe?

11. Beschreiben Sie die Lichtentstehung in der Leuchtstofflampe!

12. Geben Sie die Vor- und Nachteile von Glühlampen im Vergleich mit Leuchtstofflampen an!

13. Welche Unterschiede bestehen zwischen einer herkömmlichen Leuchtstofflampe und einer Kompaktleuchtstofflampe?

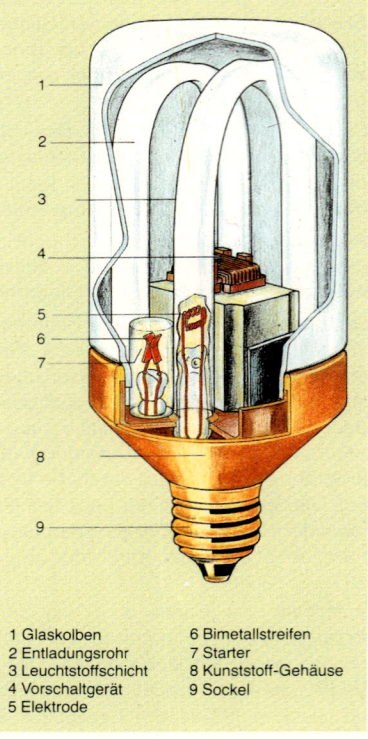

1 Glaskolben	6 Bimetallstreifen
2 Entladungsrohr	7 Starter
3 Leuchtstoffschicht	8 Kunststoff-Gehäuse
4 Vorschaltgerät	9 Sockel
5 Elektrode	

Abb. 1: Aufbau einer Kompaktleuchtstofflampe

Abb. 2: Elektromotor

5.3 Magnetische Wirkung

Bereits seit dem 18. Jahrhundert kennt man die magnetische Wirkung des elektrischen Stromes durch den dänischen Physiker Hans Christian Oersted (1777–1851). Ohne diesen **Elektromagnetismus** wären in unserer heutigen Zeit viele Bereiche und Geräte der Elektrotechnik undenkbar. Z.B. Motor (Abb. 2), Generator, Relais, Schütze, Mikrofon, Lautsprecher und Ablenkung des Elektronenstrahls in der Bildröhre des Fernsehgerätes.

Stellvertretend für diese Vielzahl von Geräten wollen wir den grundsätzlichen Aufbau eines **Relais** (Abb. 3) und eines **Schützes** (Abb. 4) besprechen. Beide sind elektromagnetische Schalter, die in der Steuerungstechnik eingesetzt werden. Schütze verwendet man in der Regel für große Schaltleistungen und Relais für kleine.

Das wesentlichste Element ist eine Spule (1), die im Prinzip aus einem aufgewickelten Kupferleiter besteht. Bei Stromfluß entsteht um den Leiter ein Magnetfeld, dessen Wirkung durch einen Eisenkern verstärkt wird. Dadurch kommt es auf den ebenfalls aus Eisen bestehenden Anker (2) zu einer Anziehungskraft und die Schalterkontakte (3) werden betätigt.

Bevor wir auf die magnetische Wirkung einer stromdurchflossenen Spule genauer eingehen, wollen wir zunächst das Verhalten eines stromdurchflossenen geradlinigen Leiters eingehen.

Magnetfeld eines geraden Leiters

Durch einen Leiter läßt man einen genügend großen Gleichstrom fließen und bringt eine Magnetnadel in seine Nähe. Man stellt fest, daß die Magnetnadel, die vorher in N-S-Richtung ausgerichtet war, jetzt eine andere Richtung einnimmt. Auf die Magnetnadel hat demnach eine Kraft gewirkt. Wir bezeichnen diesen Raum um den Leiter als **magnetisches Feld.**

Ein magnetisches Feld ist ein Raum, in dem auf Magnete (z.B. Magnetnadeln) Kräfte ausgeübt werden.

Man kann diese Kraftwirkung durch Eisenfeilspäne nachweisen, die um den Leiter herumgestreut werden. Durch die magneti-

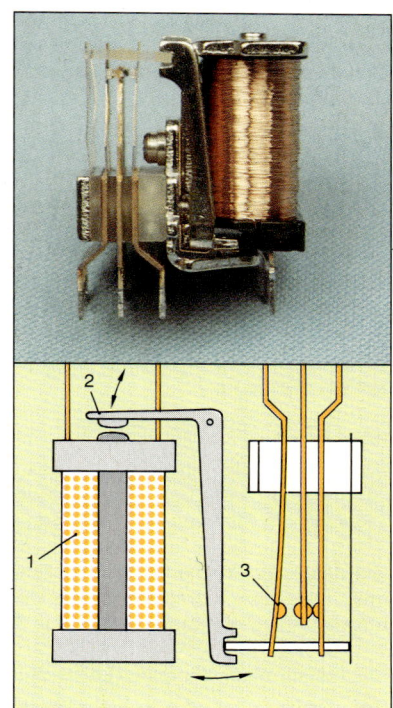

Abb. 3: Relais

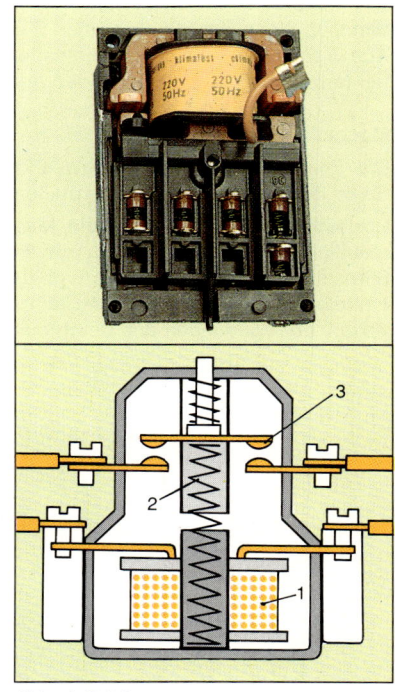

Abb. 4: Schütz

sche Wirkung entstehen aus den Spänen kleine Magnete, die sich kreisförmig um den Leiter anordnen (Abb. 1). Man kann sich diese Anordnung wie Linien vorstellen und bezeichnet sie deshalb als **Feldlinien.**

Mit Feldlinien kann man den Aufbau von Feldern veranschaulichen.

Wir polen die Spannungsquelle um und ändern damit die Richtung des elektrischen Stromes. Als Ergebnis erhalten wir eine Drehung der Magnetnadel um 180°. Daraus läßt sich schließen, daß das Magnetfeld eine Richtung hat. Da Feldlinien und Stromrichtung im Zusammenhang stehen, kann man wie in Abb. 2 beide durch Richtungspfeile genau kennzeichnen. Feldlinienrichtung und Stromrichtung bilden dabei ein **Rechtssystem** (Festlegung).

Merkregel:
Denkt man sich in Richtung des Stromes eine Rechtsschraube in den Leiter hineingedreht, so gibt die Drehrichtung die Richtung der Feldlinien an (Abb. 3).

Um das magnetische Feld in der Ebene zeichnen zu können, muß man die Querschnittsfläche des Leiters zeichnen. Die Stromrichtung gibt man dann wie in Abb. 2 dargestellt an.

Magnetfeld einer Windung (Leiterschleife)

Der gerade Leiter wird zu einer Windung geformt. Durch diese Leiterschleife läßt man einen Gleichstrom fließen und bringt eine Magnetnadel in ihre Nähe. Man stellt fest, daß diese eine Windung einen Nordpol und einen Südpol hat, weil sich wie in Abb. 5 auf jeder Seite die Magnetnadeln entsprechend ausrichten (anziehende und abstoßende Wirkung).

Magnetfeld einer Spule

Die Entstehung des Magnetfeldes der stromdurchflossenen Spule läßt sich damit folgendermaßen erklären:

Um jeden Leiter bildet sich ein Magnetfeld. Es entsteht ein resultierendes Feld, bei dem die Feldlinien auf der einen Stirnseite der Spule austreten und auf der anderen Stirnseite eintreten (Abb. 4). Die Wirkung läßt sich erhöhen, durch die Anzahl der Windungen und durch eine größere Stromstärke.

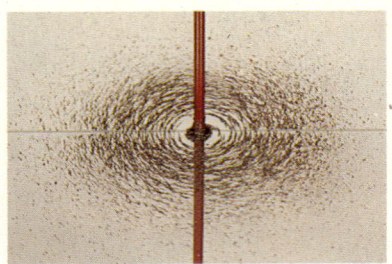

Abb. 1: Magnetfeld eines stromdurchflossenen Leiters

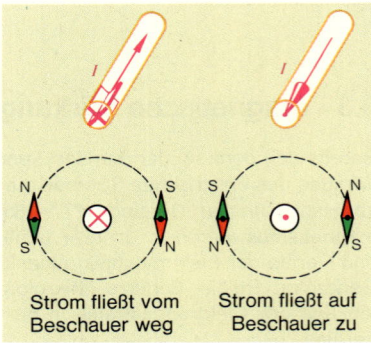

Strom fließt vom Beschauer weg

Strom fließt auf Beschauer zu

Abb. 2: Kennzeichnung der Stromrichtung und Feldrichtung

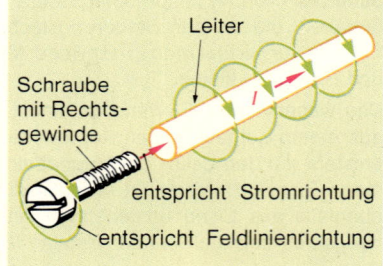

Leiter

Schraube mit Rechtsgewinde

entspricht Stromrichtung

entspricht Feldlinienrichtung

Abb. 3: Stromrichtung und Richtung des Magnetfeldes

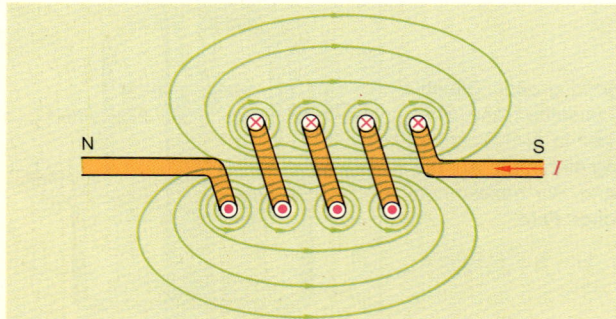

Abb. 4: Feldlinienbild einer Spule

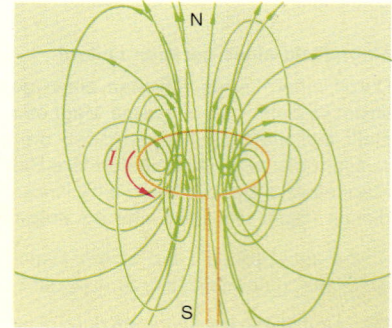

Abb. 5: Feldlinienbild einer Leiterschleife

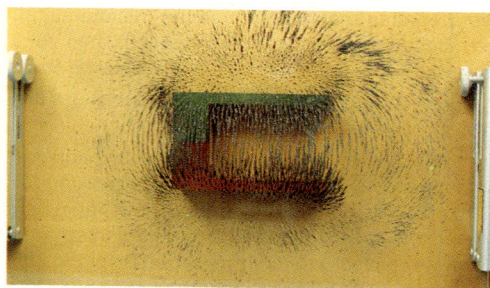

Abb. 6: Unterschiedliche Anordnung der Eisenfeilspäne auf einer Glasplatte bei Huf- und Stabeisenmagnet

Dieses Feld entspricht in seinem Aufbau dem Feld eines Dauermagneten. Streut man wie in Abb. 6 auf eine Glasplatte über einen Stabmagneten Eisenfeilspäne, dann richten sie sich gemäß dem Feld linienartig aus.

Die Feldlinien verlaufen von einem Pol zum anderen und liefern ein anschauliches Bild vom magnetischen Feld. In Abb. 7 sind nur einige Feldlinien dargestellt. Das magnetische Feld ist aber im gesamten Raum um den Magneten wirksam. Die Feldlinien enden nicht an den Polen, sondern durchsetzen auch den Magneten.

Die Feldlinien sind in sich geschlossen.

Die magnetischen Feldlinien verlaufen außerhalb des Magneten vom Nordpol zum Südpol und innerhalb vom Südpol zum Nordpol.

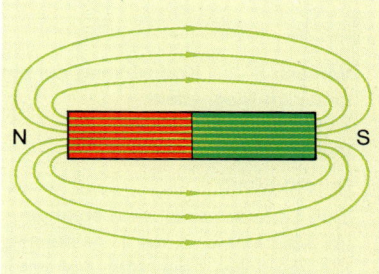

Abb. 7: Feldlinienbild eines Magneten

Die magnetische Wirkung einer stromdurchflossenen Spule läßt sich bei gleichbleibender Stromstärke vergrößern, wenn wir als Spulenkern Eisen verwenden. Zur Erklärung dieser Erscheinung müssen wir den Zusammenhang zwischen dem Elektromagnetismus und dem Dauermagnetismus erklären. Dabei sollen uns die folgenden Überlegungen und Modelle helfen.

Wenn wir mit einem Dauermagneten oder Elektromagneten an einer Stricknadel entlangstreichen, wird diese magnetisiert. D.h., sie behält ihren Magnetismus über eine längere Zeit und kann deshalb wie ein Stabmagnet aufgefaßt werden.

Teilt man diese Nadel (Abb. 8), so entstehen zwei Stabmagnete mit je einem Nord- und Südpol. Bei erneuter Teilung der beiden Magnete entstehen vier Magnete usw. Man stellt sich vor, daß man durch diese fortschreitende Teilung zu den kleinsten magnetischen Einheiten kommt. Diese nennt man **Elementarmagnete.**

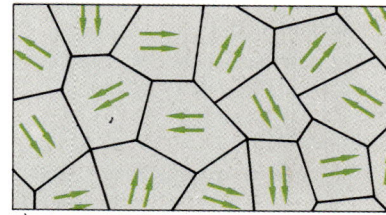

a) unmagnetisiert

b) magnetisiert

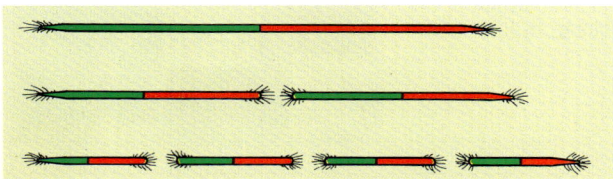

Abb. 8: Teilung einer magnetisierten Stricknadel

Abb. 9: Ausrichtung der Elementarmagnete

Die Elementarmagnete sind keine Miniaturstabmagnete, sondern bestimmte Bereiche, die magnetisches Verhalten zeigen. Sie werden nach ihrem Entdecker **Weißsche Bezirke**[1] genannt.

Die Ursache des Elementarmagnetismus ist die Ladungsträgerbewegung im atomaren Bereich.

In einem Magneten sind die Elementarmagnete ausgerichtet. In unmagnetischem Eisen sind sie ungeordnet (Abb. 9, S. 97). Kommt das unmagnetische Eisen in den Wirkungsbereich eines Magnetfeldes, so richten sich die Elementarmagnete aus. Das Eisen wird selbst zum Magneten und verstärkt somit insgesamt die magnetische Wirkung.

Bisher wurde der elektrische Stromfluß in einer Spule betrachtet, um mit dem entstehenden Magnetfeld eine Kraftwirkung (z.B. Anker eines Relais) auszuüben. Es läßt sich aber auch wie bei einem Motor eine Kraftwirkung auf eine stromdurchflossene Spule in einem Magnetfeld erzeugen. Dazu wird der Versuch 5–2 durchgeführt.

Versuch 5–2: Kraftwirkung auf einen stromdurchflossenen Leiter im Magnetfeld

Versuch A

Durchführung

Eine Leiterschaukel wird so angeordnet, daß sich der Leiter im Magnetfeld eines Hufeisenmagneten befindet. An die Klemmen der Leiterschaukel wird eine Spannung mit der angegebenen Polarität gelegt. Durch den Leiter fließt ein Strom I.

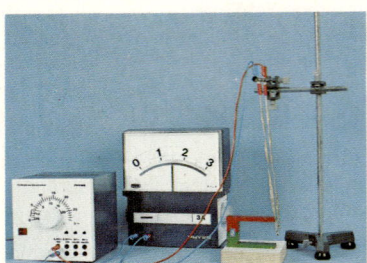

Ergebnis

Der Leiter bewegt sich nach rechts.

Versuch B

Durchführung

Die Spannungsquelle wird umgepolt (der Strom fließt in die entgegengesetzte Richtung).

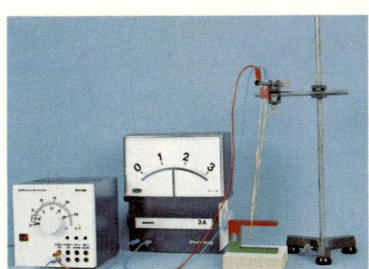

Ergebnis

Der Leiter bewegt sich nach links.

Versuch C

Durchführung

Der Magnet wird umgedreht und damit die Richtung des Magnetfeldes umgekehrt. Die Stromrichtung im Leiter wird beibehalten.

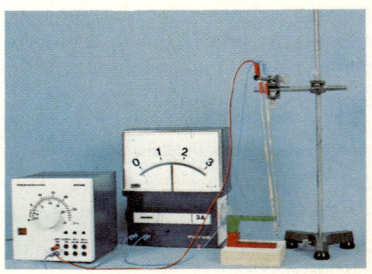

Ergebnis

Der Leiter bewegt sich nach rechts.

---

[1] Benannt nach PIERRE WEISS, französischer Physiker, 1865 ... 1940

Der Versuch zeigt:

Auf einen stromdurchflossenen Leiter wirkt in einem Magnetfeld eine Kraft. Die Richtung der Kraft hängt ab von der Richtung des Stromes durch den Leiter und von der Richtung des Magnetfeldes.

Zur Erklärung benutzen wir wieder die Darstellung der magnetischen Felder nach dem Feldlinienmodell (Abb. 1).

Die beiden Einzelfelder bilden zusammen ein resultierendes Gesamtfeld. Links vom Leiter verlaufen die Feldlinien der Einzelfelder in entgegengesetzter Richtung. Sie heben sich zum Teil auf. Es kommt zu einer Feldschwächung. Rechts vom Leiter verlaufen die Feldlinien in gleicher Richtung. Die Feldlinien werden zusammengedrängt. Es kommt zu einer Feldverstärkung (Abb. 1a).

Ändert man die Richtung des Feldes beim Hufeisenmagneten, so ergibt das eine Zusammendrängung der Feldlinien des resultierenden Feldes links vom Leiter. Es wirkt eine Kraft in umgekehrter Richtung auf den Leiter (Abb. 1b).

Die Richtung der Kraft auf den Leiter ändert sich auch bei der Richtungsänderung des Stromes. Wenn z.B. in Abb. 1a der Strom aus der Blattebene heraus und damit auf den Betrachter zufließt (dieses würde durch einen Punkt im Leiterquerschnitt gekennzeichnet werden, Pfeilspitze), dann ergibt sich eine nach rechts gerichtete Kraft. Sie geht vom Bereich größerer Feldstärke (dichtere Feldlinien) in den Bereich geringerer Feldstärke.

Aus Versuch 5–2 kann man weiter entnehmen, daß Kraft-, Strom- und Feldlinienrichtung jeweils senkrecht aufeinander stehen. Die genaue Ermittlung der Kraftrichtung kann wie folgt vorgenommen werden:

Zeichnet man wie in Abb. 2 die Stromrichtung und die Richtung des Magnetfeldes senkrecht zueinander und dreht dabei (gedanklich) den Pfeil der Stromstärke im Uhrzeigersinn (Rechtssystem), dann ergibt sich die Kraftrichtung als Senkrechte auf der durch die Stromstärke und der Magnetfeldrichtung gebildeten Ebene.

Man kann aber auch wie folgt die Kraftrichtung mit folgender Merkhilfe ermitteln:

Linke-Hand-Regel

Hält man die linke Hand so, daß die Feldlinien auf die Innenfläche der Hand auftreffen und die gestreckten Finger in Stromrichtung zeigen, dann zeigt der abgespreizte Daumen die Richtung der Kraft an, die auf den Leiter wirkt (Abb. 3).

Verändern wir in Versuch 5–2 die Stromstärke I, die Länge des Leiters l im Magnetfeld (wirksame Leiterlänge) und die Stärke des Magnetfeldes, dann ergibt sich die folgende Gesetzmäßigkeit:

Die Kraft auf den Leiter ist um so größer,

● je größer die Stromstärke I ist,
● je größer die wirksame Leiterlänge l ist,
● je größer die magnetische Wirksamkeit ist.

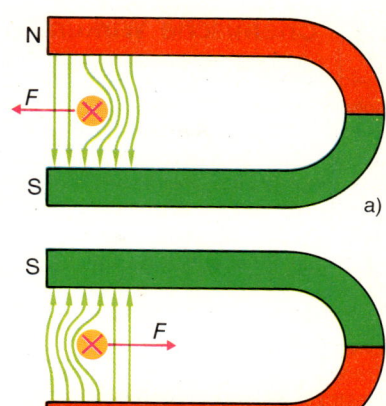

Abb. 1: Abhängigkeit der Kraft auf einen stromdurchflossenen Leiter von der Richtung des Magnetfeldes

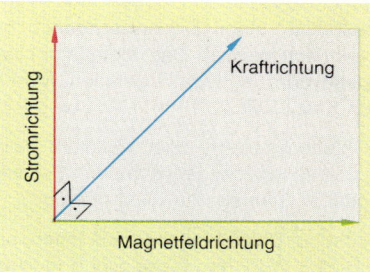

Abb. 2: Zusammenhang zwischen Strom- Magnetfeld- und Kraftrichtung

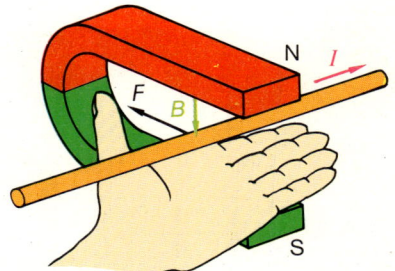

Abb. 3: Kraftwirkung auf stromdurchflossenen Leiter

5.4   Chemische Wirkung

Elektrischer Strom fließt nicht nur durch metallische Leiter, sondern auch durch bestimmte Flüssigkeiten. Die dabei einsetzende Umwandlung der Flüssigkeit wird in vielfältiger Weise ausgenutzt. In Abb. 1 ist z.B. zu sehen, wie durch das Galvanisieren beschichtete Metallteile aus einer Flüssigkeit genommen werden. Welche Vorgänge sich dabei abspielen und was bei der Stromleitung in Flüssigkeiten geschieht, soll nachfolgend behandelt werden.

Leitfähigkeit von Flüssigkeiten

Chemisch reines Wasser ist eine Flüssigkeit, die durch keine Fremdstoffe verunreinigt und deshalb ein sehr schlechter elektrischer Leiter (Abb. 4a) ist. Leitungswasser ist nicht chemisch rein. Es enthält unterschiedlich hohe Anteile an Salzen und anderen Stoffen. Auch Säuren und Laugen erhöhen die Leitfähigkeit des Wassers (Abb. 4b). Durch diese Stoffe gelangen positive und negative **Ionen** ins Wasser. Was sind Ionen?

Um diese Frage zu klären, müssen wir kurz auf Moleküle eingehen, die aus Metallen und Nichtmetallen aufgebaut sind. Metalle besitzen auf der äußeren Schale ein, zwei oder drei Elektronen, Nichtmetalle dagegen sieben, sechs oder fünf. Verbinden sich jetzt beide Elemente, kommt es zu einem Elektronenaustausch. Das Metall gibt seine äußeren Elektronen ab und das Nichtmetall nimmt diese auf. Beide Elemente haben auf diese Weise eine abgeschlossene Schale erhalten und sind besonders stabil. Die entstandenen Teile sind nun nicht mehr elektrisch neutral. Das Metallatom ist positiv und das Nichtmetallatom ist negativ geladen. Man nennt diese Verbindung ein **Salz** (Abb. 2).

> Geladene Atome oder Moleküle nennt man Ionen. Es gibt positive und negative Ionen. Sie entstehen durch Abgabe oder Aufnahme von Elektronen.

Nicht nur Salze bestehen aus Ionen, sondern auch Säuren und Laugen. Löst man diese Stoffe in Wasser, dann entsteht eine Ionenlösung **(Elektrolyt)** (Abb. 3).

> Eine Flüssigkeit in der sich Ionen befinden, nennt man einen Elektrolyten.

Abb. 1: Galvanisierungsanlage

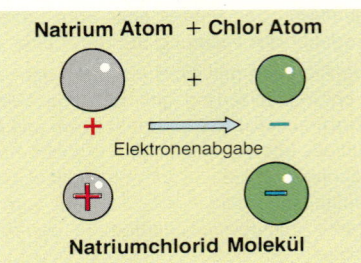

Natrium Atom + Chlor Atom

Elektronenabgabe

Natriumchlorid Molekül

Abb. 2: Entstehung von Ionen (Beispiel: NaCl)

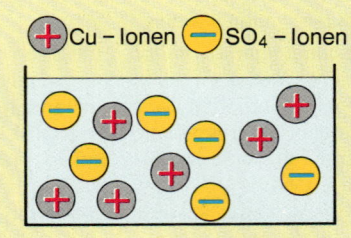

$+$ Cu – Ionen $-$ SO$_4$ – Ionen

Abb. 3: In Wasser aufgelöstes Kupfersulfat (ohne Wassermoleküle)

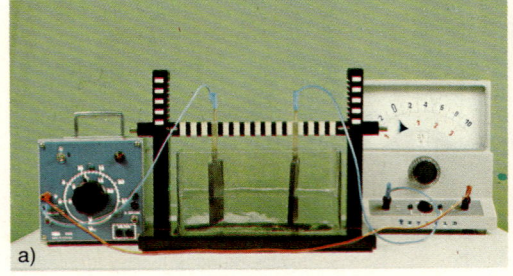
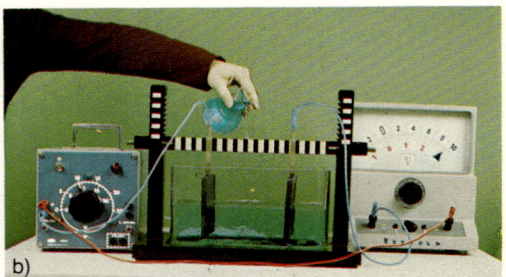

a)   b)

Abb. 4: Leitfähigkeitsuntersuchung von Flüssigkeiten

Legt man an eine Ionenlösung eine Spannung, dann wandern die Ionen aufgrund der Anziehungs- und Abstoßungskräfte zu den entgegengesetzt geladenen Elektroden. Dort werden sie durch Abgabe bzw. Aufnahme von Elektronen neutralisiert (Abb. 5).

Positive Ionen wandern zur negativen Elektrode

Kationen $\oplus \rightarrow$ Katode $-$

Negative Ionen wandern zur positiven Elektrode

Anionen $\ominus \rightarrow$ Anode $+$

In Flüssigkeiten wandern bei angelegter Spannung also positive und negative Ladungsträger, während in festen Stoffen (z.B. Metalle) nur Elektronen fließen können.

Bei der Ionenwanderung wird die Flüssigkeit in ihre Ausgangsstoffe zerlegt, die sich an den Elektroden ablagern (Abb. 6).

Die Zerlegung einer Flüssigkeit durch den elektrischen Strom nennt man **Elektrolyse.**

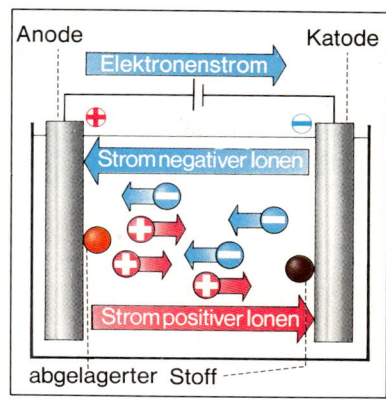

Abb. 5: Ionenwanderung in einer Flüssigkeit

Abscheidungsgesetz der Elektrolyse

Bei der Elektrolyse von verdünnter Schwefelsäure entstehen gasförmige Stoffe. Verwendet man Salzlösungen als Elektrolyte, dann können sich auch feste Stoffe abscheiden.

Da Ionen aus Protonen und Neutronen des Kerns sowie aus an den Kern gebundenen Elektronen bestehen, besitzt jedes Ion neben seiner Ladung auch eine Masse. Wenn die bewegte Ladungsmenge vergrößert wird, dann erhöht sich auch die Anzahl der abgegebenen Ionen und damit die Masse. Zwischen Ladung und Masse besteht Proportionalität.

$m \sim Q$ $Q = I \cdot t$ (vgl. 1.5.2) $m \sim I \cdot t$

Außerdem hängt die Abscheidungsmenge auch von der Art des Stoffes ab. Diese Größe heißt **elektrochemisches Äquivalent** und wird in Form einer Konstanten c hinzugefügt. Das daraus entstehende Gesetz wird Faradaysches Gesetz der elektrolytischen Stoffabscheidung genannt.

Die elektrolytisch abgeschiedene Masse hängt von der Art des Stoffes, der Stromstärke und der Zeit ab, in der der Strom geflossen ist.

Das elektrochemische Äquivalent gibt an, welche Masse eines Stoffes abgeschieden wird, wenn ein Strom von 1 A eine Sekunde lang fließt.

Abb. 6: Abgeschiedenes Kupfer an der Katode

Faradaysches Gesetz der elektrolytischen Stoffabscheidung

$$m = c \cdot I \cdot t$$

Elektrochemisches Äquivalent

Formelzeichen c

$$c = \frac{m}{I \cdot t}$$

$$[c] = \frac{kg}{A\,s}$$

$$[c] = \frac{mg}{A\,s}$$

$$[c] = \frac{g}{A\,h}$$

Tabelle 5.2: Elektrochemische Äquivalente einiger Metalle

Metall	Elektronen pro Atom	c in $\dfrac{mg}{A\,s}$	c in $\dfrac{g}{A\,h}$
Silber	1	1,118	4,025
Blei	2	1,074	3,866
Gold	3	0,681	2,451
Zink	2	0,339	1,220
Kupfer	1	0,659	2,372
Kupfer	2	0,329	1,186
Eisen	2	0,289	1,040

Aus einer Silbernitratlösung (AgNO$_3$) wird z.B. bei einer Stromstärke von 1 A in einer Sekunde eine Silbermenge von 1,118 mg Silber abgeschieden (Das ist die frühere Definition für die Stromstärke).

Beispiel: Eine Silbernitrat-Lösung (AgNO$_3$) wird zum Versilbern einer Kupferplatte verwendet. Wie groß ist die abgeschiedene Masse, wenn 30 Minuten lang eine Stromstärke von 1,6 A vorhanden ist?

$$m = c \cdot I \cdot t$$

$$m = 4{,}025 \, \frac{g}{A \, h} \cdot 1{,}8 \, A \cdot 0{,}5 \, h$$

$$\underline{m = 3{,}22 \, g}$$

Galvanostegie

Die Elektrolyse wird im technischen Bereich in verschiedenster Weise verwendet. Das zu Beginn dieser Ausführungen besprochene Beispiel der Metallbeschichtung (Abb. 1) faßt man unter dem Oberbegriff Galvanostegie zusammen.

Technisch wichtig sind z.B. Beschichtungen mit Zink, Kupfer, Nickel, Silber, Gold und Chrom. Als Elektrolyte werden in Wasser lösliche Salze der entsprechenden Metalle verwendet.

Mit diesem Verfahren lassen sich nicht nur elektrisch leitende Stoffe mit einer anderen Oberflächenschicht versehen, sondern auch nichtleitende Stoffe, wie z.B. Kunststoffe (Galvanoplastik). Sie müssen jedoch vorher an der Oberfläche leitend gemacht werden, damit Elektronen austreten können. Geeignet sind dazu Leitlacke, Graphit oder Metalldämpfe.

Beim Galvanisieren wird das Werkstück als Katode geschaltet.

Anodische Oxidation von Aluminium

Bei diesem Verfahren wird Aluminium elektrolytisch oxidiert. Es wird auch mit **Eloxalverfahren** bezeichnet (**el**ektrolytisch **ox**idiertes **Al**uminium).

Die dabei entstehende Oberflächenschicht schützt das Aluminium (z.B. bei Antennen) vor Witterungseinflüssen, d.h. vor allem gegen Korrosion.

Das Aluminium wird als Anode geschaltet. Als Elektrolyte dienen Schwefelsäure, Oxalsäure, Chromsäure oder Mischungen aus diesen Säuren. Die auf der Oberfläche entstandene Schicht ist hart, weitgehend korrosionsbeständig und elektrisch nichtleitend. Je nach Verfahren kann sie aus mehreren Teilen bestehen und eingefärbt sein (Abb. 3). Sie ist 10 μm ... 20 μm dick.

Das Verfahren der anodischen Oxidation wird nicht nur bei Aluminium, sondern auch bei anderen Metallen zum Oberflächenschutz angewendet. Es läßt sich z.B. auch Eisen mit einer Oxidschicht versehen und somit der äußere Einfluß verringern, der durch die Korrosion hervorgerufen würde.

Bei der anodischen Oxidation wird das Werkstück als Anode geschaltet.

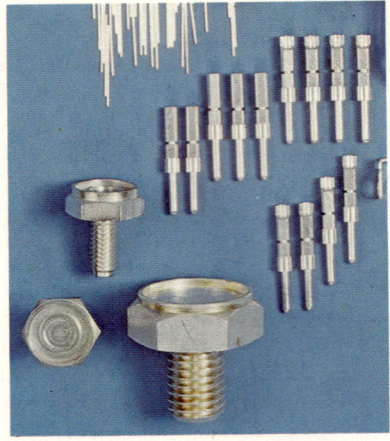

Abb. 1: Versilberte Anschlußteile und Steckverbindungen

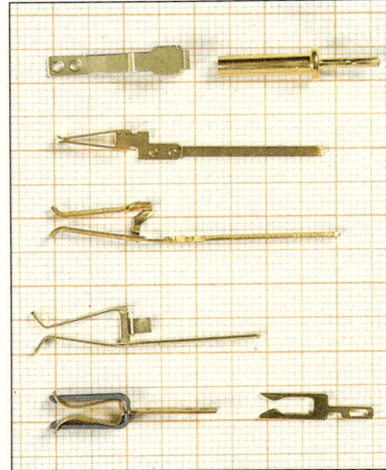

Abb. 2: Vergoldete Teile von Steckverbindungen

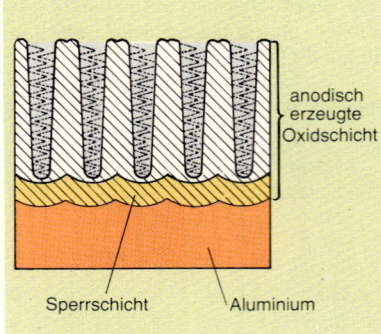

anodisch erzeugte Oxidschicht

Sperrschicht   Aluminium

Abb. 3: Querschnitt durch eine anodisch oxidierte Schicht bei Aluminium

Metallgewinnung

In der Natur kommen die meisten Metalle nicht in reiner Form vor, sondern in Verbindung mit Sauerstoff und anderen Nichtmetallen (z. B. Schwefel). Um das reine Metall zu erhalten, muß das Nichtmetall entfernt werden. Dies kann mit Hilfe des elektrischen Stromes geschehen. Den Metallionen werden dabei Elektronen zugeführt.

Angewendet wird dieses Verfahren bei der Gewinnung von **Elektrolytkupfer** und bei der Schmelzflußelektrolyse.

Die Schmelzflußelektrolyse wird besonders bei der Gewinnung von Aluminium, Magnesium, Natrium, Kalium und Calcium angewendet. Sie soll am Beispiel der Aluminiumgewinnung erklärt werden.

Die Schmelze der Aluminiumverbindungen befindet sich in einer flachen Wanne, die mit Kohle ausgeschichtet ist. Sie bildet die Katode, während als Anode Kohlestäbe benutzt werden. Durch den Stromfluß scheidet sich am Boden der Wanne das reine Aluminium ab (Abb. 4).

In der Praxis werden hohe Stromstärken (bis 140 kA) bei Spannungen von 4 V ... 5 V verwendet. Wichtig ist dabei, daß die Schmelze möglichst rein ist, da sich sonst auch andere Metalle an den Elektroden abscheiden.

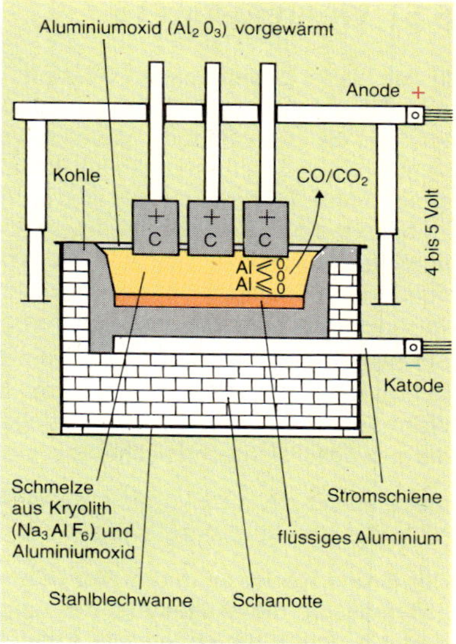

Abb. 4: Prinzip des Elektrolyseofens zur Aluminiumgewinnung

Aufgaben zu 5.3 und 5.4

1. Beschreiben Sie die Form des magnetischen Feldes um einen geraden Leiter und geben Sie die Feldrichtung an.

2. Welche Vorstellungen besitzt man über das magnetische Feld?

3. Mit welcher Regel läßt sich die Feldlinienrichtung um einen Leiter festlegen und wie lautet sie?

4. Welche Unterschiede bzw. Gemeinsamkeiten bestehen zwischen dem Magnetfeld einer Spule und dem Magnetfeld eines Dauermagneten?

5. Wodurch läßt sich die magnetische Wirkung einer Spule vergrößern?

6. Beschreiben Sie den Zusammenhang zwischen Stromstärke, Magnetfeldrichtung und Kraftrichtung bei einem stromdurchflossenen Leiter im Magnetfeld?

7. Erklären Sie den Begriff Ion im Unterschied zum Atom!

8. Beschreiben Sie den Vorgang der Stromleitung in Flüssigkeiten!

9. Von welchen Größen ist die Stoffabscheidung bei der Elektrolyse abhängig?

10. Beschreiben Sie das Galvanostegie-Verfahren?

11. Aluminium soll anodisch oxidiert werden. Welche Elektrode ist das Werkstück?

12. Welchen Schutz erreicht man durch das Eloxalverfahren?

13. Beschreiben Sie die Metallgewinnung durch die Elektrolyse!

14. Welche Vorteile besitzen anodisch oxidierte Metalle?

5.5   Wirkungsgrad

In den bisher besprochenen Geräten und Anlagen wird elektrische Energie in andere Energieformen umgewandelt, z.B. in Wärme. Es treten dabei natürlich Verluste auf, so daß die »Nutzenergie« nicht vollständig der zugeführten Energie entspricht (Abb. 1). Die Hersteller sind bemüht, Geräte und Anlagen zu bauen, die diese Energieumwandlung möglichst verlustarm durchführen. Die Wirksamkeit dieser »Energiewandler« wird durch den **Wirkungsgrad** gekennzeichnet. Im folgenden wollen wir diesen am Beispiel des Elektromotors näher erläutern.

Ein Elektromotor wandelt elektrische Energie in mechanische Energie um. Dabei wird er warm. Er »erzeugt« also auch Wärmeenergie. Nur ein Teil der zugeführten Energie wird in die gewünschte mechanische Energie umgewandelt.

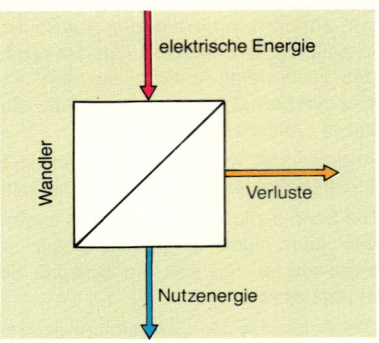

Abb. 1: Energiewandler

> Jede Maschine, die Energie umwandelt, nimmt mehr Energie auf, als sie an Nutzenergie abgibt.

Der Grund hierfür ist in den Verlusten begründet. Abb. 2 zeigt schematisch die Aufteilung der zugeführten Arbeit in die Verluste und in die abgeführte Arbeit (Nutzarbeit).

Die zugeführte Arbeit wird mit W_{zu} (zugeführte Leistung mit P_{zu}) gekennzeichnet. Die abgeführte Arbeit wird mit W_{ab} (abgeführte Leistung mit P_{ab}) gekennzeichnet. Die Summe aller Verluste nennt man kurz Verlustarbeit W_v (Verlustleistung P_v).

Bei Elektromotoren setzen sich die Verluste aus den mechanischen (Lagerreibung und Luftreibung) und den elektrischen Verlusten (Kupferverluste und Eisenverluste, das sind Wärmeverluste in der Kupferwicklung und im Eisenkern) zusammen.

Die Verlustarbeit und die Nutzarbeit (abgegebene Arbeit) ergeben zusammen die zugeführte Arbeit.

$W_{zu} = W_{ab} + W_v$

Entsprechend gilt auch für die Leistung: $P_{zu} = P_{ab} + P_v$

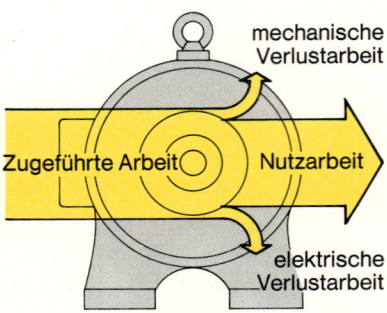

Abb. 2: Aufteilung von zugeführter Arbeit in Nutzarbeit und Verlustarbeit

Auf den Typenschildern (Abb. 3) von Motoren findet man unter anderem die Leistungsangabe, die Nennspannung und den Motornennstrom:

z.B. $U = 220$ V, $I = 12,5$ A, $P = 2,2$ kW

Die Leistungsangabe $P = 2,2$ kW ist dabei stets die abgeführte Leistung P_{ab}. Eine Ausnahme bilden Wärmegeräte und Lampen. Bei ihnen wird zur Kennzeichnung stets die aufgenommene elektrische Leistung angegeben.

Bei 220 V nimmt er 12,5 A auf (vorausgesetzt, er gibt 2,2 kW ab). Seine Leistungsaufnahme beträgt also:

$P_{zu} = U \cdot I$; $P_{zu} = 220$ V $\cdot$ 12,5 A; $\underline{P_{zu} = 2750\ W}$;

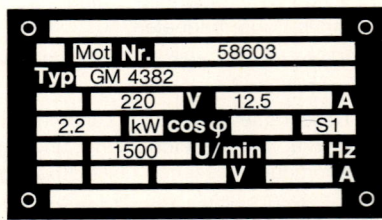

Abb. 3: Typenschild eines Gleichstrommotors

Die zugeführte Leistung beträgt 2750 W, die abgegebene Leistung nur 2200 W. Wie gut wird die zugeführte Leistung ausgenutzt? Eine Antwort hierauf gibt der Wirkungsgrad.

> Der Wirkungsgrad gibt an, wieviel der zugeführten Leistung ausgenutzt wird.

$\eta = \dfrac{P_{ab}}{P_{zu}}$; $\eta = \dfrac{2200\ W}{2750\ W}$; $\underline{\eta = 0,8}$; $\underline{\eta = 80\%}$

Das Ergebnis bedeutet:

80% werden ausgenutzt, 20% sind Verlust, oder
2750 W werden zugeführt $\,\hat{=}\,100\%$
2200 W werden genutzt $\quad\hat{=}\quad80\%$
 550 W gehen verloren $\quad\hat{=}\quad20\%$

Die zugeführte Leistung setzt man 100%.
Die abgeführte Leistung muß immer kleiner als 100% sein, weil bei der Umwandlung Verluste auftreten.

In elektrotechnischen Anlagen kommt es häufig vor, daß Geräte nicht einzeln, sondern im Verbund betrieben werden. Das kann z.B. bedeuten, daß ein Motor einen Generator antreibt usw. Wie läßt sich in solchen Fällen der Gesamtwirkungsgrad der Anlage ermitteln, wenn nur die Einzelwirkungsgrade bekannt sind?

Zur Lösung des Problems verwenden wir die Abb. 4, in der die Geräte durch Wandler dargestellt sind. Es ist in diesem Fall nicht sinnvoll, P_{zu} und P_{ab} einzuzeichnen, da die Leistung P_2 gleichzeitig die abgegebene Leistung des Wandlers 1 und gleichzeitig die aufgenommene Leistung des Wandlers 2 ist. Der Gesamtwirkungsgrad der Anlage errechnet sich, indem man die Ausgangsleistung P_3 durch die Eingangsleistung P_1 dividiert.

$$\eta_g = \frac{P_3}{P_1}$$

Erweitert man den Zähler und den Nenner mit P_2, dann ergibt sich die folgende Umstellung:

$$\eta_g = \frac{P_3 \cdot P_2}{P_1 \cdot P_2} \qquad \eta_g = \frac{P_3}{P_2} \cdot \frac{P_2}{P_1} \qquad \eta_g = \eta_2 \cdot \eta_1$$

Aus ihr wird erkennbar, daß sich der Gesamtwirkungsgrad aus der Multiplikation der Einzelwirkungsgrade ergibt.

> Der Gesamtwirkungsgrad ist das Produkt aus den Einzelwirkungsgraden.

Wirkungsgrad

Formelzeichen η

$$\eta = \frac{P_{ab}}{P_{zu}}$$

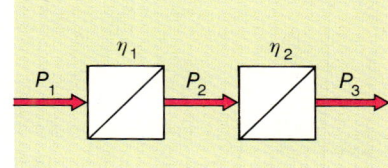

Abb. 4: Gesamtwirkungsgrad

Gesamtwirkungsgrad

$$\eta_g = \eta_1 \cdot \eta_2 \cdot \ldots \cdot \eta_n$$

Aufgaben zu 5.5

1. Ein Elektroaufzug mit Gleichstrommotor gibt 5,5 kW Leistung ab.
   a) Wieviel kg Last kann er in 20 s um 4 m heben?
   b) Wieviel Leistung nimmt er aus dem Netz auf, wenn sein Wirkungsgrad 82% beträgt?

2. Für einen Aufzug soll ein Motor gekauft werden. Der Aufzug soll 1000 kg in 12 s um 3 m heben können. Es ist eine Gleichspannung von 400 V vorhanden. Für den Motor soll ein Wirkungsgrad von 78% angenommen werden.
   a) Wieviel Leistung muß der Motor abgeben?
   b) Wieviel Leistung nimmt der Motor aus dem Netz auf?
   c) Welche Stromstärke stellt sich in der Zuleitung ein?

3. Warum ist der Wirkungsgrad immer kleiner als 1?

4. In Abb. 5 sind die zugeführte und die abgegebene Leistung eines Wandlers angegeben. Berechnen Sie
   a) den Wirkungsgrad in Prozent und
   b) die Verlustleistung in Prozent.

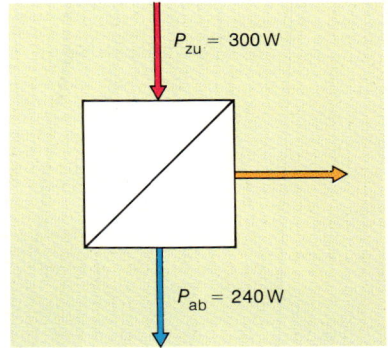

Abb. 5: Zu Aufgabe 4

6 Energiequellen

Der Begriff »Energiequellen« ist physikalisch nicht richtig, man sollte besser **Energiewandler** sagen, denn Energien lassen sich lediglich ineinander umwandeln. In der Technik wird jedoch der Begriff Energiequellen verwendet. Dort wird auch von der Energieerzeugung gesprochen.

Elektrische Energiequellen wandeln andere Energieformen in elektrische Energie um. Dies geschieht nicht ohne Verluste. Das in Abb. 1 dargestellte Verlustdiagramm gilt prinzipiell für alle elektrischen Energiequellen. Die nichtelektrischen Verluste treten im Betrieb immer auf.

Die elektrischen Verluste treten fast nur bei Belastung der Energiequelle auf. Einige Energiequellen haben auch im Leerlauf elektrische Verluste. Diese sind jedoch im Verhältnis zu den elektrischen Verlusten bei Belastung so gering, daß man sie in der Regel vernachlässigen kann.

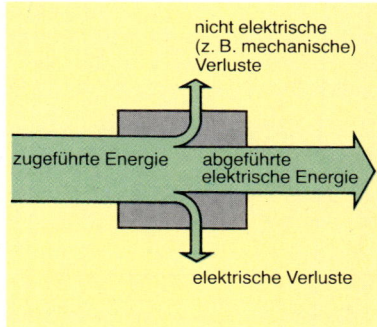

Abb. 1: Energieumwandlung einer elektrischen Energiequelle

6.1 Elektrisches Verhalten von Energiequellen

Jede elektrische Energiequelle erzeugt eine elektrische Spannung. Deshalb nennt man elektrische Energiequellen auch **Spannungsquellen.** Die Höhe und die Art der Spannung hängt von der Art der Energiequelle ab. Im unbelasteten Zustand (Leerlauf) ist die Spannung in der Regel konstant. Ändert sich diese Spannung auch bei Belastung nicht oder nur unwesentlich, dann spricht man von einer **Konstant-Spannungsquelle** (vgl. 6.1.3).

Ein elektrischer Strom fließt nur dann, wenn der Stromkreis geschlossen ist. Trotzdem wird auch der Begriff **Stromquelle** für elektrische Energiequellen verwendet unabhängig davon, ob eine Belastung vorhanden ist oder nicht. Von **Konstant-Stromquellen** spricht man, wenn der Strom auch bei unterschiedlicher Belastung relativ konstant bleibt (vgl. 6.1.4).

> Elektrische Energiequellen wandeln irgendeine Energie in elektrische Energie um. Sie werden auch Spannungsquellen oder Stromquellen genannt.

Darüber hinaus gibt es noch den Begriff **Generator**. Er wird in der Praxis überwiegend für eine mechanische Energiequelle (Gegensatz wäre Motor) verwendet. Man sagt aber auch Generator und verwendet das Generatorzeichen für Energiequellen, die ohne Verluste betrachtet werden. Sie stellen dann nur die Spannungserzeugung dar.

In den folgenden Ausführungen wird, wenn keine besondere Kennzeichnung erforderlich ist, der Begriff Spannungsquelle verwendet.

Beliebige Spannungsquelle, Generator

6.1.1 Belastete Spannungsquellen

In den meisten Personenkraftwagen sind Bleiakkumulatoren mit einer Nennspannung von 12 V eingebaut. Sind alle Verbraucher bei stehendem Motor ausgeschaltet, dann beträgt die Klemmenspannung der Batterie etwa 12 V. Schaltet man die Innenbeleuchtung ein, dann ändert sich die Batteriespannung kaum. Betätigt man jedoch gleichzeitig den Anlasser, dann nimmt die Helligkeit der Innenbeleuchtung merklich ab. Das ist ein Zeichen für das Absinken der Spannung während der großen Belastung durch den Anlasser.

> Wird eine Spannungsquelle belastet, dann sinkt ihre Klemmenspannung.

Um diese Erscheinung genauer zu untersuchen, soll Versuch 6–1 durchgeführt werden.

Versuch 6–1: Spannung eines Trockenelementes bei Belastung

Durchführung

Mit Hilfe eines Stellwiderstandes $R = 8\,\Omega$ wird ein Trocken-Element $U_N = 1{,}5\,V$ belastet. Durch Verstellen des Widerstandes wird die Belastung schrittweise bis zum Kurzschluß erhöht. Die Klemmenspannung U_{Kl} des Elementes und die Belastungsstromstärke werden gemessen.

Anmerkung: Kurzschlußmessung nur kurzzeitig und nur bei kleinen Spannungsquellen.

Aufbau

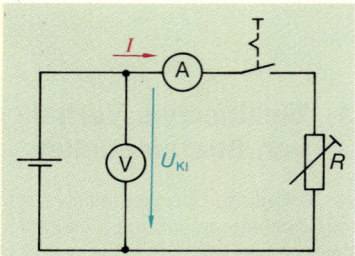

Meßergebnis

Nr.	1	2	3	4	5	6	7	8	9
I in A	0	0,2	0,4	0,6	0,8	1,0	1,5	2,0	3,0
U_{Kl} in V	1,5	1,4	1,3	1,2	1,1	1,0	0,75	0,5	0

Die Meßergebnisse bestätigen die anfangs gewonnene Erkenntnis. Die Spannung an den Klemmen sinkt, wenn die Stromstärke steigt. Für eine Erklärung ist es sinnvoll, die Meßergebnisse in einem Diagramm darzustellen (Abb. 1).

Ist die Spannungsquelle nicht belastet, dann hat die **Klemmenspannung U_{Kl}** ihren Höchstwert. Diese Spannung nennt man die **Leerlaufspannung U_o.** Sie wird auf Grund physikalischer Gesetzmäßigkeiten bei der Energieumwandlung (original) erzeugt. Man nennt sie deshalb auch **Urspannung U_{or}**[1] oder **Quellenspannung U_q.**

> Die Quellenspannung U_q ist die Spannung, die bei der Energieumwandlung ursprünglich entsteht. Sie kann an einer unbelasteten Spannungsquelle direkt an den Klemmen gemessen werden.

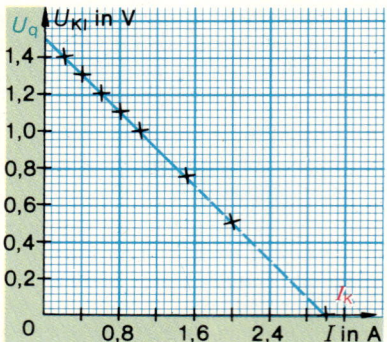

Abb. 1: Abhängigkeit der Klemmenspannung eines Trockenelementes vom Belastungsstrom

---

[1] origo (lat.) = original

Wird die Spannungsquelle belastet, dann fließt ein Strom. Gleichzeitig sinkt die Klemmenspannung. Geht man von der Modellvorstellung aus, daß in der Spannungsquelle auf Grund der physikalischen Gesetzmäßigkeiten nach wie vor die Quellenspannung U_q erzeugt wird, dann muß in der Spannungsquelle ein **innerer Spannungsfall U_i** auftreten.

> Jede belastete Spannungsquelle hat einen inneren Spannungsfall. Um diesen Wert ist die Klemmenspannung kleiner als die Quellenspannung.

Im vorliegenden Beispiel beträgt die Quellenspannung $U_q = 1,5$ V. Mit größer werdendem Strom wird die Klemmenspannung kleiner und damit der innere Spannungsfall U_i größer. Aus Tabelle 6.1 ist für jeden Meßpunkt der berechnete innere Spannungsfall zu entnehmen. Die zu den Meßpunkten gehörenden Stromwerte sind zusätzlich eingetragen. Mit den Werten der Tabelle läßt sich der innere Spannungsfall in Abhängigkeit von der Belastungsstromstärke zeichnerisch darstellen (Abb. 2).

Wenn infolge eines elektrischen Stromes ein Spannungsfall auftritt, dann muß ein Widerstand vorhanden sein. Dies ist der **Innenwiderstand R_i** der Spannungsquelle.

Man kann ihn nach dem Ohmschen Gesetz aus dem inneren Spannungsfall und dem Belastungsstrom berechnen (für jede Messung außer für $I = 0$ A).

z.B.: $R_i = \dfrac{U_i}{I}$; $R_i = \dfrac{0,4\,\text{V}}{0,8\,\text{A}}$;

$\underline{R_i = 0,5\,\Omega}$

Um die Zusammenhänge in einer Spannungsquelle einfacher erklären und berechnen zu können, verwendet man ein **Ersatzschaltbild** (Abb. 3).

> Jede Spannungsquelle besteht aus dem Teil, der die Quellenspannung erzeugt (Generator), und dem Innenwiderstand.

Der innere Spannungsfall ist von der Belastungsstromstärke I und vom Innenwiderstand R_i abhängig.

Leerlauf: (Messung Nr. 1)
$I = 0$ A, $U_q = 1,5$ V, $R_i = 0,5\,\Omega$
$U_i = I \cdot R_i$
$U_i = 0$ A $\cdot$ $0,5\,\Omega$
$\underline{U_i = 0$ V$}$

Fließt kein Strom, dann kann kein Spannungsfall auftreten, und die Klemmenspannung ist gleich der Quellenspannung.

Belastung: (z.B. Messung Nr. 5)
$I = 0,8$ A, $U_q = 1,5$ V, $R_i = 0,5\,\Omega$

$U_i = I \cdot R_i$	$U_{Kl} = U_q - U_i$
$U_i = 0,8$ A $\cdot$ $0,5\,\Omega$	$U_{Kl} = 1,5$ V $- 0,4$ V
$\underline{U_i = 0,4$ V$}$	$\underline{U_{Kl} = 1,1$ V$}$

Der innere Spannungsfall U_i steigt im gleichen Verhältnis wie die Belastungsstromstärke I.

Klemmenspannung

$\boxed{U_{Kl} = U_q - U_i}$

Quellenspannung

$\boxed{U_q = U_{Kl} + U_i}$

Tabelle 6.1: Spannungen in Abhängigkeit von der Stromstärke

Nr.	U_q	U_{Kl}	U_i	I in A
1	1,5	1,5	0	0
2	1,5	1,4	0,1	0,2
3	1,5	1,3	0,2	0,4
4	1,5	1,2	0,3	0,6
5	1,5	1,1	0,4	0,8
6	1,5	1,0	0,5	1,0
7	1,5	0,75	0,75	1,5
8	1,5	0,5	1,0	2,0
9	1,5	0	1,5	3,0

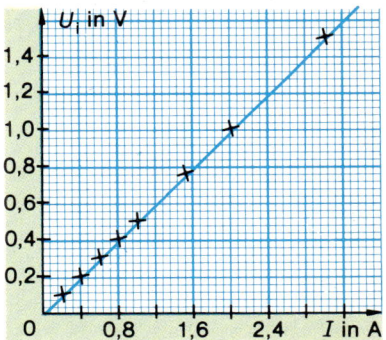

Abb. 2: Abhängigkeit des inneren Spannungsabfalls eines Trockenelementes vom Belastungsstrom

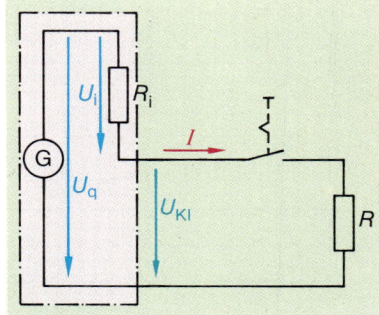

Abb. 3: Ersatzschaltbild einer Spannungsquelle

Kurzschluß: (Messung Nr. 9)

$I = 3{,}0\,\text{A}, \quad U_\text{q} = 1{,}5\,\text{V}, \quad R_\text{i} = 0{,}5\,\Omega$

Da die Klemmen kurzgeschlossen sind, muß die Klemmenspannung Null sein. Das bedeutet jedoch, daß der innere Spannungsabfall so groß wie die Quellenspannung sein muß. Im Kurzschluß stellt sich also ein Kurzschlußstrom ein, der diese Spannungsgleichheit hervorruft:

Innerer Spannungsabfall

$$U_\text{i} = I \cdot R_\text{i}$$

$$I_\text{K} = \frac{U_\text{i}}{R_\text{i}} = \frac{U_\text{q}}{R_\text{i}}; \quad I_\text{K} = \frac{1{,}5\,\text{V}}{0{,}5\,\Omega}; \quad I_\text{K} = 3{,}0\,\text{A}$$

Bei Kurzschluß wird der Strom nur durch den Innenwiderstand begrenzt. Der Strom kann deshalb sehr groß werden.

Kurzschlußstrom

$$I_\text{K} = \frac{U_\text{q}}{R_\text{i}}$$

6.1.2 Leistungsanpassung

Jede Spannungsquelle soll elektrische Leistung abgeben. Dafür muß der Stromkreis über den Verbraucherwiderstand geschlossen werden. Die Größe der abgegebenen Leistung hängt von der Größe des Verbraucherwiderstandes ab.

In Versuch 6–1 (S. 108) wurde der Verbrauchswiderstand von $7\,\Omega$ (Messung Nr. 2) bis $0\,\Omega$ (Messung Nr. 9) stufenweise verringert. Die Widerstandswerte der einzelnen Messungen kann man mit Hilfe des Ohmschen Gesetzes berechnen. So gilt z.B. für Messung Nr. 5:

$$R = \frac{U_\text{Kl}}{I}; \quad R = \frac{1{,}1\,\text{V}}{0{,}8\,\text{A}}; \quad R = 1{,}275\,\Omega$$

Mit Veränderung des Verbraucherwiderstandes ändert sich nicht nur die Klemmenspannung, sondern auch die abgegebene Leistung. Sie beträgt für die Messung Nr. 5:

$$P_\text{ab} = U_\text{Kl} \cdot I; \quad P_\text{ab} = 1{,}1\,\text{V} \cdot 0{,}8\,\text{A}; \quad P_\text{ab} = 0{,}88\,\text{W}$$

Tab. 6.2 und die Abb. 1 zeigen:

Die abgegebene Leistung ist von der Größe des Belastungswiderstandes abhängig. Hier ist ein Maximum ausgeprägt. Ein Vergleich mit der Spannungsquelle ergibt:

Die größte Leistung wird dann abgegeben, wenn der Innenwiderstand der Spannungsquelle so groß ist wie `der Belastungswiderstand!

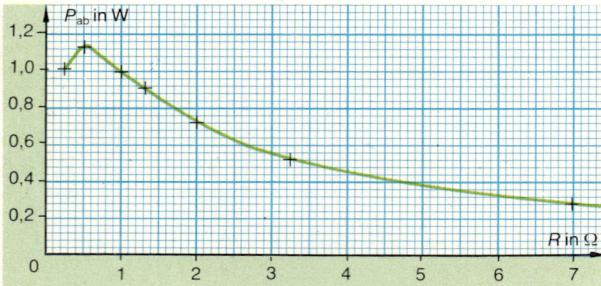

Abb. 1: Abhängigkeit der abgegebenen Leistung vom Belastungswiderstand

Tabelle 6.2: Widerstandswerte und abgegebene Leistungswerte, berechnet nach den Meßergebnissen des Versuches 6–1 (S. 108)

Nr.	R in Ω	P_ab in W
2	7,000	0,280
3	3,250	0,520
4	2,000	0,720
5	1,275	0,880
6	1,000	1,000
7	0,500	1,125
8	0,250	1,000

In den Aufgabenfeldern, in denen es darauf ankommt, die größte Leistung zu übertragen, wird man Spannungsquelle und Verbraucher so aufeinander abstimmen, daß der Innenwiderstand und der Belastungswiderstand gleich groß sind.

Soll dagegen Leistung wirtschaftlich übertragen werden, dann muß der Wirkungsgrad (vgl. 5.5) möglichst groß sein. Anhand der Abb. 3, S. 109 läßt sich der Zusammenhang leicht erklären:

Die Spannungsquelle, der Generator G, erzeugt elektrische Leistung. Diese wird nur zum Teil an den Belastungswiderstand R abgegeben. Der Rest fällt am eigenen Innenwiderstand R_i ab. Bei der Messung Nr. 5 nimmt der Belastungswiderstand mit $R = 1{,}275\,\Omega$ $0{,}88\,W$ auf. Hier beträgt die Stromstärke $0{,}8\,A$ und nach Tab. 6.1 (S. 109) der innere Spannungsabfall $0{,}4\,V$. Das ergibt einen Leistungsverlust:

$$P_v = U_i \cdot I; \quad P_v = 0{,}4\,V \cdot 0{,}8\,A; \quad P_v = 0{,}32\,W$$

Die Summe aus innerer Verlustleistung und Leistung des Belastungswiderstandes entspricht der elektrisch zugeführten Leistung. Für Messung Nr. 5 beträgt der Wirkungsgrad:

$$\eta = \frac{P_{ab}}{P_{zu}}; \quad \eta = \frac{P_{ab}}{P_{ab} + P_v}; \quad \eta = \frac{0{,}88\,W}{0{,}88\,W + 0{,}32\,W}$$

$$\eta = 0{,}73 \quad \eta = 73\%$$

Tabelle 6.3: Widerstandswerte und Wirkungsgrad, berechnet nach den Meßergebnissen des Versuches 6–1 (S. 108)

Nr.	R in Ω	P_{ab} in W	P_v in W	η
2	7,000	0,280	0,020	0,933
3	3.250	0,520	0,080	0,867
4	2,000	0,720	0,180	0,800
5	1,275	0,880	0,320	0,733
6	1,000	1,000	0,500	0,667
7	0,500	1,125	1,125	0,500
8	0,250	1,000	2,000	0,333

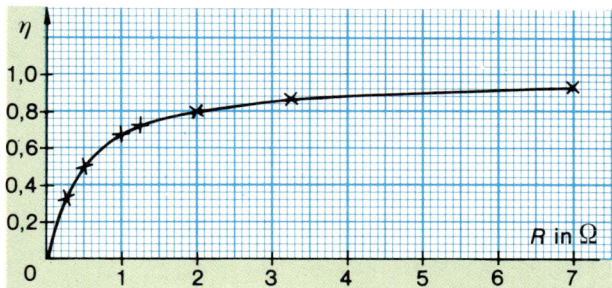

Abb. 2: Abhängigkeit des Wirkungsgrades vom Belastungswiderstand

Tab. 6.3 und die Abb. 2 zeigen:

Der Wirkungsgrad ist von der Größe des Belastungswiderstandes abhängig. Mit größer werdendem Widerstandswert steigt der Wirkungsgrad. Dieser Zusammenhang bedeutet für die Spannungsquelle:

Ein hoher Wirkungsgrad wird nur dann erreicht, wenn der Innenwiderstand der Spannungsquelle im Verhältnis zum Belastungswiderstand möglichst klein ist!

6.1.3 Konstant-Spannungsquellen

In Versuch 6–1 (S. 108) ist ein Trockenelement mit einem Lastwiderstand von $7\,\Omega$ belastet worden, der stufenweise bis zum Kurzschluß verringert worden ist. Eine solche Belastung ist unnatürlich hoch.

In einer mathematischen Betrachtung kann überlegt werden:

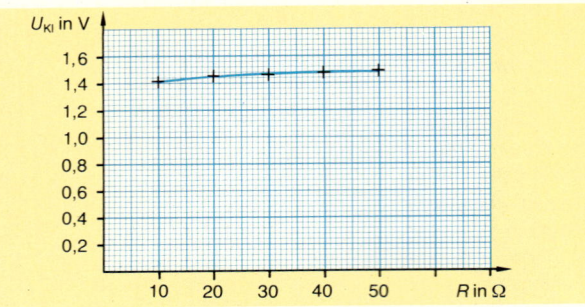

Abb. 1: Abhängigkeit der Klemmenspannung eines Trockenelementes von dem Belastungswiderstand (relativ großer Lastwiderstand)

Tabelle 6.4: Klemmenspannung eines Trockenelementes, berechnet für vorgegebene Lastwiderstände

Nr.	R in Ω	I in A	U_{Kl} in V
1	10	0,143	1,429
2	20	0,073	1,463
3	30	0,049	1,475
4	40	0,037	1,481
5	50	0,030	1,485

Wie verändert sich die Quellenspannung U_q, wenn das Trockenelement aus Versuch 6 − 1 mit $U_q = 1,5$ V und $R_i = 0,5\,\Omega$ mit einem Widerstand belastet wird, der seinen Wert zwischen 10 Ω und 50 Ω ändert?

Für die Tabelle 6.4 sind die einzelnen Werte berechnet und dargestellt. Bei der Berechnung ist davon ausgegangen worden, daß sich die Quellenspannung und der Innenwiderstand nicht ändern.

In Abb. 1 ist die Abhängigkeit der Klemmenspannung von dem Belastungswiderstand entsprechend der Aufgabenstellung (mit den Werten der Tabelle 6.4) als Diagramm dargestellt. Zum Vergleich ist in Abb. 2 die gleiche Abhängigkeit bei der Belastung in Versuch 6−1 wiedergegeben. Man erkennt:

Je größer der Belastungswiderstand (Mittelwert) im Verhältnis zum Innenwiderstand der Spannungsquelle ist, desto weniger ändert sich die Klemmenspannung bei begrenzten Lastschwankungen.

Ein Vergleich mit 6.1.2 zeigt, daß Spannungsquellen mit einem großen Wirkungsgrad auch eine große Spannungskonstanz aufweisen.

Bei vielen elektronischen Verbrauchern ist diese geringfügige Spannungsänderung bei Lastschwankungen noch zu groß. Um eine noch bessere Spannungskonstanz zu erreichen, muß man zusätzliche Schaltungen vorsehen. Diese Spannungsregler

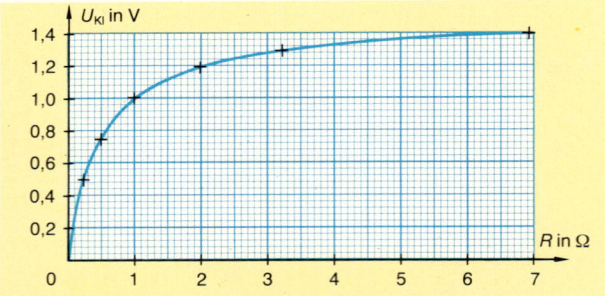

Abb. 2: Abhängigkeit der Klemmenspannung eines Trockenelementes vom Belastungswiderstand (Versuch 6−1, S. 108)

werden zwischen Spannungsquelle und Verbraucher geschaltet (Abb. 3).

Die Klemmenspannung der Spannungsquelle muß immer größer sein als die erforderliche Verbraucherspannung. Der Spannungsregler verursacht einen Spannungsverlust, der sich bei Änderung der Klemmenspannung der Spannungsquelle so ändert, daß die Verbraucherspannung konstant bleibt.

Spannungsregler kann man mittels Z-Diode und Widerstand oder mittels Z-Diode und Transistor aufbauen. Es finden jedoch auch integrierte Spannungsregler für Festspannungen Verwendung, die man einfach zwischen Spannungsquelle und Verbraucher einfügt.

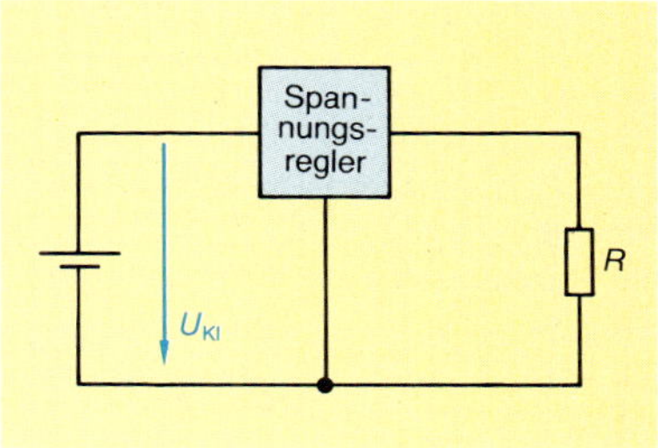

Abb. 3: Stromkreis mit Spannungsregler

6.1.4 Konstant-Stromquellen

In der Elektronik und besonders in der Meßtechnik (vgl. 7.8.2) gibt es oft die Bedingung, daß sich bei Änderung des Lastwiderstandes der Laststrom nur geringfügig ändern soll.

Dieses Problem soll durch eine theoretische Überlegung gelöst werden. Wir nehmen an, auch hier würde sich wie in 6.1.3 der Lastwiderstand zwischen 10Ω und 50Ω verändern. Dort schwankte der Strom zwischen 143 mA und 30 mA. Wir wollen jedoch höchstens eine Stromänderung von 35 mA nach 30 mA zulassen.

Nach dem Ohmschen Gesetz lassen sich mit diesen Vorgaben die Spannungen berechnen:

1. Fall:
$R_1 = 10\,\Omega$; $I_1 = 35\,\text{mA}$
$U_1 = I_1 \cdot R_1$
$U_1 = 35\,\text{mA} \cdot 10\,\Omega$
$U_1 = 0{,}35\,\text{V}$

2. Fall:
$R_2 = 50\,\Omega$; $I_2 = 30\,\text{mA}$
$U_2 = I_2 \cdot R_2$
$U_2 = 30\,\text{mA} \cdot 50\,\Omega$
$U_2 = 1{,}5\,\text{V}$

Für die Erfüllung der obigen Bedingungen muß sich also die Spannung am Verbraucher zwischen 0,35 V und 1,5 V ändern. Da das Trockenelement von Versuch 6–1 (S. 108) nur 1,5 V Quellenspannung liefert und die Klemmenspannung immer niedriger ist, muß eine Spannungsquelle eingesetzt werden, die eine höhere Quellenspannung erzeugt.

Nehmen wir mal an, wir hätten eine Spannungsquelle mit der Quellenspannung von 3 V und einem Innenwiderstand von 1Ω zur Verfügung, dann ergäbe sich für den Fall 2:

$$I_2 = \frac{U_q}{R_i + R_2} \qquad I_2 = \frac{3\,\text{V}}{1\,\Omega + 50\,\Omega} \qquad I_2 = 58{,}8\,\text{mA}$$

Dieser Wert ist viel zu hoch. Es sollen nur 30 mA fließen. Folglich muß zur Stromverkleinerung ein Vorwiderstand R_v in Reihe zum Verbraucher geschaltet werden (Abb. 4a).

Der Widerstand muß auch für den Fall 1 gelten. Um nun zur richtigen Lösung zu kommen, werden Gleichungen aufgestellt und nach den gesuchten Größen umgestellt. Im vorliegenden Fall ergeben sich zwei Gleichungen mit zwei Unbekannten. Darin sind enthalten: der Vorwiderstand R_v zusammen mit dem Innenwiderstand der Spannungsquelle und die Quellenspannung U_q.

$$U_q = I_1 \cdot (R_i + R_v + R_1)$$
$$U_q = I_2 \cdot (R_i + R_v + R_2)$$

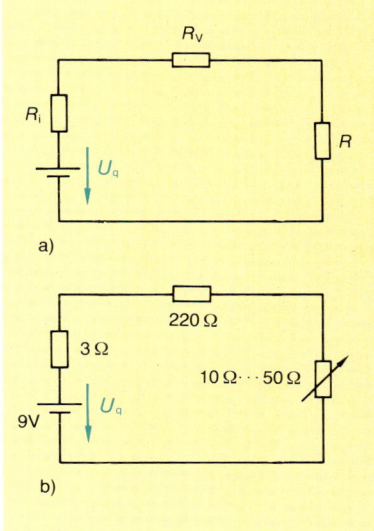

Abb. 4: Anschluß eines Verbrauchers über einen Vorwiderstand an eine Spannungsquelle

Nach $(R_i + R_v)$ umgestellt ergibt sich:

$$(R_i + R_v) = \frac{I_2 \cdot R_2 - I_1 \cdot R_1}{I_1 - I_2}$$

Die oben gestellte Bedingung wird dann erfüllt, wenn der Vorwiderstand zusammen mit dem Innenwiderstand 230 Ω und die Quellenspannung 8,4 V betragen.

Abb. 4b, S. 113 zeigt eine Schaltung mit realistischen Werten und Abb. 1 die Abhängigkeit der Stromstärke vom Lastwiderstand.

Konstant-Stromquellen liefern bei einem sich begrenzt änderndem Lastwiderstand einen Strom, der sich nur wenig ändert. Erreicht wird dies durch einen großen Vorwiderstand im Vergleich zum Verbraucherwiderstand.

> Je kleiner der Belastungswiderstand (Mittelwert) im Verhältnis zur Reihenschaltung Innenwiderstand der Spannungsquelle und Vorwiderstand ist, desto weniger ändert sich der Strom bei begrenzten Lastschwankungen.

Dies setzt jedoch eine Spannungsquelle voraus, die eine wesentlich größere Spannung erzeugt als der Verbraucher verlangt. Die große Differenz fällt am Vorwiderstand ab. Da der Vorwiderstand auch eine Verlustleistung verursacht, arbeiten Konstant-Stromquellen mit einem kleinen (schlechten) Wirkungsgrad.

Ähnlich wie bei Konstant-Spannungsquellen lassen sich Konstant-Stromquellen mit elektronischen Schaltungen realisieren.

6.1.5 Reihenschaltung von Spannungsquellen

In vielen Taschenlampen oder Suchscheinwerfern sind mehrere Spannungsquellen hintereinander geschaltet. Abb. 2 zeigt die Reihenschaltung von vier Trockenelementen von je 1,5 V. Die Messung der Gesamtspannung ergibt im ausgeschalteten Zustand 6 V. Dies ist das 4fache der Spannung eines Elementes. Die Reihenschaltung von Spannungsquellen erhöht also die Gesamtspannung, da sich die Teilspannungen addieren.

> Die Gesamtquellenspannung ist bei der Reihenschaltung so groß wie die Summe der Teilquellenspannungen.

In Abb. 3 ist die Ersatzschaltung dargestellt. Aus der Ersatzschaltung der vier Trockenelemente wird dann die Ersatzschaltung eines gedachten Elementes entwickelt.

> Der Gesamtinnenwiderstand ist bei der Reihenschaltung so groß wie die Summe der Teilinnenwiderstände.

Bei dem vorliegenden Beispiel sinkt die Klemmenspannung infolge der Belastung um 0,8 V auf 5,2 V. Es hat also keinen Sinn, für eine solche Leuchte eine Glühlampe mit einer Nennspannung von 6 V zu verwenden. Diese könnte nicht die volle Helligkeit abgeben.

In der Leuchte befindet sich eine Glühlampe mit einer Nennspannung $U_N = 4,8$ V. Diese ist noch niedriger als die Klemmspannung bei Belastung. Man geht davon aus, daß bei weiterer Entladung der Elemente die Quellenspannung sinkt.

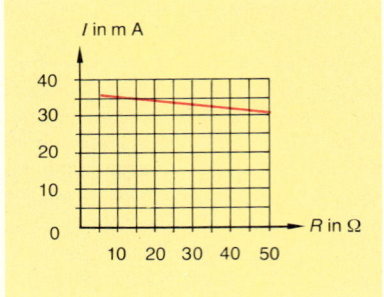

Abb. 1: Stromstärke in Abhängigkeit vom Widerstand (nach Abb. 4b, S. 113)

Abb. 2: Reihenschaltung von vier Trockenelementen in einem Suchscheinwerfer

Gesamtquellenspannung bei der Reihenschaltung

$$U_{qg} = U_{q1} + U_{q2} + \cdots + U_{qn}$$

Gesamtinnenwiderstand bei der Reihenschaltung

$$R_{ig} = R_{i1} + R_{i2} + \cdots + R_{in}$$

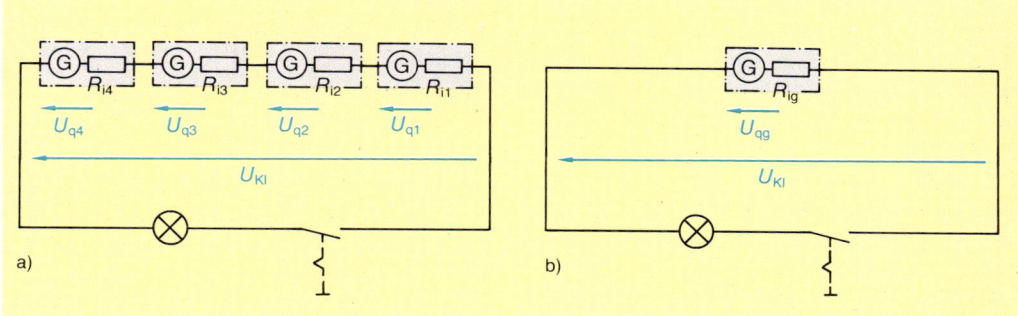

Abb. 3: Aus der Ersatzschaltung von vier in Reihe geschalteten Spannungsquellen entsteht die Ersatzschaltung der gesamten Spannungsquelle

Wie verhält sich die Stromstärke bei Kurzschluß mehrerer in Reihe geschalteter Elemente?

Kurzschlußstromstärken	
eines Elementes	in einer Reihenschaltung von vier Elementen
$I_K = \dfrac{U_{q1}}{R_{i1}}$ $I_K = \dfrac{1,5\,V}{0,5\,\Omega}$ $I_K = 3\,A$	$I_K = \dfrac{U_{qg}}{R_{ig}}$ $I_K = \dfrac{6\,V}{2\,\Omega}$ $I_K = 3\,A$

Aus der obigen Berechnung ergibt sich, daß sich durch die Reihenschaltung von Elementen die Kurzschlußstromstärke nicht erhöht.

Wie die Abb. 3 zeigt, sind die Elemente so in Reihe geschaltet, daß ihre Quellenspannungen gleiche Richtung haben. Nur für diesen Fall gelten die dargestellten Gesetzmäßigkeiten.

Werden z.B., wie in Abb. 4 geschehen, zwei Elemente mit der gleichen Spannung so geschaltet, daß ihre Quellenspannungen entgegengesetzte Richtung haben, dann heben sich die Spannungen auf.

6.1.6 Parallelschaltung von Spannungsquellen

Schon oft haben Autofahrer vergessen, nach dem Abstellen ihres Kraftfahrzeuges das Fahrlicht auszuschalten. Wenn sie dann nach vielen Stunden zurückkamen und ihren Wagen starten wollten, erlebten sie eine bittere Enttäuschung. Die Kontrolllampe für die Zündung leuchtete zwar noch, die Batterie war jedoch nicht mehr in der Lage, den Anlasser mit so viel Spannung zu versorgen, daß er den Motor anlassen konnte.

Hier kann man nun einen hilfsbereiten Autofahrer bitten, mit seiner Batterie auszuhelfen. Sie muß dafür nicht ausgewechselt werden. Es genügt, wenn der Wagen mit der betriebsbereiten

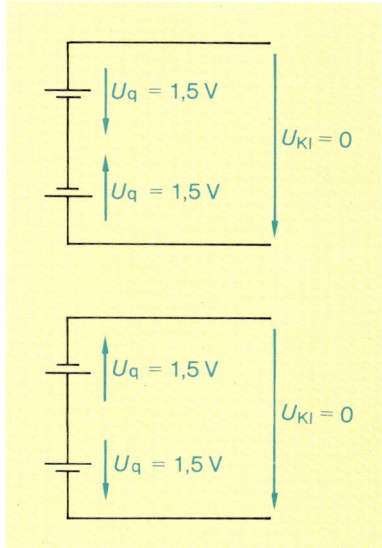

Abb. 4: Reihenschaltung von zwei Spannungsquellen, deren Spannungen einander entgegenwirken

Batterie neben dem eigenen Wagen parkt und die beiden Batterien parallel geschaltet werden (Abb. 1).

Dieser Vorgang soll etwas näher untersucht werden. Dabei sind die Innenverhältnisse der Batterie vereinfacht dargestellt.

Batterie 1   **Batterie 2**

$U_{q1} = 10,5\,V$ $U_{q2} = 12,6\,V$
$R_{i1} = 0,07\,\Omega$ $R_{i2} = 0,03\,\Omega$

Der Anlasserstrom soll 120 A betragen.

In Abb. 2 ist die Parallelschaltung der Batterien mit dem Anlasser dargestellt. Aus den gegebenen Werten lassen sich die Teilströme I_1, I_2 und die Klemmenspannung für den Anlasser berechnen. Die Ergebnisse sind ebenfalls in Abb. 2 zu finden.

Die Batterie mit der höheren Quellenspannung und dem kleineren Innenwiderstand liefert den höheren Strom.

Schaltet man den Anlasser ab, (z.B. wenn der Motor angesprungen ist) dann liefert die volle Batterie Strom zum Aufladen der leeren Batterie (hier z.B. 21 A entsprechend Abb. 3). Dies geschieht so lange, bis beide etwa gleichen Ladezustand haben. Ist aber eine Batterie defekt, dann wird die andere vollkommen entladen und damit auch defekt.

Das Beispiel zeigt, daß das Parallelschalten von Spannungsquellen unter gewissen Bedingungen sehr unvorteilhaft werden kann. Für die Praxis gibt es deshalb zwei Regeln:

- Batterien nach Möglichkeit nur bei Belastung parallel schalten (z.B. Anlasserbetrieb oder bei Elektrobooten).
- Wenn Batterien parallel geschaltet werden müssen, dann sollten nur solche verwendet werden, die im Ladezustand, Innenwiderstand, Alter und in der Quellenspannung übereinstimmen.

In diesem Fall verteilen sich die Ströme bei Belastung etwa gleichmäßig. Ausgleichsströme treten nicht auf. Aufgrund der gleichmäßigen Stromverteilung ist eine höhere Belastung der gesamten Anlage bei gleichbleibender Spannung möglich.

Aufgaben zu 6.1

1. Wie groß ist der Innenwiderstand einer Spannungsquelle, deren Klemmenspannung bei Belastung mit 12 A von 42 V auf 39 V absinkt?

2. Drei gleiche Spannungsquellen mit $U_q = 13,5\,V$ und $R_i = 2\,\Omega$ werden in Reihe geschaltet und an einen Widerstand mit $R = 48\,\Omega$ angeschlossen.
   a) Wie groß ist die Gesamtquellenspannung?
   b) Wie groß ist der gesamte Innenwiderstand?
   c) Wie groß ist der Strom?
   d) Wieviel Spannung liegt an dem Widerstand $R = 48\,\Omega$ an?
   e) Wie groß ist der Spannungsverlust einer Spannungsquelle?

3. Wie groß ist die Gesamtspannung der Reihenschaltung in Abb. 4?

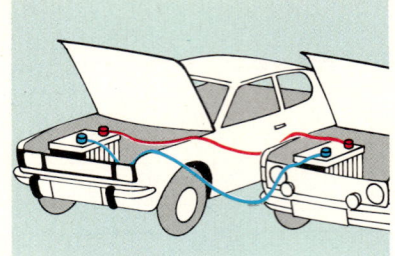

Abb. 1: Parallelschaltung von zwei Batterien zur Starthilfe

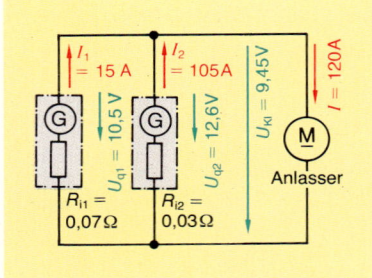

Abb. 2: Schaltung des Starthilfevorgangs

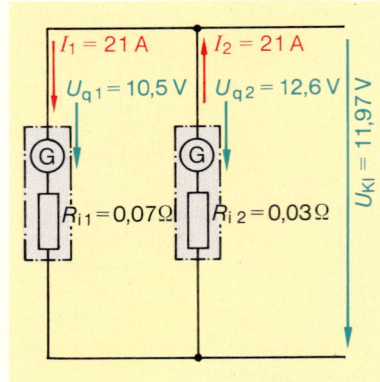

Abb. 3: Parallelschaltung unterschiedlicher Spannungsquellen

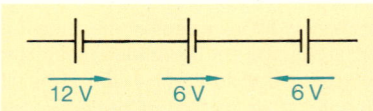

Abb. 4: Schaltung zu Aufgabe 3

6.2 Elektrochemische Energiequellen

In vielen Geräten des täglichen Gebrauchs werden galvanische Elemente (Abb. 5 u. 6) als Spannungsquellen benutzt. Sie sind Energieumwandler, in denen auf elektrochemischem Wege eine Spannung erzeugt wird.

6.2.1 Prinzipieller Aufbau und Übersicht galvanischer Elemente

Abb. 7 zeigt eine eigentümliche Spannungsquelle. Zwei unterschiedliche Metalle (Silbergabel und Stahlmesser) sind in eine Zitrone gesteckt und an ein Spannungsmeßgerät angeschlossen. Es entsteht eine Spannung von 0,163 V.

Dieser Aufbau stellt bereits ein galvanisches Element dar, denn es sind alle wesentlichen Teile vorhanden. Abb. 8 zeigt dazu den prinzipiellen Aufbau eines galvanischen Elementes. Die beiden Elektroden müssen aus verschiedenen Werkstoffen bestehen. Sie sind in einen Elektrolyten getaucht.

Elektroden sind die Pole eines galvanischen Elementes. Der Pluspol wird Anode und der Minuspol Katode genannt.

Elektrolyte sind elektrisch leitende Flüssigkeiten. Sie sind entweder verdünnte Säuren (z.B. verdünnte Schwefelsäure) oder Laugen (z.B. verdünnte Kalilauge).

Nach DIN 40853 ist die Bezeichnung »Galvanisches Element« der Oberbegriff für elektrochemische Spannungsquellen. Er wird in die Begriffe Primärelement und Sekundärelement (Akkumulator) unterteilt.

Galvanische Elemente

Primärelemente	Sekundärelemente
(z.B. Zink-Braunstein-Element, Luftsauerstoff-Element, Alkalisches Element)	(z.B. Bleiakkumulator, Stahlakkumulator)

Die beim Primärelement ablaufenden elektrochemischen Prozesse sind nicht umkehrbar. Die Elemente sind nicht wiederverwendbar. Sie können nicht geladen werden.

Bei Sekundärelementen (Akkumulatoren) ist eine Umkehrung der elektrochemischen Vorgänge möglich. Dies geschieht, indem man elektrische Energie zuführt. Dadurch wird der ursprüngliche Zustand wieder hergestellt. Der Akkumulator kann also zugeführte elektrische Energie als chemische Energie speichern und sie bei Bedarf wieder abgeben (Abb. 6).

In Spannungsquellen sind häufig mehrere Zellen zu einer Batterie zusammengeschlossen. Dabei wird die Leistungsfähigkeit erhöht.

Alle galvanischen Elemente besitzen umweltschädliche Stoffe wie Säuren, Laugen, Blei oder andere Schwermetalle. Sie dürfen deshalb weder einfach weggeworfen noch dem normalen Hausmüll zugegeben werden. Sie müssen gezielt entsorgt werden.

Abb. 5: Primärelemente

Abb. 6: Sekundärelemente

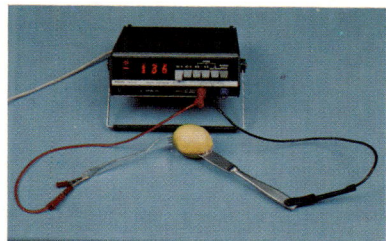

Abb. 7: Spannungsquelle mit einer Zitrone (»Zitronenelement«)

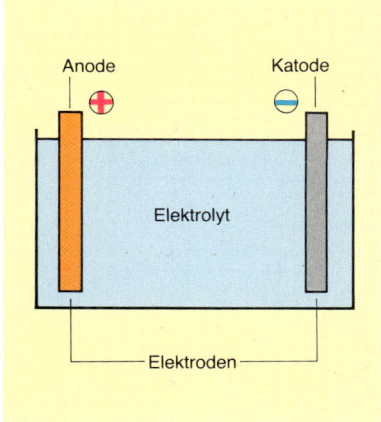

Abb. 8: Prinzipieller Aufbau eines galvanischen Elementes

6.2.2 Elektrochemische Spannungsreihe

Das »Zitronenelement« zeigt schon das Prinzip von Abb. 3 der elektrochemischen Spannungserzeugung.

> Taucht man zwei Elektroden aus verschiedenen Werkstoffen in einen Elektrolyten, dann entsteht eine elektrische Spannung.

Experimentell hat man Elektroden aus verschiedenen Werkstoffen untersucht und die Elektrochemische Spannungsreihe aufgestellt (Tab. 6.5). Als genormte Bezugselektrode wurde die Wasserstoffelektrode verwendet. Sie besteht aus einem Platinblech, daß sich in Salzsäure (Wasserstoffverbindung) bestimmter Konzentration befindet. Auf diese Elektrode sind alle Spannungsangaben der elektrochemischen Spannungsreihe bezogen.

Mit Hilfe der elektrochemischen Spannungsreihe kann die abgegebene Spannung eines Elements rechnerisch bestimmt werden. So ergibt sich aus den Einzelspannungen.

Beispiele

● Kupfer-Zink-Element (Abb. 2 u. 3)
    Kupfer $+0,34\,V$
                           Gesamtspannung: $U = 1,1\,V$
    Zink $-0,76\,V$

    Pluspol: Kupfer-Elektrode
    Minuspol: Zink-Elektrode

● Blei-Zink-Element
    Blei $-0,13\,V$
                           Gesamtspannung: $U = 0,63\,V$
    Zink $-0,76\,V$

    Pluspol: Blei-Elektrode
    Minuspol: Zink-Elektrode

Bei Betrieb zersetzt sich stets das unedlere Metall, also die negative Elektrode, bei den oberen Beispielen also die Zinkelektrode.

Tabelle 6.5: Elektrochemische Spannungsreihe unter Normalbedingungen

Elektroden-material	U in V	
Kalium	$-2,92$	
Natrium	$-2,71$	
Magnesium	$-2,37$	
Aluminium	-1.66	unedlere Metalle
Zink	$-0,76$	
Eisen	$-0,44$	
Nickel	$-0,25$	
Zinn	$-0,14$	
Blei	$-0,13$	
Wasserstoff	$0,00$	
Kupfer	$+0,34$	
Silber	$+0,80$	
Quecksilber	$+0,85$	edlere Metalle
Platin	$+1,20$	
Gold	$+1,68$	
Kohlenstoff:	$+0,74\,V$	

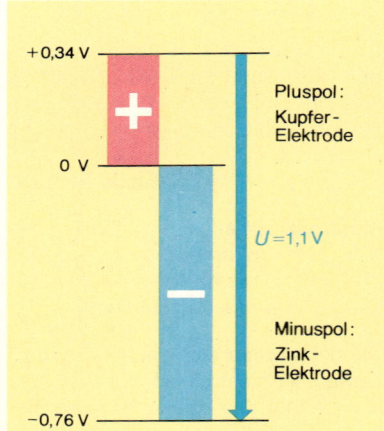

Abb. 2: Spannung des Kupfer-Zink-Elements

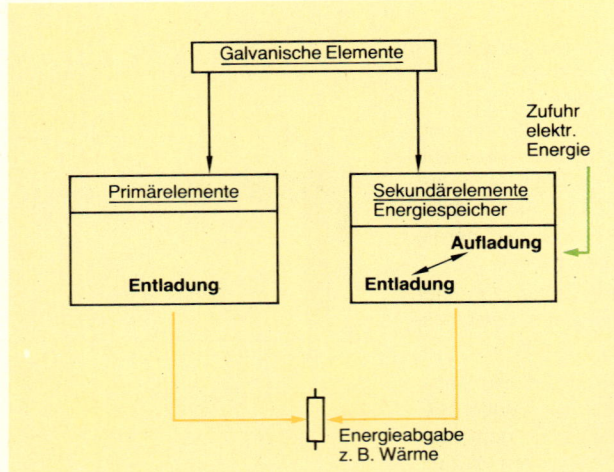

Abb. 1: Wirkungsprinzip Galvanischer Elemente

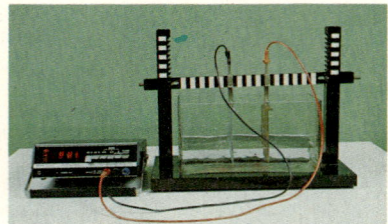

Abb. 3: Spannungsmessung beim Kupfer-Zink-Element

6.2.3 Primärelemente

Elemente aus Zink und Braunstein

Eine Vielzahl unserer im täglichen Gebrauch befindlichen galvanischen Elemente besitzen Zink und Braunstein (mit Kohle als Anschlußelektrode) als Elektroden sowie Ammoniumchlorid (Salmiak) als Elektrolyten. Sie unterscheiden sich lediglich durch ihr Aussehen bzw. durch die Anzahl der zusammengeschlossenen Zellen. Diese Elemente werden als Trockenelemente (eingedickter Elektrolyt), Zink-Braunstein-Element, Braunsteinelement oder nach ihrem Entdecker Leclanché-Element[1] bezeichnet. Wir verwenden den Namen Zink-Braunstein-Element, da Zink und Braunstein die Elektroden sind.

Abb. 4a zeigt den Aufbau einer Zelle. Der Zinkmantel ist der Minuspol der Quelle. Als Pluspol wird Braunstein (MnO_2) verwendet, der über einen Kohlestab angeschlossen ist. Zwischen beiden befindet sich eine eingedickte Ammoniumchlorid-Lösung (in der Abbildung nicht mitgezeichnet).

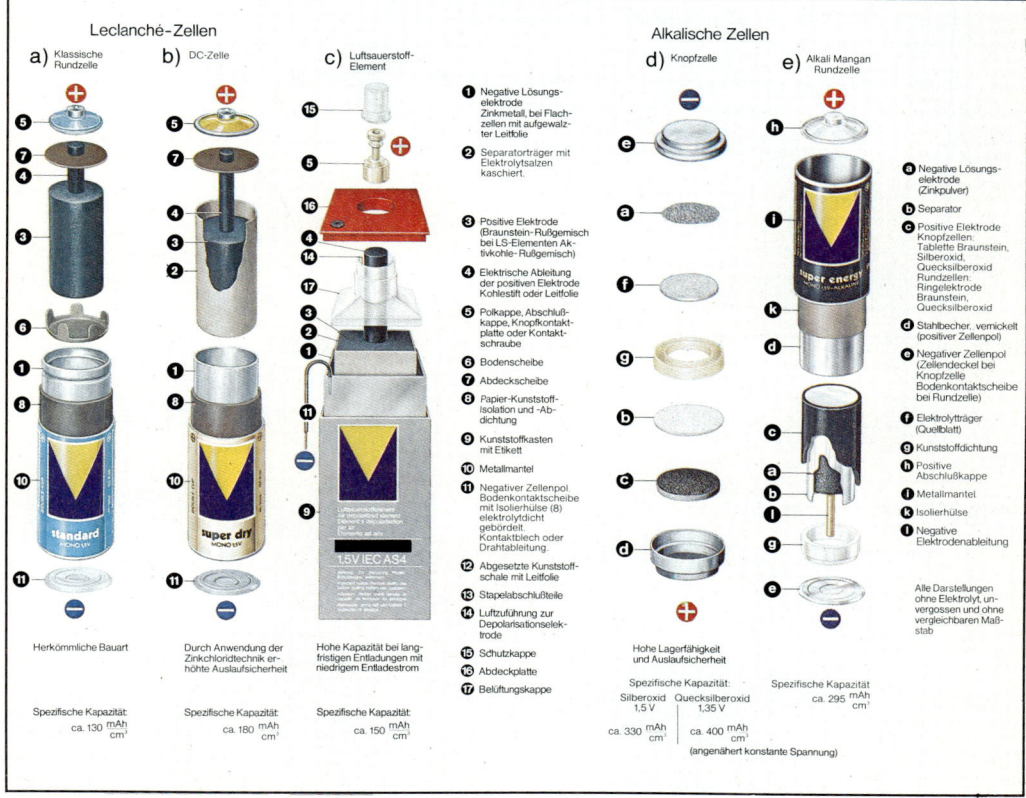

Abb. 4: Aufbau von Primärelementen

---

[1] Benannt nach GEORGES LECLANCHÉ, französischer Erfinder, 1839 bis 1882

Eigenschaften und Anwendungen

Zum sachgerechten Umgang mit galvanischen Elementen sind bestimmte Spannungsangaben wichtig.

Die **Leerlaufspannung** (Quellenspannung, Urspannung) ist die Spannung, die im unbelasteten Zustand zwischen den Polen besteht. Sie liegt bei Zink-Braunstein-Elementen zwischen 1,35 V und 1,72 V.

Als **Arbeitsspannung** wird die Spannung bezeichnet, die sich nach Anschluß einer Belastung einstellt. Sie kann zwischen 1,2 V und 1,5 V liegen und sinkt mit zunehmender Belastung (vgl. 6.1).

Die **Nennspannung** ist ein abgerundeter Wert. Er liegt definitionsgemäß bei 1,5 V je Zelle. Eine Zelle gilt dann als entladen, wenn die Arbeitsspannung die Hälfte der Nennspannung beträgt.

Die **Klemmenspannung** eines Elementes ist nicht konstant. Sie sinkt mit größer werdender Entladezeit. Abb. 1 zeigt die Entladekurve einer 1,5-V-Zelle, die bevorzugt für Taschenlampen verwendet wird.

Eine elektrochemische Spannungsquelle kann nur eine gewisse Zeit lang einen bestimmten Strom liefern. Es gibt Quellen mit verschiedenen Kapazitäten.

Die Kapazität K eines galvanischen Elementes ist die entnehmbare Elektrizitätsmenge (Ladung Q) in Amperestunden (Ah).

Kapazität eines galvanischen Elementes

Formelzeichen K

$$K = I \cdot t$$

$[K] = Ah$

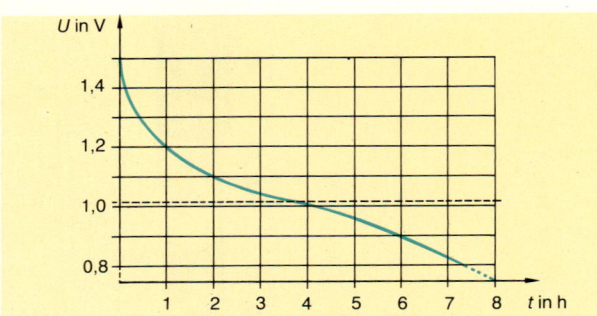

Abb. 1: Entladekurve einer 1,5-V-Zelle

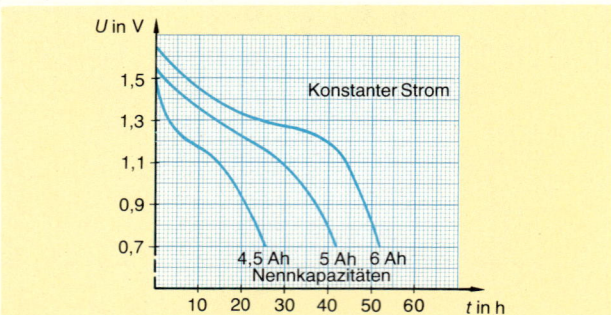

Abb. 2: Entladekurven unterschiedlicher Elemente mit gleicher Nennspannung

6.2.4 Sekundärelemente

Bleiakkumulatoren

Der Bleiakkumulator gehört in die Gruppe der Sekundärelemente. Man bezeichnet ihn auch als Sammler. Er kann nach Entladung durch einen Stromfluß aufgeladen werden.

Bleiakkumulatoren werden in vielen Bereichen der Technik benutzt. Als Starterbatterie dienen sie z.B. zum Anlassen von Verbrennungsmotoren. In ortsfesten Anlagen werden sie als Notstromgeräte oder als Energiequellen für Fernsprech- und Signalanlagen verwendet.

Fahrzeuge dürfen in geschlossenen Räumen keine Verbrennungsgase verursachen. Deshalb werden dort Elektrofahrzeuge mit Akkumulatoren eingesetzt.

Abb. 4 zeigt den Aufbau eines Bleiakkumulators. Er besteht aus 6 Zellen. Jede Zelle gibt eine Spannung von etwa 2V ab. Die Gesamtspannung beträgt damit 12V.

Die rotbraunen Platten bilden den Pluspol (Nr. 11 der Abbildung). Durch die gelben Scheidewände (Scheider, Nr. 10) werden sie von der Minusplatte getrennt (Nr. 9). Die Scheider sind für die Elektrolytflüssigkeit durchlässig (verdünnte Schwefelsäure).

Jede Zelle ist nach dem gleichen Prinzip aufgebaut. Deshalb soll an einer einzelnen Zelle der Aufbau erklärt werden. Dabei wird zwischen dem geladenen und dem entladenen Zustand unterschieden.

Die **Typenbezeichnung** von Starterbatterien ist einheitlich (DIN 72310 und DIN 72311).

Beispiel:

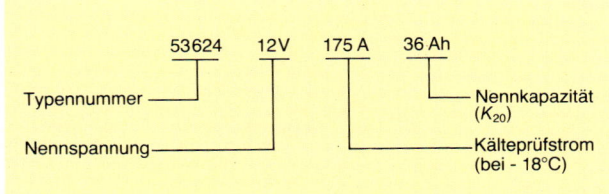

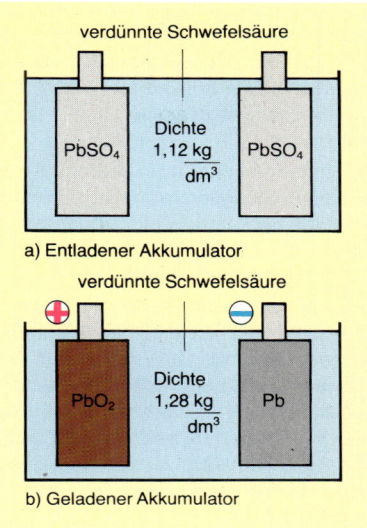

verdünnte Schwefelsäure

$PbSO_4$ — Dichte $\frac{1,12 \text{ kg}}{dm^3}$ — $PbSO_4$

a) Entladener Akkumulator

verdünnte Schwefelsäure

PbO_2 — Dichte $\frac{1,28 \text{ kg}}{dm^3}$ — Pb

b) Geladener Akkumulator

Abb. 3: Bleiakkumulator

Nennkapazität K_{20}

Kapazität, die bei 20stündiger Entladung erreicht wird

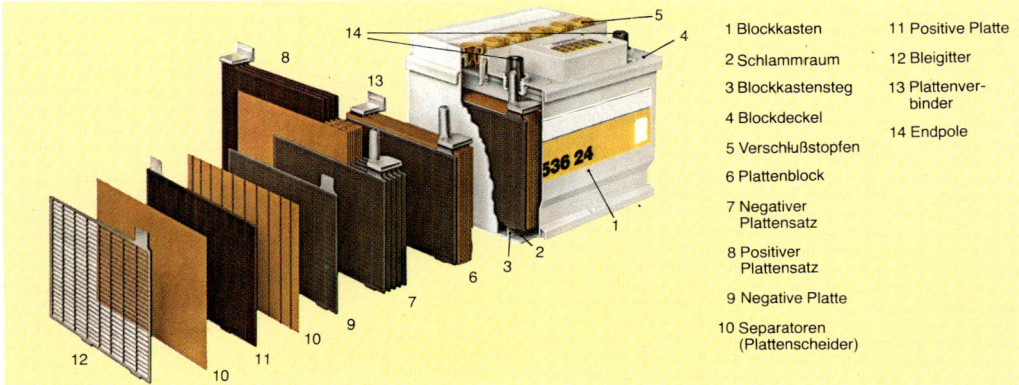

53624	12V	175 A	36 Ah

Typennummer
Nennspannung
Nennkapazität (K_{20})
Kälteprüfstrom (bei - 18°C)

1 Blockkasten
2 Schlammraum
3 Blockkastensteg
4 Blockdeckel
5 Verschlußstopfen
6 Plattenblock
7 Negativer Plattensatz
8 Positiver Plattensatz
9 Negative Platte
10 Separatoren (Plattenscheider)
11 Positive Platte
12 Bleigitter
13 Plattenverbinder
14 Endpole

Abb. 4: Bauteile einer Kraftfahrzeugbatterie

Zur **Aufladung** wird der Akkumulator an eine Gleichspannungs-
quelle angeschlossen. Der positive Pol des Ladegeräts wird mit
dem Plus-Pol des Akkumulators verbunden. Ebenso werden die
negativen Pole miteinander verbunden. Da sich am Ende des
Ladevorgangs Gase entwickeln, müssen die Verschlüsse geöffnet sein.

Mit zunehmender Ladezeit steigt die Ladespannung allmählich
auf einen Sättigungswert. Nach Beendigung des Ladevorgangs
sinkt die Spannung wieder auf etwa 2V. Die Kurve 1 in Abb. 1
zeigt, daß mit einer größeren Stromstärke die Sättigung schneller erreicht werden kann.

Akkumulatoren lassen sich mit unterschiedlichen Stromstärken
laden. Wichtig ist, daß die Spannung am Akkumulator nicht
lange größer als **2,4V** sein darf. Von dieser Spannung an
(Gasungsspannung) kommt es neben der Aufladung zu einer
elektrolytischen Zersetzung des Wassers. Wasserstoff und
Sauerstoff werden frei. Deshalb muß bei Erreichen der Gasungsspannung die Ladestromstärke unbedingt reduziert werden (Auf Werte des Herstellers achten).

Wasserstoff und Sauerstoff bilden Knallgas. Deshalb darf in
ihrer Nähe nicht mit offener Flamme gearbeitet werden. Räume,
in denen aufgeladen wird, müssen gut entlüftet werden. Durch
die Elektrolyse geht Wasser verloren, aber keine Schwefelsäure. Deshalb muß gelegentlich destilliertes bzw. entmineralisier-
tes Wasser (ohne Mineralien) nachgefüllt werden. Es darf kein
Leitungswasser verwendet werden.

Laden mit konstanter Spannung und festem Vorwiderstand

Abb. 2 zeigt die Veränderung verschiedener Größen beim
Ladevorgang. Bei diesem Verfahren ist wichtig, daß nach
Erreichen der Gasungsspannung die Anlage nicht zu lange in
Betrieb bleibt. Ein automatisches Abschalten nach einer be-
stimmten Zeit ist notwendig.

Laden mit konstanter Spannung

Akkumulatoren können bis zum Erreichen der Gasungsspannung mit hohen Strömen geladen werden. Das nutzt man beim
Schnelladen aus.

Abb. 3 zeigt den hohen Anfangsstrom. Von Null bis t_1 ist eine
Schnelladung möglich. Der Akkumulator ist jedoch noch nicht
voll aufgeladen und muß noch weiter an der Spannung von 2,4V
betrieben werden.

Strombegrenztes Laden bis 2,4V

Der Spitzenstrom im vorangegangenen Verfahren und damit
der Aufwand für das Ladegerät ist recht hoch. Aus diesem
Grunde verwendet man auch Geräte, die den Strom bis zum
Erreichen der Gasungsspannung konstant halten.

Stahlakkumulatoren

Während bei Bleiakkumulatoren ein saurer Elektrolyt (verdünnte Schwefelsäure) verwendet wird, enthalten Stahlakkumulatoren Kalilauge (Kaliumhydroxid in Wasser). Deshalb

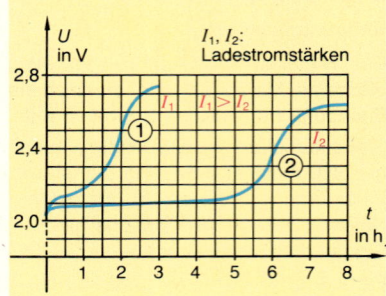

Abb. 1: Spannungsverlauf beim Aufladen
einer Zelle mit unterschiedlichen Stromstärken

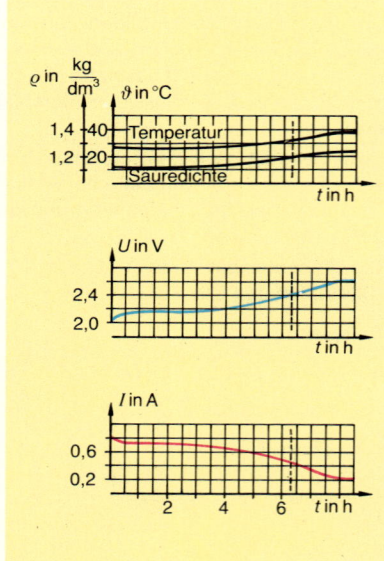

Abb. 2: Kurven zum Ladevorgang
mit konstanter Spannung

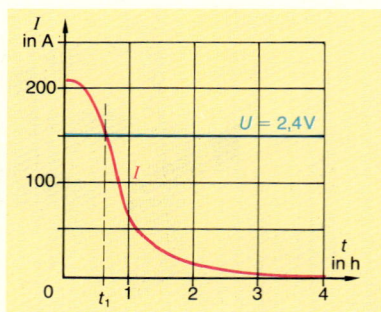

Abb. 3: Kurven beim Schnelladen
mit konstanter Spannung

werden Stahlakkumulatoren auch als **alkalische Akkumulatoren** bezeichnet.

Die Platten sind im entladenen Zustand wie folgt aufgebaut:

Positive Platte: Nickelhydroxid, $Ni(OH)_2$

Negative Platte: Eisenhydroxid, $Fe(OH)_2$ oder
                       Cadmiumhydroxid, $Cd(OH)_2$ oder
                       Gemische aus beiden.

Vorteile gegenüber Bleiakkumulatoren

- hohe Widerstandsfähigkeit gegenüber mechanisch rauher und harter Beanspruchung
- nahezu unbegrenzte Lagerfähigkeit (Platten werden nicht vom Elektrolyten angegriffen)
- Lebensdauer hängt nicht vom Alter ab, sondern nur von seiner elektrischen Beanspruchung (Entladungen)
- weitgehend unempfindlich gegen Überladung und Tiefentladung
- keine Säuredämpfe
- gasdichte Bauart bei kleineren Zellen möglich

Nachteile gegenüber Bleiakkumulatoren

- höhere Anschaffungskosten
- stärkerer Spannungsrückgang bei Entladung
- geringere Wirkungsgrade
- niedrigere Zellenspannung: 1,2 V
- größerer Innenwiderstand

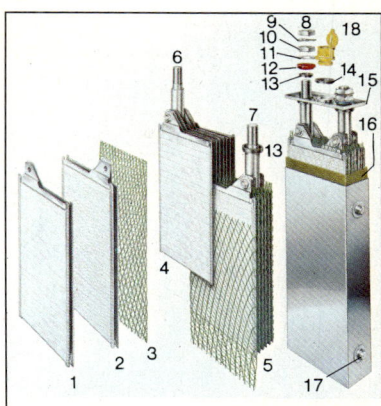

1 Positive Platten	10 Polbolzendruckring
2 Negative Platten	11 Polbolzenscheibe
3 Netzartiger Platten-	12 Polbolzenbuchse
isolator	13 Innere Poldichtung
4 Positiver Plattensatz	14 Dichtungsring
5 Negativer Plattensatz	15 Zellendeckel
6 Positiver Polbolzen	eingeschweißt
7 Negativer Polbolzen	16 Mantelisolator
8 Polmutter	17 Aufhängenocken
9 Sicherungsscheibe	18 Klappventil

Abb. 4: Aufbau von Stahlakkumulatoren

Aufgaben zu 6.2

1. Nennen Sie die notwendigen Teile eines galvanischen Elementes!

2. Geben Sie Unterschiede zwischen einem Primär- und einem Sekundärelement an!

3. Erklären Sie den Unterschied zwischen einer Zelle und einer Batterie!

4. Wie groß ist die Spannung eines Elementes aus Nickel und Kupfer?

5. Erklären Sie den Unterschied zwischen Leerlauf-, Nenn- und Klemmenspannung!

6. Eine Batterie wird in 5 Stunden mit einer mittleren Stromstärke von 30 mA entladen. Wie groß war ihre Kapazität?

7. Zeichnen Sie eine Schaltung zum Aufladen von Akkumulatoren (Polarität von Ladegerät und Akkumulator angeben)!

8. Geben Sie die Definition der Nennkapazität bei Starterbatterien an!

9. Weshalb muß bei Erreichen der Gasungsspannung der Bleiakkumulatoren mit verringerten Stromstärken geladen werden?

10. Geben Sie Vor- und Nachteile der Stahlakkumulatoren gegenüber Bleiakkumulatoren an!

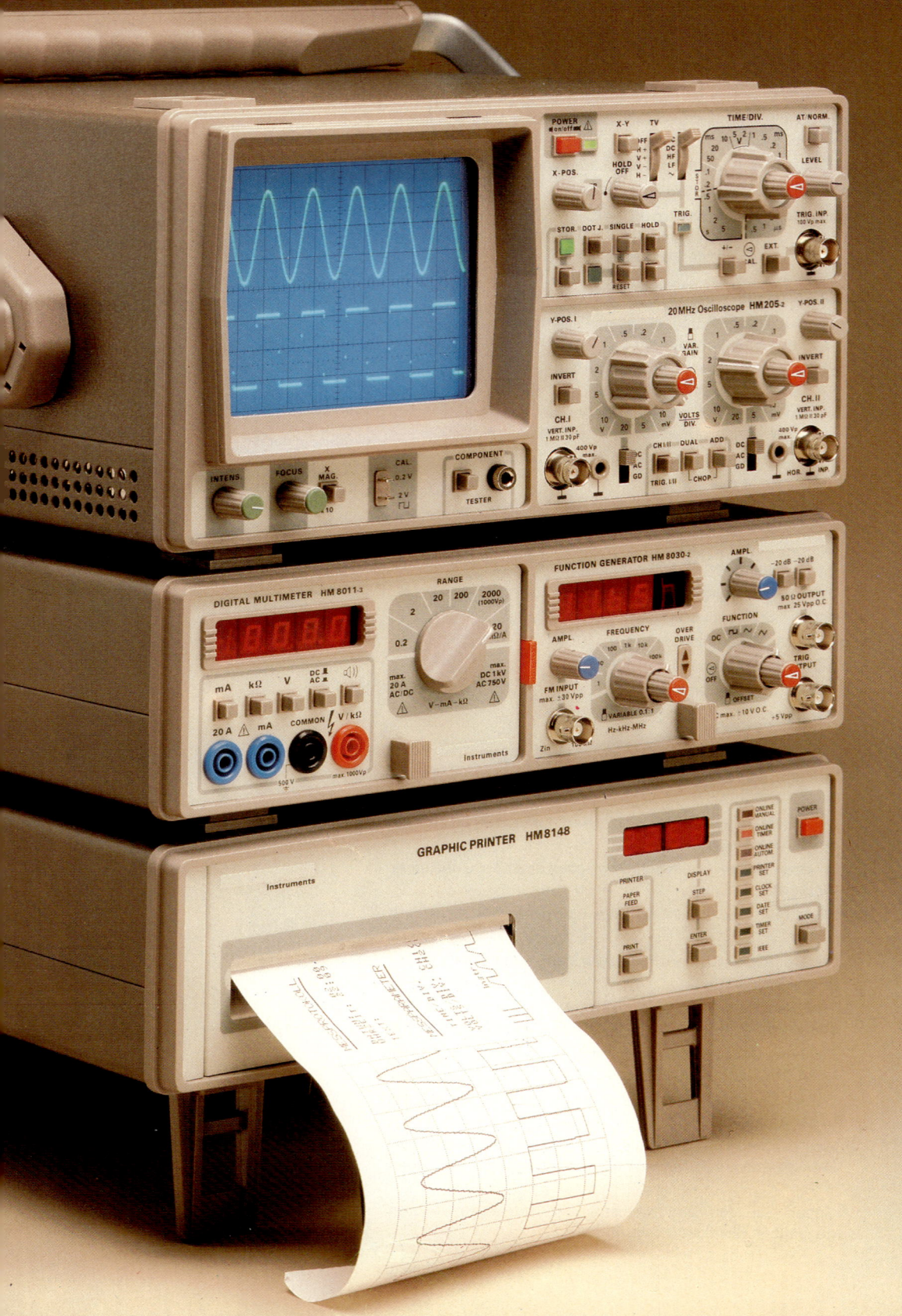

7 Meßtechnik

7.1 Meßtechnische Grundbegriffe

Jedes Messen bedeutet immer ein Vergleichen mit anderen Größen. Wenn wir z.B. die Spannung von 220 V messen, so bedeutet dies, daß die Netzspannung 220mal größer ist als die festgelegte Einheit 1 V. Entsprechendes gilt auch bei allen anderen Messungen. Man stellt dabei immer fest, wieviel mal eine Einheit in der zu messenden Größe enthalten ist. Den **Meßwert** erhält man, indem man den so gewonnenen **Zahlenwert** 220 mit der **Einheit** 1 V multipliziert.

> Meßwert = Zahlenwert · Einheit der Meßgröße

Um Schaltungen entwickeln, überprüfen und reparieren zu können, muß man Messungen vornehmen. Dazu werden analog[1] oder digital[2] anzeigende Meßgeräte verwendet (Abb. 1 u. 2). In neuerer Zeit finden auch Meßgeräte Verwendung, die beide Darstellungen ermöglichen (Abb. 3).

Bei der analogen Darstellung von Meßwerten wird die Meßgröße z.B. durch einen von einem Zeiger überstrichenen Winkel α oder Weg s dargestellt (Abb. 1). Ändert sich die Meßgröße (z.B. Stromstärke, Spannung oder Temperatur), dann ändert sich auch der Zeigerausschlag bzw. die Länge des Weges (Quecksilbersäule).

Viele in der Elektrotechnik vorkommenden Signale sind analoger Art. Sie lassen sich deshalb natürlich sehr gut mit analog arbeitenden Meßgeräten anzeigen. Eine analoge Größe ist z.B. die Drehzahl eines Motors. In Abb. 5 ist sie in Abhängigkeit von der Zeit dargestellt. Sie beginnt bei Null und steigt innerhalb einer bestimmten Zeit auf einen Endwert. Die Drehzahl kann dabei beliebige Zwischenwerte annehmen.

Wenn man diese nicht-elektrische Größe nun anzeigen will, dann ist es sinnvoll, sie zunächst in eine elektrische Größe umzuformen. Man kann dazu z.B. einen kleinen Generator verwenden, der sich auf der Achse des Motors befindet (Abb. 4). Die Spannung, die dieser Generator anzeigt, ist proportional zur

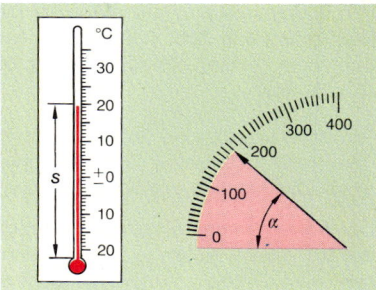

Abb. 1: Analoge Anzeigen

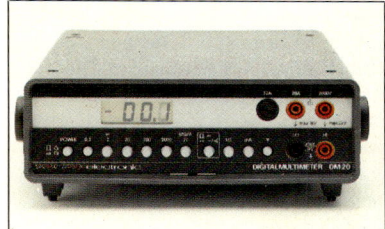

Abb. 2: Digitale Anzeige

Abb. 3: Meßgerät mit analoger und digitaler Anzeige

Abb. 4: Maschine mit angebautem Tachogenerator

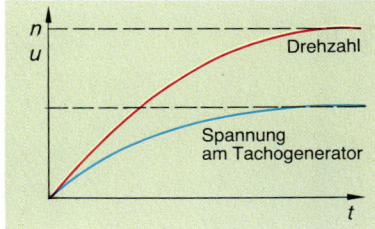

Abb. 5: Drehzahl in Abhängigkeit von der Zeit

[1] analog: gleichwertig; entsprechend
[2] digital: von digitus = Finger → Ziffer

Drehzahl, so daß sich die in Abb. 5 (S. 125) dargestellte Spannungskurve ergibt. Sie ist ein genaues Abbild der Drehzahl und kann mit einem analog arbeitenden Spannungsmeßgerät (z.B. Drehspulenmeßwerk) angezeigt werden. Wenn man anstelle der Spannung die Drehzahl auf der Skala ablesen will, muß man diese entsprechend beschriften.

Verallgemeinert man diese Ausführungen, dann ergibt sich die Darstellung aus Abb. 1. Zu jeder beliebigen Meßgröße ergibt sich eine entsprechende Signalgröße (Anzeige). $M_1 \rightarrow A_1$; $M_2 \rightarrow A_2$ usw.

> Analoge Signale und analog anzeigende Meßgeräte können innerhalb technischer Grenzen beliebige Zustände einnehmen. Die Anzeige entspricht der gemessenen Größe.

Der Vorteil analog arbeitender Meßgeräte besteht darin, daß der technische Aufwand zur Erfassung der Meßgeräte relativ gering ist. Größen und Größenänderungen können bei diesem Verfahren rasch erkannt werden. Auch ist eine qualitative Beurteilung einer Meßgröße im Sinne von »größer als der Maximalwert« (z.B. 220 V) oder »innerhalb eines Sollbereichs stark schwankend« ebenfalls rasch möglich. Außerdem ist es nicht immer erforderlich zu wissen, ob die Spannung z.B. 215,6 V oder aber 221,4 V groß ist, sondern nur, daß der Wert in der Nähe von 220 V liegt. In vielen Fällen muß man sogar nur wissen, ob eine Spannung vorhanden ist oder nicht.

Bei der digitalen Anzeige erscheint der Meßwert immer in Form einer Zahl (Abb. 2). Der kWh-Zähler hat z.B. eine digitale Anzeige, ebenso der Kilometerzähler im Auto. Dagegen besitzt der Tachometer (Zeiger) im Auto eine analoge Anzeige.

Wenn analoge Signale in digitaler Form verarbeitet und angezeigt werden sollen, müssen sie entsprechend umgeformt werden. Man verwendet dazu Analog-Digital-Wandler. Als Beispiel für eine Umwandlung wollen wir die in Abb. 5 (S. 125) dargestellte Drehzahl in Abhängigkeit von der Zeit bei einem Motor verwenden. Um sie zu messen, kann man anstelle des Tachogenerators eine einfache Scheibe mit einem Loch verwenden, die auf der Achse montiert ist (Abb. 3). Fällt jetzt Licht von einer Lampe durch das Loch auf ein Fotoelement, dann erhält man eine Folge von elektrischen Signalen (Spannungsimpulse), deren Anzahl und Breite abhängig von der Drehzahl ist (Abb. 4).

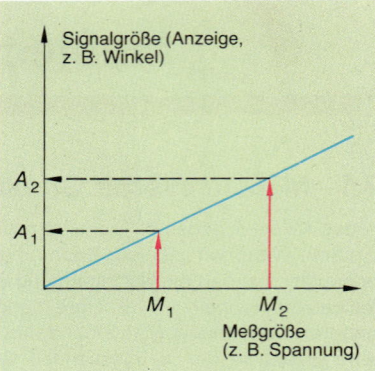

Abb. 1: Zusammenhang zwischen Meß- und Signalgröße bei analoger Anzeige

Abb. 2: Analoge und digitale Anzeige

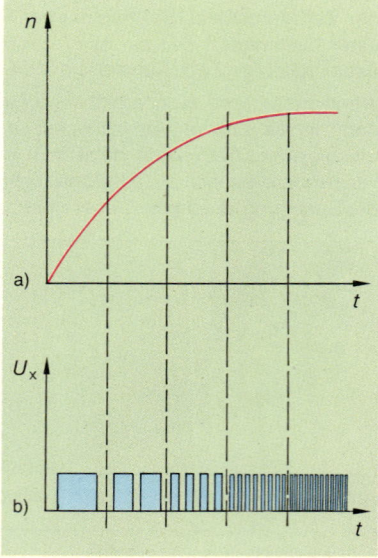

Abb. 4: Digitalisierte Drehzahl

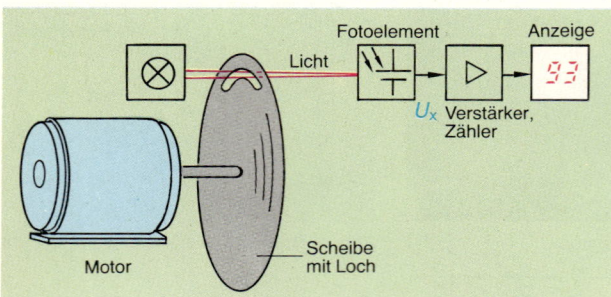

Abb. 3: Prinzip der Analog-Digital-Wandlung bei der Drehzahlmessung

Will man jetzt diese in der Amplitude gleichgroßen Signale anzeigen, kann man die Impulse zählen. Wichtig ist dabei, daß man sie innerhalb eines wiederkehrenden Zeitabschnitts (Zeitintervalls) zählt.

Das beschriebene Beispiel stellt eine Vereinfachung des digitalen Meßprinzips dar. Der Analog-Digital-Wandler bestand aus einer einfachen Lochscheibe, einer Lichtquelle und einem Fotoelement. In der Meßtechnik werden in der Regel dagegen elektronische Wandler eingesetzt. Mit ihnen wird der kontinuierliche Verlauf der Meßgröße in eine stufenförmig verlaufende Signalgröße umgewandelt (Abb. 5). Jede Stufe wird als Quant bezeichnet. Man spricht deshalb von einer **Quantisierung** des analogen Signals.

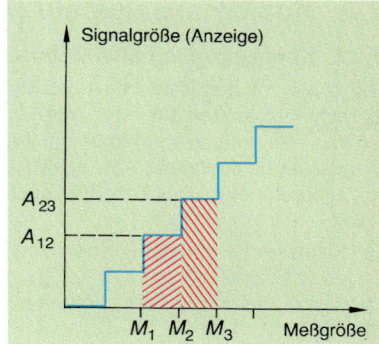

Abb. 5: Quantisierte Signalgröße

Im Gegensatz zu analogen Signalen können digitale Signale nur bestimmte festgelegte (diskrete) Amplitudenwerte annehmen. Die Signalgröße wird quantisiert. Die Anzeige erfolgt in Form einer Ziffer.

Ein Problem wird bei der Betrachtung von Abb. 5 sofort deutlich. Zwei Meßgrößen, die z.B. zwischen M_1 und M_2 liegen, werden zu einer gleichbleibenden Signalgröße (Anzeige) führen, A_{12}! Dieses gilt auch für die nachfolgenden Stufen usw. Die »Fehlerquote« scheint erheblich zu sein. Dieses ist jedoch nur dann der Fall, wenn die »Stufen« sehr breit sind. Wenn man dagegen aber z.B. den Meßbereich von 2 V in 1000 Stufen aufteilt, dann ist bereits jede Stufe nur noch $2 \cdot 10^{-3}$ V = 2 mV breit! Dieses ist für die meisten Messungen bereits ausreichend.

Digital arbeitende Meßgeräte besitzen gegenüber analog arbeitenden Meßgeräten einige **Vorteile.** Sie sind wesentlich weniger störanfällig, aufgrund fehlender mechanischer und beweglicher Teile sehr robust, die Ergebnisse lassen sich speichern, die Ablesung ist fehlerfrei möglich, und mit einem geringeren technischen Aufwand lassen sich höhere Genauigkeiten erzielen (Abb. 6).

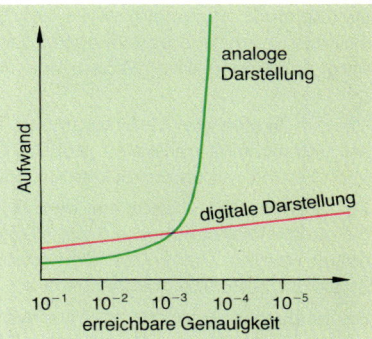

Abb. 6: Zusammenhang zwischen Aufwand und Genauigkeit

Meßstrategie

Das Messen hat für den Elektrotechniker eine große Bedeutung. Jede Messung muß deshalb gründlich vorbereitet, exakt durchgeführt und genau festgehalten werden.

Zunächst muß man sich klar werden, welches Ziel mit der Messung verbunden ist, was also überhaupt gemessen werden soll. Es kann dies z.B. die Stromstärke, die Spannung, der elektrische Widerstand oder eine nicht-elektrische Größe sein. Dann muß man sich die Frage stellen, welches Meßverfahren anzuwenden ist. Dabei sollte so genau wie möglich, aber nicht genauer als notwendig gemessen werden. Zum Beispiel ist es in einer Anlage zur Überwachung der Netzspannung eines Wohnhauses sicher nicht erforderlich, die Spannung auf 1‰ genau zu messen (z.B. 220,3 V). Bei komplexen Messungen wird sicher noch ein Schaltbild erforderlich sein. Danach kann das Aussuchen der Meßgeräte (Genauigkeitsklasse, Innenwiderstand beachten) und Wahl des Meßbereichs erfolgen. Eventuell muß die Polarität der Meßgröße berücksichtigt werden. Die nachfolgende Ablesung des Meßwertes muß fehlerfrei sein. Unter Umständen ist eine Fehlerkorrektur erforderlich.

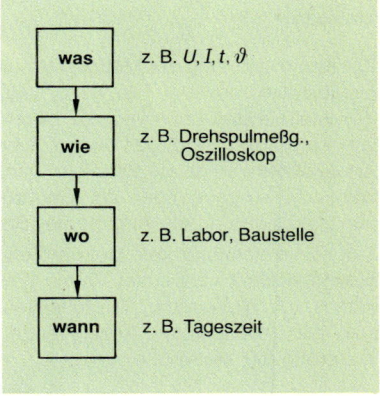

Abb. 7: Fragen zum Ablauf einer Messung

7.2 Analog anzeigende Meßgeräte

7.2.1 Kennzeichnung und Merkmale

Damit alle mit der Meßtechnik befaßten Personen die »gleiche Sprache« sprechen, hat der **VDE** in seiner Vorschrift **0410** wichtige Begriffe umschrieben und sie damit genau festgelegt. Danach ist ein **Meßgerät** (Abb. 1) ein Meßinstrument zusammen mit allem Zubehör. Das Zubehör kann vom Instrument trennbar sein.

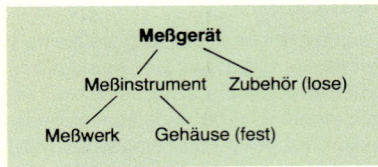

Abb. 1: Bestandteile eines Meßgerätes

Ein **Meßwerk** besteht nur aus den eine Bewegung erzeugenden Teilen (z.B. Spulen) und den Teilen, deren Bewegungen oder Lage von der Meßgröße abhängen (z.B. Lagerung, Zeiger, Skala).

Ein **Meßinstrument** umfaßt alleine das Meßwerk mit seinem Gehäuse und dem umbauten Zubehör.

Das **Zubehör** (allgemein) ist ein vom Meßinstrument getrennter Teil des Strom- und Spannungspfades, der mit dem Meßinstrument verbunden wird (Neben- und Vorwiderstand, Meßleitungen).

Bei den **Skalen** von Meßinstrumenten unterscheidet man lineare und nichtlineare Skalen (Abb. 2). Weiterhin verwendet man auch Skalen mit unterdrücktem Nullpunkt (Abb. 3).

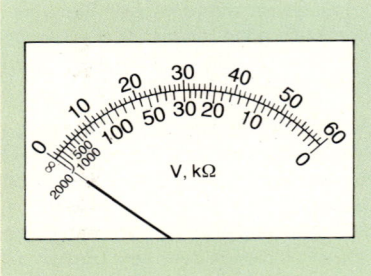

Abb. 2: Lineare (obere Skala) und nichtlineare (untere Skala) Skaleneinteilung

Der **Meßbereich** umfaßt nur den Teil der Skala, für den die Genauigkeitsbestimmungen der VDE-Bestimmung 0410 eingehalten werden. Dieser Teil wird – wenn erforderlich – auf der Skala durch Punkte gekennzeichnet.

Bei analog anzeigenden Meßgeräten stehen mitunter für verschiedene Meßbereiche (z.B. 1 V, 5 V, 10 V, 50 V, 100 V und 500 V) nur eine oder zwei Skalen zur Verfügung (z.B. 0 ... 1 und 0 ... 5). Den Meßwert erhält man, indem man die Skalenanzeige mit der Skalenkonstanten multipliziert. Diese wiederum ist das Verhältnis aus Meßbereich und Skalenendwert.

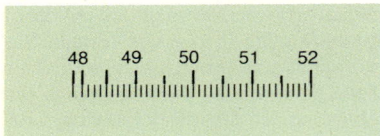

Abb. 3: Skala mit unterdrücktem Nullpunkt

$$\text{Meßwert} = \text{Skalenanzeige} \cdot \frac{\textbf{Meßbereich}}{\textbf{Skalenendwert}}$$

In Abb. 4 steht z.B. der Zeiger bei der Skalenanzeige von 2,8. Wenn jetzt z.B. der Meßbereich von 500 V eingestellt ist, ergibt sich der folgende Meßwert:

$$\text{Meßwert} = 2{,}8 \cdot \frac{500 \text{ V}}{5} = 280 \text{ V}.$$

Zur Kennzeichnung der Meßgeräte sind in VDE 0410 Sinnbilder festgelegt worden (vgl. Tab. 7.1, S. 129). Diese sind beim Einsatz des Meßgerätes unbedingt zu beachten, da sonst Fehlmessungen möglich sind. Das erste Zeichen auf der Skala gibt die Art des Meßwerkes an. Es folgen mindestens das Klassenzeichen, die Angabe über die Gebrauchslage, das Prüfspannungszeichen und die Angabe der Stromart.

Zur Kennzeichnung von Meßgeräten wird mitunter auch die **Empfindlichkeit** verwendet. Durch diese Größe wird das Verhältnis von Wirkung zur Ursache gekennzeichnet. Es ist dies also die beobachtbare Anzeigeänderung dividiert durch die Änderung der Meßgröße.

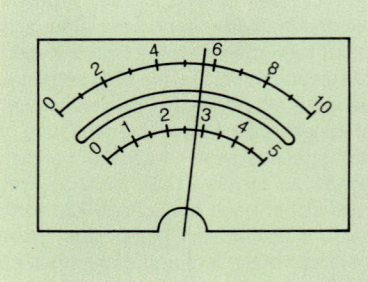

Abb. 4: Zwei Skalen für mehrere Meßbereiche

$$\textbf{Empfindlichkeit} = \frac{\textbf{Änderung der Anzeige}}{\textbf{Änderung der Meßgröße}}$$

Tabelle 7.1: Sinnbilder zum Beschriften von Meßgeräten nach VDE 0410

Art des Meßwerkes/Bedeutung	Sinnbild	Art des Meßwerkes/Bedeutung	Sinnbild
Drehspul-Meßwerk mit Dauermagnet		Meßwerk mit Eisenschirm (Sinnbild für den Schirm)	
Drehspul-Quotientenmeßwerk		Meßwerk mit elektrostatischem Schirm (Sinnbild für den Schirm)	
Drehmagnet-Meßwerk		Astatisches Meßwerk	ast
Dreheisen-Meßwerk		Gleichstrominstrument	—
Elektrodynamisches Meßwerk		Wechselstrominstrument	~
Eisengeschlossenes, elektrodynamisches Meßwerk		Gleich- und Wechselstrom-Instrument	≃
Elektrodynamisches Quotientenmeßwerk		Drehstrominstrument mit einem Meßwerk	≈
Eisengeschlossenes elektrodynamisches Quotientenmeßwerk		Drehstrominstrument mit zwei Meßwerken	≈
Induktionsmeßwerk		Drehstrominstrument mit drei Meßwerken	≈
Bimetall-Meßwerk		Senkrechte Gebrauchslage	⊥
Elektrostatisches Meßwerk		Waagerechte Gebrauchslage	⌐
Vibrations-Meßwerk		Schräge Gebrauchslage mit Angabe des Neigungswinkels	∠
Thermoumformer allgemein		Zeigernullstellvorrichtung	
Drehspul-Meßwerk mit Thermoumformer		Prüfspannungszeichen: Die Ziffer im Stern bedeutet die Prüfspannung in kV (Stern ohne Ziffer 500 V Prüfspannung)	☆
Isolierter Thermoumformer		Achtung (Gebrauchsanweisung beachten)	⚠
Gleichrichter		Instrument entspricht bezüglich Prüfspannung nicht den Regeln	
Drehspul-Meßwerk mit Gleichrichter			

Jedes Meßgerät stellt für die Schaltung, in der es eingesetzt ist, eine Belastung dar. Deshalb sind Informationen über den **Innenwiderstand** nützlich.

Werte für die Innenwiderstände stehen häufig auf der Rückseite der Meßgeräte. In Abb. 1 sind die Daten eines Vielfachmeßinstrumentes dargestellt.

Die Innenwiderstände hängen von dem eingeschalteten Meßbereich ab. Bei den Spannungsmeßbereichen gilt in der Regel ein konstanter Umrechnungsfaktor. In Abb. 1 beträgt er $4 \dfrac{\text{k}\Omega}{\text{V}}$. Bei einem Meßbereich von 30 V erhält man den Innenwiderstand, wenn man den Faktor mit dem Meßbereichswert multipliziert:

$$R_{i(U)} = 30 \text{ V} \cdot 4 \frac{\text{k}\Omega}{\text{V}} = 120 \text{ k}\Omega.$$

Bei den Strommeßbereichen wird in der Regel für jeden Meßbereich der Spannungsabfall angegeben, der bei Endausschlag auftritt. Nach Abb. 1 für 30 mA (10 mV):

$$R_{i(I)} = \frac{U_\text{M}}{I} = \frac{10 \text{ mV}}{30 \text{ mA}} = 0,333 \; \Omega.$$

mV-MULTIZET für Gleichstrom
mit spannungsempfindlichem Drehspulmeßwerk mit Spannbandlagerung
Meßtoleranz:
± 1% vom Meßbereichendwert
bei Widerstand ± 1,5% von der Skalenlänge

Maße 112 mm × 165 mm × 65 mm
26 Meßbereiche

3 mV	300 mV	30 V	$R_\text{i} =$
10 mV	1 V	100 V	4 kΩ/V
30 mV	3 V	300 V	
100 mV	10 V	1000 V	
300 µA (4mV)		30 mA (10 mV)	
1 mA (7mV)		100 mA (12 mV)	
3 mA (8mV)		300 mA (15 mV)	
1 A (30 mV)			
3 A (50 mV)			
10 A (150 mV)			

Abb. 1: Daten eines Vielfachmeßgerätes

7.2.2 Meßfehler

Meßfehler sind in der Praxis unvermeidbar. Auch mit einem beliebig hohen Meßaufwand bleibt eine Unsicherheit erhalten. Deshalb besteht eine vollständige Information über eine Messung in der Angabe des Meßwertes und des Meßfehlers.

Meßergebnis = Meßwert ± Fehlerangabe

Man unterscheidet den **absoluten Fehler** F und den **relativen Fehler** f (Fehler in %).

Der absolute Fehler ergibt sich aus der Differenz aus der Anzeige des Meßgerätes (Ist-Wert, A) und dem als richtig geltenden Wert (Soll-Wert, W).

Beim relativen Fehler wird der absolute Fehler zu einem Bezugswert ins Verhältnis gesetzt.

$$\text{relativer Fehler} = \frac{\text{absoluter Fehler}}{\text{Bezugswert}}$$

Absoluter Fehler

$$F = A - W$$

Relativer Fehler

$$f = \frac{F}{W}$$

Bei der Angabe des relativen Fehlers muß deshalb immer der Hinweis gegeben werden, welcher Bezugswert gemeint ist. Es kann dies z.B. der als richtig geltende Wert oder der Meßbereichsendwert sein.

Zur Festlegung des absoluten und des relativen Fehlers gibt es verschiedene Möglichkeiten. Vergleicht man z.B. das zu prüfende Meßgerät mit einem sehr genauen Meßgerät an der gleichen Spannung und sind die Daten des Vergleichsmeßgerätes bekannt, dann kann man mit ihnen den absoluten Fehler des zu prüfenden Meßgerätes bestimmen.

Eine weitere Möglichkeit ist, daß man mit dem zu prüfenden Meßgerät eine Eichspannung (Eichnormal) mißt, die sehr genau hergestellt werden kann.

Fehler, die durch die Konstruktion der Meßgeräte bedingt sind (z.B. Lagerung), werden durch die **Güteklasse** (Genauigkeitsklasse) angegeben (Abb. 2).

Die Güteklasse gibt den höchst zulässigen absoluten Fehler in Prozent vom Meßbereichsendwert an.

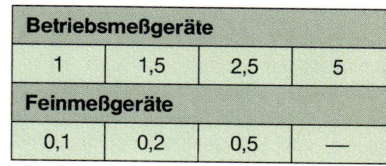

Betriebsmeßgeräte			
1	1,5	2,5	5
Feinmeßgeräte			
0,1	0,2	0,5	—

Abb. 2: Klassenzeichen von Meßgeräten

Beispiel:

Ein Spannungsmeßgerät mit der Güteklasse 2,5 hat einen Meßbereichsendwert von 100 V.

a) Wie groß kann der absolute Fehler höchstens werden?

b) Zwischen welchen Werten kann der als richtig geltende Wert bei einer Anzeige von 90 V bzw. 10 V liegen?

c) Wie groß kann der relative Fehler werden?

Zu a) $F = 100 \text{ V} \cdot \dfrac{2,5}{100}$; $\quad \underline{F = 2,5 \text{ V}}$

Das bedeutet, daß der als richtig geltende Wert um 2,5 V größer oder kleiner als der angezeigte Wert sein kann.

Zu b) $87,5 \text{ V} \leq W \leq 92,5 \text{ V}$
$\quad\quad 7,5 \text{ V} \leq W \leq 12,5 \text{ V}$

Zu c) $f = \dfrac{F}{W}$; $\quad f = \dfrac{2,5 \text{ V}}{90 \text{ V}}$; $\quad \underline{f = 2,78\%}$

$\quad\quad f = \dfrac{F}{W}$; $\quad f = \dfrac{2,5 \text{ V}}{10 \text{ V}}$; $\quad \underline{f = 25\%}$

Das Beispiel zeigt, daß der relative Fehler um so größer wird, je kleiner der Meßwert wird.

Damit der relative Fehler möglichst klein bleibt, sollte der Meßbereich so gewählt werden, daß der Zeigerausschlag etwa im letzten Drittel der Skala liegt (Abb. 3).

Lagefehler entstehen, wenn die Angabe für die Gebrauchslage von Meßgeräten (vgl. Tab. 7.1) nicht eingehalten wird.

Ändert sich die Temperatur, der das Meßgerät ausgesetzt ist, so kann sich auch dadurch die Anzeige ändern **(Temperaturfehler)**.

Weitere Fehler können z.B. entstehen durch Fremdfelder, durch Frequenzeinflüsse, durch Abweichen der Meßgröße von der Sinusform und durch Erwärmung der Widerstände innerhalb des Meßgerätes durch den Strom, durch Überlastung oder mechanische Beschädigungen.

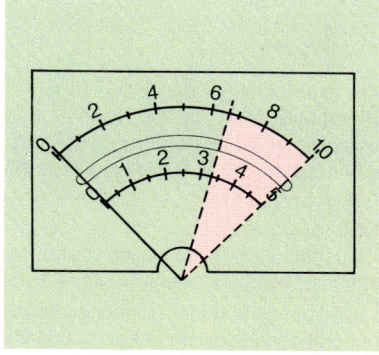

Abb. 3: Günstigster Ablesebereich

Beispiel:

Ein Spannungsmeßgerät zeigt an einer Eichspannung von 50 V eine Spannung von 49 V an. Gesucht sind absoluter und relativer Fehler.

$F = A - W$; $\quad F = 49 \text{ V} - 50 \text{ V}$;

$\underline{F = -1 \text{ V}}$

$f = \dfrac{F}{W}$; $\quad f = -\dfrac{1 \text{ V}}{50 \text{ V}}$; $\quad f = -0,02$;

$\underline{f = -2\%}$

Die Abb. 1 zeigt einige gebräuchliche Zeigerformen. Die Bauart des Zeigers und die Anordnung gegenüber der Skala können Ablesefehler verkleinern oder verhindern. Ablesefehler entstehen dann, wenn man das Meßinstrument schräg von der Seite abliest (Parallaxe). Diese **Parallaxenfehler** werden oft durch eine Spiegelunterlegung der Skala verhindert (Abb. 2). Die Ablesung ist dann genau, wenn sich der Zeiger und das Spiegelbild decken. Dazu ist es erforderlich, den Kopf so zu lenken, daß sich ein Auge senkrecht über dem Zeiger befindet.

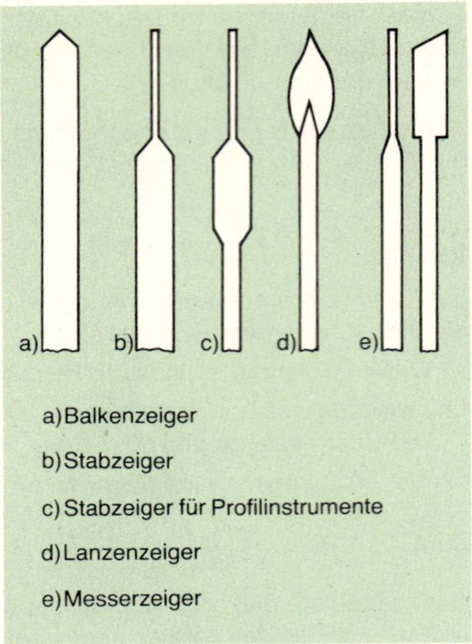

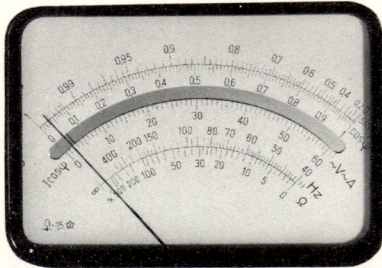

a) Balkenzeiger

b) Stabzeiger

c) Stabzeiger für Profilinstrumente

d) Lanzenzeiger

e) Messerzeiger

Abb. 1: Zeigerformen

7.3 Digital anzeigende Meßgeräte

7.3.1 Grundsätzliche Arbeitsweise

Die in der Elektrotechnik vorkommenden Größen sind in der Regel stetige Größen, d.h., sie können innerhalb gewisser Grenzen beliebige Zwischenwerte annehmen. Bei analog arbeitenten Meßgeräten wird diese stetige Meßgröße z.B. als ein entsprechender Zeigerausschlag dargestellt. Der Ableser vollzieht jetzt die Umwandlung des analogen Zeigerausschlags in eine zahlenmäßige Darstellung. Dieses bedeutet aber, daß der Ablesende eine Analog-Digital-Umwandlung vorgenommen hat. In digital anzeigenden Meßgeräten vollzieht sich diese Umwandlung im Gerät. Kernstück ist dabei der **Analog-Digital-Wandler** (AD-Wandler).

Bei digital anzeigenden Meßgeräten wird die Meßgröße direkt zahlenmäßig angezeigt. Die analoge Meßgröße wird dazu in eine binäre Signalfolge (Folge von 0/1-Signalen, vgl. Kap. 9) umgewandelt.

Die zahlenmäßige Darstellung erfolgt z.B. mit **Sieben-Segment-Elementen** (Abb. 3). Die Zahlen 0 bis 9 können durch eine entsprechende Ansteuerung der einzelnen Segmente dargestellt werden. Man unterscheidet **LED**[1]- und **LCD**[2]-Anzeigeeinheiten.

LED-Anzeigeeinheiten bestehen aus 7 **Lumeszenzdioden** (Leuchtdioden). Sie leuchten dann, wenn durch sie ein elektrischer Strom fließt. Verschiedene Farben sind möglich.

LCD-Anzeigeeinheiten bestehen aus **Flüssigkristallen.** Im spannungslosen Zustand sind die Moleküle zwischen den Glasplatten noch ungeordnet. Licht kann durch sie hindurch treten und an der Rückwand reflektiert werden. Das gesamte Feld erscheint somit gleichmäßig hell. Legt man jetzt zwischen die rückwärtige Platte (gemeinsame Elektrode für alle Segmente) und die einzelnen Elemente eine Spannung, dann richten sich die dazwischen befindlichen Moleküle aus. Die optischen Eigenschaften verändern sich, d.h., diese Teile bleiben nicht mehr durchsichtig. Auftretendes Licht wird jetzt bereits an der Oberfläche reflektiert und das einzelne Segment wird jetzt sichtbar.

[1] **l**ight **e**mitting **d**iode (engl.): lichtaussendende Diode

[2] **l**iquid **c**rital **d**isplay (engl.): Flüssigkristall-Anzeige-Element

Abb. 2: Spiegelunterlegung der Skala

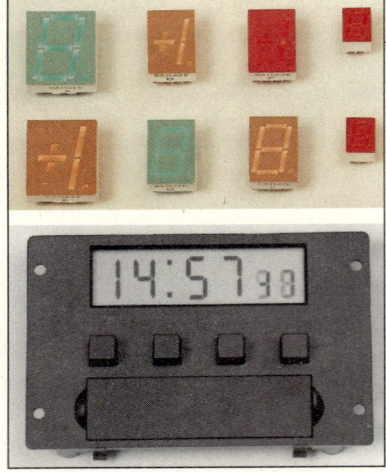

Abb. 3: Sieben-Segment-Elemente

Im Vergleich zu LED-Anzeigeeinheiten benötigen LCD-Anzeigeeinheiten weniger elektrische Energie.

Beispiel: LCD 1,8 V … 8 V, 4,5 µA
             LED 1,5 V,   30 mA

Nachteilig ist, daß LCD-Anzeigeeinheiten nur bei Beleuchtung anzeigen und daß eine geringe Zeit vergeht, bis die Kristalle sich geordnet haben (Anzeigeverzögerung).

Zur Erklärung des digital arbeitenden Meßprinzips wollen wir die vereinfachte Darstellung von Abb. 4 benutzen. Die analoge Meßgröße wird zunächst im Analog-Digital-Wandler in eine binäre Signalfolge umgewandelt (z.B. 0011). Diese gelangt dann in einen Decoder. Er paßt sie so an, daß sie von der nachfolgenden Anzeigeeinheit als Ziffer abgebildet werden kann.

Bei der digitalen Aufbereitung wird der Gesamtbereich der stetigen Meßgröße in eine endliche Anzahl von Teilen (Quanten) eingeteilt. Je feiner die Einteilung, desto genauer ist die Anzeige.

Zur Veranschaulichung wollen wir einmal ein Spannungsmeßgerät mit einer $4\frac{1}{2}$-stelligen Anzeige verwenden (Abb. 5). An den letzten vier Stellen können die Ziffern 0 bis 9 erscheinen. Dagegen bedeutet die Angabe »$\frac{1}{2}$ Stelle«, daß die höchstwertige Dezimalstelle nur als 0 oder 1 angezeigt werden kann. Im 200-V-Bereich wäre demnach die größtmögliche Anzeige 199,99 V. Man spricht in diesem Zusammenhang auch von einem Anzeigeumfang, der in diesem Fall 19999 Digits beträgt. Die Zahl der Meßschritte beträgt dabei 20000 und jeder Schritt entspricht einer Spannungsänderung von 10 mV. Dieses ist bereits eine sehr feine Unterteilung. Bei einer $3\frac{1}{2}$-stelligen Anzeige wäre die Zahl der Meßschritte um den Faktor 10 kleiner. Das Gerät verfügt nur über 1999 Digits.

Zur Erklärung der Arbeitsweise von digital anzeigenden Meßgeräten wollen wir als Beispiel ein Digital-Spannungsmeßgerät besprechen (Abb. 1, S. 134). Die zu messende Spannung U_x gelangt an einen Eingang einer Vergleichsschaltung. Am zweiten Eingang liegt der Ausgang eines Generators, der eine sägezahnförmige Spannung liefert. Wenn die Spannung von 0 V beginnend hochläuft (t_0), wird bereits vom Steuerteil die Torschaltung geöffnet. Die Signale des Impulsgenerators gelangen von jetzt ab in den Zähler. Erreicht die hochlaufende sägezahnförmige Spannung den gleichen Wert wie die Meßspannung U_x, dann liefert die Vergleichsschaltung ein Signal, welches die Torschaltung sperrt (t_1). Die Impulse des Generators gelangen nicht mehr in den Zähler. Dieser Vorgang wiederholt sich nach einer kurzen Zeit wieder usw.

Für dieses besprochene Digital-Spannungsmeßgerät läßt sich der vorgegebene Grundbereich durch Vor- und Nebenwiderstände erweitern. Mit einem Umschalter kann der gewünschte Meßbereich gewählt werden. Eine Meßbereichsüberschreitung führt in der Regel nicht zu einer Beschädigung, sondern wird als Fehler angezeigt. Mitunter erfolgt die Umschaltung auch automatisch.

Die bei analogen Meßgeräten verwendeten Sinnbilder werden hier nicht benutzt. Auch nicht die Güteklasse und die Gebrauchslage.

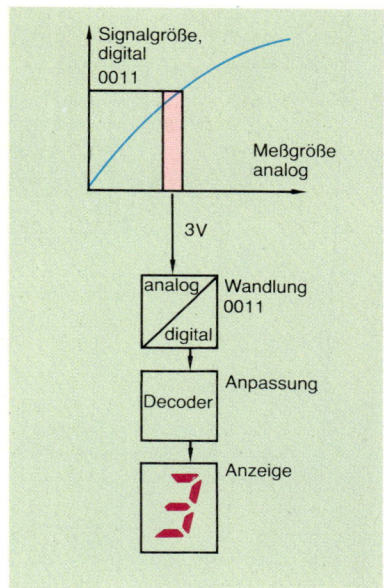

Abb. 4: Digitales Meßprinzip

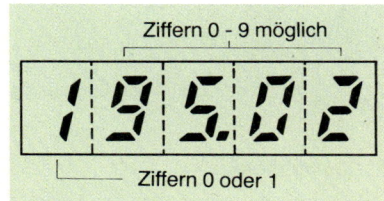

Abb. 5: $4\frac{1}{2}$-stellige Anzeige

Abb. 6: Spannungsmeßgerät mit Digitalanzeige

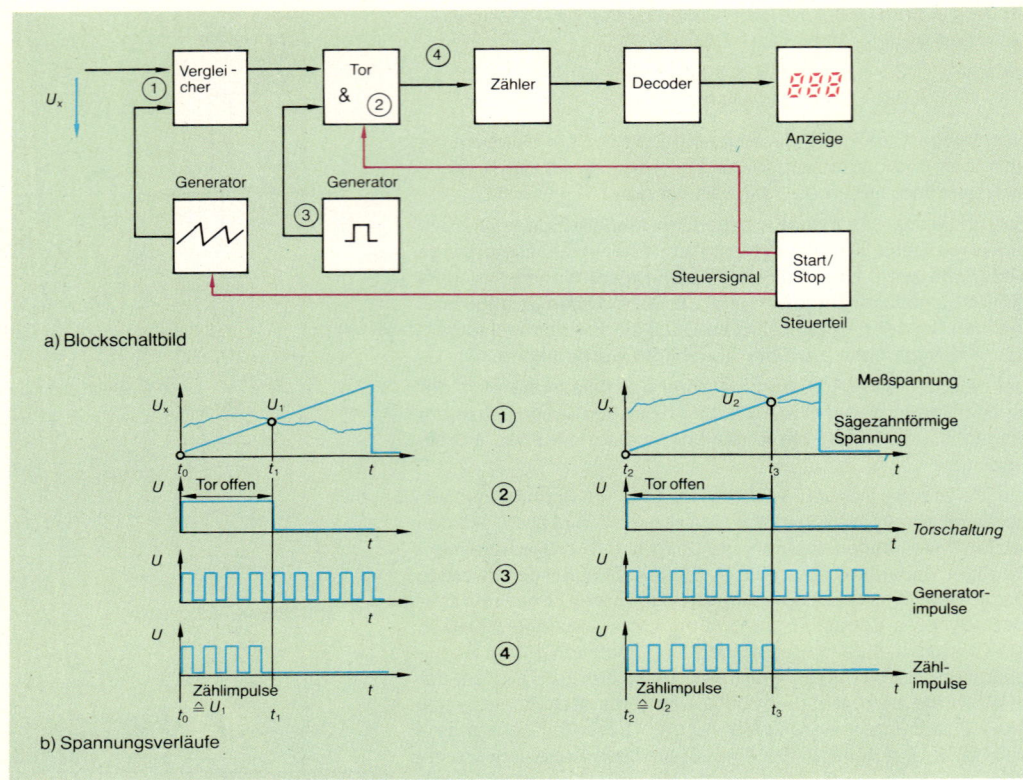

a) Blockschaltbild

b) Spannungsverläufe

Abb. 1: Prinzip einer digitalen Spannungsmessung

7.3.2 Meßfehler

Digital-anzeigende Meßgeräte vermitteln durch die eindeutige Anzeige oft den Eindruck, daß sie den Meßwert »genau« anzeigen. Dieses ist jedoch nicht der Fall. Auch diese Meßgeräte besitzen einen Fehler, der zwar geringer ist als vergleichbare analog anzeigende Meßgeräte, in einigen Fällen jedoch berücksichtigt werden muß. Die Angaben findet man in der Regel nicht auf dem Meßgerät, sondern in der Bedienungsanleitung.

Ein einfaches **Vielfachmeßgerät** hat z.B. folgende Daten:

Anzeige: $3\frac{1}{2}$-stellig, LCD

Meßbereich/Genauigkeit

DCV[1]:   200 mV/2/20/200/1000 V, ±0,5%
                               10 MΩ Eingangswiderstand

ACV (Effektivspannung)
40 Hz bis 600 Hz: 200 mV/2/20/200/750 V, ±1%
                               10 MΩ Eingangswiderstand

DCA[2]:   200 µA/2/20/200 mA/2/10 A, ±0,5%

---

[1] DC: direct current (engl., Gleichspannungsbereich)

[2] Gleichstrombereich

ACA[1] (Effektivstrom)

40 Hz bis 600 Hz: 200 µA/2/20/200 mA/2/10 A, $\pm$ 1%

Widerstand: 200 Ω/2/20/200 kΩ/2/20 MΩ, $\pm$ 0,5%
20 MΩ, $\pm$ 0,75%
max. 250 V DC/eff Überlast

Die Fehlerangabe macht deutlich, daß dieses Gerät, würde man es mit den Güteklassen eines analog arbeitenden Meßgerätes vergleichen, z.T. als Feinmeßgerät gelten müßte. Wie kommt dieser Fehler zustande?

Zunächst einmal arbeiten auch elektronische Bauteile nicht fehlerfrei. Sie verfügen von Natur aus über einen Toleranzbereich. Durch verschiedene Einflüsse, z.B. durch einen Temperatureinfluß, kann sich dieser Bereich verändern. Die elektronischen Bauteile, die Meßwiderstände usw. sind also für einen Teil des Fehlers verantwortlich.

Ein weiterer Fehler wird durch das Meßverfahren an sich hervorgerufen. Man nennt ihn den **Quantisierungsfehler.** Zur Veranschaulichung dienen die folgenden Beispiele.

1. Beispiel

Eine Meßspannung von 1,985 V (vgl. Abb. 3) wird mit einem digital arbeitenden Spannungsmeßgerät im 2-V-Bereich gemessen. Im Anzeigeteil sind nur 3 Anzeigestellen möglich. Wie groß ist der Fehler?

Lösung:

Die Anzeige kann 1,98 V oder 1,99 V betragen. Der absolute Quantisierungsfehler beträgt somit 10 mV. Den relativen Quantisierungsfehler erhält man, indem man den Quantisierungsfehler durch den Anzeigewert dividiert (hier 2 V angenommen).

$$f_1 = \frac{10\ mV}{2\ V}; \qquad f_1 = 5 \cdot 10^{-3}; \qquad f_1 = 0{,}5\%$$

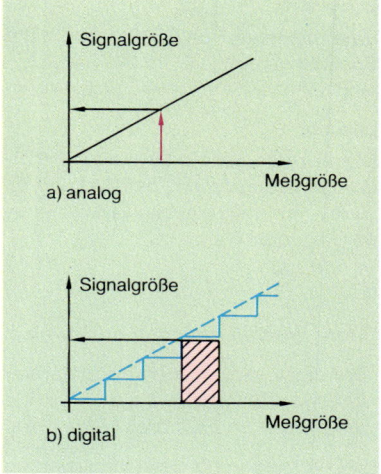

Abb. 2: Gegenüberstellung des analogen und des digitalen Meßprinzips

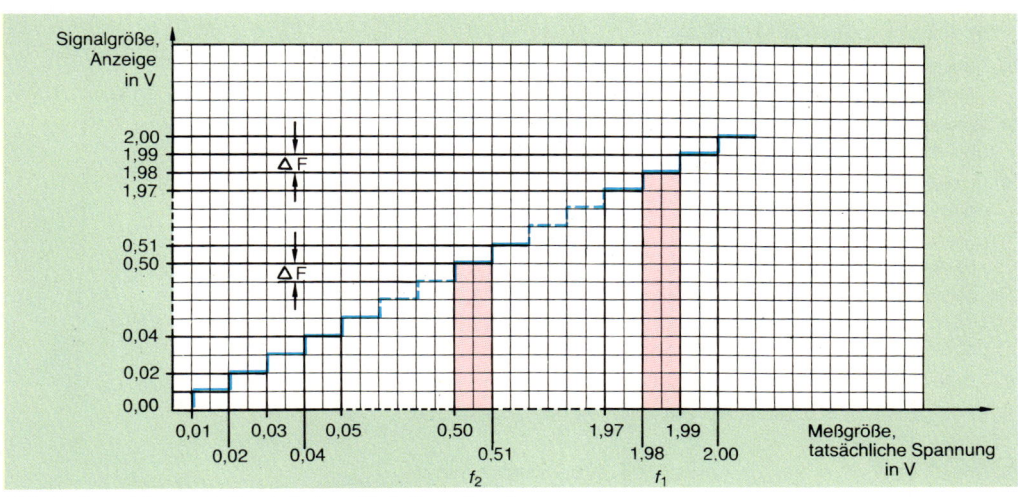

Abb. 3: Quantisierungsfehler bei einer $2\frac{1}{2}$-stelligen Anzeige

---

[1] AC: alternating current (engl.), Wechselstrom

2. Beispiel

Eine Spannung von 0,505 V wird mit einem digital arbeitenden Spannungsmeßgerät im 2-V-Bereich gemessen. Im Anzeigeteil sind 3 Anzeigestellen möglich. Wie groß ist der Fehler?

Lösung:

Die Anzeige kann 0,50 V oder 0,51 V betragen. Der absolute Quantisierungsfehler beträgt bei dieser Anzeige ebenfalls 10 mV. Für den relativen Quantisierungsfehler ergibt sich dann der folgende Wert:

$$f_2 = \frac{10 \text{ mV}}{0,5 \text{ V}}; \qquad f_2 = 20 \cdot 10^{-3}; \qquad f_2 = 2\%$$

Dieser Wert ist erheblich größer als beim ersten Beispiel.

Bei digital anzeigenden Meßgeräten ist der Anzeigefehler durch die Quantisierung am geringsten, wenn der zu messende Wert im Endbereich der Anzeige liegt.

Eine Verringerung des Quantisierungsfehlers läßt sich durch eine kleinere Schrittfolge (z.B. 1 mV) und eine Vergrößerung der Stellenzahl in der Anzeige erreichen. Eine vollständige Fehlerangabe eines digital anzeigenden Meßgerätes enthält demnach eine Fehlerangabe in Prozent vom Meßwert und zusätzlich die mögliche Zahl der fehlerhaften Digits. Beispiel: $0,2\% + 2$ Digits.

Fehler in digital-anzeigenden Meßgeräten werden durch Bauteile und durch die Quantisierung hervorgerufen.

Aufgaben zu 7.1 ... 7.3

1. Erklären Sie den Unterschied zwischen einer analogen und einer digitalen Anzeige!

2. Welche Vorteile bzw. Nachteile haben
   a) analog anzeigende und
   b) digital anzeigende Meßgeräte?

3. Welche Schritte sollten bei der Planung von Meßaufgaben beachtet werden?

4. Was sind die Unterschiede zwischen einem Meßinstrument und einem Meßgerät?

5. In welchem Skalenbereich sollte man bei analog anzeigenden Meßgeräten ablesen?

6. Schauen Sie auf ein Ihnen zur Verfügung stehendes analog anzeigendes Meßgerät und beschreiben Sie, welche Messungen damit durchgeführt werden können! Welche Sinnbilder befinden sich auf der Skala und welche Bedeutung haben sie?

7. Erklären Sie den Begriff Güteklasse!

8. Erklären Sie den Unterschied zwischen dem absoluten und dem relativen Fehler.

9. Beschreiben Sie die grundsätzliche Arbeitsweise eines digital anzeigenden Meßgerätes.

10. Welche Fehler beeinflussen das Meßergebnis bei digital anzeigenden Meßgeräten?

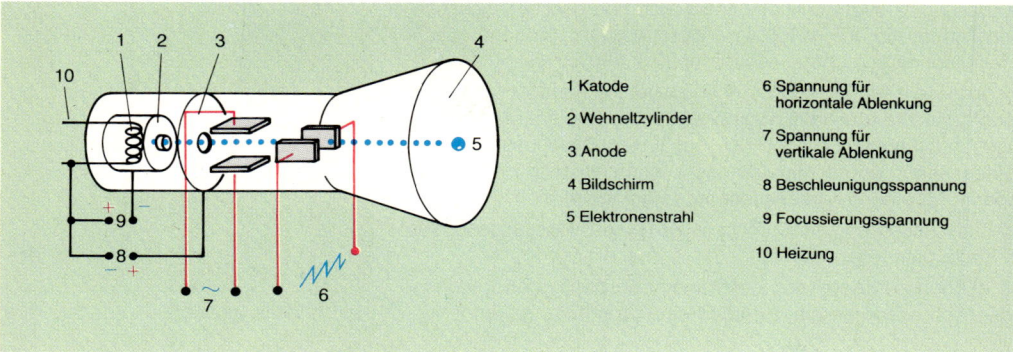

Abb. 1: Aufbau einer Elektronenstrahl-Ablenkröhre

1 Katode	6 Spannung für horizontale Ablenkung
2 Wehneltzylinder	7 Spannung für vertikale Ablenkung
3 Anode	
4 Bildschirm	8 Beschleunigungsspannung
5 Elektronenstrahl	9 Focussierungsspannung
	10 Heizung

7.4 Oszilloskop

7.4.1 Grundsätzlicher Aufbau

Zur Bewältigung der verschiedenartigen Meßaufgaben innerhalb der Elektrotechnik ist das Oszilloskop[1] ein vielseitig einsetzbares Meßgerät.

> Mit einem Oszilloskop kann man den zeitlichen Verlauf von Spannungen darstellen und dabei die verschiedenen Größen der Kurve messen.

Das Gerät enthält neben verschiedenen Buchsen eine Vielzahl von Einstellern. Das wichtigste Bauteil ist dabei die Elektronenstrahl-Ablenkröhre. Sie soll deshalb zunächst erläutert werden.

In Abb. 1 ist der grundsätzliche Aufbau einer Elektronenstrahl-Ablenkröhre (Braunsche Röhre[2]) zu sehen. Die Katode besteht aus einem Metallfaden, der durch den Stromfluß auf Rotglut erhitzt wird. Dadurch treten Elektronen aus der Oberfläche aus und hüllen die Elektrode in Form einer Wolke ein. Durch die positiv geladene Anode (3) werden sie angezogen und durchlaufen zunächst ein negativ geladenes Steuergitter (Wehneltzylinder). Durch die Höhe der Spannung am Gitter wird der Strahl gebündelt (fokussiert). Zusätzlich befindet sich außerhalb des Gerätes ein Einsteller (Potentiometer), mit dem die Schärfe des Strahls eingestellt werden kann. Danach prallen die Elektronen nicht auf die positiv geladene Anode, sondern gelangen durch das in der Mitte befindliche Loch in den Einflußbereich von vier um 90° versetzt angeordneten Ablenkplatten. Deshalb nennt man sie **Horizontal-** und **Vertikal-Ablenkplatten** bzw. **X-** und **Y-Platten.** Legt man eine Spannung an diese Platten, so wird der Elektronenstrahl vertikal und horizontal abgelenkt. Mit Abb. 2 wollen wir diesen Vorgang im einzelnen verdeutlichen.

a) Wenn keine Spannung anliegt, befindet sich der Elektronenstrahl im Zentrum des Leuchtschirms. Auf der Leuchtschicht

a) ohne Spannungen an X - und Y - Eingängen

b) bei negativer Polarität der Spannung am X -Eingang

c) bei positiver Polarität der Spannung am X - Eingang

d) bei negativer Polarität der Spannung am Y - Eingang

e) bei positiver Polarität der Spannung am Y - Eingang

Abb. 2: Position des Elektronenstrahles

---

[1] oscillare, lat., = schwingen; skopein, griech., = sehen

[2] BRAUN, KARL FERDINAND, 1850–1918, deutscher Physiker, entwickelte die erste Katodenstrahlröhre (1897).

entsteht ein heller Punkt. Mit entsprechenden Helligkeitseinstel-
lern kann die Intensität verändert werden. Eine zu große
Helligkeit kann zu einem Einbrennfleck führen.

b) Wenn ein negatives Potential an der rechten X-Platte liegt,
erfolgt für die ebenfalls negativen Elektronen eine Abstoßung.
Der Leuchtpunkt befindet sich am linken Rand des Schirms.
Einen Strich würde man erhalten, wenn anstelle der Gleichspannung eine Wechselspannung angelegt wird.

c) Eine Umkehrung der Punktlage wird erreicht, wenn die rechte
X-Platte positiv geladen ist.

d), e) Ebenso läßt sich der Elektronenstrahl nach oben und unten
ablenken, wenn an die Y-Platten eine Spannung gelegt wird.

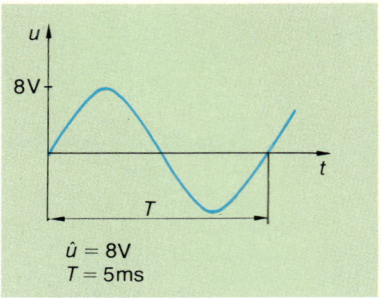

$\hat{u} = 8V$
$T = 5ms$

Abb. 1: Meßspannung

7.4.2 Spannungs- und Strommessung

Spannungsmessung

Wir wollen jetzt mit dem Oszilloskop die Wechselspannung von
Abb. 1 sichtbar machen, sie genau messen und dabei die
Funktion der einzelnen Stufen mit Hilfe des Blockschaltbildes
von Abb. 3 erklären.

Im Eingangsbereich befindet sich die Y-Eingangsbuchse und
der Schalter S_Y, mit dem man die Spannungsart wählen kann. In
Stellung AC[1] wird durch den dann in Reihe liegenden Kondensator nur die Wechselspannung hindurchgelassen. In Stellung
DC[2] findet keine Auswahl statt. Gleich-, Wechsel- und Mischspannungen können passieren. In Stellung GND[3] liegt die
Eingangsbuchse an Masse. Es wird somit kein Signal weiterge-
geben.

Da der Bildschirm nur eine bestimmte Abmessung besitzt, muß
mit einem Einsteller das Eingangssignal angepaßt werden. Mit
einem **Y-Abschwächer** (Schalter) stellt man dabei den **Ablenk-
Koeffizienten** A_Y ein. Er wird z.B. in V/cm angegeben (Abb. 2a).

Nach dem Abschwächer gelangt über den Y-Verstärker das
Signal an die Y-Platten. Mit einem weiteren Einsteller kann die
vertikale Lage des Bildes insgesamt verschoben werden.

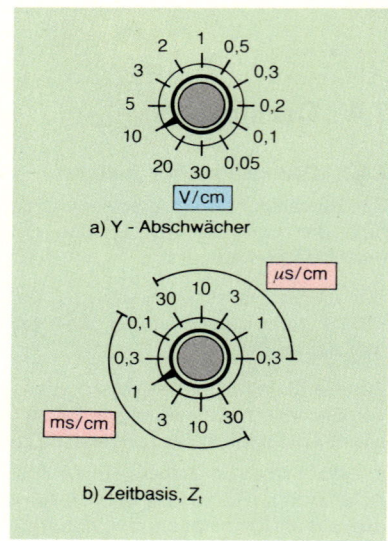

a) Y - Abschwächer

b) Zeitbasis, Z_t

Abb. 2: Einsteller am Oszilloskop

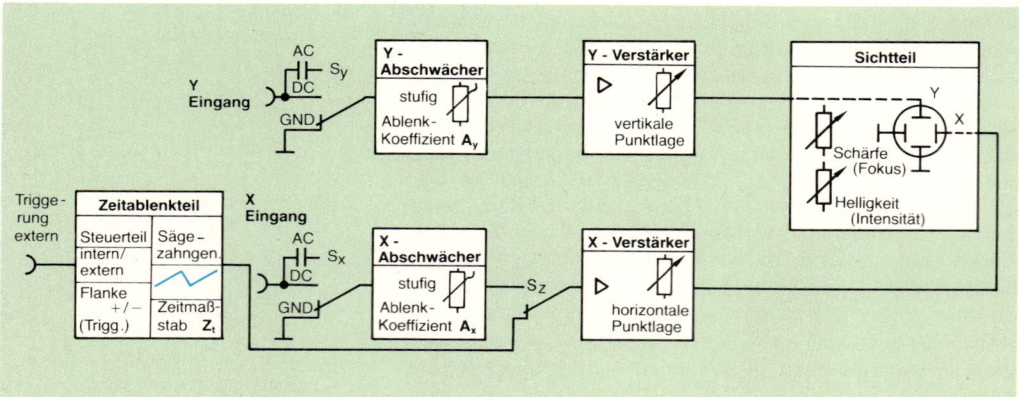

Abb. 3: Blockschaltbild eines Oszilloskops

---

[1] AC: alternating current (engl., Wechselstrom)   [2] DC: direct current (engl., Gleichstrom)   [3] GND: ground (engl., Erde, Masse)

Auf dem Bildschirm würde jetzt, wenn noch kein Signal an den X-Platten liegt, ein senkrechter Strich abgebildet werden. Er entspricht dem Wert der Spannung von Spitze zu Spitze (Abb. 4b). Den Spitzenwert erhält man, indem man den Wert durch zwei dividiert.

Schaut man sich jedoch das Blockschaltbild (Abb. 3) an, dann ist feststellbar, daß über den Schalter S_Z eine sägezahnförmige Spannung an die X-Platten gelangt. Der Strahl wird also zusätzlich horizontal (waagerecht) mit einer konstanten Geschwindigkeit abgelenkt.

Der Zusammenhang zwischen der Meßspannung, der sägezahnförmigen Ablenkspannung und dem Bild auf dem Schirm ist in Abb. 5 zu sehen. In unserem Fall wird genau eine Periode abgebildet.

Die Ablenkzeit wird in Form eines Zeitmaßstabes (Zeitbasis) Z_t festgelegt. Die Angabe erfolgt in ms/cm oder μs/cm. Sie kann durch einen Schalter eingestellt werden (Abb. 2b). Da in Abb. 5a der Zeit für eine Periodendauer T einer Abmessung auf dem Schirm von 10 cm (Abb. 5b) entspricht, läßt sich die Periodendauer wie folgt berechnen:

$$T = Z_t \cdot 5 \text{ cm}; \qquad T = \frac{1 \text{ ms}}{\text{cm}} \cdot 5 \text{ cm}; \qquad T = 5 \text{ ms}$$

> Durch eine gleichförmige Ablenkung des Elektronenstrahls in horizontaler Richtung (sägezahnförmige Spannung) und eine gleichzeitige Ablenkung durch die Meßspannung in Y-Richtung entsteht auf dem Bildschirm des Oszilloskops ein Abbild des zeitlichen Verlaufs der Meßspannung.

Neben dem einstellbaren Zeitmaßstab enthält das Zeitablenkteil eine Steuerschaltung, mit der der Einsatzpunkt der Ablenkung des Elektronenstrahls im Zusammenhang mit der zu messenden Spannung festgelegt wird. Man spricht in diesem Fall von einer **Triggerung.** Sie kann intern (im Gerät selbst) oder extern, durch eine von außen zugeführte Spannung, erfolgen. Außerdem ist die Triggerung auf die positive oder negative Flanke der Kurven einstellbar.

> Mit der Triggereinstellung wird der Zeitpunkt eingestellt, bei dem der Elektronenstrahl in horizontaler Richtung mit der Ablenkung beginnen soll.

Aus dem Blockschaltbild (Abb. 3) ist weiter entnehmbar, daß das Zeitablenkteil auch abschaltbar ist. Neben dem Y-Signal kann ein zweites Signal anstelle der kontinuierlichen Ablenkung an die X-Platten über den X-Eingang mit einem **X-Abschwächer** gelangen. Der **Ablenk-Koeffizient** A_X läßt sich wie beim Y-Abschwächer mit einem Schalter einstellen. Mit dieser Betriebsart kann man z.B. Kennlinien von Bauteilen darstellen (X-Y-Betrieb, vgl. 7.4.3).

Strommessung

Da eine Ablenkung des Elektronenstrahls nur durch eine Spannung erfolgen kann, müssen Ströme indirekt gemessen werden. In der Praxis läßt man den Strom durch einen bekannten Meßwiderstand R_m fließen und mißt die Spannung an diesem Widerstand (Abb. 6). Die Stromstärke ist der Spannung

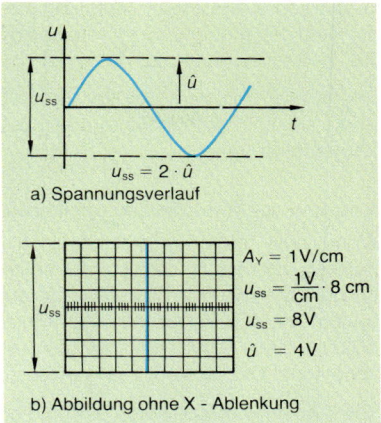

a) Spannungsverlauf

b) Abbildung ohne X - Ablenkung

Abb. 4: Zusammenhang zwischen Kurvenverlauf und Abbildung auf dem Schirm

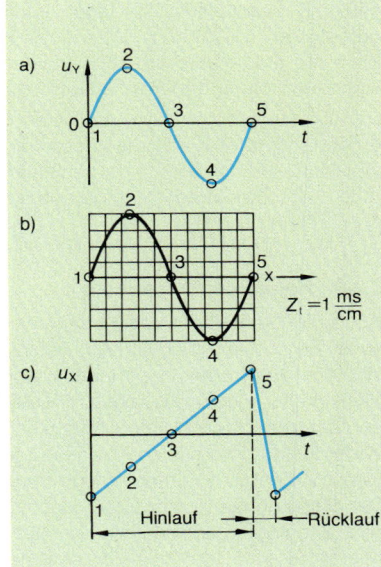

$$Z_t = 1 \frac{\text{ms}}{\text{cm}}$$

Abb. 5: Darstellung einer sinusförmigen Spannung bei eingeschalteter Horizontalablenkung

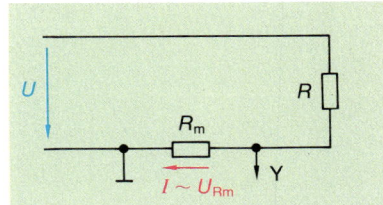

$$I \sim U_{R_m}$$

Abb. 6: Strommessung mit dem Elektronenstrahl-Oszilloskop

proportional. Bei dieser Meßmethode soll der Meßwiderstand R_m klein gegenüber dem Widerstand des Verbrauchers sein, um die Meßfehler gering zu halten.

Wenn man mit dem Oszilloskop Ströme messen will, kann man sie nur indirekt über den Spannungsabfall an einem Widerstand messen.

Messung von zwei Größen (gleichzeitig)

Wenn zwei Vorgänge gleichzeitig abgebildet werden sollen, müssen auf dem Bildschirm die beiden Vorgänge gleichzeitig geschrieben werden. Dieses kann durch ein zweites Ablenksystem mit den entsprechenden Elektroden (Zweistrahl-Oszilloskop) oder durch ein rasches Umschalten des Strahles (Zweikanal-Oszilloskop) realisiert werden.

Ein Zweistrahl-Oszilloskop verfügt über zwei Y-Eingänge. Mit ihm lassen sich zwei Kurven gleichzeitig abbilden.

Bei den meisten Elektronenstrahl-Oszilloskopen sind jeweils eine X- und eine Y-Platte gemeinsam geerdet. Daher muß man diesen Bezugspunkt ($\perp$) so legen, daß er für beide Spannungen gemeinsam ist (Abb. 1). Allerdings kann bei dieser Art der Messung eine Kurve um 180° phasenverschoben sein. Daher wählt man oft eine Meßschaltung nach Abb. 2.

Da die Reihenschaltung an einer Wechselspannung liegt, ergeben sich für die Spannungen am Meßwiderstand und an der Diode die in Abb. 2 dargestellten Verläufe, die man mit Hilfe eines Zweistrahl-Oszilloskops darstellen kann.

7.4.3 Kennliniendarstellung

Auch die Darstellung von Kennlinien ist mit dem Elektronenstrahl-Oszilloskop möglich. Am Beispiel einer Diodenkennlinie soll das Meßverfahren erläutert werden. In Abb. 4 ist die Meßschaltung dafür zu sehen. Hierbei dient die Spannung an der Diode zur horizontalen Ablenkung und die Spannung am Widerstand zur vertikalen Ablenkung des Strahls. In diesem Fall wird die Spannung an der Diode dem X-Verstärker zugeführt. Der Sägezahngenerator ist abgeschaltet. Es ergibt sich die in Abb. 3 dargestellte Kennlinie. Je nachdem, welche der Platten geerdet ist, kann die Kennlinie auch in einem anderen Quadranten liegen.

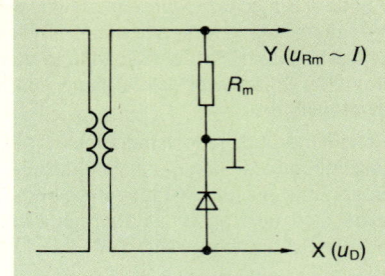

Abb. 1: Strom- und Spannungsmessung

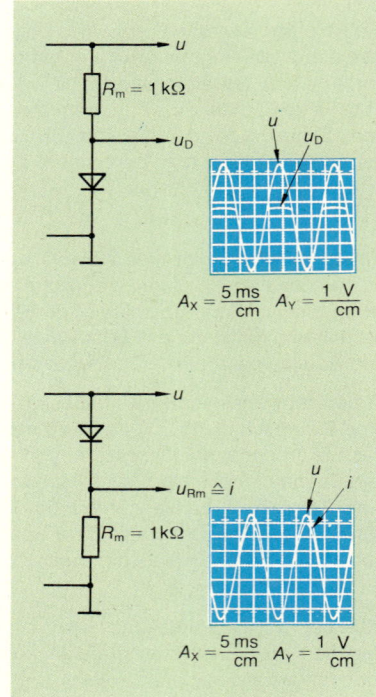

Abb. 2: Strom und Spannung bei einer Diode im Wechselstromkreis

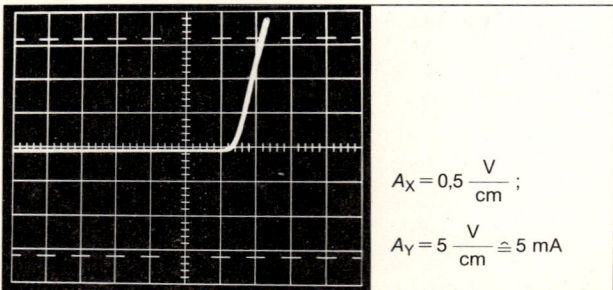

$$A_X = 0{,}5 \ \frac{V}{cm} \ ;$$

$$A_Y = 5 \ \frac{V}{cm} \triangleq 5 \ mA$$

Abb. 3: Diodenkennlinie (Foto des Oszillogramms)

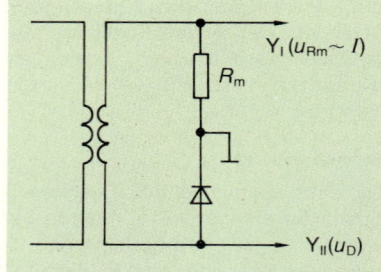

Abb. 4: Schaltung zur Kennlinienaufnahme einer Diode

7.5 Frequenz- und Zeitmessungen

In der Elektrotechnik ist es häufig erforderlich, die regelmäßig wiederkehrenden Schwingungen von Wechselgrößen zu messen. Dabei kommt es auf die Zahl der Schwingungen pro Zeit an (Frequenz) bzw. auf die Zeit für eine Schwingung (Periodendauer). Geeignet sind hierfür verschiedene Meßgeräte bzw. Meßverfahren.

Messung mit dem Vibrationsmeßgerät (Zungenfrequenzmesser)

In Abb. 5 ist der grundsätzliche Aufbau eines Zungenfrequenzmessers zu sehen. Der Strom mit der Meßfrequenz erzeugt in der Erregerspule (1) ein Wechselfeld. Hierdurch werden Stahlzungen (2) zu Schwingungen angeregt. Da die Resonanzfrequenz der einzelnen Zungen verschieden ist, schwingt jeweils die Zunge am stärksten, deren Resonanzfrequenz mit der Meßfrequenz übereinstimmt. Aber auch die benachbarten Zungen können schwingen. Dadurch ist es möglich, Zwischenwerte abzulesen. Dieses Meßgerät eignet sich für niedrige Frequenzen und wird vorwiegend in der Energietechnik verwendet.

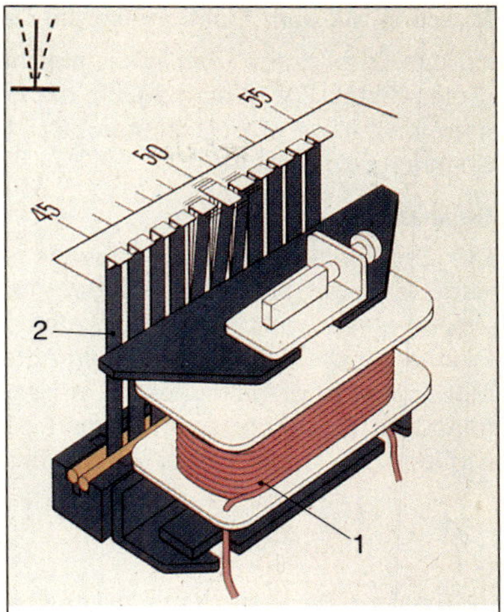

1 Erregerspule   2 Stahlzungen

Abb. 5: Zungenfrequenzmesser

Digitales Meßprinzip

Das Prinzip der Messung mit einem Zähler soll mit Hilfe des Blockschaltbildes von Abb. 6 erläutert werden. Über einen Verstärker gelangt die zu messende Frequenz zu einem Impulsformer, der die Eingangsspannung in ein Signal mit steilen Flanken umformt. Diese Impulse werden an einen Eingang einer UND-Schaltung geleitet. An dem zweiten Eingang der UND-Schaltung liegt ein Rechtecksignal mit einer genau festgelegten Impulsdauer (Zeitbasis), das von einem Oszillator erzeugt wird und über einen Impulsformer und einen Frequenzteiler geleitet wird. Während der Zeit, in der das Signal der Zeitbasis den H-Zustand besitzt, können die Impulse zum Zähler gelangen.

Die Genauigkeit der Frequenzmessung einer solchen Schaltung hängt von der Stabilität des Oszillators für die Zeitbasis und von der Meßzeit ab. Man verwendet deshalb in der Regel Quarzoszillatoren.

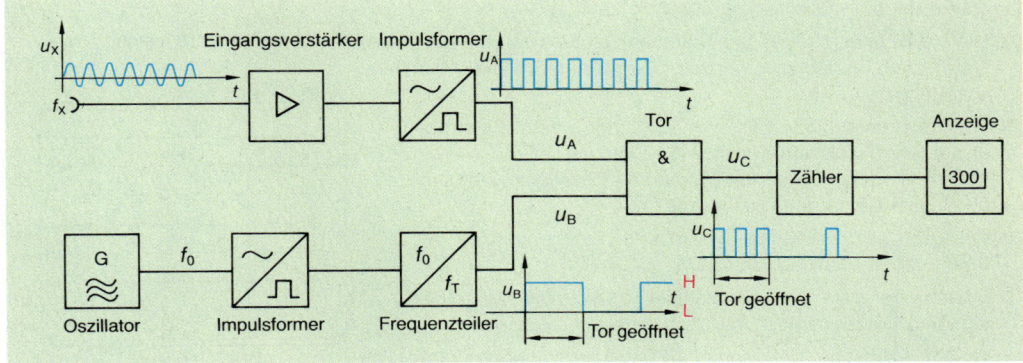

Abb. 6: Blockschaltbild eines digitalen Frequenzmessers

Messung mit dem Elektronenstrahl-Oszilloskop

Da das Oszilloskop über eine geeichte Zeitablenkung verfügt (Zeitmaßstab Z_t), ist es möglich, die Periodendauer zu bestimmen und über die Beziehung $f = 1/T$ die Frequenz einer Spannung zu messen.

Beispiel:

Die Zeitablenkung ist auf 2 ms/cm eingestellt (Abb. 1). Der Periodendauer entspricht hierbei einer Ablenkung von 4 cm. Dieses entspricht einer Zeit von 8 ms. Daraus ergibt sich die Frequenz von 125 Hz. Bei einer Ablesung ist allerdings das Meßergebnis verhältnismäßig ungenau. Benötigt man eine genauere Messung, so muß man die Zeitablenkung anders wählen, z.B. 1ms/cm oder 0,5 ms/cm.

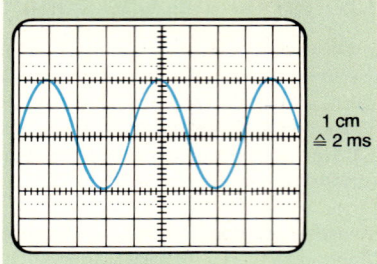

1 cm
≙ 2 ms

Abb. 1: Frequenzmessung mit dem Elektronenstrahl-Oszilloskop

Aufgaben zu 7.4 und 7.5

1. Erklären Sie den grundsätzlichen Aufbau einer Elektronenstrahl-Ablenkröhre und ihre Arbeitsweise!

2. Skizzieren Sie den Aufbau eines Oszilloskops (Blockschaltbild) mit seinen wichtigsten Stufen und Bedienungselementen!

3. Welche Bedeutung hat die Bezeichnung AC, DC und GND beim Oszilloskop?

4. Der Ablenk-Koeffizient A_Y steht in Stellung 0,5 V/cm. Bei einer sinusförmigen Wechselspannung wird auf dem Bildschirm eines Oszilloskops eine Auslenkung von 6 cm von Spitze zu Spitze festgestellt. Wie groß sind der Spitze-Spitze-Wert, der Spitzenwert und der Effektivwert?

5. Welche Funktion hat der Generator für die horizontale Ablenkspannung des Elektronenstrahls im Oszilloskop?

6. Auf dem Bildschirm eines Oszilloskops soll ein Kreis abgebildet werden!
a) Welche Spannungen müssen an die Ablenkplatten gelegt werden?
b) Skizzieren Sie die Entstehung des Kreises, indem Sie den jeweiligen Spannungswerten die Orte auf dem Bildschirm zuordnen!

7. Skizzieren Sie eine Meßschaltung, mit der man die Stromstärke mit dem Oszilloskop abbilden kann!

8. Die U-I-Kennlinie eines unbekannten Bauteils soll mit dem Oszilloskop abgebildet werden. Skizzieren Sie die Meßschaltung!

9. Welche Unterschiede bestehen zwischen einem Einstrahl- und einem Zweistrahl-Oszilloskop?
Welche Vorteile besitzt ein Zweistrahl-Oszilloskop gegenüber einem Einstrahl-Oszilloskop?

10. Wie groß sind die Spitzenwerte und die Frequenzen der Spannungen von Abb. 2 und 3?

11. Beschreiben Sie die grundsätzliche Arbeitsweise einer digitalen Frequenzmessung nach dem Zählprinzip!

12. Welcher zeitliche Unterschied (Phasenverschiebung) besteht zwischen den beiden Wechselspannungen von Abb. 4?

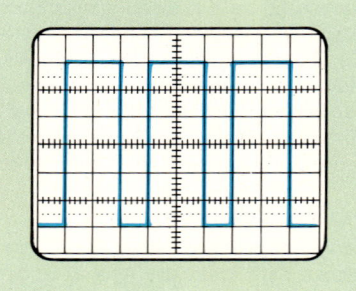

Abb. 2: Aufgabe 10;
$A_Y = 1$ V/cm; $A_X = 2$ ms/cm

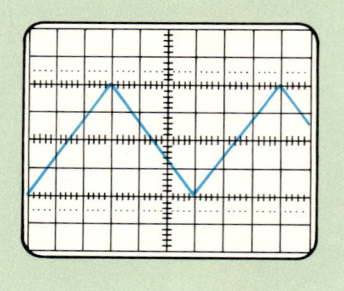

Abb. 3: Aufgabe 10;
$A_Y = 0,5$ V/cm; $A_X = 10$ ms/cm

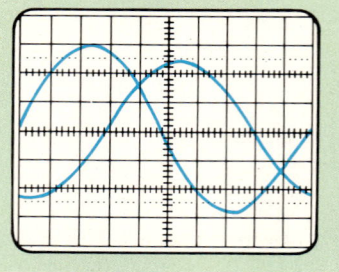

Abb. 4: Aufgabe 12; $A_X = 0,5$ ms/cm

7.6 Spannungs- und Strommessung

Obwohl in den vorangegangenen Kapiteln Spannungs- und Strommeßgeräte angesprochen und eingesetzt wurden, soll in diesem Teil ein Zusammenhang und eine Gegenüberstellung der verschiedenen Meßverfahren bzw. Meßgeräte erfolgen. Damit soll erreicht werden, daß für die einzelnen Meßaufgaben die geeigneten Meßgeräte gewählt und das Ergebnis der Messung richtig interpretiert werden.

7.6.1 Gleichgrößen

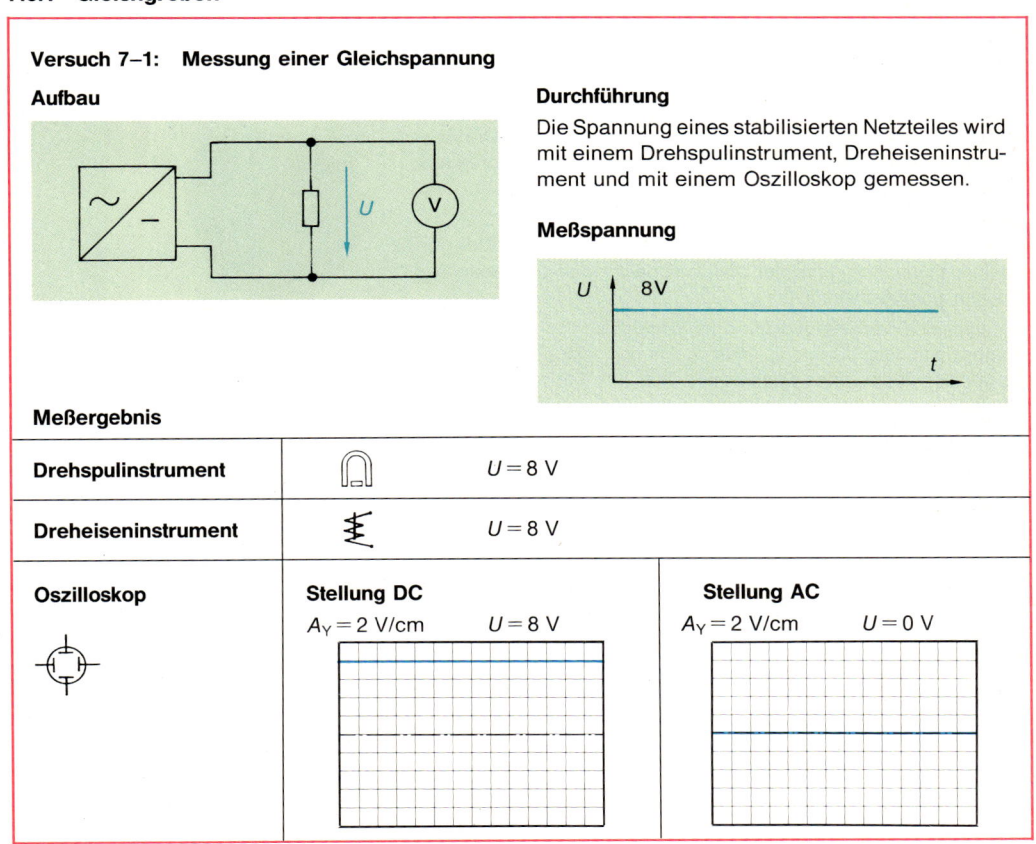

Versuch 7–1: Messung einer Gleichspannung

Aufbau

Durchführung

Die Spannung eines stabilisierten Netzteiles wird mit einem Drehspulinstrument, Dreheiseninstrument und mit einem Oszilloskop gemessen.

Meßspannung

Meßergebnis

Drehspulinstrument		$U = 8$ V
Dreheiseninstrument		$U = 8$ V

Oszilloskop

Stellung DC $A_Y = 2$ V/cm $U = 8$ V

Stellung AC $A_Y = 2$ V/cm $U = 0$ V

Alle Meßgeräte zeigen 8V an, bis auf das Oszilloskop. Dessen Anzeige ist jedoch nicht falsch, weil in Stellung AC nur der Wechselspannungsanteil gemessen wird, in diesem Fall also 0V.

Da Drehspulmeßgeräte häufig eingesetzt werden, wollen wir kurz an Hand des Aufbaus das Funktionsprinzip verdeutlichen. Die Abb. 1 auf S. 144 zeigt den Aufbau eines Drehspulmeßwerks. Zwischen den Polen eines Dauermagneten (1) befindet sich eine bewegliche, auf einem Aluminiumrahmen (4) aufgewickelte Spule (3). Der Kern der Spule besteht aus einem Weicheisenzylinder (2). Vereinfacht läßt sich also sagen:

Das Drehspulmeßwerk besteht aus einer drehbar gelagerten Spule mit einem Zeiger. Die Spule befindet sich im Feld eines Dauermagneten.

Zur Klärung der Wirkungsweise müssen wir auf das Verhalten dieser Spule eingehen, wenn durch sie bei Messungen ein elektrischer Strom fließt.

Eine stromdurchflossene Spule verhält sich wie ein Elektromagnet und besitzt dann einen Nordpol und einen Südpol. Weil sich die stromdurchflossene Spule im Feld eines Dauermagneten befindet und sich ungleichnamige Pole anziehen und gleichnamige Pole abstoßen, wirken Kräfte auf die Spule. Diese bewirken eine Drehung der Spule. Sie kann sich nur so weit drehen, bis die Richtung ihres Magnetfeldes mit der des Dauermagneten übereinstimmt. Ändert man die Stromrichtung durch die Spule, so wird aus dem Nordpol der Spule ein Südpol und umgekehrt. Damit ändert sich die Drehrichtung. Die Drehung der Spule erfolgt so lange, bis das durch den elektrischen Strom erzeugte Drehmoment durch das Drehmoment der Rückstellfeder im Gleichgewicht gehalten wird.

Der angestoßene Zeiger schwingt zunächst mehrfach über den Meßwert hinaus und pendelt sich erst nach einer gewissen Zeit auf den Endwert ein.

Um diesen Einschwingvorgang zu verkürzen, dämpft man den Zeigerausschlag. Das hat aber auch den Nachteil, daß der Zeiger erst nach einer bestimmten Zeit den Meßwert anzeigt. Daher können kurze Spannungs- oder Stromstöße (z.B. Einschaltströme bei Motoren) nicht richtig gemessen werden.

Da das Drehspulmeßwerk einen Dauermagneten besitzt, ist die Auslenkung des Zeigers nur vom Strom in der Spule abhängig.

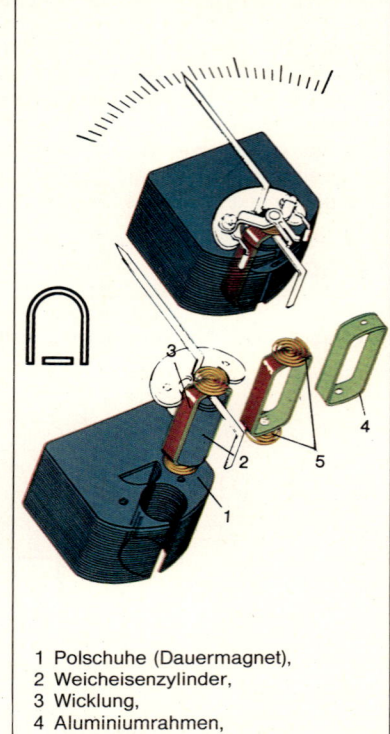

1 Polschuhe (Dauermagnet),
2 Weicheisenzylinder,
3 Wicklung,
4 Aluminiumrahmen,
5 Rückstellfedern (Stromzuführung)

Abb. 1: Drehspulmeßwerk

7.6.2 Wechselgrößen

Versuch 7–2: **Wechselspannungsmessung**	**Meßergebnis**		
Durchführung Die Spannung eines Wechselspannungsnetzteiles soll mit einem Drehspulmeßgerät, Dreheiseninstrument und mit einem Oszilloskop gemessen werden. Die Spannung besitzt folgenden Verlauf: **Meßspannung** 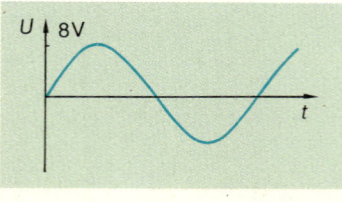	**Drehspulinstrument**	Gleichspannungsbereich	$U = 0$ V
		Wechselspannungsbereich	$U = 5{,}7$ V
	Dreheiseninstrument		$U = 5{,}7$ V
	Oszilloskop	Stellung AC bzw. DC: $A_Y = 2$ V/cm $\hat{u} = 8$ V	

Aus den Meßergebnissen erkennt man, daß das **Oszilloskop** die meisten Informationen liefert. Neben dem Spitzenwert bzw. dem Wert von Spitze zu Spitze erkennt man den genauen Kurvenverlauf, und über den Zeitmaßstab Z_t läßt sich die Periodendauer und die Frequenz berechnen. Das Meßergebnis ist unabhängig von der Einstellung AC oder DC.

Das **Drehspulinstrument** zeigt im Gleichstrombereich 0 V an, obwohl eine Spannung anliegt. Der Wechselstrom ändert ständig seine Richtung, so daß durch die Spule ein wechselnder Strom fließt. Der Zeiger müßte demnach ständig hin- und herpendeln. Dieses wäre bei niedrigen Frequenzen erkennbar. Bei höheren Frequenzen (z.B. 50 Hz) kann der Zeiger den schnellen Änderungen nicht mehr folgen. Er bleibt in der Nullstellung. Die Anzeige ist also korrekt.

Wenn man mit diesem Meßgerät trotzdem eine Anzeige erzielen will, muß man die zu messende Wechselspannung in eine Gleichspannung umwandeln. Erreicht wird dieses durch vier Gleichrichter in Form einer Brückenschaltung (Abb. 2a).

Vergleicht man das Meßergebnis des Oszilloskops (Spitzenwert der Wechselspannung) mit dem Ergebnis des Drehspulinstruments in der Wechselspannungsstellung, dann zeigt sich, daß dieses Instrument nicht den Spitzenwert anzeigt, sondern $0,707 \cdot \hat{u}$. Dieses ist der Effektivwert der Wechselspannung. Es müßte eigentlich der gleichgerichtete Wert der Wechselspannung (arithmetischer Mittelwert) angezeigt werden, der in diesem Fall $0,637 \cdot \hat{u}$ beträgt. Die Skala ist umgeeicht.

Ein Drehspulmeßinstrument mit eingebautem Gleichrichter zeigt bei sinusförmigen Wechselspannungen den Effektivwert der Wechselspannung an.

Wir wollen uns jetzt mit dem **Dreheiseninstrument** befassen. Es fällt bei der Betrachtung des Instrumentes auf, daß keine separaten Buchsen vorhanden sind, an die die Wechselspannungen angeschlossen werden. Gleich- und Wechselspannungen werden immer an dieselben Buchsen gelegt.

Die Abb. 3 zeigt den Aufbau eines Dreheisenmeßwerks. Die Spule (1) wird vom Meßstrom durchflossen. Dadurch wird ein Magnetfeld erzeugt. Die beiden Eisenplättchen (2) werden gleichsinnig magnetisiert, d.h., die beiden Nord- und die beiden Südpole liegen gegenüber. Dadurch kommt es zu einer abstoßenden Wirkung. Da das eine Plättchen mit der Achse und dem Zeiger verbunden ist, erfolgt ein Zeigerausschlag. Dieser ist dem Quadrat der Stromstärke (I^2) proportional. Durch die Form der Eisenplättchen kann die Einteilung der Skala beeinflußt werden (linear oder nichtlinear). Da die Eisenplättchen immer gleichsinnig magnetisiert werden, ist es gleichgültig, ob die Spule von einem Gleichstrom oder einem Wechselstrom durchflossen wird.

Da der Zeigerausschlag beim Dreheisenmeßgerät vom Quadrat der Stromstärke abhängt, kann es sowohl für Gleich- als auch für Wechselstrommessungen verwendet werden. Die Kurvenform spielt dabei keine Rolle. Vorwiegend werden diese Meßgeräte zur Messung großer Stromstärken (bis 300 A) eingesetzt. Allerdings ist der Eigenverbrauch dieser Meßgeräte höher als der von Drehspulmeßgeräten.

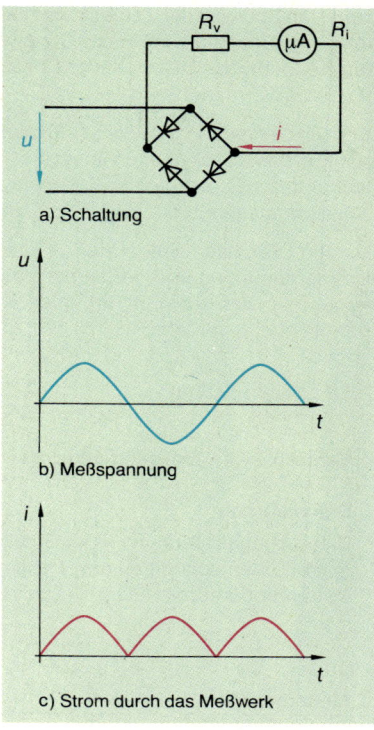

a) Schaltung

b) Meßspannung

c) Strom durch das Meßwerk

Abb. 2: Drehspulmeßinstrument mit Brückengleichrichter

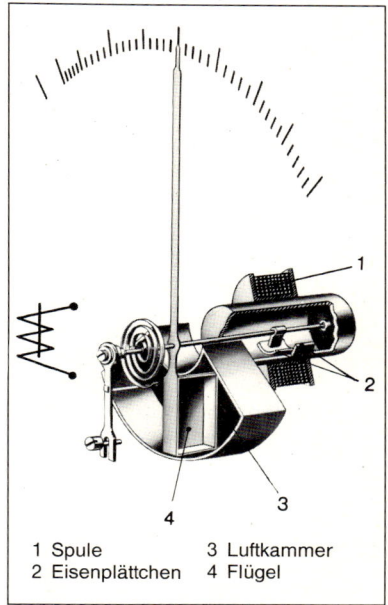

1 Spule   3 Luftkammer
2 Eisenplättchen   4 Flügel

Abb. 3: Dreheisen-Meßwerk für Präzisions-Instrumente

Durch die Spule ist der Zeigerausschlag stark von der Frequenz abhängig. Deshalb wird in der Regel der Frequenzbereich, für den die Meßwerte innerhalb der Genauigkeitsklasse liegen, auf der Skala vermerkt.

> Mit Dreheisenmeßgeräten kann man Gleich- und Wechselströme bzw. Spannungen messen. Bei ihnen wird die Abstoßung zwischen gleichartig gepolten Eisenplättchen zur Anzeige ausgenutzt.

Bei den Dreheisenmeßgeräten verwendet man meist die Luftkammerdämpfung. Hierbei ist der Zeiger mit einem Flügel (4) verbunden, der die Luft in einer Kammer (3) zusammendrängt (Abb. 3, S. 145).

7.6.3 Mischgrößen

Versuch 7–3: Messung einer Mischspannung

Durchführung

Die Ausgangsspannung einer Brückengleichrichterschaltung mit 4 Dioden soll mit einem Drehspulinstrument, Dreheiseninstrument und mit einem Oszilloskop gemessen werden.

Meßspannung

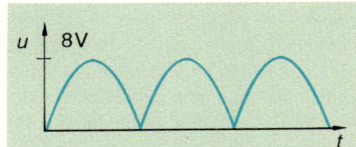

Meßergebnis

Drehspulinstrument (Gleichspannungsbereich)		$U = 5{,}1$ V
Dreheiseninstrument	⧙	$U = 5{,}7$ V
Oszilloskop	**Stellung DC:** $A_Y = 2$ V/cm; $\hat{u} = 8$ V 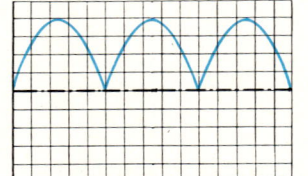	**Stellung AC:** $A_Y = 2$ V/cm; $\hat{u} = 8$ V 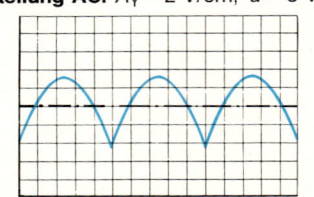

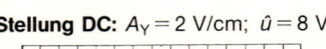

Das Meßergebnis mit dem Oszilloskop in Stellung DC verdeutlicht den genauen Kurvenverlauf der Meßspannung. Sie liegt oberhalb der Nullinie. Es ist somit ein Gleichspannungsanteil vorhanden. Spitzenwerte können abgelesen werden.

Bringt man den Eingangsschalter in Stellung AC, erscheint auf dem Bildschirm nur der Wechselspannungsanteil. Die Nullinie liegt jetzt in der Mitte der Kurve. D.h., die oberhalb und unterhalb der Nullinie liegenden Flächen sind gleich groß (Abb.1).

> Beim Oszilloskop kann bei Mischspannungen durch Umschalten von DC nach AC der Wechselspannungsanteil vom Gleichspannungsanteil getrennt werden.

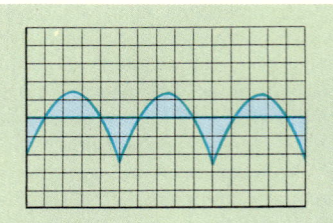

Abb. 1: Wechselspannungsanteile einer Mischspannung

Vergleicht man den angezeigten Wert des Drehspulinstrumentes mit dem Anzeigewert des Dreheiseninstrumentes, dann läßt sich eine Abweichung feststellen. Woran liegt das?
Bei der Besprechung des **Dreheiseninstrumentes** haben wir verdeutlicht, daß die Anzeige dieses Instrumentes allein von der Wirksamkeit des elektrischen Stromes abhängig ist (Effektivwert). Die Anzeige entspricht also dem Effektivwert.

Dreheiseninstrumente zeigen unabhängig von der Kurvenform der Spannung oder des Stromes immer den Effektivwert an.

Die Anzeige von 5,1 V beim **Drehspulinstrument** macht deutlich, daß es sich hierbei nicht um den Effektivwert handeln kann. Man nennt diesen angezeigten Wert den **arithmetischen Mittelwert.**

Drehspulinstrumente zeigen bei Mischspannungen bzw. Mischströmen den arithmetischen Mittelwert an.

Zur Verdeutlichung dieses Begriffes wollen wir von den einfachen Rechtecksignalen der Abb. 2 ausgehen, die mit einem Drehspulinstrument gemessen werden sollen. Da es sich um ausschließlich positive Impulse handelt, die nur in bestimmten Zeitabschnitten vorhanden sind, wird sich ein kleinerer Ausschlag als der Maximalwert von 100 V ergeben. Es stellt sich in diesem Fall ein Wert von 50 V ein, da die Zeiten für die Ein- und Ausschaltdauer gleich sind. Es ist dies der Durchschnittswert, den die Spannung oder die Stromstärke während einer Periode einnimmt.

Der arithmetische Mittelwert einer Spannung oder einer Stromstärke ist der Durchschnittswert, den dieser während einer Periodendauer annimmt.

Die graphische Ermittlung des arithmetischen Mittelwertes soll mit Hilfe eines einfachen Beispiels erläutert werden. Aus Abb. 3 entnimmt man, daß die Spannung u_d 5 ms lang 400 V und 5 ms lang 0 V beträgt. Zur Ermittlung des arithmetischen Mittelwertes der Spannung verteilt man die Fläche unter der Kurve gleichmäßig (Abb. 4). Es ergibt sich das blau gekennzeichnete Rechteck mit der Höhe von 200 V. Diese 200 V sind der arithmetische Mittelwert von u_d. Ändert sich die Impulsdauer oder der Wert von u_d, dann ändert sich auch der arithmetische Mittelwert.
Schwierig wird die rechnerische bzw. zeichnerische Ermittlung des arithmetischen Mittelwerts, wenn es sich nicht um rechteckförmige Impulse handelt (Abb. 5). Dieses ist aber für den Elektrotechniker in der Regel nicht erforderlich, da das Drehspulmeßinstrument stets den arithmetischen Mittelwert anzeigt.

Der arithmetische Mittelwert gibt an, welchem reinen Gleichstrom oder Gleichspannung die pulsierenden Werte entsprechen. Dieser arithmetische Mittelwert wird vom Drehspulinstrument angezeigt.

Diese wichtige Erkenntnis über Drehspulinstrumente muß in der Praxis beachtet werden, um Fehler zu vermeiden. Wenn u.U. die Kurvenform der Meßspannung bekannt ist, kann durch einen entsprechenden Faktor das Meßergebnis korrigiert werden.

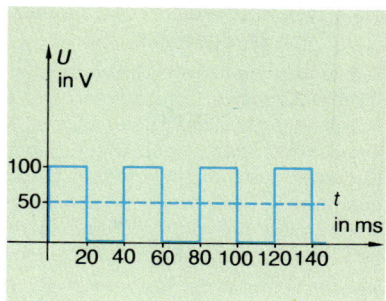

Abb. 2: Impulsfolge

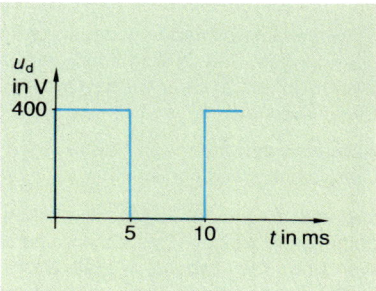

Abb. 3: Pulsierende Spannung

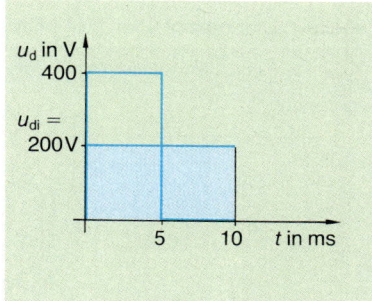

Abb. 4: Ermittlung des arithmetischen Mittelwertes U_{di} von U_d

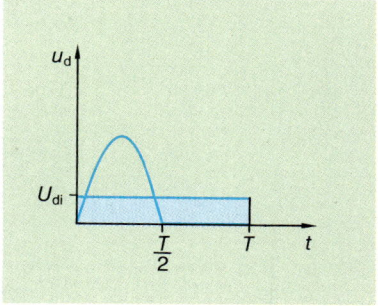

Abb. 5: Arithmetischer Mittelwert sinusförmiger Spannungspulse

7.6.4 Einsatzbereiche und Einsatzmöglichkeiten von Meßgeräten

Die unterschiedlichen Meßwerte der Meßgeräte hängen mit ihrer Wirkungsweise zusammen. Den größten Informationswert scheint das Oszilloskop zu besitzen. Mit ihm wird der genaue Verlauf der Spannungen wiedergegeben. Es können an dem Kurvenverlauf Momentan- und Spitzenwerte sowie die Frequenz bzw. Periodendauer abgelesen werden. Da der Bildschirm nicht beliebig groß sein kann, sind die Fehler für die einzelnen Werte größer als die guter Drehspulmeßgeräte.

Vergleicht mant die Meßwerte des Drehspulmeßgerätes mit dem des Dreheisenmeßgerätes, dann fällt auf, daß sie nur im Falle der Gleichspannung und sinusförmiger Wechselspannungen übereinstimmen.

Extreme Unterschiede entstehen bei der Messung von Mischspannungen. Das Drehspulmeßgerät zeigt den arithmetischen Mittelwert an, während das Dreheisenmeßgerät immer den Effektivwert anzeigt.

Die Kurvenformen von Spannungen und Strömen beeinflussen das Meßergebnis.

Die abschließende Gegenüberstellung (Tab. 7.2) soll in etwa zeigen, für welche Einsatzbereiche welche Meßgeräte sinnvoll sind. Die Tabelle enthält auch das elektrodynamische Meßinstrument, das erst im nachfolgenden Teil genauer besprochen wird.

Tabelle 7.2: Übersicht über Meßinstrumente und ihre Einsatzbereiche

Meß-instrument	Drehspulmeßinstrument		Dreheisen-meß-instrument	Elektro-dynamisches Meßinstrument	Digital-Instr. mit/ohne Gleichrichter	Oszilloskop
	ohne Gleichrichter	mit Gleichrichter				
Sinnbilder						
Art der Meßgröße	Gleichstrom, Gleich-spannung	sinusförmige Wechsel-spannung u. Wechselstrom	Gleich-, Misch-Wechsel-spannung u. -ströme	Leistung	Gleichstrom u.-spannung/ sinusförmiger Wechselstrom u.-spannung	Gleich-, Misch-u.Wechsel-spannung
Möglicher Einsatz-bereich	1 µA bis 10 A 100 mV bis 1000 V	0,1 mA bis 10 A 1 V bis 1000 V	10 mA bis 100 A 1 V bis 1000 V	250 mW bis 2,5 kW	100 mA bis 1 A 100 µV bis 1000 V	2 mV bis 300 V
Frequenz-bereich	0 Hz	25 Hz bis 20 kHz	10 Hz bis 100 Hz	10 Hz bis 1 kHz	0 Hz bis 25 kHz	0 Hz bis 100 MHz
Anzeige	arithmetischer Mittelwert	Effektivwert bei Sinusform	Effektivwert	Wirkleistung	arithmetischer Mittelwert, Effektivwert (fürSinusform)	Zeitverlauf des Momentan-wertes

7.7 Leistungs- und Arbeitsmessung

7.7.1 Leistungsmessung

Die elektrische Leistung ist das Produkt aus Spannung und Stromstärke. Will man dieses Produkt als eine Größe messen, dann müssen bei einem Zeigerinstrument zwei Größen einen Einfluß auf den Zeiger ausüben. Wie läßt sich dieses Problem lösen?

Bei dem bisher behandelten Drehspulmeßinstrument wurde das Magnetfeld, in dem sich die bewegliche Spule befand, durch einen Dauermagneten erzeugt. Das Magnetfeld läßt sich aber auch durch eine Spule erzeugen. Man hat dann ein **elektrodynamisches Meßwerk** mit vier Anschlüssen vor sich.

Das elektrodynamische Meßwerk besteht aus einer feststehenden und einer beweglichen Spule. Die bewegliche Spule ist innerhalb der feststehenden Spule gelagert.

In Abb. 1 ist der grundsätzliche Aufbau eines elektrodynamischen Meßwerks zu sehen. Der Strom durch die feststehende Spule erzeugt ein Magnetfeld und ebenso der Strom durch die beweglich angebrachte Spule. Beide Felder haben also einen Einfluß auf die Bewegung der Spule.

Da sich die Wirkungen multiplizieren, mißt dieses Meßwerk die Leistung. Als Meßschaltung ergibt sich für die Leistungsmessung die Abb. 2.

Elektrodynamische Meßwerke werden zur Leistungsmessung verwendet.

Eine Schaltungsmöglichkeit des Leistungsmeßgerätes im Einphasennetz zeigt Abb. 3. Damit der Spannungsunterschied zwischen der Strom- und Spannungsspule nicht zu groß ist (Gefahr der Isolationsbeschädigung), wird in der Regel ein Widerstand mit der Spannungsspule in Reihe geschaltet. Je nach Schaltung des Leistungsmessers wird entweder die Spannung oder die Stromstärke am Verbraucher ungenau gemessen (Abb. 4). Dadurch ergeben sich Fehler, die u.U. korrigiert werden müssen. Für die Messung der Erzeugerleistung verwendet man meist die Spannungsfehlerschaltung bei kleinen Strömen und großen Spannungen. Bei großen Stromstärken und kleinen Spannungen bevorzugt man die Stromfehlerschaltung (vgl. 7.8.1). Bei der Messung der Verbraucherleistung ist es umgekehrt.

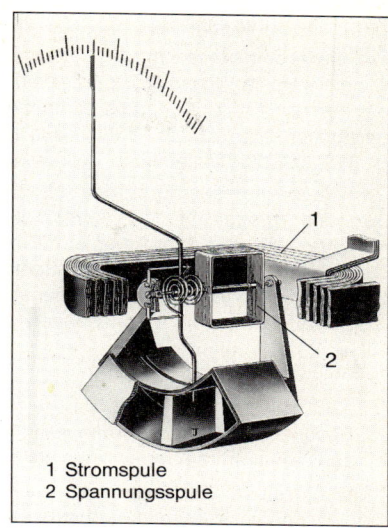

Abb. 1: Elektrodynamisches Meßwerk

1 Stromspule
2 Spannungsspule

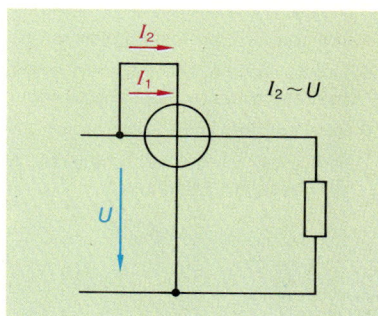

Abb. 2: Leistungsmessung mit dem elektrodynamischen Meßwerk

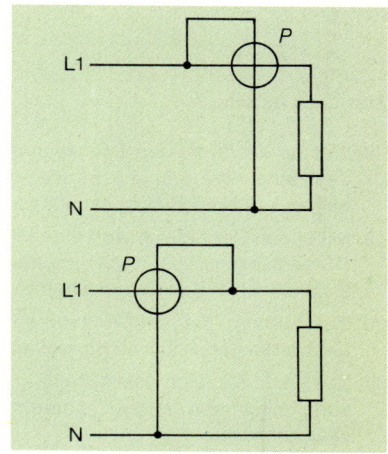

Abb. 4: Spannungs- und Stromfehlerschaltung von Leistungsmessern

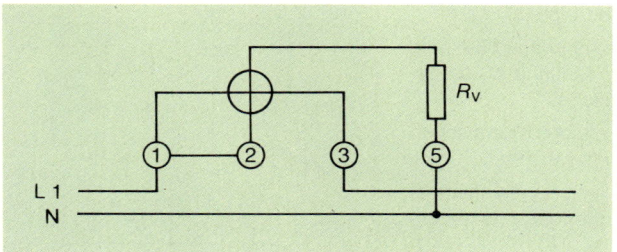

Abb. 3: Leistungsmesserschaltungen im Einphasennetz

7.7.2 Arbeitsmessung

Für die Arbeitsmessung ist es erforderlich, die Größen Spannung, Stromstärke und Zeit zu messen und das Produkt gemäß der Formel $W = U \cdot I \cdot t$ zu berechnen (vgl. 2.3.1). Da bei einem Leistungsmeßgerät das Produkt aus U und I bereits vorliegt, ist lediglich eine zusätzliche Zeitmessung erforderlich.

Erreicht wird dieses durch den »Elektrizitätszähler«. Die Zeitmessung erfolgt mit Hilfe einer rotierenden Scheibe. Das Meßergebnis wird dann über ein Zählwerk digital angezeigt. Da der Zähler wie ein Leistungsmeßgerät über einen Strom- und Spannungspfad verfügt, wird er ebenso angeschlossen. In Abb. 1 ist die Schaltung im Einphasennetz zu sehen.

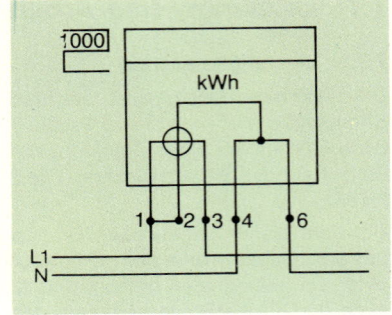

Abb. 1: Zähleranschluß im Einphasen-Netz

Aufgaben zu 7.6 und 7.7

1. Beschreiben Sie den grundsätzlichen Aufbau eines Drehspulmeßinstrumentes und seine Arbeitsweise!

2. Beschreiben Sie die grundsätzlichen Aufbau eines Dreheisenmeßinstrumentes und seine Arbeitsweise.

3. Welche Werte werden von Drehspulmeßinstrumenten und von Dreheisenmeßinstrumenten angezeigt?

4. Welche Größen lassen sich mit dem Oszilloskop messen?

5. Durch welche Maßnahmen erreicht man, daß Drehspulmeßinstrumente Wechselspannungen anzeigen?

6. Was versteht man unter einem arithmetischen Mittelwert?

7. Wie groß ist der arithmetische Mittelwert der in Abb. 2 dargestellten Spannung?

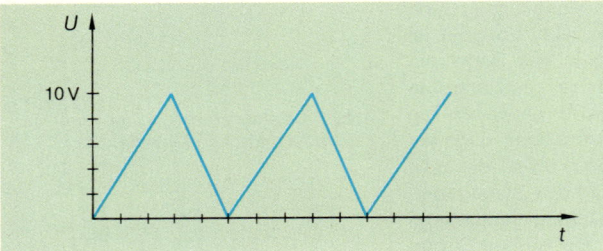

Abb. 2: Zu Aufgabe 7

8. Welche Werte zeigen Drehspulmeßinstrumente an, wenn die Spannungen von Abb. 3 angelegt werden? Das Meßgerät befindet sich im Gleichspannungsmeßbereich.

9. Mit einem Oszilloskop wird eine Mischspannung in Stellung DC gemessen. Was ergibt sich, wenn in Stellung AC umgeschaltet wird? Begründen Sie Ihre Aussage!

10. Beschreiben Sie den Aufbau eines elektrodynamischen Meßwerks und erklären Sie seine Arbeitsweise!

11. Zeichnen Sie eine Meßschaltung für eine Leistungsmessung mit einem elektrodynamischen Meßgerät in einem Gleichstromkreis!

12. Welche grundsätzlichen Messungen sind bei der Arbeitsmessung erforderlich?

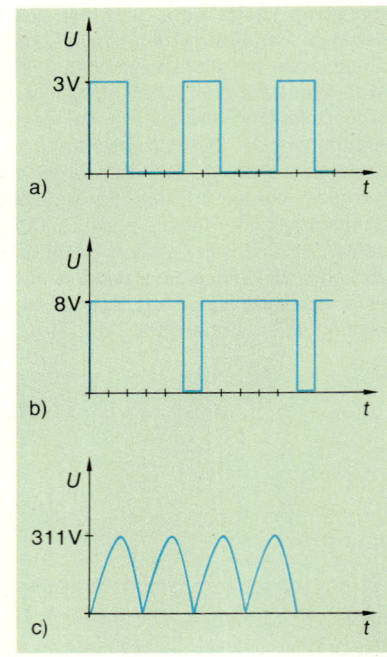

Abb. 3: Zu Aufgabe 8

7.8 Messung elektrischer Widerstände

7.8.1 Indirekte Widerstandsmessung mit Spannungs- und Strommeßgerät

Spannungsfehlerschaltung

Der elektrische Widerstand in Abb. 4 soll überprüft werden. Ein direkt anzeigendes Widerstandsmeßgerät ist nicht vorhanden. Deshalb soll eine Spannungs- und Strommessung durchgeführt und der elektrische Widerstand aus den Meßwerten berechnet werden. Die Meßschaltung zeigt Abb. 5. Bei dieser Meßmethode muß man die Meßspannung so wählen, daß der Widerstand nicht überlastet wird.

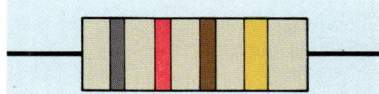

Abb. 4: Widerstand mit Farbcode

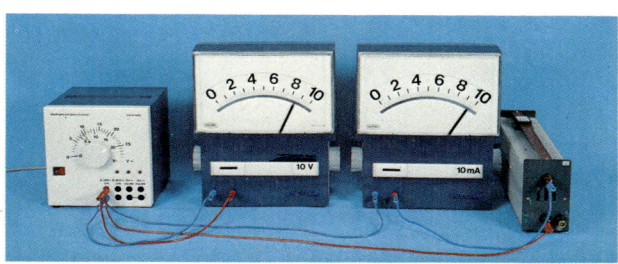

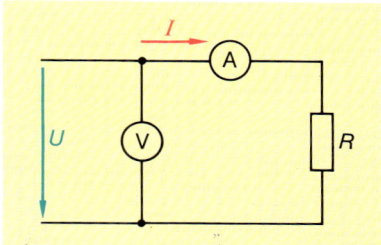

Abb. 5: Meßschaltung zur Bestimmung eines Widerstandes (Spannungsfehlerschaltung)

Die Meßwerte betragen $U = 8,5$ V und $I = 9,5$ mA. Daraus berechnet sich der Widerstand:

$$R = \frac{U}{I}; \qquad R = \frac{8,5 \text{ V}}{0,0095 \text{ A}}; \qquad \underline{R = 895 \ \Omega}$$

Nach dem Farbcode handelt es sich hier um einen Widerstand von 820 Ω. Der berechnete Wert liegt wesentlich höher. Selbst, wenn man die Toleranz (hier 5%) berücksichtigt, liegt der berechnete Widerstand zu hoch.

Geht man von der Voraussetzung aus, daß der Widerstandswert innerhalb der Toleranzgrenzen liegt, also zwischen 779 Ω und 861 Ω, dann kann die zu große Abweichung nur durch die Meßwerte zustande gekommen sein.

Jedes Meßinstrument hat einen Innenwiderstand. Wird es zur Messung eingesetzt, dann fließt durch das Meßinstrument (Innenwiderstand) ein elektrischer Strom. Hierdurch wird ein Spannungsabfall verursacht.

Die Meßschaltung in Abb. 5 zeigt, daß das Strommeßgerät mit dem Widerstand in Reihe liegt. Strommesser und Widerstand werden vom gleichen Strom durchflossen.

In Abb. 6 sind die Strom- und Spannungswerte dargestellt. Im vorliegenden Beispiel hat das Strommeßgerät einen Innenwiderstand von $R_i = 30$ Ω. Danach fällt am Innenwiderstand des Strommessers die Meßgerätespannung $U_M = 0,285$ V ab. Um diese ist die Spannung am Widerstand kleiner als die angelegte und hier gemessene Spannung.

$$U_R = U - U_M; \qquad U_R = 8,5 \text{ V} - 0,285 \text{ V}; \qquad \underline{U_R = 8,215}$$

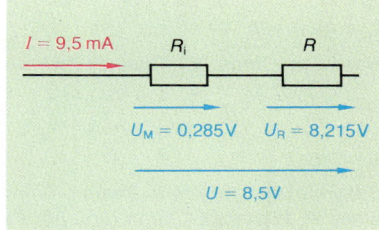

Abb. 6: Strom und Spannungen bei der Spannungsfehlerschaltung

Am Widerstand liegt eine Spannung $U_R = 8,215$ V. Sein Widerstandswert ist demnach:

$$R = \frac{U_R}{I}; \qquad R = \frac{8,215 \text{ V}}{0,0095 \text{ A}}; \qquad \underline{R = 865 \text{ } \Omega}$$

Nach der Meßschaltung in Abb. 5, S. 151 mißt das Spannungsmeßgerät für die Widerstandsberechnung eine fehlerhafte Spannung. Deshalb wird diese Schaltung **Spannungsfehlerschaltung** genannt.

Stromfehlerschaltung

Schaltet man das Spannungsmeßgerät direkt mit dem Widerstand parallel (Abb. 1), dann wird die Spannung richtig gemessen. Da jedoch durch das Spannungsmeßgerät ebenfalls ein Strom fließt, mißt jetzt das Strommeßgerät einen für die Widerstandsberechnung fehlerhaften Strom. Deshalb heißt diese Meßschaltung **Stromfehlerschaltung.**

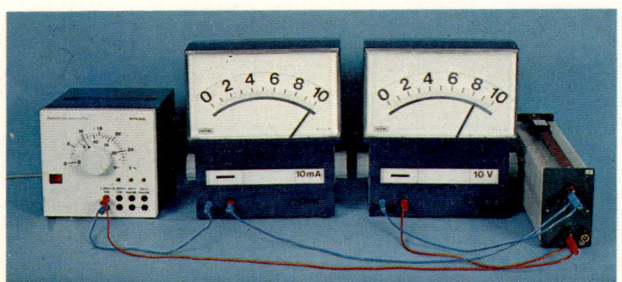
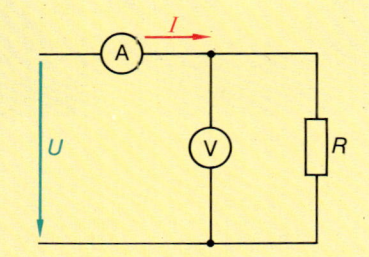

Abb. 1: Meßschaltung zur Bestimmung eines Widerstandes (Stromfehlerschaltung)

Es werden die gleichen Meßgeräte wie vorher verwendet. Die Meßwerte betragen jetzt $U = 8,5$ V und $I = 9,9$ mA.

Der Innenwiderstand des Spannungsmeßgerätes beträgt 100 kΩ. Da an ihm die gleiche Spannung wie am Widerstand anliegt, beträgt der Gerätestrom:

$$I_M = \frac{U}{R_i}; \qquad I_M = \frac{8,5 \text{ V}}{100000 \text{ } \Omega};$$

$$\underline{I_M = 0,085 \text{ mA}}$$

Um diesen Wert ist die Stromstärke im Widerstand kleiner als die Gesamtstromstärke. In Abb. 2 sind die Spannungs- und Stromwerte dargestellt.

$$I_R = I - I_M; \qquad I_R = 9,9 \text{ mA} - 0,085 \text{ mA};$$

$$\underline{I_R = 9,815 \text{ mA}}$$

Nach dem Ohmschen Gesetz erhält man den Widerstandswert:

$$R = \frac{U}{I}; \qquad R = \frac{8,5 \text{ V}}{0,009815 \text{ A}};$$

$$\underline{R = 866 \text{ } \Omega}$$

Bestimmt man mittels Spannungs- und Strommessung den Wert eines Widerstandes, dann muß der Fehler, den entweder das Strom- oder das Spannungsmeßgerät verursacht, rechnerisch berücksichtigt werden.

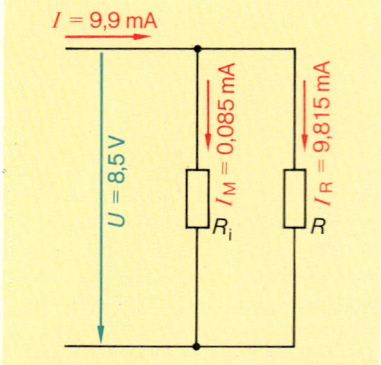

Abb. 2: Spannung und Ströme bei der Stromfehlerschaltung

Für viele Meßzwecke ist eine hohe Meßgenauigkeit nicht erforderlich. In diesen Fällen erübrigt sich in der Regel eine rechnerische Korrektur.

Im vorliegenden Beispiel ermittelt man den Widerstand ohne Korrektur.

Spannungsfehlerschaltung:

$$R = \frac{U}{I}; \qquad R = \frac{8{,}5 \text{ V}}{0{,}0095 \text{ A}}; \qquad \underline{R = 895 \ \Omega}$$

Stromfehlerschaltung:

$$R = \frac{U}{I}; \qquad R = \frac{8{,}5 \text{ V}}{0{,}0099 \text{ A}}; \qquad \underline{R = 859 \ \Omega}$$

Das Ergebnis der Stromfehlerschaltung kommt dem richtigen Widerstandswert am nächsten. Hierfür gibt es eine Erklärung, nach der entschieden werden kann, welche Meßschaltung vorteilhafter ist.

Bei der **Spannungsfehlerschaltung** (Abb. 3) entsteht der Fehler durch die Reihenschaltung des Strommeßgerätes mit dem Widerstand. Der Fehler ist um so kleiner, je kleiner der Spannungsabfall des Strommeßgerätes im Verhältnis zur Spannung am Widerstand ist.

Der Fehler ist um so kleiner, je kleiner $\dfrac{R_{i(I)}}{R}$ ist.

Bei der **Stromfehlerschaltung** (Abb. 4) entsteht der Fehler durch die Parallelschaltung des Spannungsmeßgerätes mit dem Widerstand. Der Fehler ist um so kleiner, je kleiner der Gerätestrom des Spannungsmeßgerätes im Verhältnis zum Strom durch den Widerstand ist.

Der Fehler ist um so kleiner, je kleiner $\dfrac{R}{R_{i(U)}}$ ist.

Für die Praxis bedeutet dies: Man überprüft an Hand der bekannten Innenwiderstände der Meßgeräte und des zu erwartenden Widerstandswertes, bei welcher Schaltung der Fehler am kleinsten wird. Diese Schaltung wird dann angewendet.

7.8.2 Direkte Widerstandsmessung

Widerstände lassen sich auch mit nur **einem** Strommeßgerät oder nur **einem** Spannungsmeßgerät bestimmen.

Direkte Widerstandsmessung nach dem Strommeßprinzip

Als Ausgangsschaltung dieser Messung dient die Meßschaltung aus Abb. 3. Wenn hier die Spannung der Spannungsquelle genau bekannt ist, erübrigt sich eine Spannungsmessung. Der Strommesser kann direkt in Ohm geeicht werden. In Abb. 5 ist die Meßschaltung dargestellt. Zum Schutz für die in Ohm geeichten Strommeßgeräte und die Spannungsquelle ist im **Widerstandsmeßgerät** ein Vorwiderstand R_v eingebaut. Dieser begrenzt den Strom im Kurzschlußfall. Ist der zu messende Widerstand $R \approx 0 \ \Omega$, dann hat der Meßstrom seinen größten Wert, der Zeiger schlägt voll aus. Ist dagegen der Widerstand unendlich groß (Unterbrechung), dann sind Stromstärke und

Spannungsfehlerschaltung

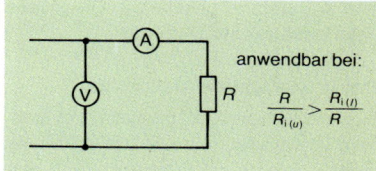

$$R = \frac{U - I \cdot R_{i(I)}}{I}$$

U: gemessene Spannung
I: gemessener Strom
$R_{i(I)}$:   Innenwiderstand
           des Strommessers
$R_{i(U)}$:   Innenwiderstand des
           Spannungsmessers

Stromfehlerschaltung

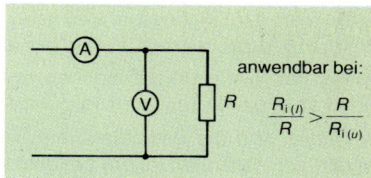

$$R = \frac{U}{I - \dfrac{U}{R_{i(U)}}}$$

Abb. 3: Spannungsfehlerschaltung

Abb. 4: Stromfehlerschaltung

Widerstandsmeßgerät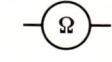

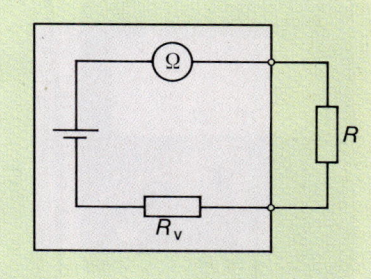

Abb. 5: Schaltung eines direkt anzeigenden Widerstandsmeßgerätes nach dem Strommeßprinzip

Zeigerausschlag Null. Die Skalen solcher Ohmmeter verlaufen also **von rechts nach links** (Abb. 1).

Der Vorwiderstand R_v ist in der Regel als Potentiometer ausgebildet. Mit ihm kann bei Kurzschluß der Meßleitungen ($R \approx 0\ \Omega$) der Anzeigewert $0\ \Omega$ eingestellt werden. Diese Eichung sollte vor jeder Messung durchgeführt werden, da sonst, bedingt durch die Alterung der Spannungsquelle (Trockenelement), Fehlmessungen möglich sind.

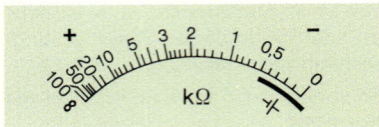

Abb. 1: Skala eines Widerstandsmeßgerätes nach dem Strommeßprinzip

Direkte Widerstandsmessung nach dem Spannungsmeßprinzip

Die Widerstandsmessung nach Strommeßprinzip wird vorwiegend für größere Widerstandswerte angewendet. Bei kleineren Widerständen würde die Spannungsquelle zu schnell entladen werden. Außerdem könnte der zu messende Widerstand durch die Spannungsquelle überlastet werden.

Hier bietet sich eine Verminderung der Meßspannung und damit des Meßstromes an. Die Meßschaltung zeigt Abb. 2. Das in Ohm geeichte Spannungsmeßgerät wird parallel zu dem zu messenden Widerstand geschaltet. Die Widerstandswerte steigen **von links nach rechts** (Abb. 3).

Direkt anzeigende Meßgeräte

Für die Widerstandsbestimmung und für die Durchgangsprüfung verwendet man z.B. die in Abb. 4 dargestellten Geräte. Vor jeder Widerstandsmessung muß ein Abgleich durchgeführt werden, um Spannungsänderungen der Quelle zu berücksichtigen. Hierzu werden die Anschlußleitungen direkt miteinander verbunden, der Eingang des Meßinstrumentes wird also kurzgeschlossen, dabei werden die Zeiger auf Null eingestellt.

Neben den bisher beschriebenen Instrumenten gibt es auch direkt anzeigende Digitalmeßgeräte (Abb. 6).

Bei ihnen wird der Widerstand mit Hilfe elektronischer Schaltungen gemessen. Im Innern befindet sich deshalb zur Versorgung der Bauteile eine Spannungsquelle.

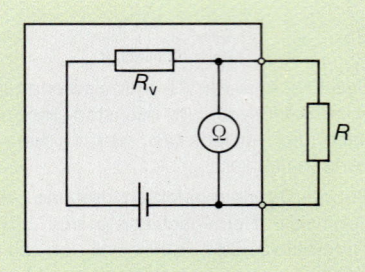

Abb. 2: Schaltung eines direkt anzeigenden Widerstandsmeßgerätes nach dem Spannungsmeßprinzip

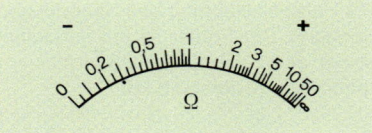

Abb. 3: Skala eines Widerstandsmeßgerätes nach dem Spannungsmeßprinzip

Abb. 4: Widerstandsmeßgeräte

Abb. 5: Isolationsmeßgerät

Das Meßprinzip eines digital anzeigenden Widerstandsmeßgerätes verdeutlichen wir mit Abb. 7. Der zu messende Widerstand R_x wird über die Anschlußbuchsen bzw. -klemmen an eine im Innern befindliche **Konstantstromquelle** angeschlossen. Diese elektronische Schaltung erzeugt unabhängig von dem angeschlossenen Widerstand eine konstante Stromstärke. Diese sorgt jetzt für einen Spannungsabfall am Widerstand, dessen Wert somit allein von der Größe des Widerstandes abhängt.

$$U = I \cdot R \qquad I = \text{konstant} \qquad U \sim R$$

Es ist danach nur noch erforderlich, die Spannung mit einem Spannungsmeßgerät zu messen, den Spannungswert in den entsprechenden Widerstandswert umzuwandeln und ihn dann anzuzeigen.

Aufgrund der hohen Meßgenauigkeit (z.B. 0,03%), bei einem vergleichsweise geringen technischen Aufwand, werden diese Meßgeräte zunehmend häufiger eingesetzt. Sie haben die in 7.8.3 noch zu behandelnden Meßbrücken z.T. verdrängt.

> Vorteile digital anzeigender Widerstandsmeßgeräte:
> Bequeme und eindeutige Ablesbarkeit, geringer Fehler.

In der Energietechnik spielen Isolationsmessungen eine wichtige Rolle (Abb. 5). Sie ist eine Widerstandsmessung im hochohmigen Bereich. Nach den geltenden Vorschriften muß als Meßspannung eine Gleichspannung verwendet werden. Sie muß so groß wie die Netzspannung der Anlage sein, mindestens jedoch 500 V.

7.8.3 Widerstandsmessung mit Meßbrücken

Meßprinzip der Brückenschaltung

Die Schaltung in Abb. 9 besteht aus zwei Reihenschaltungen von jeweils zwei Widerständen (R_1 in Reihe mit R_2 und R_3 in Reihe mit R_4), die parallel an eine gemeinsame Spannungsquelle angeschlossen sind.

Der Strom I_1 durchfließt sowohl R_1 als auch R_2. Der Strom I_3 durchfließt sowohl R_3 als auch R_4. Zwischen den Punkten A und B liegt die Batteriespannung. Sie teilt sich an den Widerständen R_1 und R_2 in U_{AC} und U_{CB}.

Eine Spannungsaufteilung findet auch an den Widerständen R_3 und R_4 in U_{AD} und U_{DB} statt. Bei der **Brückenschaltung** legt man zwischen die Punkte C und D einen Strommesser (vgl. Abb. 8). Er zeigt dann keinen Strom an, wenn zwischen den Punkten C und D keine Spannung besteht. Bei diesem Zustand sagt man, die Brücke ist abgeglichen.

Die Bedingungen, die zur abgeglichenen Brücke gehören, sollen hier untersucht werden. Sie führen zum Widerstandsmeßprinzip der Brückenschaltung.

Für die vier Widerstände gilt:

$$U_{AC} = I_1 \cdot R_1 \qquad U_{CB} = I_1 \cdot R_2$$
$$U_{AD} = I_3 \cdot R_3 \qquad U_{DB} = I_3 \cdot R_4$$

Abgleichbedingung ist: $U_{CD} = 0$

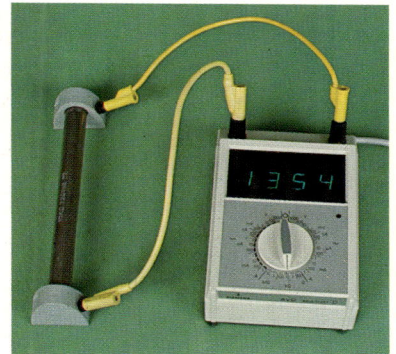

Abb. 6: Digital anzeigendes Widerstandsmeßgerät

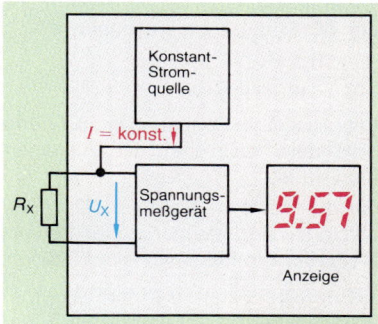

Abb. 7: Prinzipieller Aufbau eines digital anzeigenden Widerstandsmeßgerätes

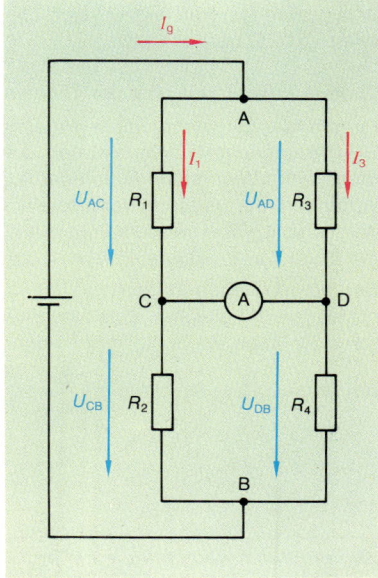

Abb. 8: Brückenschaltung

Dies ist dann der Fall, wenn $U_{AC} = U_{AD}$ und $U_{CB} = U_{DB}$, bzw. wenn die Spannungsaufteilung der Batteriespannung im oberen Brückenzweig der Aufteilung im unteren entspricht.

$$\frac{U_{AC}}{U_{CB}} = \frac{U_{AD}}{U_{DB}}$$

Die Spannungen lassen sich durch $I \cdot R$ ersetzen und die Ströme kürzen:

$$\frac{I_1 \cdot R_1}{I_1 \cdot R_2} = \frac{I_3 \cdot R_3}{I_3 \cdot R_4} \qquad \frac{R_1}{R_2} = \frac{R_3}{R_4}$$

Widerstandsmessung mit der Wheatstone-Brücke

Die Abb. 1 zeigt die Prinzipschaltung der Wheatstone-Brücke[1]. Anstelle des Widerstandes R_1 wird der zu messende Widerstand R_x eingeschaltet. Die Widerstände R_2, R_3 und R_4 werden so lange verändert, bis die Brücke abgeglichen ist. Wenn die Widerstände R_2, R_3 und R_4 (Abb. 1) bekannt sind, dann läßt sich der Widerstand R_x berechnen:

$$R_x = \frac{R_2 \cdot R_3}{R_4}$$

Eine konstante Spannung ist nicht erforderlich. Sie muß nur so groß sein, daß über das Anzeigeinstrument ein Abgleich möglich ist.

Für die Praxis ist diese Art der Widerstandsmessung noch zu umständlich. Einfacher in der Bedienung ist die **Schleifdraht-Meßbrücke in Wheatstone-Schaltung** (Abb. 2).

Der Brückenabgleich erfolgt durch stufenweise Veränderung des Vergleichswiderstandes R_v und Verstellung des Abgriffs am Schleifendrahtwiderstand R_s. Die Widerstände R_3 und R_4 sind Festwiderstände. Der Meßwert kann hier direkt abgelesen werden.

Wheatstone-Brücken eignen sich für Widerstandsmessungen von ca. 0,1 Ω bis ca. 1 MΩ.

Widerstandsmessung mit der Thomson[2]-Brücke

Für die Messung sehr kleiner Widerstände ist die Wheatstone-Brücke ungeeignet. Hier würden die Leitungen, die den zu messenden Widerstand R_x mit den Klemmen des Meßgerätes verbinden, die Messung verfälschen. Diese Leitungen werden durch Zusatzwiderstände kompensiert. Eine einfache Schaltung der Thomson-Brücke ist in Abb. 4 dargestellt.

Der zu messende Widerstand R_x wird an das Gerät angeschlossen. Mit gleichen Zuleitungen wird ein Vergleichswiderstand R_v (kann ein Schleifdraht sein) angeschlossen.

Bei Abgleich der Brücke gilt: $\dfrac{R_x}{R_v} = \dfrac{R_3}{R_4} = \dfrac{R_5}{R_6}$

Bedingung für Brückenabgleich

$$\frac{R_1}{R_2} = \frac{R_3}{R_4}$$

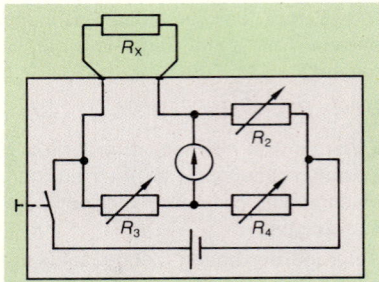

Abb. 1: Prinzipschaltung der Wheatstone-Brücke

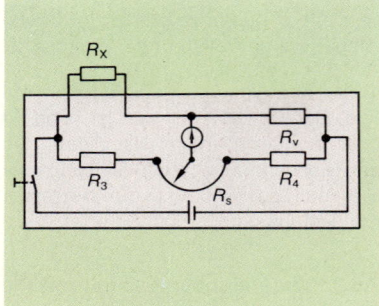

Abb. 2: Schaltung einer Schleifdrahtbrücke in Wheatstone-Schaltung

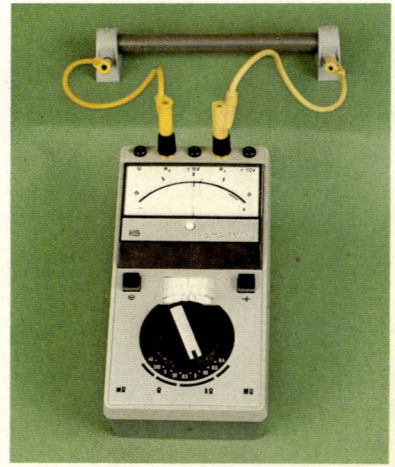

Abb. 3: Meßbrücke nach Wheatstone. Es werden gleichzeitig zwei Skalen betätigt, dadurch kann der Meßwert sofort abgelesen werden

---

[1] Benannt nach Sir CHARLES WHEATSTONE, englischer Physiker, 1802 ... 1875
[2] Benannt nach SIR WILLIAM THOMSON (Lord Kelvin of Largs), englischer Physiker, 1824 ... 1907

Die Innenwiderstände werden immer so verändert, daß das folgende Verhältnis gleich bleibt:

$$\frac{R_3}{R_4} = \frac{R_5}{R_6}$$

Thomson-Brücken benötigen einen höheren Strom als Wheatstone-Brücken. Sie müssen deshalb von einer separaten Spannungsquelle (z.B. Netz) versorgt werden.

Thomson-Brücken sind für die Messung sehr kleiner Widerstände von ca. 0,1 µΩ bis ca. 100 Ω geeignet.

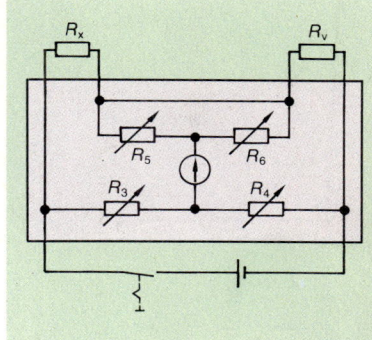

Abb. 4: Schaltung einer Thomson-Brücke

Aufgaben zu 7.8

1. Der Widerstandswert eines Widerstandes soll mit Strom- und Spannungsmessung bestimmt werden. Der Widerstand ist etwa 300 Ω groß. Der Strommesser hat einen Innenwiderstand von 10 Ω und der Spannungsmesser von 100000 Ω.
   Welche Meßschaltung ist auszuwählen?

2. Warum ist bei einem Widerstandsmesser (Strommesser in Ω geeicht) die Skala rückläufig?

3. Welche Aufgabe hat der einstellbare Vorwiderstand bei einem Widerstandsmeßgerät?

4. Erklären Sie die prinzipielle Arbeitsweise eines digital anzeigenden Widerstandsmeßgerätes!

5. Zwischen welchen maximalen Werten läßt sich die Spannung zwischen den Punkten A und B der Meßbrücke von Abb. 6 einstellen, wenn das Potentiometer verändert wird? Geben Sie dazu die Polarität für die Punkte A und B an!

6. Welche Bedingungen gelten für eine abgeglichene Brücke?

7. Warum zeigt das Meßgerät bei einer abgeglichenen Brücke nichts an?

8. Warum wird der Meßfehler der Wheatstone-Brücke bei der Messung sehr kleiner Widerstände so groß?

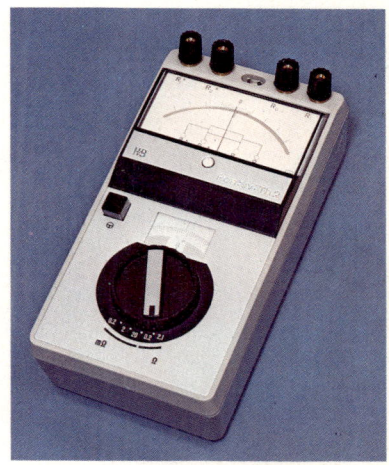

Abb. 5: Meßbrücke nach Thomson

9. Für welche Meßzwecke ist eine Thomson-Brücke besser geeignet als eine Wheatstone-Brücke?

10. In einer Stromfehlerschaltung werden die folgenden Werte gemessen: $I = 200$ mA bei einem Meßbereich von 300 mA (55 mV) und $U = 5$ V bei einem Meßbereich von
    $$7 \text{ V} \left(100 \, \frac{k\Omega}{V}\right). \text{ (Klasse 0,5)}$$
    a) Wie groß ist der Widerstand ohne Korrektur?
    b) Wie groß ist der Widerstand mit Korrektur?
    c) Wie groß wäre der Widerstandswert (ohne Korrektur), wenn beide Meßgeräte 0,5% zuviel angezeigt hätten?
    d) Wie groß wäre der Widerstandswert (ohne Korrektur), wenn beide Meßgeräte 0,5% zuwenig angezeigt hätten?
    e) Wie groß wäre der Widerstandswert, wenn der Strommesser 0,5% zuviel und der Spannungsmesser 0,5% zuwenig angezeigt hätten?

11. Wie groß sind die Ergebnisse der Aufgabe 10, wenn die Spannungsfehlerschaltung angewendet wird?

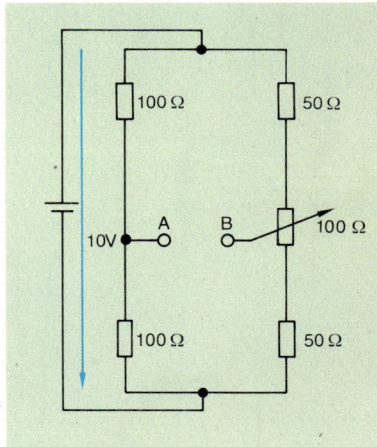

Abb. 6: Zu Aufgabe 5

8 Einführung in die Elektronik

Im Jahre 1904 hat der Engländer Fleming die erste Elektronenröhre (Vakuumröhre) gebaut. Bald darauf gab es die erste Verstärkerröhre und den ersten Röhrensender. Für diesen damals neuen Bereich der Elektrotechnik hat man einen neuen Namen bzw. Begriff geprägt: **Elektronik.**

Ursprünglich umfaßte der Begriff alle Bauteile (und deren Schaltungen), bei denen die Wirkung auf die Bewegung von Elektronen im Vakuum (luftleerer Raum) oder in Gasen zurückzuführen war. Heute wird vor allem das weite Gebiet der Halbleiter unter dem Begriff Elektronik verstanden. Aber auch Widerstände, Kondensatoren und Spulen können in solchen Schaltungen vorkommen.

Seitdem die Amerikaner J. Bardeen und W. H. Brattain 1948 den ersten Transistor entwickelten, haben die verschiedensten Bauelemente aus Halbleitermaterialien einen damals ungeahnten Siegeszug durch die gesamte Elektrotechnik angetreten. In Abb. 1 und 2 sind Stufen der technologischen Entwicklung zu erkennen.

In der Energietechnik werden Halbleiterbauelemente überwiegend zum Gleichrichten, Wechselrichten, Steuern, Regeln, Schalten und Verstärken von Spannungen und Strömen verwendet. In der Nachrichten- und Kommunikationstechnik werden Halbleiterbauelemente in den Schaltungen der Radio-, Fernseh-, Phono-, Video-, Datenverarbeitungs- und Computertechnik eingesetzt.

Abb. 1: Historischer Aufbau, an dem Bardeen und Brattain das Transistorphänomen entdeckten

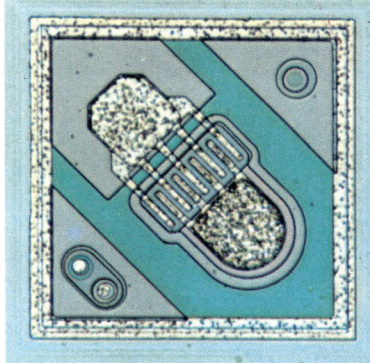

Abb. 2: Hochfrequenztransistor in Planar-Epitaxial-Technik für UKW-Vorstufen

8.1 Widerstände mit linearem und nichtlinearem Verhalten

Bevor wir uns mit Halbleiterwiderständen befassen, wollen wir kurz noch einmal auf Widerstände mit linearem Verhalten eingehen (vgl. Kap. 3).

8.1.1 Lineare Widerstände

Widerstände mit linearem Verhalten haben eine gerade (lineare) Strom-Spannungs-Kennlinie (Abb. 3). Der Widerstandswert solcher Bauteile ist also (im Betrieb) konstant.

Die elektrische Stromstärke I ist von der Spannung U abhängig. Bei gleichbleibendem Widerstand R erhöht sich die Stromstärke I im gleichen Verhältnis (proportional) wie die Spannung U.

> Widerstände, die ihren Widerstandswert bei Änderung des Spannungswertes oder bei Änderung der Spannungsrichtung nicht ändern, nennt man lineare Widerstände.

Lineare Widerstände werden als Kohleschicht-, Metallschicht- oder Drahtwiderstände hergestellt.

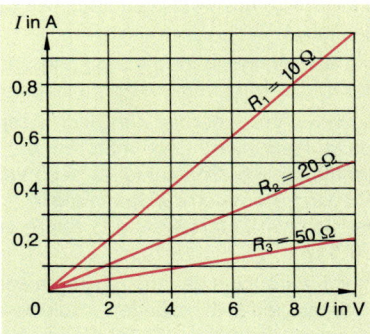

Abb. 3: Kennlinien verschiedener linearer Widerstände

Es werden aber auch Widerstände hergestellt, bei denen der Widerstandswert nicht konstant ist, sondern von einer physikalischen Einflußgröße abhängt (z.B. Spannung, Temperatur, Licht usw.). Solche Widerstände haben nichtlineares Verhalten. Wir wollen uns nun mit den Eigenschaften solcher Bauteile beschäftigen.

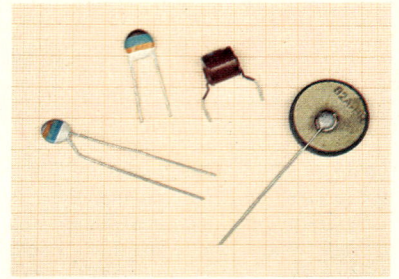

Abb. 1: Varistoren

8.1.2 Spannungsabhängige Widerstände

In der Elektrotechnik steht man oft vor dem Problem, Geräte, Bausteine oder teure Baugruppen vor Überspannung oder Störspannungsspitzen zu schützen oder Spannungen zu stabilisieren. Der spannungsabhängige Widerstand bietet hier eine preiswerte Lösung.

Spannungsabhängige Widerstände werden je nach Hersteller mit **VDR** (**V**oltage **D**ependent **R**esistor), Varistor oder Thyrit-Widerstand bezeichnet (Abb. 1). Wir wollen an einer einfachen elektronischen Schaltung die Wirkung eines VDR untersuchen (Abb. 2).

Spannungsabhängiger Widerstand

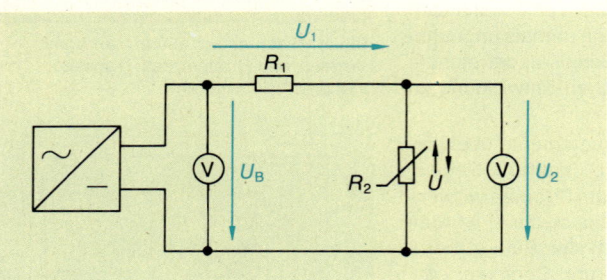

Abb. 2: Meßschaltung mit VDR

Legt man an die Eingangsklemmen der Schaltung die Spannung $U_B = 60\,V$, so wird man an den Ausgangsklemmen die Spannung $U_2 = 10\,V$ messen. Nach den Gesetzmäßigkeiten der Reihenschaltung (vgl. 4.2) muß der VDR einen Widerstandswert von $100\,\Omega$ haben. Erhöht man die Spannung U_B auf $70\,V$, so kann man $U_2 = 10,5\,V$ messen. Der Widerstandswert von R_2 hat sich verändert; er beträgt jetzt nur noch $88\,\Omega$ (siehe Berechnung). Die Ausgangsspannung ist dagegen relativ konstant geblieben.

Die Schaltung hat für die Ausgangsspannung U_2 bei Erhöhung der Eingansspannung U_B eine stabilisierende Wirkung.

Auch bei Verringerung der Eingangsspannung läßt sich dieser Effekt feststellen. Legt man an die Eingangsklemmen der Schaltung die Spannung $U_B = 50\,V$, so wird man an den Ausgangsklemmen die Spannung $U_2 = 9,5\,V$ messen. Auch hier hat sich der Widerstandswert von R_2 verändert; er beträgt jetzt $117,3\,\Omega$.

Bevor wir auf die genauen Zusammenhänge von Spannungen, Strömen und Widerständen in dieser Schaltung im einzelnen eingehen, werden wir in einem Versuch die elektrischen Eigenschaften eines spannungsabhängigen Widerstandes näher untersuchen.

Berechnung des VDR:

$$R_1 = 500\,\Omega \qquad R_2 = R_{VDR}$$

$$\frac{R_2}{R_1} = \frac{U_2}{U_1} \qquad U_1 = U_B - U_2$$

$$R_2 = \frac{U_2}{U_B - U_2} \cdot R_1$$

$$R_2 = \frac{10\,V}{60\,V - 10\,V} \cdot 500\,\Omega$$

$$\underline{R_2 = 100\,\Omega}$$

$$R_2' = \frac{10,5\,V}{70\,V - 10,5\,V} \cdot 500\,\Omega$$

$$\underline{R_2' = 88\,\Omega}$$

$$R_2'' = \frac{9,5\,V}{50\,V - 9,5\,V} \cdot 500\,\Omega$$

$$\underline{R_2'' = 117,3\,\Omega}$$

Versuch 8–1: **Abhängigkeit der Stromstärke von der Spannung beim VDR**

Aufbau

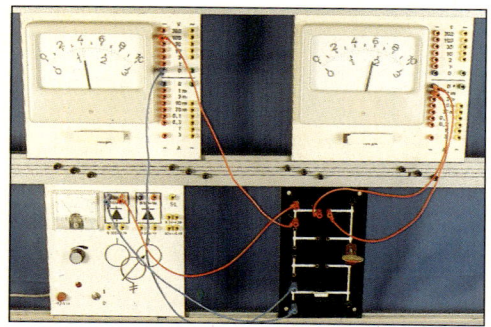 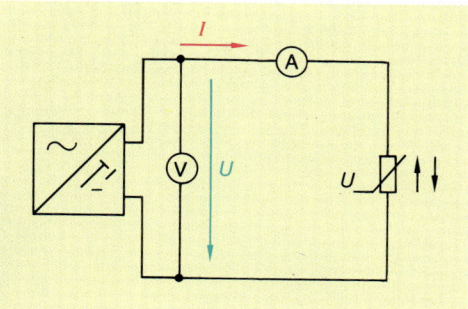

Als Spannungsquelle wird ein stabilisiertes Netzgerät gewählt, mit dem man Spannungen von 0V bis ca. 20V einstellen kann.

Durchführung

Es werden verschiedene Spannungen von 0V bis 12V in 1V-Schritten eingestellt und die jeweils dazugehörigen Stromstärken gemessen.

Meßergebnis

U in V	0	1	2	3	4	5	6	7	8	9	10	11	12
I in mA	0	1	2,7	5,4	9,4	14,7	22	33	46	65	100	135	180
R in Ω	–	1000	741	556	425	340	273	212	174	139	100	81,5	66,7

Die Tabelle zeigt, daß die Stromstärke mehr zunimmt als die Spannung. Bei einer Verdoppelung der Spannung von 1V auf 2V steigt die Stromstärke von 1mA auf 2,7mA (fast 3-fach). Bei einer Verdoppelung der Spannung von 5V auf 10V ist die Stromzunahme fast 8-fach. Das bedeutet, daß der Bruch (Verhältnis) aus Spannung U und Stromstärke I $\left(\dfrac{U}{I} = R\right)$ nicht mehr konstant ist. Der Widerstandswert ändert sich mit zunehmender Spannung. Die errechneten Werte zeigen eine deutliche Abnahme des Widerstandswertes bei zunehmender Spannung.

Aus den Meßwerten läßt sich die Kennlinie zeichnen. Sie ist stark gekrümmt (Abb. 3).

> Der VDR ist ein Widerstand mit nichtlinearem Verhalten. Sein Widerstandswert nimmt mit steigender Spannung ab.

In unserem Versuch polen wir nun die Spannungsquelle um und nehmen noch einmal eine Meßreihe auf. Wir erhalten dieselben Stromstärken, nur in umgekehrter Richtung. Diese Strom-Spannungs-Kennlinie ist also nullpunktsymmetrisch.

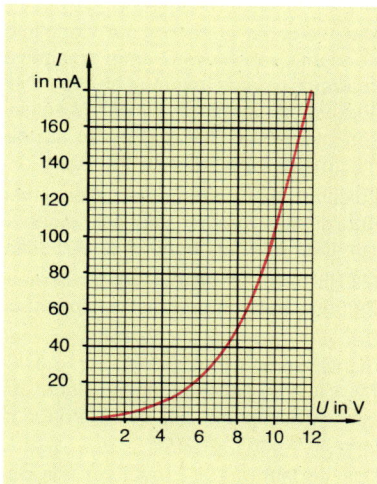

Abb. 3: Kennlinie des VDR

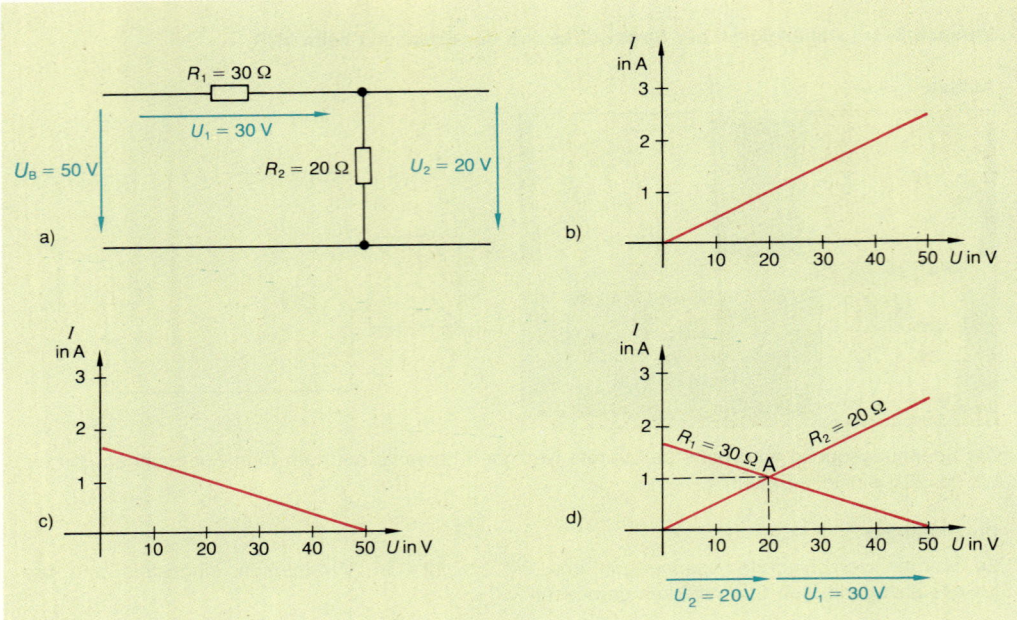

Abb. 1: Kennlinien einer Reihenschaltung

Die Kennlinie des VDR benutzt man, um die Zusammenhänge von Stromstärke und Teilspannungen bei der Stabilisierungsschaltung S. 160 Abb. 2 zu bestimmen. Das Verfahren soll nachfolgend am Beispiel einer Reihenschaltung von linearen Widerständen erläutert und dann auf die Schaltung mit einem VDR übertragen werden. Ausgehend von einer bekannten Reihenschaltung zweier Widerstände (Abb. 1a) wird das Verfahren schrittweise erklärt.

Man zeichnet zunächst die Kennlinie von R_2 (Abb. 1b). Die Kennlinie von R_1 wird dann spiegelverkehrt in das Koordinatenkreuz eingezeichnet (Abb. 1c). Die spiegelverkehrte Kennlinie von R_1 beginnt auf der U-Achse im Punkt der Betriebsspannung $U_B = 50\,V$ und endet auf der I-Achse im Punkt des maximalen Stromes von 1,67 A.

Zeichnet man die beiden Kennlinien in ein gemeinsames Koordinatensystem, dann schneiden sie sich im Punkt A (Abb. 1d). Diesen Punkt nennt man **Arbeitspunkt** der Schaltung.

Mit Hilfe des Arbeitspunktes kann man die Stromstärke I in der Reihenschaltung und die Teilspannungen U_1 und U_2 ermitteln.

Um die Stromstärke zu erhalten, zeichnet man die Waagerechte vom Arbeitspunkt auf die Stromachse. Man erhält $I = 1\,A$. Die Teilspannungen findet man, indem man das Lot vom Arbeitspunkt auf die Spannungsachse fällt. Man erhält $U_1 = 30\,V$ und $U_2 = 20\,V$.

Das Verfahren zur Ermittlung von Stromstärke und Teilspannungen in einer Reihenschaltung von Widerständen soll nun auf eine Schaltung mit einem VDR übertragen werden (Abb. 2).

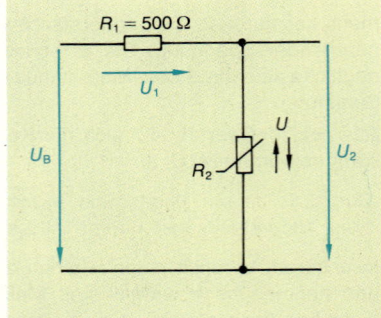

Abb. 2: Reihenschaltung mit VDR

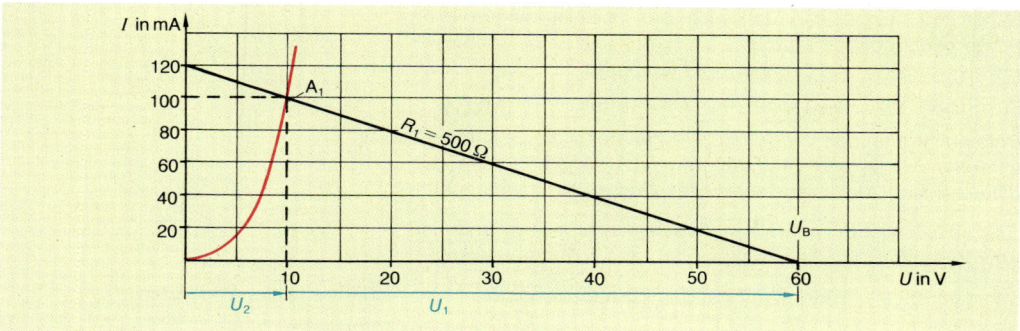

Abb. 3: Stromstärke und Spannungen bei einer Reihenschaltung von Widerstand und VDR

Wir benutzen dazu die in Versuch 8–1 aufgenommene Kennlinie des VDR und zeichen die spiegelverkehrte Kennlinie von R_1 ein (Abb. 3). Die Kennlinie von R_1 beginnt auf der Spannungsachse bei der gewählten Eingangsspannung $U_B = 60 V$. Sie endet auf der Stromachse bei $I = 120 mA$ (s. Berechnung). Der Schnittpunkt der beiden Kennlinien ist der Arbeitspunkt A_1 der Schaltung. Für diesen Punkt läßt sich ablesen:

$I = 100 mA$; $U_1 = 50 V$; $U_2 = U_{VDR} = 10 V$

Die spannungsstabilisierende Wirkung kann man gut erkennen, wenn man die Spannung U_B auf 70 V erhöht (Abb. 4).

Berechnung des Schnittpunktes auf der Stromachse:

$$I = \frac{U_B}{R_1}$$

$$I = \frac{60 V}{500 \Omega}$$

$$I = 0,12 A$$

$$\underline{I = 120 mA}$$

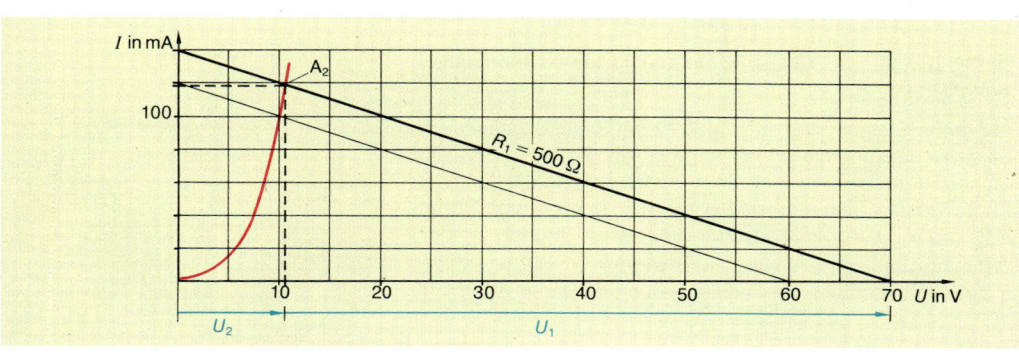

Abb. 4: Prinzip der Spannungsstabilisierung mit VDR

Für den neuen Arbeitspunkt A_2 läßt sich ablesen:

$I = 119 mA$; $U_1 = 59,5 V$; $U_2 = U_{VDR} = 10,5 V$

Die geringe Spannungszunahme von U_{VDR} ist auf den steilen Verlauf der Kennlinie des VDR zurückzuführen. Der Widerstandswert des VDR im Arbeitspunkt A_2 ist kleiner geworden, somit ändert sich das Verhältnis der Widerstände R_1 und R_2.

In elektronischen Schaltungen, in denen sich Spannungen und Ströme ändern, ist es wichtig, den Widerstand anzugeben, der bei wechselnden Größen auftritt. Er wird **differentieller Widerstand** oder **Wechselstromwiderstand** genannt.

Für die Reihenschaltung aus Widerstand und VDR haben wir die Betriebsfälle für $U_B = 60 V$ und $U_B = 70 V$ untersucht. Dabei haben wir festgestellt, daß sich die Teilspannungen nicht proportional geändert haben:

Für $U_B = 60\,V$; $U_{VDR} = 10{,}0\,V$; $I_1 = 100\,mA$

Für $U_B = 70\,V$; $U_{VDR} = 10{,}5\,V$; $I_2 = 119\,mA$

Untersucht man das Widerstandsverhalten für die Spannungsdifferenz ΔU_{VDR} und Stromdifferenz ΔI, so erhält man den differentiellen Widerstandswert oder Wechselstromwiderstand.

> Der differentielle Widerstand (Wechselstromwiderstand) ist das Verhältnis von Spannungsänderung zu Stromänderung.

Der differentielle Widerstand hat das Formelzeichen r:

$$r = \frac{\Delta U}{\Delta I}; \quad r = \frac{U_{VDR2} - U_{VDR1}}{I_2 - I_1}$$

$$r = \frac{10{,}5\,V - 10\,V}{119\,mA - 100\,mA}$$

$$r = 26{,}32\,\Omega$$

Der Wert des differentiellen Widerstandes (Wechselstromwiderstand) weicht bei nichtlinearen Kennlinien vom Wert des statischen Widerstandes (Gleichstromwiderstand) ab. Um den genauen Wert zu ermitteln, zeichnet man an die Kennlinie des VDR im Arbeitspunkt eine Tangente (Abb. 1a). Die Größe des Dreiecks spielt keine Rolle, da das Verhältnis der beiden Seiten ΔU und ΔI konstant ist. Das Verhältnis der beiden Größen gibt die Steigung der Kurve an. Der so ermittelte differentielle Widerstandswert gilt nur für diesen Arbeitspunkt.

> Die Steigung der Kennlinie ist ein Maß für den differentiellen Widerstand.

Eine große Steigung bedeutet, daß kleine Spannungsänderungen große Stromänderungen hervorrufen (A_1, Abb. 1b). Der Wechselstromwiderstand ist klein. Bei flachen Kennlinienteilen bringt dieselbe Spannungsänderung nur eine geringe Stromänderung (A_2). Der Wechselstromwiderstand ist groß.

Spannungsabhängige Widerstände werden in vielen elektronischen Schaltungen verwendet. Hauptanwendungsbereiche sind:

- Spannungsstabilisierung
- Spannungsbegrenzung
- Funkenlöschung

Für die verschiedenen Einsatzgebiete gibt es eine Vielfalt von spannungsabhängigen Widerständen. So werden z.B. VDR für Betriebsspannungen von 14V bis 1500V und Betriebsströme von 1mA bis 10A gefertigt. Für die dazugehörigen Kennlinien müssen dann oft große Zahlenbereiche an den Koordinatenachsen erfaßt werden. Bei linearer (gleichmäßiger) Teilung ergeben sich sehr unhandliche Darstellungen. Es hat sich als zweckmäßig erwiesen, für die Darstellung von Kennlinien über große Zahlenbereiche die Koordinatenachsen logarithmisch zu teilen.

Bei einer logarithmisch geteilten Strecke entspricht jeder Teilstrich einer Zehnerpotenz. Die Abstände zwischen den

Differentieller Widerstand

Formelzeichen: r

Einheitenzeichen: Ω

$$r = \frac{\Delta U}{\Delta I}$$

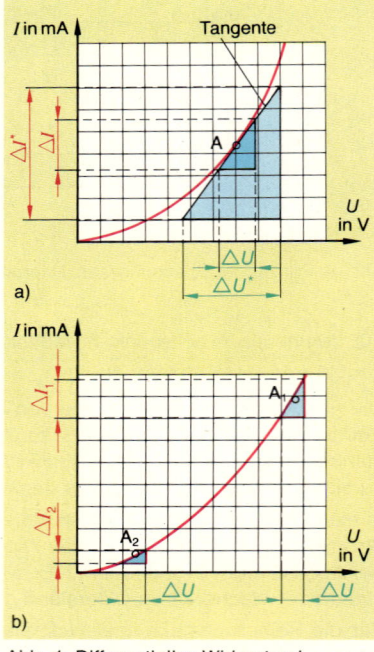

Abb. 1: Differentieller Widerstand

Punkten 1 und 10, 10 und 100 usw. sind immer gleich lang (Abb. 2). Allerdings beginnt eine logarithmisch geteilte Achse nicht mit dem Wert 0.

In den meisten Fällen muß der Zwischenraum zwischen je zwei Teilstrichen (Zehnerpotenzen) weiter unterteilt werden. Die Zwischenwerte kann man mit dem Taschenrechner ermitteln.

Beispiel: Zahl 2

Man gibt die Zahl 2 in den Taschenrechner ein, drückt die Taste »lg« und erhält den Wert 0,301. Das bedeutet: Die Zahl 2 liegt bei 30,1% der Strecke von 1 bis 10 (Abb. 4).

Beispiel: Zahl 200

Man gibt die Zahl 200 ein, drückt die Taste »lg« und erhält den Wert 2,301. Das bedeutet: Die Zahl 2 vor dem Komma gibt die Hochzahl (Exponent) der Zehnerpotenz an, die den Anfang der zu teilenden Strecke angibt: $10^2 = 100$ (Abb. 5). Die Zahl nach dem Komma ist wieder das Maß für die Teilstrecke. Der Wert 0,301 bedeutet also wieder 30,1% der Strecke zwischen 100 und 1000 (Abb. 5).

Für die Praxis genügen folgende Näherungswerte:

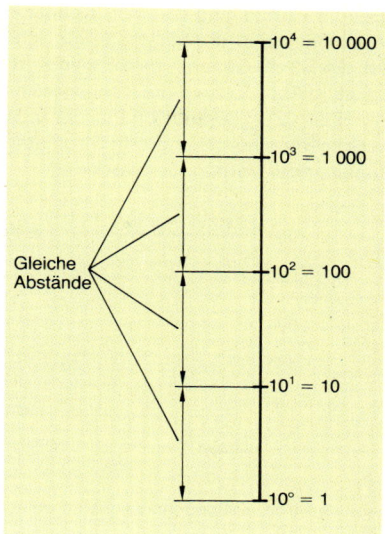

Abb. 2: Logarithmische Teilung

Zahl	1	2	3	4	5	6	7	8	9	10
Strecke in %	0	30	48	60	70	78	85	90	95	100

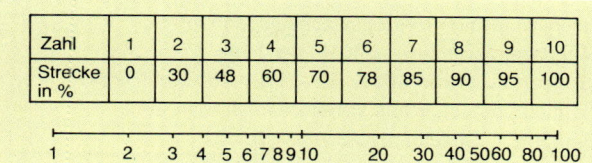

Abb. 3: Teilung über zwei Zehnerpotenzen

Abb. 4: Zahl 2

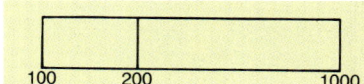

Abb. 5: Zahl 200

Oft genügt es, wenn eine der beiden Koordinatenachsen logarithmisch geteilt ist, während die andere linear geteilt bleibt (Abb. 6).

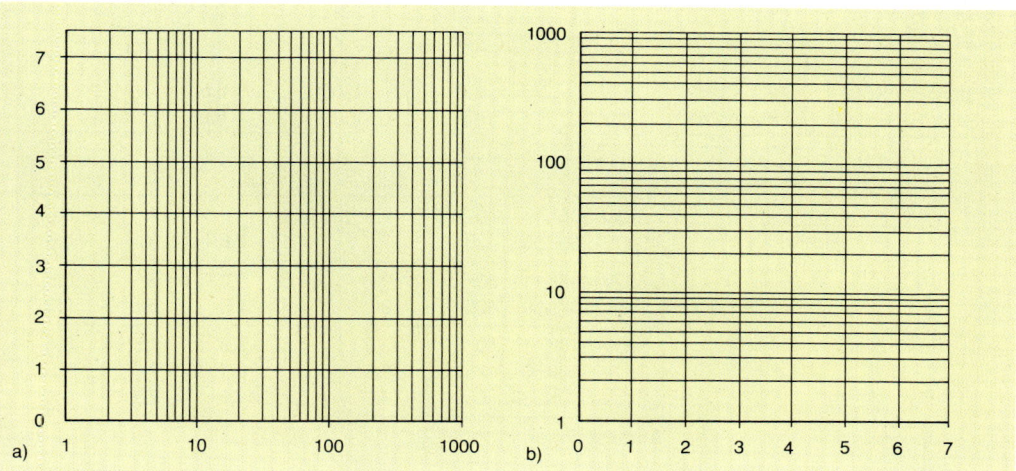

Abb. 6: Beispiele für linear-logarithmische Teilungen

Bei der Darstellung von VDR-Kennlinien benutzt man fast ausschließlich den doppelt-logarithmischen Maßstab. In Abb. 1a
ist die Strom-Spannungs-Kennlinie in linearem Maßstab dargestellt. Abb. 1b zeigt die Kennlinie im doppelt-logarithmischen
Maßstab. Zur Verdeutlichung der Zusammenhänge bzw. Unterschiede sind gleichgroße Stromstärken durch dünne Linien
miteinander verbunden worden.

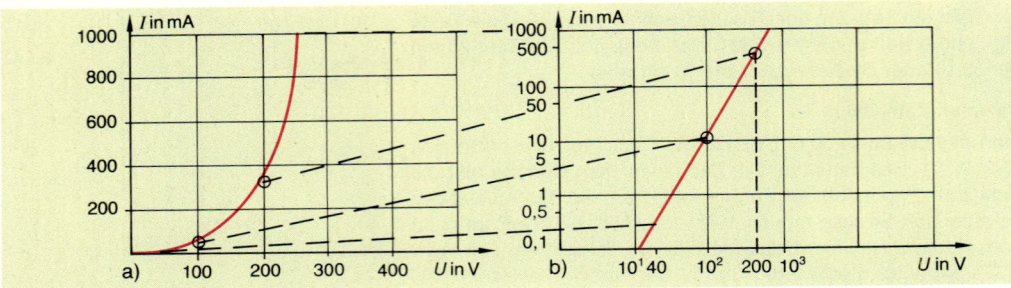

Abb. 1: Strom-Spannungs-Kennlinie eines VDR

a)

SIOV-S20K1000

- Höchstzulässige Betriebswechselspannung U_{eff}
- Standardtoleranz K $\triangleq$ ± 10%, bei 1 mA
  (Sondertoleranzen M $\triangleq$ ± 20%, L $\triangleq$ ± 15%, bei 1 mA)
- Nenndurchmesser des Varistorelements in mm
- Bauform (S Scheibentyp/B Blocktyp)

Scheiben-Varistoren

1	2	3		4	5	6
Typ	Bestell-Nr.	Höchstzulässige Betriebsspannung		Spannung bei 1 mA K $\triangleq$ ± 10%	Stoßstrom max. Welle 8/20 µs	Dauer- belast- barkeit max.
		U_{eff} V	U_- V	V	kA	W
SIOV-S05K11	Q69-X3445	11	14	18	0,1	0,01
SIOV-S05K14	Q69-X3422	14	18	22	0,1	0,01
SIOV-S05K17	Q69-X3423	17	22	27	0,1	0,01
⋮	⋮	⋮	⋮	⋮	⋮	⋮
SIOV-S20K680	Q69-X3242	680	895	1100	6,5	1
SIOV-S20K1000	Q69-X3243	1000	1465	1800	6,5	1

b)

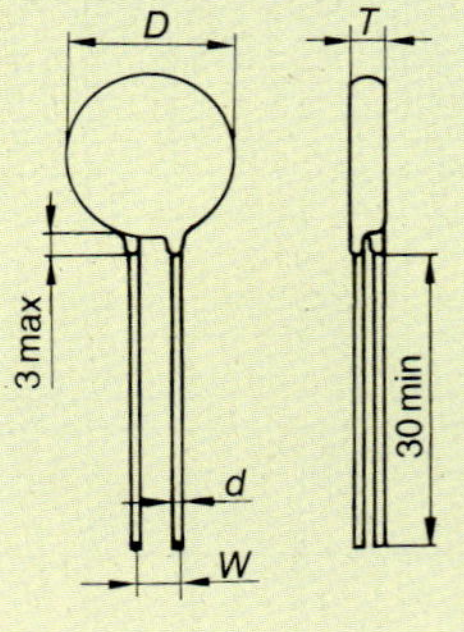

Typ	D_{max}	T_{max}	$W ± 1$	d
SIOV-S05K11...40	7,5	4,5	5	0,6
SIOV-S05K50...420	7	4,5... 7,8	5	0,6
SIOV-S07K11...40	9	4,5... 5,2	5	0,6
SIOV-S07K50...420	9	4,6... 7,8	5	0,6
SIOV-S10K11...40	13,5	4,6... 5,3	7,5	0,8
SIOV-S10K50...175	13,5	5 ... 6,1	7,5	0,8
SIOV-S10K230...680	14	6,7...11,2	7,5	0,8

Abmessungen in mm

Abb. 2: Auszug aus einem Datenblatt für Varistoren

Abb. 2a zeigt eine Auflistung verschiedener Scheiben-VDR mit der Angabe einiger elektrischer Eigenschaften. Danach gibt es VDR für Betriebsspannungen von 14V bis 1465V Gleichspannung bzw. 11V bis 1000V Wechselspannung (s. Spalte 3).

In Spalte 5 sind Stromstoßbelastungen für eine kurze Zeit angegeben. Die Stoßströme liegen zwischen 0,1 kA und 6,5 kA.

In Spalte 6 wird die Dauerbelastbarkeit in Watt angegeben. Diese Dauerbelastbarkeit wird häufig auch im I-U-Diagramm als Kennlinie dargestellt. Diese Linie nennt man **Leistungshyperbel**.

Im grau unterlegten Bereich (Abb. 3) darf der VDR nicht betrieben werden, weil sonst die Dauerbelastbarkeit von 0,01 W überschritten und der VDR thermisch zerstört wird.

Abb. 2b gibt die Abmessungen einiger VDR-Typen an. So kann man aus Zeile 1 für SIOV-S05K11 einen Scheibendurchmesser von $D = 7,5$ mm und eine Scheibendicke $T = 4,5$ mm ablesen. Der Abstand der Anschlußdrähte beträgt $W = 5$ mm, wobei eine Toleranz von ± 1 mm zugelassen ist. Der Durchmesser der Anschlußdrähte ist mit $d = 0,6$ mm angegeben.

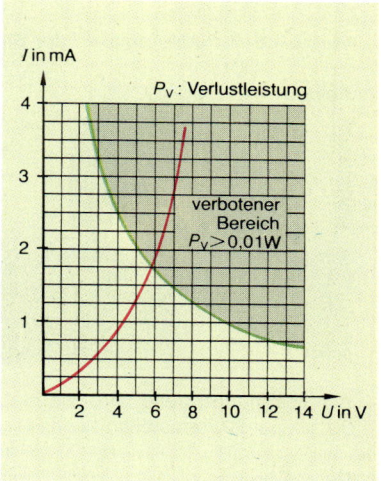

Abb. 3: Leistungshyperbel

Aufgaben zu 8.1.2

1. Skizzieren Sie die I-U-Kennlinie eines Varistors!

2. Welche Eigenschaften lassen sich aus der I-U-Kennlinie ableiten?

3. Für welche Zwecke läßt sich der VDR einsetzen?

4. Bestimmen Sie die Widerstandsänderung für ΔU aus Abb. 4!

5. Zeichnen Sie für die Strom-Spannungs-Kennlinie aus Abb. 3 die Widerstands-Spannungs-Kennlinie!

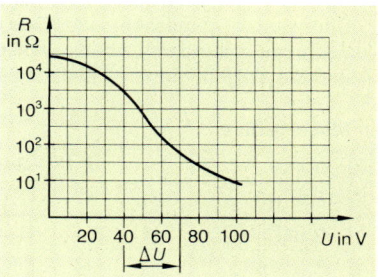

Abb. 4: Widerstands-Spannungs-Kennlinie eines VDR

8.1.3 Temperaturabhängige Widerstände

Bei Widerständen mit linearem Verhalten ist der Einfluß der Temperatur auf den Widerstandswert unerwünscht. In vielen Anwendungsbereichen (z.B. Temperaturmessung, Temperaturregelung, Strombegrenzung u.a.) benötigt man jedoch Bauteile, bei denen der Widerstandwert möglichst stark von der Temperatur abhängt. Temperaturabhängige Widerstände erfüllen diese Aufgabe.

Kaltleiter (PTC-Widerstand)

In der Schaltung von Abb. 5 ist ein Kaltleiter als Fühler in einem Grenzwertgeber einer Öltankanlage eingesetzt. Der Grenzwertgeber soll die Ölzufuhr in die Tankanlage bei einer bestimmten Füllhöhe stoppen. Wie arbeitet diese Schaltung?

Durch Anlegen der Spannung $U_B = 24$ V wird der Kaltleiter durch Stromwärme aufgeheizt. Der Widerstandswert wird groß. Es läßt sich eine Spannung $U_2 = 17,5$ V messen. Mit dieser Spannung wird über eine Steuerung das Ventil geöffnet. Nach den Gesetzen der Reihenschaltung beträgt der Widerstand des Kaltleiters 1371 Ω.

Erreicht der Ölstand im Tank die vorgesehene Füllhöhe, so wird der Kaltleiter vom Öl umgeben und kühlt ab. Für die

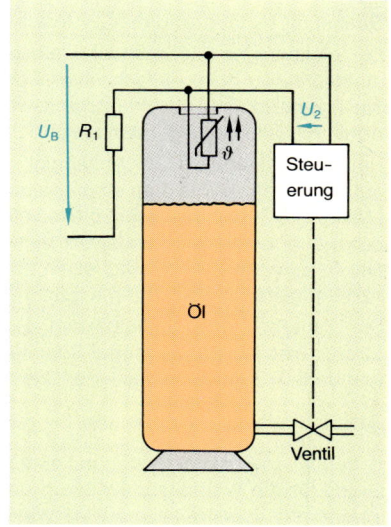

Abb. 5: Grenzwertgeber

Versuch 8–2: Abhängigkeit der Stromstärke von der Spannung beim PTC

Aufbau

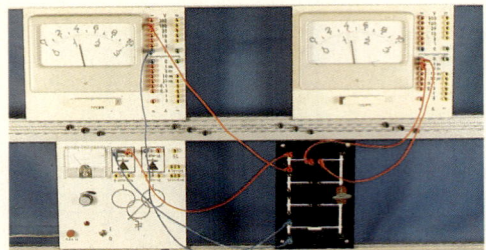 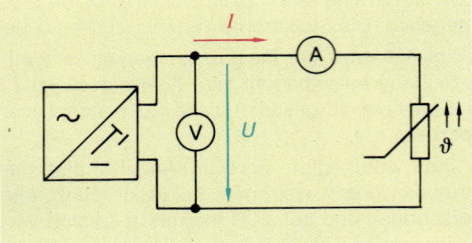

Als Spannungsquelle wird ein stabilisiertes Netzgerät gewählt, mit dem man die Spannung von 0 V bis ca. 20 V einstellen kann.

Durchführung

Es werden in 1 V- bzw. 2 V-Schritten verschiedene Spannungen eingestellt und die dazugehörigen Stromstärken gemessen. Nach jeder Spannungserhöhung muß man ca. 1 Minute warten, bevor die Stromstärke gemessen wird. Das ist nötig, damit die zugeführte elektrische Leistung im PTC-Widerstand temperaturmäßig wirksam wird. Anschließend werden der jeweilge Widerstandswert und die aufgenommene Leistung rechnerisch ermittelt.

Meßergebnis

U in V	1	2	3	4	5	6	7	8	10	12	14	16
I in mA	24	57	72	76	73	67	61	55	50	41	37	33
R in Ω	345	351	417	526	685	896	115	145	213	293	378	485
P in mW	29	114	216	304	365	402	427	440	470	492	518	528

Spannung U_2 läßt sich jetzt 7 V feststellen. Das Ventil schließt.

Die elektrischen Eigenschaften eines Kaltleiters lassen sich meßtechnisch nicht einfach untersuchen. Neben dem Einfluß der Temperatur auf den Widerstandswert gibt es auch noch eine Abhängigkeit des Widerstandswertes von der Spannung.

Um den Widerstand in Abhängigkeit von der Temperatur aufzunehmen, müßte man einen Kaltleiter in einem geeigneten Medium (z.B. Öl) erwärmen, die jeweilige Temperatur und den dazugehörigen Widerstandswert messen. Da dieses Meßverfahren aber sehr aufwendig ist, wollen wir die Stromstärke in Abhängigkeit der Spannung messen (Versuch 8–2).

Die Tabelle und das Diagramm (Abb. 1) zeigen, daß die Stromstärke mit zunehmender Spannung zunächst linear steigt und dann wieder geringer wird. Das bedeutet, daß der Bruch aus Spannung und Stromstärke $\left(\dfrac{U}{I} = R\right)$ nicht konstant ist. Der Widerstandswert ändert sich mit zunehmender Spannung. Der Grund für die Widerstandsänderung ist aber die zunehmende Temperatur des Kaltleiters. Die Wirkungskette kann man so beschreiben: $U\uparrow \Rightarrow P\uparrow \Rightarrow T\uparrow \Rightarrow R\uparrow$.

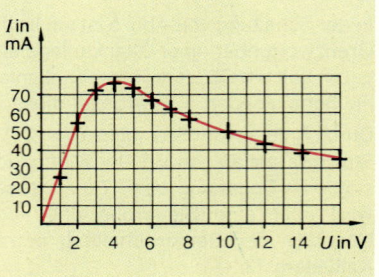

Abb. 1: Strom-Spannungs-Kennlinie, PTC

Aus den Versuchsergebnissen lassen sich verschiedene Kennlinien zeichnen:

a) Strom-Spannungs-Kennlinie.

Diese Kennlinie nennt man auch die statische Strom-Spannungs-Kennlinie des Kaltleiters. Aus ihr kann man sehr deutlich
die strombegrenzende Wirkung erkennen. Im Bereich niedriger
Spannungen hat der Kaltleiter lineares Verhalten. Nach Überschreiten einer bestimmten Temperatur (der Nenntemperatur)
durch Stromerwärmung nimmt der Strom schnell ab.

Wegen des großen Strom-Spannungsbereiches werden diese
Kennlinien in der Regel in Datenblättern der Hersteller in einem
doppelt logarithmischen Maßstab dargestellt (Abb. 2).

b) Widerstands-Temperatur-Kennlinie.

Diese Kennlinie läßt sich nicht direkt aus der Versuchsreihe
erstellen. Man kann aber davon ausgehen, daß bei zunehmender aufgenommener Leistung P die Temperatur des Kaltleiters ebenfalls zunimmt.

Für die Anwendung des Kaltleiters lassen sich zwei Gebiete
unterscheiden:

- Anwendungen, bei denen die Temperatur des Kaltleiters von
  der Umgebungstemperatur bestimmt wird (z.B. Temperatur-
  regler).

- Anwendungen, bei denen die Temperatur durch die Stromerwärmung bestimmt wird (z.B. Stromstabilisierung).

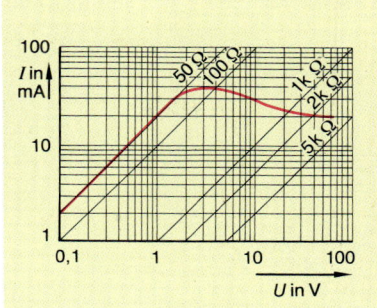

Abb. 2: Doppelt logarithmische Darstellung der Strom-Spannungs-Kennlinie
eines PTC

Kaltleiter

Reihenschaltung von Kaltleiter und linearem Widerstand

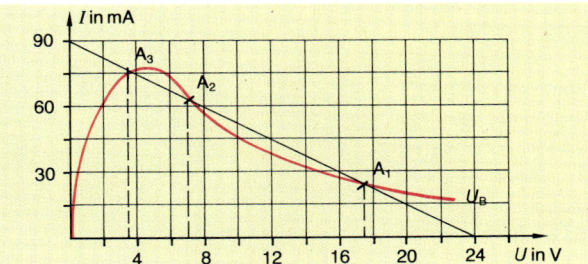

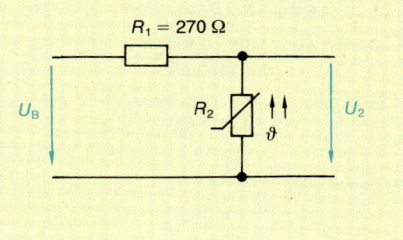

Abb. 3: Reihenschaltung aus linearem Widerstand und PTC

Wir wenden wieder die aufgenommene Kennlinie an und
zeichnen in das Diagramm die spiegelverkehrte Kennlinie
des Widerstandes R_1. Diese beginnt bei $U_B = 24\,V$ auf der
U-Achse und endet bei $I = 88,9\,mA$ $\left(I = \dfrac{24\,V}{270\,\Omega} = 0,0889\,A\right)$.

Die beiden Kennlinien schneiden sich in drei Punkten (A_1, A_2,
A_3). Durch das Aufheizen des Kaltleiters durch Stromwärme
stellt sich der Arbeitspunkt A_1 ein. Wir können für die Teilspannung U_2 einen Wert von 17,5\,V ablesen. Kühlt der Kaltleiter ab (z.B. wenn er in der Tankanlage in das Öl eintaucht),
dann stellt sich zunächst der Arbeitspunkt A_2 ein. Für A_2 lesen
wir eine Teilspannung U_2 von 7\,V ab.

Bei weiterer Abkühlung stellt sich der Arbeitspunkt A_3 ein,
für den man dann eine Spannung $U_2 = 3,5\,V$ ablesen kann.

Charakteristische Werte von Kaltleitern

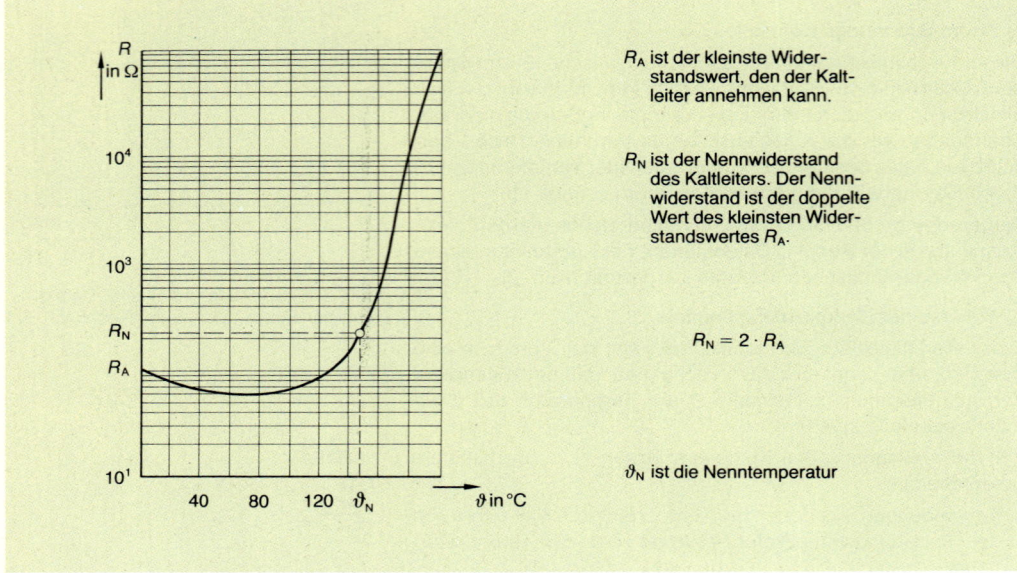

R_A ist der kleinste Widerstandswert, den der Kaltleiter annehmen kann.

R_N ist der Nennwiderstand des Kaltleiters. Der Nennwiderstand ist der doppelte Wert des kleinsten Widerstandswertes R_A.

$$R_N = 2 \cdot R_A$$

ϑ_N ist die Nenntemperatur

Abb. 1: Widerstandsverlauf als Funktion der Temperatur bei einem Kaltleiter

Die Hersteller von elektronischen Bauelementen geben in ihren Datenblättern eine ganze Reihe von Daten an. Diese lassen sich in **Kennwerte, Nennwerte** und **Grenzwerte** unterteilen.

Kennwerte sind meßbare Eigenschaften, die ein Bauteil kennzeichnen (z.B. aus Kennlinien entnehmbar).

Nennwerte sind Betriebsdaten, die vom Hersteller empfohlen werden. Diese können unter besonderen Voraussetzungen überschritten werden.

Grenzwerte sind höchstzulässige Betriebsbedingungen, die unter keinen Umständen überschritten werden dürfen.

Heißleiter (NTC-Widerstand)

Auch beim Heißleiter wird die starke Temperaturabhängigkeit des Widerstandswertes ausgenutzt. Allerdings nimmt der Widerstandswert mit zunehmender Temperatur ab.

Für NTC-Widerstände gibt es eine Vielzahl von Anwendungsmöglichkeiten: z.B. in der Unterhaltungselektronik, Industrieelektronik, Kfz-Technik, Medizin usw.

Um die Eigenschaften des NTC-Widerstandes kennenzulernen, wollen wir auf Datenblätter des Herstellers zurückgreifen (Abb. 2).

Das Kennlinienbild ist in einem einfach-logarithmisch geteilten Koordinatensystem dargestellt. Die Kennlinien beziehen sich auf den **Nennwiderstand** (Widerstand bei 25 °C) von 100 kΩ bzw. 1 MΩ und geben den Heißleiterwiderstand in Abhängigkeit der Heißleitertemperatur an.

Heißleiter

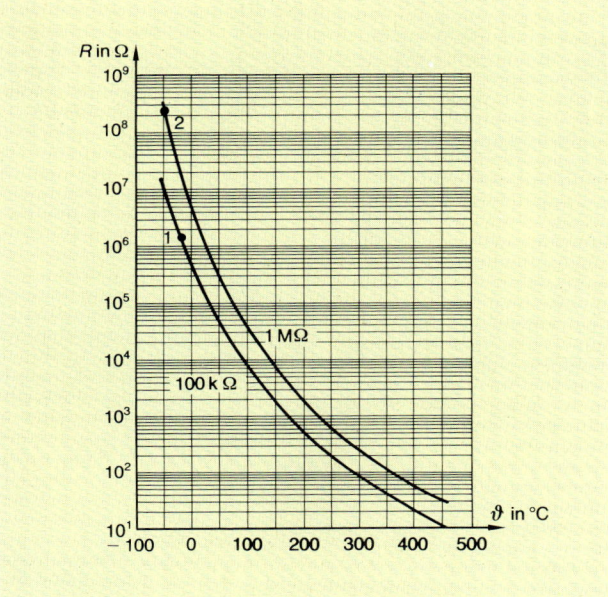

Abb. 2: Heißleiterwiderstand R_T in Abhängigkeit der Heißleitertemperatur ϑ

Wir wollen aus der Kennlinie ① für einige Temperaturen die dazugehörigen Widerstandswerte ablesen:

ϑ in °C	−35	0	25	100	200	300	400
R_T in kΩ	10000	400	100	7	0,5	0,08	0,022

Im Datenblatt ist der Arbeitsbereich, in dem der Heißleiter eingesetzt werden kann von −60°C bis +460°C abzulesen. Dabei ändert sich der Widerstandswert aus Kennlinie ① von ca. $1,5 \cdot 10^7 \Omega = 15\,M\Omega$ bis 10Ω. Das ist ein sehr großer Bereich, in dem Widerstandswerte in Abhängigkeit der Temperatur auftreten können.

Für die Kennlinie ② können ähnliche Verhältnisse abgelesen werden:

größter Widerstandswert bei −60°C: $R = 4 \cdot 10^8 \Omega = 400\,M\Omega$;
kleinster Widerstandsbeiwert bei 460°C: $R = 28\,\Omega$

Deswegen eignen sich solche Bauelemente auch sehr gut zur Unterdrückung von hohen Einschaltströmen und für Zeitverzögerungsschaltungen.

Abb. 3: zeigt als Anwendungsbeispiel eine einschaltverzögerte Relaisschaltung.

Für den Einschaltmoment ist die Schaltung so bemessen, daß ein geringer Strom fließt, weil der Widerstandswert des NTC (R_1) noch sehr groß ist. Das Relais kann noch nicht anziehen. Der geringe Strom reicht jedoch aus, um den NTC aufzuheizen. Sein Widerstandswert sinkt und es fließt ein zunehmend größerer Strom. Das Relais zieht an. Der Kontakt K1 schließt und überbrückt den Heißleiter, der somit wieder abkühlen kann.

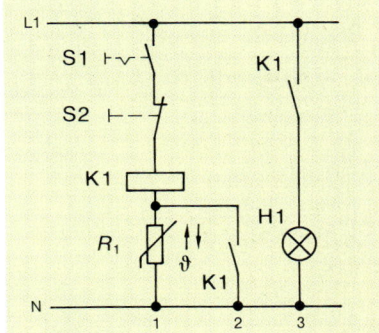

Abb. 3: Relaisschaltung mit Einschaltverzögerung

Beispiele für Heißleiter
Meßheißleiter für erhöhte Temperaturen

Heißleiter mit 100 kΩ und 1 MΩ

Applikation	Temperaturmessungen bis 450 °C
Ausführung	Glasgehäuse, hermetisch dicht
Anschlüsse	Anschlußdrähte aus einer Nickeleisen-Legierung
Kennzeichnung	keine

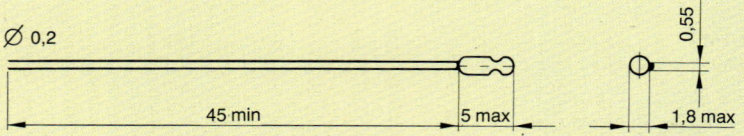

Gewicht: ca. 40 mg

Anwendungsklasse   **FAF**
nach DIN 40040

Untere Grenztemperatur	**F**	$-$ 55 °C
Obere Grenztemperatur	**A**	$+450$ °C
Feuchteklasse	**F**	Mittlere relative Feuchte $\leq 75\%$
		95% an 30 Tage im Jahr andauernd
		85% an den übrigen Tagen gelegentlich
		keine Betauung zulässig

Lagertemperaturen

Untere Grenztemperatur	$\vartheta_{s(min)}$	-25 °C
Obere Grenztemperatur	$\vartheta_{s(max)}$	$+65$ °C

Kenndaten

Typ H 43/20%		100 kΩ	1 MΩ	Einheit
Belastbarkeit bei 25 °C	P_{25}	290	290	mW
bei 60 °C	P_{60}	270	270	mW
Nenntemperatur	ϑ_N	25	25	°C
Nennwiderstand	R_N	0,1	1	MΩ
Toleranz	ΔR_N	± 20	± 20	%
B-Wert	B	4200	4800	K
Toleranz	ΔB	± 5	± 5	%
Wärmeleitwert in Luft	G_{thu}	0,7	0,7	mW/K
Abkühlzeitkonstante	τ_{th}	5	5	s
Wärmekapazität	C_{th}	3,5	3,5	mJ/K

Typ	Nennwiderstand	Toleranz	*B*-Wert	Bestellbezeichnung
H 43/20%/100 kΩ	100 kΩ	$\pm 20\%$	4200 K	Q63043–H104–M
H 43/20%/1 MΩ	1 MΩ	$\pm 20\%$	4800 K	Q63043–H105–M

Abb. 1: Datenblatt eines Heißleiters

Aus dem Datenblatt sind weitere Eigenschaften abzulesen:

z.B. Anwendungen (Applikation): Temperaturmessung
     Grenztemperaturen: $-55\,°C \dots +450\,°C$
     Belastbarkeit bei 25°C: 290 mW
     Toleranz: $\pm 20\%$
     Abkühlzeitkonstante: 5 s

Dieser relativ hochohmige Heißleiter eignet sich gut zur Temperaturmessung (Fremderwärmung), weil nur ein sehr kleiner Strom fließt und somit Eigenerwärmung kaum auftritt.

Ein Anwendungsbeispiel ist in Abb. 2 zu sehen.

Sie zeigt das Prinzip eines elektronischen Thermometers. Durch Änderung der Umgebungstemperatur stellt sich ein entsprechender Widerstandswert ein. Damit ändert sich die Stromstärke und die Anzeige des Strommessers. Die Skala ist nach der Widerstands-Temperatur-Kennlinie des Heißleiters in °C geeicht.

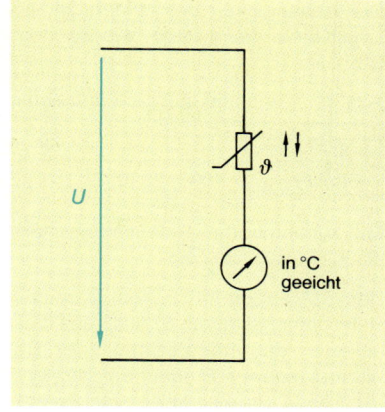

Abb. 2: Temperaturmessung mit Heißleiter

Aufgaben zu 8.1.3

1. Zeichnen Sie das Schaltzeichen eines Kaltleiters und beschreiben Sie die prinzipielle Wirkungsweise!

2. Erklären Sie die Begriffe Anfangswiderstand und Nennwiderstand eines Kaltleiters!

3. Berechnen Sie den Widerstand R_1 in der Schaltung von Abb. 3, S. 169 so, daß die Widerstandskennlinie nur zwei Schnittpunkte mit der Kaltleiterkennlinie hat!

4. Zeichnen Sie das Schaltzeichen eines Heißleiters und beschreiben Sie die prinzipielle Wirkungsweise!

5. Berechnen Sie die Teilspannungen U_1 und U_2 für $\vartheta_1 = 25\,°C$ und $\vartheta_2 = 100\,°C$ (Abb. 3).
R_1 ist der Heißleiter H43/100 kΩ.

6. Beschreiben Sie die Funktion der Schaltung von Abb. 3!

7. Erklären Sie die Begriffe Kennwert, Nennwert und Grenzwert!

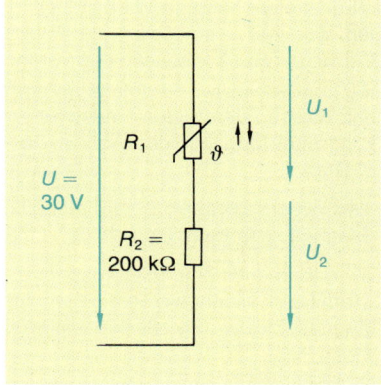

Abb. 3: Schaltung zu Aufgabe 5 und 6

8.1.4 Lichtabhängige Widerstände

Lichtabhängige Widerstände werden auch **LDR** (**L**ight **D**ependent **R**esistor) genannt. Da sich der Widerstandswert in Abhängigkeit von der Beleuchtungsstärke ändert, gehört der LDR zu den optoelektronischen Bauelementen. Er wird in lichtabhängigen Steuerungen eingesetzt. Eine einfache Schaltung zeigt Abb. 4.

Ist der LDR unbeleuchtet (Widerstand des LDR groß), so zieht das Relais nicht an, weil die Stromstärke I kleiner ist als die Anzugsstromstärke des Relais.

Wird der LDR beleuchtet (Widerstand des LDR klein), steigt die Stromstärke bei einer bestimmten Beleuchtungsstärke über den Wert des Anzugsstromes. Das Relais zieht an.

Alle Schaltungen mit LDR, die bei Beleuchtung des LDR eine Steuerspannung abgeben, nennt man Hellschaltung. Alle anderen nennt man Dunkelschaltung.

Lichtabhängiger Widerstand (LDR):

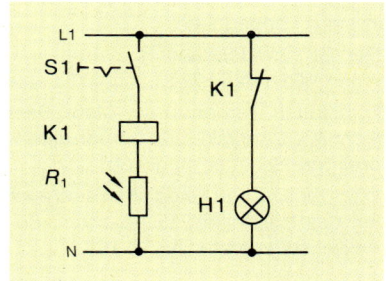

Abb. 4: Lichtabhängige Steuerung

Die Abhängigkeit des Widerstandswertes von der Beleuchtungsstärke kann man wieder dem Datenblatt entnehmen (Abb. 1):

Aus der Kennlinie läßt sich entnehmen:

E in lx[1]	0,1	1	10	100	500	1000
R in kΩ	100	10	1,1	0,3	0,1	0,085

Mit zunehmender Beleuchtungsstärke E nimmt der Widerstandswert R stark ab.

Das I-U-Diagramm in Abb. 2 zeigt Kennlinien für konstante Beleuchtungsstärken E. Auch aus diesem Diagramm kann man ablesen, daß mit zunehmender Beleuchtungsstärke E der Widerstandswert R abnimmt. Die Kennlinie für $E = 10$ lx verläuft sehr flach (großer Widerstandswert) und die für $E = 1000$ lx relativ steil (kleiner Widerstandswert).

8.1.5 Magnetfeldabhängige Widerstände

Magnetfeldabhängige Widerstände nennt man auch **Feldplatten.** Der Widerstandswert der Feldplatte läßt sich durch das Einwirken eines Magnetfeldes verändern.

Wir schließen eine Feldplatte an ein Widerstandsmeßgerät an und messen den Widerstandswert der Feldplatte ohne Einwirkung eines Magnetfeldes (Abb. 3). Der Widerstandsmesser zeigt 40 Ω an.

Der Widerstandswert einer Feldplatte ohne Einwirkung eines Magnetfeldes heißt Grundwiderstand R_0.

Wir nähern jetzt einen Stabmagneten der Feldplatte. Je dichter wir mit dem Magneten an die Feldplatte kommen (Wirkung des Magnetfeldes wird größer), desto größer wird der Widerstandswert.

Läßt man den Abstand von Magnet zur Feldplatte konstant und dreht die Feldplatte (Richtung zum Magnetfeld wird verändert), so stellt man ebenfalls eine Widerstandsänderung fest.

Die größte Wirkung des Magnetfeldes auf den Widerstandswert der Feldplatte erzielt man, wenn Magnetfeld und Feldplatte senkrecht aufeinander stehen.

Abb. 4 zeigt die Kennlinie einer Feldplatte. Der Widerstandswert ist in Abhängigkeit der magnetischen Flußdichte B dargestellt. Sie ist ein Maß für die magnetische Wirksamkeit und wird in Tesla (T) angegeben.

Der Grundwiderstand R_0 beträgt 40 Ω. Bei $B = 1$ T kann man einen Widerstandswert von 400 Ω ablesen.

Feldplatten werden in der Meß-, Steuerungs- und Regelungstechnik als kontakt- und berührungslos arbeitende Fühler oder prellfreie Schalter eingesetzt.

Beim Einsatz von Feldplatten sind auch die Kenn- und Grenzdaten des Herstellers zu beachten. So liegt z.B. die maximale Betriebstemperatur bei 95 °C.

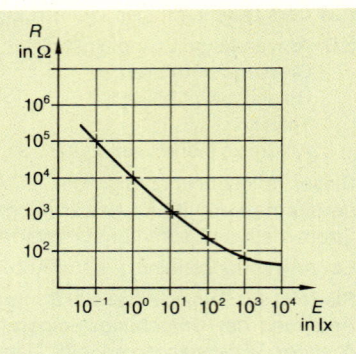

Abb. 1: Widerstand eines LDR als Funktion der Beleuchtungsstärke

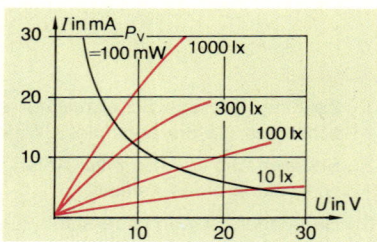

Abb. 2: I-U-Kennlinienfeld mit eingetragener Leistungshyperbel

Magnetfeldabhängiger Widerstand:

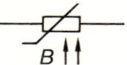

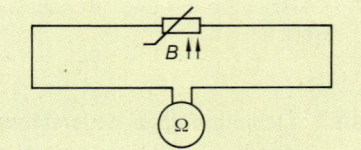

Abb. 3: Direkte Widerstandsbestimmung einer Feldplatte

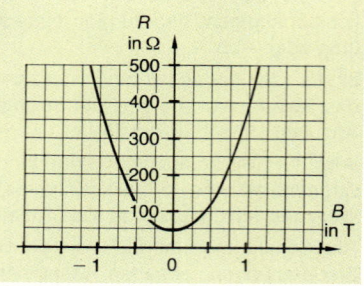

Abb. 4: Kennlinie einer Feldplatte

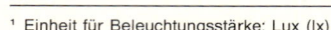

[1] Einheit für Beleuchtungsstärke: Lux (lx)

8.1.6 Druckabhängige Widerstände

Die am meisten verwendete Ausführungsform von druckabhängigen Widerständen ist der **Dehnungsmeßstreifen (DMS).**

Der Widerstandswert des DMS hängt von der Dehnung oder Biegung ab. Somit wird der DMS zur Messung dieser Größen eingesetzt. Dazu wird der DMS auf das Werkstück aufgeklebt. Ändert sich die Form des Werkstückes durch Krafteinwirkung (Druck, Zug, Biegung), so ändert sich zwangsläufig auch die Form des DMS. Er ändert seine Länge und damit seinen Widerstandswert (Abb. 5).

Es gibt DMS als Draht-, Folien- und Halbleiterelemente. Die Nennwiderstände liegen zwischen $120\,\Omega$ und $600\,\Omega$.

DMS werden meistens in Spannungsteiler- oder Brückenschaltungen eingesetzt. Abb. 6 zeigt eine einfache Meßschaltung. R_1 und R_2 (DMS) bilden einen Spannungsteiler. Ändert sich der Widerstandswert des DMS aufgrund der Dehnung, so ändert sich der Spannungsabfall über R_2. Diesen Spannungsabfall führt man einem Meßgerät zu.

In Abb. 7 ist eine Meßbrücke mit DMS dargestellt. Mit dem Widerstand R_3 wird die Meßbrücke abgeglichen (Spannung zwischen den Punkten A–B: $U_{AB} = 0\,V$).

Wirken Kräfte auf den DMS, so ändert er seinen Widerstandswert und die Brücke wird verstimmt. Zwischen den Klemmen A–B läßt sich eine Spannung abnehmen. Diese Spannung wird einem Meßverstärker zugeführt, an den ein Meßgerät angeschlossen ist. Dieses Meßgerät ist mit einer Skala für Druck oder Dehnung versehen.

Immer häufiger werden DMS in Sensoren verwendet. Dabei werden DMS in Brückenschaltung auf einen Drucknehmer (Membran) geklebt oder Halbleiter-DMS diffundiert. Mit solchen Sensoren lassen sich z.B. Luftdrücke messen, die für Steuerungen in Industrieanlagen, Kraftfahrzeugen oder in der Medizin eingesetzt werden.

Aufgaben zu 8.1.4...8.1.6

1. Zeichnen Sie das Schaltzeichen eines lichtabhängigen Widerstandes und erklären Sie die prinzipielle Wirkungsweise!

2. Bestimmen Sie den Widerstandswert des LDR aus Abb. 1, für eine Beleuchtungsstärke von 300 lx!

3. Zeichnen Sie aus dem *I-U*-Diagramm Abb. 2, die Widerstands-Beleuchtungsstärke-Kennlinie!

4. Zeichnen Sie das Schaltzeichen eines magnetfeldabhängigen Widerstandes und erklären Sie die prinzipielle Wirkungsweise!

5. Ermitteln Sie die Widerstandswerte für die Feldplatte aus der Kennlinie Abb. 4, für $B = 0,7\,T$ und $B = 1,75\,T$.

6. Zeichnen Sie das Schaltzeichen eines druckabhängigen Widerstandes und beschreiben Sie die prinzipielle Wirkungsweise.

7. Für welche Zwecke werden Dehnungsmeßstreifen (DMS) eingesetzt?

Druckabhängiger Widerstand:

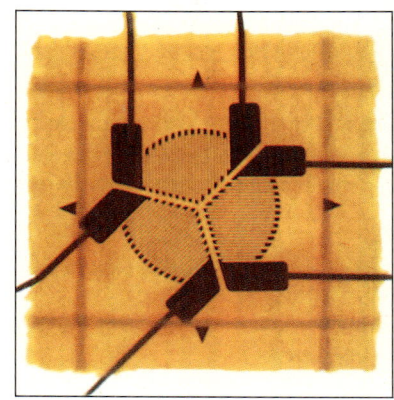

Abb. 5: Dehnungsmeßstreifen

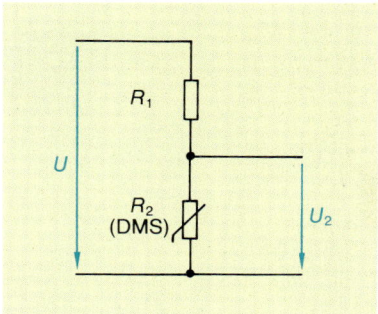

Abb. 6: Spannungsteiler mit DMS

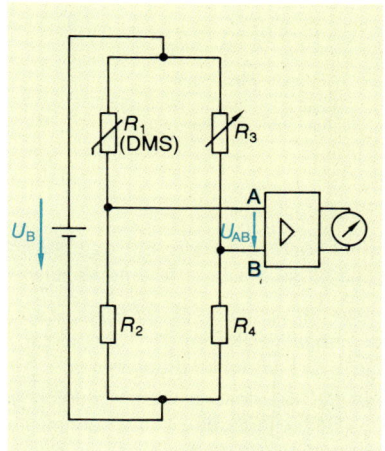

Abb. 7: Meßbrücke mit DMS

8.2 Halbleiterdioden

Bei allen bisher untersuchten und besprochenen Bauelementen der Elektronik mußte man nicht auf eine bestimmte Polung der angelegten Spannung (Spannungsquelle) achten. Wurde die angelegte Spannung umgepolt, so ergab die Messung der Stromstärke den gleichen Strom in umgekehrter Richtung.

8.2.1 Prinzipielle Wirkungsweise

In einem Versuch wollen wir uns mit einem weiteren Halbleiterbauelement befassen: **Halbleiterdiode**

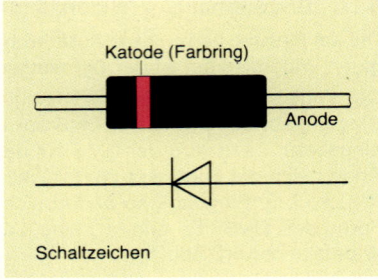

Abb. 1: Diode

Versuch 8–3:   Eigenschaften einer Halbleiterdiode

Aufbau   Es wird eine einstellbare Spannungsquelle verwendet.

Versuch A

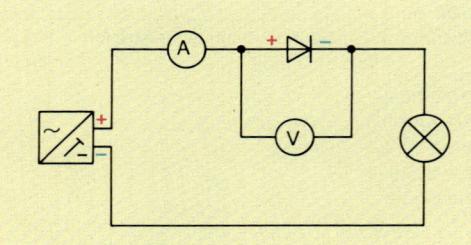

Durchführung

Die Spannung wird so lange erhöht, bis der Strommesser einen Ausschlag zeigt.

Ergebnis A

Bei einer Spannung von ca. 0,7 V fließt ein Strom durch die Halbleiterdiode. Die Lampe leuchtet.

Versuch B

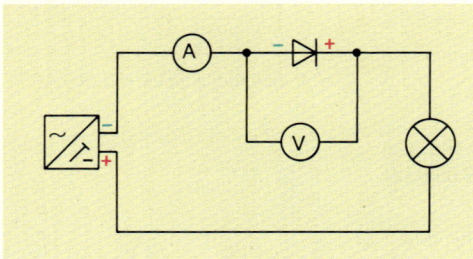

Durchführung

Die Spannung wird langsam auf 10 V erhöht.

Ergebnis B

Die Lampe leuchtet nicht. Es fließt praktisch kein Strom.

Der Versuch zeigt:

Eine Halbleiterdiode läßt den Strom nur in einer Richtung durch. Sie besitzt also eine Ventilwirkung.

Liegt der positive Pol der Spannungsquelle an der Anode und der negative Pol an der Katode der Halbleiterdiode, dann ist diese in Flußrichtung geschaltet.

Für die Beurteilung, den Vergleich und die richtige Auswahl von Halbleiterdioden ist die Kenntnis ihrer Kennlinie von großer Bedeutung. Deshalb wollen wir in einem weiteren Versuch die Kennlinie einer Halbleiterdiode aufnehmen.

Versuch 8–4: Aufnahme einer Diodenkennlinie

Aufbau

Versuch A

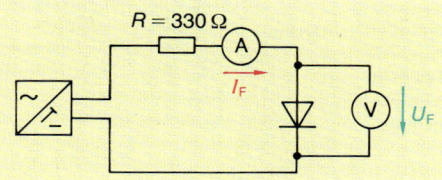

U_F: Durchlaßspannung

I_F: Durchlaßstrom

F: (engl.) forward = vorwärts

Es wird eine einstellbare Spannungsquelle verwendet.

Durchführung:

Die Spannung wird in 0,1 V-Schritten von 0 V bis 0,9 V erhöht und die jeweils dazugehörige Stromstärke gemessen. **Vorsicht!** Der maximale Strom von 150 mA darf nicht überschritten werden, weil die Diode durch Erwärmung zerstört werden könnte.

Meßergebnis

U_F in V	0	0,1	0,2	0,3	0,4	0,5	0,6	0,7	0,8	0,9
I_F in mA	0	0	0	0	0	1	2	7	33	64

Versuch B

Die Diode wird jetzt so in der Meßschaltung angeschlossen, daß der Pluspol der Spannungsquelle an der Katode liegt.

Durchführung:

Die Spannung wird in 3 V-Schritten von 0 V bis 30 V erhöht und die jeweils dazugehörige Stromstärke gemessen.

Meßergebnis

U_R in V	3	6	9	12	15	18	21	24	27	30
I_R in µA	0	0	0	1	1,5	2,1	2,7	3,5	4,2	5

U_R: Sperrspannung

I_R: Sperrstrom

R: (engl.) reverse = rückwärts

Aus den Meßergebnissen von Versuch A läßt sich die Kennlinie der Diode im **Durchlaßbereich** zeichnen (Abb. 2).

Die Kennlinie zeigt bis ca. 0,6V einen flachen Verlauf. Es fließt ein geringer Strom. Ab ca. 0,7V steigt die Kennlinie steil an. Diese Spannung nennt man **Schleusenspannung** U_S. Der Strom nimmt mit zunehmender Durchlaßspannung U_F rasch zu. Er darf aber einen höchstzulässigen Wert nicht überschreiten, weil die Diode sonst zerstört wird.

Die zulässige Verlustleistung wird überschritten und damit die zulässige Sperrschichttemperatur. Kenn- und Grenzdaten können aus Datenblättern des Herstellers entnommen werden.

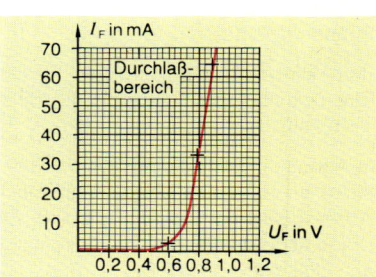

Abb. 2: Kennlinie einer Diode (Durchlaß-bereich)

Aus den Meßergebnissen von Versuch B läßt sich die Kennlinie der Diode im **Sperrbereich** zeichnen (Abb. 1).

Aus der Kennlinie ist ersichtlich, daß durch die Diode in Sperrichtung praktisch kein Strom fließt. Die Stromstärke I_R wird deshalb in einer tausendfach kleineren Einheit, in μA an der Stromachse abgetragen.

Der Hersteller gibt einen Grenzwert für die Sperrspannung U_R an, der nicht überschritten werden darf, weil sonst die Diode zerstört wird. Diese Spannung nennt man **Durchbruchspannung.** Der Sperrbereich reicht von $U_R = 0V$ bis zu der Durchbruchspannung, bei der der Sperrstrom plötzlich sehr stark ansteigt.

Die hier untersuchte Diode ist aus Silicium (Si) hergestellt. Bei allen Si-Dioden beträgt die Durchlaßspannung, von der ab die Stromstärke rasch ansteigt ca. 0,5V...0,8V.

Halbleiterdioden werden auch aus Germanium (Ge) hergestellt.

Würden wir die Kennlinie einer Germanium-Diode aufnehmen, müßten wir im Prinzip genauso vorgehen wie in Versuch 8–4. Die Meßreihe würde sich aber von der in Versuch 8–4 unterscheiden: schon bei einer Durchlaßspannung $U_F = 0,2$ V kann man einen Durchlaßstrom I_F messen. Bei zunehmender Spannung U_F nimmt aber der Strom I_F weniger rasch zu. Die sich ergebende Kennlinie hat somit einen flacheren Verlauf. Die Schleusenspannung U_S liegt bei Ge-Dioden zwischen 0,2 V und 0,3 V. Die Durchbruchspannung ist auch geringer als die von Silicium-Dioden.

8.2.2 Widerstandsverhalten von Dioden

Die Kennlinien von Dioden verwendet man auch, um grafisch Stromstärke und Spannungen in Schaltungen mit Dioden zu bestimmen. Die Diode liegt mit einem Verbraucher, dem Arbeitswiderstand R_a in Reihe an einer Gleich- oder Wechselspannungsquelle. Die Diode ist ein nichtlinearer Widerstand. Demnach liegt hier eine Reihenschaltung eines linearen und eines nichtlinearen Widerstandes vor (Abb. 2). Zur Ermittlung von Stromstärke und Teilspannungen benutzen wir die Kennlinie der Diode, in deren Durchlaßbereich die spiegelverkehrte Kennlinie des Arbeitswiderstandes eingetragen ist (Abb. 3). Diese Kennlinie bezeichnet man als Arbeitsgerade. Der Schnittpunkt der Kennlinien in Abb. 3 ist wieder der Arbeitspunkt. Von diesem ausgehend läßt sich die Stromstärke I_F durch die Diode und den Arbeitswiderstand ermitteln. Entsprechend erhält man die Höhe der Durchlaßspannung U_F an der Diode und den Spannungsabfall U_{Ra} am Arbeitswiderstand.

Mit Hilfe der Diodenkennlinie lassen sich der Arbeitspunkt, die Durchlaßspannung und die Spannung am Verbraucher ermitteln.

In Abb. 3 ist die Reihenschaltung aus Diode und Arbeitswiderstand zu erkennen. Der Schnittpunkt der Kennlinien ist der Arbeitspunkt. Für diesen Punkt läßt sich ein Widerstand für die Diode angeben. Dies ist der Durchlaßwiderstand R_F. Da er sich auf Gleichstrom bezieht, wird er Gleichstromwiderstand R_F genannt.

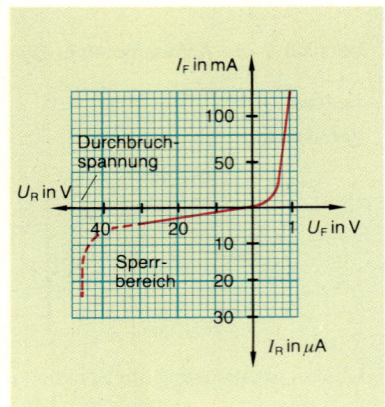

Abb. 1: Kennlinie einer Diode (Sperrbereich)

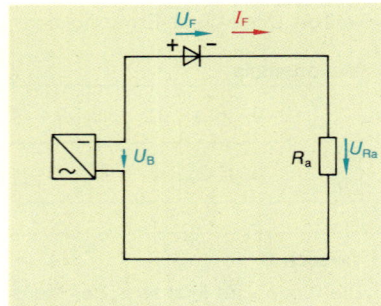

Abb. 2: Diode mit Verbraucher

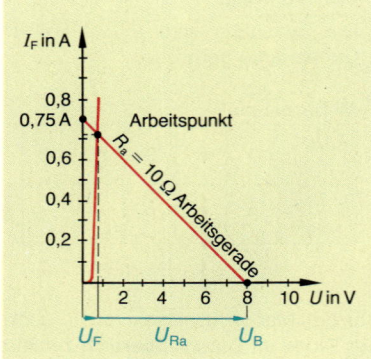

Abb. 3: Stromstärke und Spannungen in einer Reihenschaltung von Diode und Widerstand

Gleichstromwiderstand der Diode in Durchlaßrichtung:

$$R_F = \frac{U_F}{I_F}$$

Der Gleichstromwiderstand der Diode ist das Verhältnis Diodenspannung zu Diodenstrom (statische Werte).

Der Gleichstromwiderstand ändert sich, wenn der Arbeitspunkt verändert wird. Für die beiden Arbeitspunkte der Abb. 4 ergeben sich folgende Werte:

$$R_{F1} = \frac{0{,}86V}{0{,}26A}; \quad R_{F1} = 3{,}31\,\Omega;$$

$$R_{F2} = \frac{0{,}9V}{0{,}42A}; \quad R_{F2} = 2{,}14\,\Omega.$$

Es ist ebenfalls wichtig, den Widerstand anzugeben, der bei wechselnden Größen auftritt. In 8.1.2 haben wir den differentiellen Widerstand eingeführt. Wir wollen diese Erkenntnisse auf die Diode übertragen.

In Abb. 4 wird der Zusammenhang verdeutlicht. Ändert sich die Spannung von U_{F1} nach U_{F2}, dann ändert sich die Stromstärke von I_{F1} nach I_{F2}.

$$r_f = \frac{U_{F2} - U_{F1}}{I_{F2} - I_{F1}}; \quad r_f = \frac{0{,}9\,V - 0{,}86\,V}{0{,}42\,A - 0{,}26\,A}; \quad r_f = \frac{0{,}04V}{0{,}16A}$$

$$r_f = 0{,}25\,\Omega$$

Der Wert des differentiellen Widerstandes weicht vom Wert des Gleichstromwiderstandes ab. Die Steigung der Diodenkennlinie ist ein Maß für den differentiellen Widerstand.

8.2.3 Anwendungen von Dioden

Dioden werden wegen ihrer Ventilwirkung in Gleichrichterschaltungen, in Begrenzerschaltungen, aber auch als Schalter eingesetzt.

Im nächsten Versuch wollen wir eine Gleichrichterschaltung untersuchen.

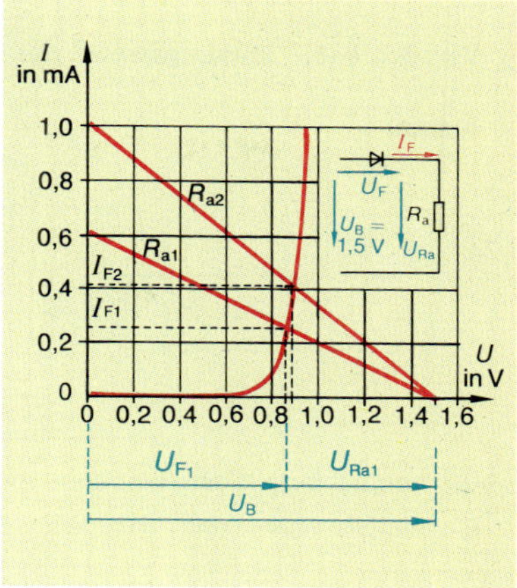

Abb. 4: Gleichstromwiderstand bei der Diode

Differentieller Widerstand der Diode in Durchlaßrichtung:

$$r_f = \frac{\Delta U_F}{\Delta I_F}$$

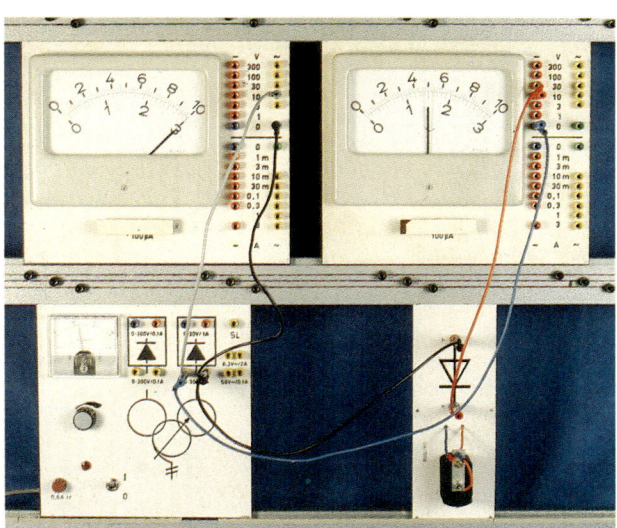

Abb. 5: Gleichrichterschaltung

Versuch 8–5: Wirkungsweise der Gleichrichterschaltung

Aufbau

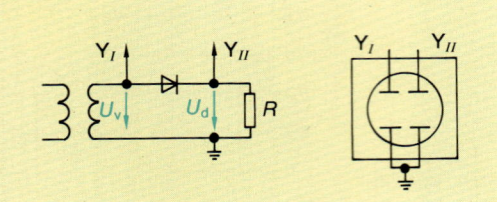

U_v: ventilseitige Wechselspannung
I_v: ventilseitiger Wechselstrom

U_d: Gleichspannung
I_d: Gleichstrom

Durchführung
Die Spannungen U_v und U_d werden gleichzeitig oszilloskopiert.

Ergebnis

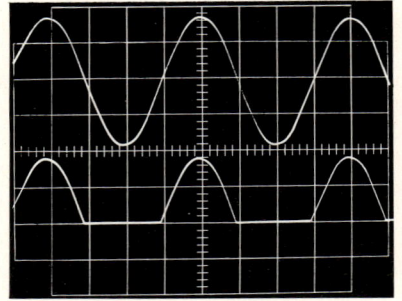

Die Spannung U_d ist eine pulsförmige Gleichspannung (Mischspannung. Wir wollen klären, wie diese Spannung entsteht.

Aus Abb. 2 wird deutlich, daß die Diode in Durchlaßrichtung geschaltet ist (vgl. Versuch 8–4, S. 177). Damit liegt die positive Halbwelle von U_v am Verbraucher und es fließt ein Strom.

Während der negativen Halbwelle von U_v (Abb. 3) ist die Diode in Sperrichtung geschaltet (vgl. Versuch 8–4, S. 177). Durch die Diode und den Verbraucher kann somit kein Strom fließen und damit keine Spannung am Verbraucher abfallen. Die Spannung am Verbraucher ändert ihre Richtung nicht, weil kein Strom in entgegengesetzter Richtung fließen kann (Ventilwirkung der Diode). Die Wechselspannung U_v wird also gleichgerichtet.

Aus der Abb. 1 ist zu entnehmen, daß durch die Gleichrichtung der untere Teil der Wechselspannung gewissermaßen »abgeschnitten« wurde. Nur der obere, im positiven Bereich befindliche Teil, wird genutzt. Es handelt sich also noch nicht um eine ideale Gleichspannung, sondern um eine pulsierende Spannung (Mischspannung). Eine Gleichspannung erhält man, wenn Bauteile hinzugeschaltet werden, die während der Zeiten, in denen die Impulse vorhanden sind, die elektrische Energie aufnehmen und sie dann in den Impulspausen wieder abgeben. Bauteile, die elektrische Energie speichern können, sind Kondensatoren und Spulen. Sie werden deshalb z.B. zur Glättung impulsartiger Spannungen eingesetzt.

Ein wichtiges Einsatzgebiet für Dioden ist der Betrieb als Schalter. Man bezeichnet die Diode dann als Schaltdioden. Dabei wird der niedrige Durchlaßwiderstand R_F und der hohe Sperrwiderstand R_R ausgenutzt. Sie zeigen logisches Verhalten, was in der Digitaltechnik angewendet wird (vgl. 9).

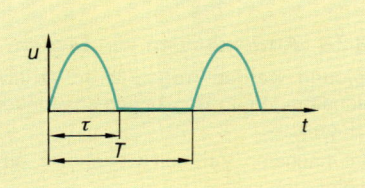

Abb. 1: Pulsförmige Spannung

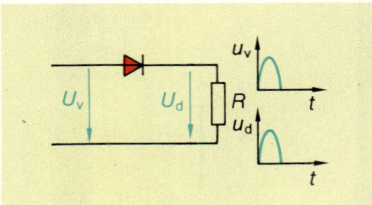

Abb. 2: Diode in Durchlaßrichtung

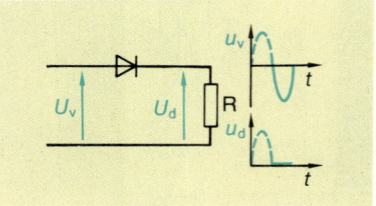

Abb. 3: Diode in Sperrichtung

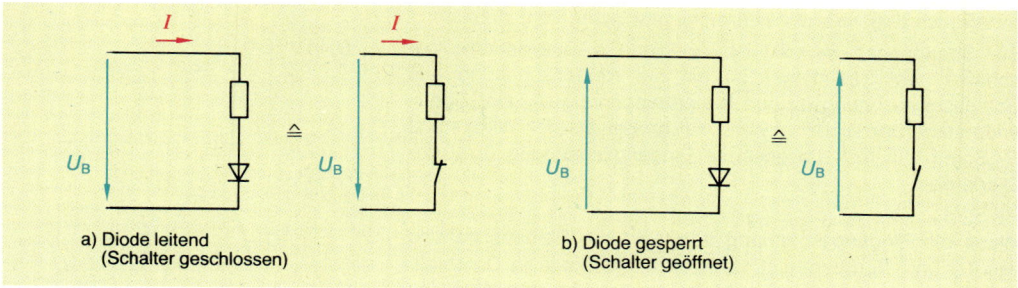

a) Diode leitend
(Schalter geschlossen)

b) Diode gesperrt
(Schalter geöffnet)

Abb. 4: Diode als Schalter

Schaltdioden lassen sich im leitenden Zustand wie ein geschlossener Schalter und im gesperrten Zustand wie ein offener Schalter auffassen.

In Begrenzerschaltungen wird die Diode ebenfalls als Schalter betrieben.

Versuch 8–6:   Wirkungsweise einer Begrenzerschaltung

Aufbau

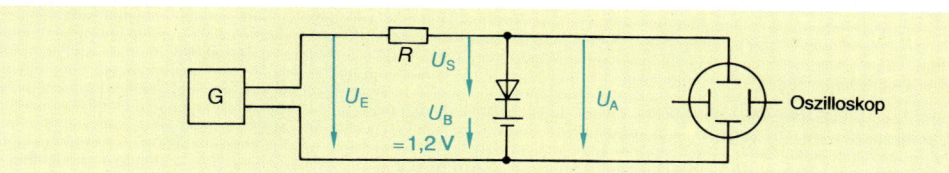

Es wird ein Funktionsgenerator[1] als Betriebsspannungsquelle benutzt.

Durchführung 1

Mit dem Funktionsgenerator wird an den Eingang der Schaltung eine rechteckförmige Spannung U_E gelegt. Die Spannung wird langsam von 0V bis ca. 5V erhöht.
Die Ausgangsspannung U_A wird oszilloskopiert.

Ergebnis (Abb. 1a, S.182)

Ausgangsspannung U_A und Eingangsspannung U_E haben den gleichen Verlauf und gleichen Wert bis zu einer Eingangsspannung von ca. 2V. Für größere Eingangsspannungen steigt die Ausgangsspannung nicht weiter an.

Durchführung 2

Mit dem Funktionsgenerator wird an den Eingang der Schaltung eine sinusförmige Spannung gelegt. Die Spannung wird langsam von 0V bis ca. 5V Spitzenwert erhöht.
Die Ausgangsspannung U_A wird oszilloskopiert.

Ergebnis (Abb. 1b, S. 182)

U_A und U_E haben den gleichen Verlauf bis zu $U_E = 2V$. Für $U_E > 2V$ wird die obere Halbwelle oben abgekappt.

[1] Generator, der verschiedene Spannungsformen liefern kann

In Versuch 8–6 wird die Begrenzungswirkung sehr deutlich.

Für Spannungen $U_E < 2V$ ist die Diode in Sperrrichtung geschaltet, weil U_E kleiner ist als die Reihenschaltung aus Schleusenspannung U_S und Batteriespannung U_B. Der Sperrwiderstand der Diode ist sehr viel größer als der Widerstand R. Somit fällt fast die gesamte Eingangsspannung über der Diode ab:

$U_A \approx U_E$.

Wenn die Eingangsspannung den Wert der Reihenschaltung aus U_S und U_B übersteigt, dann wird die Diode in Durchlaßrichtung geschaltet. Der Durchlaßwiderstand ist sehr klein. Am Ausgang kann nur die Summenspannung aus U_S und U_B auftreten, weil die Stromstärke ansteigt und die gesamte Spannung am Vorwiderstand abfällt.

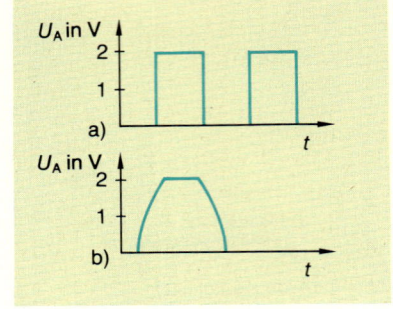

Abb. 1: Ausgangsspannung der Begrenzerschaltung

Tab. 8.1: Vergleich von Dioden aus Germanium, Silizium und Selen

Gleichrichterart		Selen	Germanium	Silizium
Spitzensperrspannung	V	20 … 30	30 … 120	100 … 2000
Schleusenspannung	V	ca. 0,4	ca. 0,3	ca. 0,8
Stromdichte	A/cm²	ca. 0,2	ca. 80	ca. 150
max. Betriebstemperatur	°C	ca. 80	ca. 75	ca. 180
Raumbedarf	%	100	20	5
Wirkungsgrad	%	85	95	99

Aufgaben zu 8.2.1 … 8.2.3

1. Zeichnen Sie das Schaltzeichen einer Diode und erklären Sie die prinzipielle Wirkungsweise!

2. Erklären Sie den Unterschied zwischen dem Gleichstromwiderstand und dem differentiellen Widerstand der Diode!

3. Erklären Sie den Begriff Schleusenspannung!

4. Ermitteln Sie den Gleichstromwiderstand R_F für die Diode aus Versuch 8–4 (S. 177) für $U_F = 0,8V$!

5. Ermitteln Sie den Gleichstromwiderstand R_R für die Diode aus Versuch 8–4 für $U_R = 27V$!

6. Aus welchen Teilen besteht grundsätzlich eine Gleichrichterschaltung?

7. Erklären Sie den Unterschied zwischen einer Gleichrichter- und einer Begrenzerschaltung!

8. Zeichnen Sie das Liniendiagramm der Ausgangsspannung U_A für die Schaltung in Abb. 2!
(Schleusenspannung der Dioden: $U_S = 0,7V$.)

9. An einer Gleichrichterschaltung mit einer Si-Diode liegt eine sinusförmige Wechselspannung mit einem Effektivwert von 9 V.
Zeichnen Sie den Verlauf der gleichgerichteten Spannung! (Periodendauer = 20 ms).

10. Zwei Si-Dioden sind antiparallel geschaltet. Verwenden Sie diese Schaltung zur Gleichrichtung einer sinusförmigen Spannung, die einen Spitzenwert von 3 V besitzt. Skizzieren Sie den Verlauf der Ausgangsspannung!

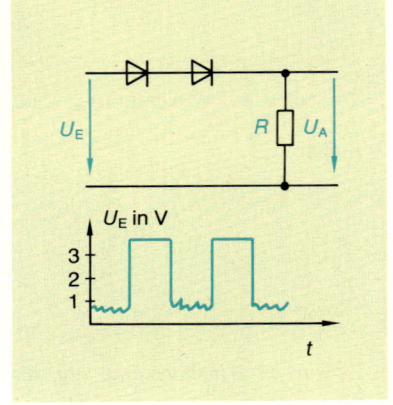

Abb. 2: Begrenzerschaltung

8.2.4 Leuchtdioden

Überall dort, wo man zuverlässige, sparsame und preisgünstige Anzeigeelemente benötigt, setzt man leuchtende Halbleiterdioden sein. Diese leuchtenden Halbleiterdioden werden auch **LED** (**L**ight **E**mitting-**D**iode) oder **Lumineszenzdioden** genannt.

Die Farbe des ausgesendeten Lichtes hängt vom verwendeten Halbleitermaterial ab.

Leuchtdioden haben einen sehr vielfältigen Anwendungsbereich. Man verwendet sie als Betriebsanzeige, als Aussteueranzeige in der Nachrichtentechnik in Form von LED-Zeilen und als 7-Segment-Einheit zur Anzeige von Ziffern. Bei der Fernbedienung von Fernsehgeräten werden LEDs als Lichtsender für Steuersignale eingesetzt.

Wir wollen die Kennlinie einer rotleuchtenden LED aufnehmen.

Leuchtdiode:

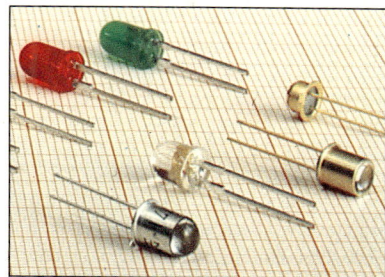

Abb. 3: Leuchtdioden

Versuch 8–7: Kennlinienaufnahme einer LED

Aufbau

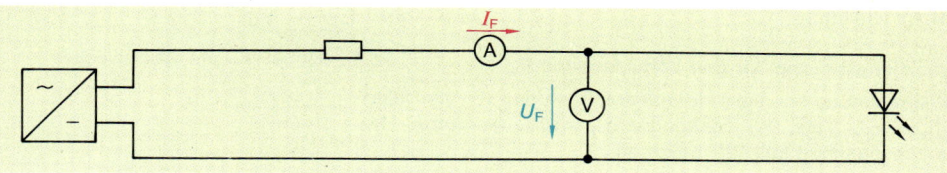

Durchführung

Die Spannung U_F wird in geeigneten Schritten erhöht und der dazugehörige Strom I_F gemessen.

Meßergebnis

U_F in V	0	0,5	1	1,2	1,4	1,6	1,7	1,8
I_F in mA	0	0	0,5	0,8	1,2	1,8	20	56

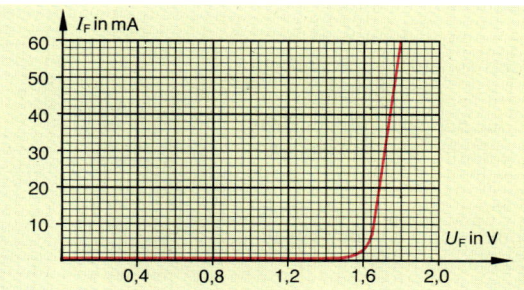

Auswertung

Bis $U_F = 1{,}6$ V verläuft die Kennlinie sehr flach. Es fließt ein sehr kleiner Strom I_F. Die LED sendet kein Licht aus.

Ab $U_F = 1{,}6$ V verläuft die Kennlinie sehr steil. Der Strom I_F nimmt sehr stark zu. Die LED leuchtet.

Aus dem Verlauf der Kennlinie lassen sich weitere Einsatzmöglichkeiten ableiten. Weil die Kennlinie sehr steil verläuft, läßt sich mit einer LED auch eine wirksame Spannungsstabilisierung erreichen.

Abb. 1 zeigt eine einfache Spannungsstabilisierungsschaltung mit einer LED.

Beobachtet man bei der Aufnahme der Kennlinie das abgestrahlte Licht, so kann man bei $U_F = 1{,}7\,V$ und $I_F = 20\,mA$ eine ausreichende Lichtstärke feststellen.

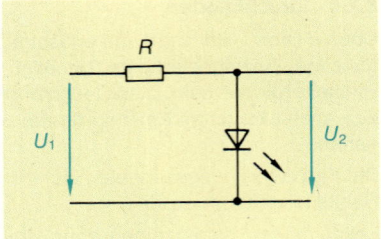

Abb. 1: Stabilisierungsschaltung

Leuchtdioden werden etwa mit $I_F = 20\,mA$ betrieben.

Leuchtdioden dürfen laut Datenblatt in Sperrichtung nur mit maximal 6V belastet werden, sonst können bleibende Schäden auftreten. Beim Einbau muß also auf richtige Polarität geachtet werden.

Werden LEDs in Schaltungen eingesetzt, in denen Sperrspannungen mit mehr als 6V auftreten können, müssen sie geschützt werden.

Abb. 2 zeigt eine Antiparallelschaltung von LED und Siliciumdiode, die nur eine Sperrspannung von ca. 0,7V zuläßt.

Leuchtdioden gibt es auch mit den Farben grün, orange und gelb, rot und blau.

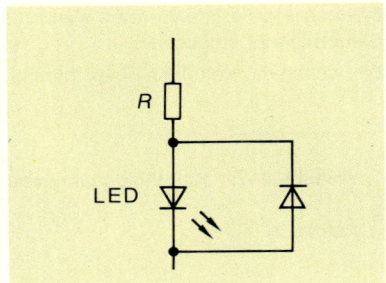

Abb. 2: LED mit Schutzdiode

Berechnungsbeispiel für den Vorwiderstand R_v:

Zur Berechnung des Vorwiderstandes R_v wollen wir die Daten der LED aus Vers. 8–7 verwenden: $U_F = 1{,}7\,V$; $I_F = 20\,mA$. Die Betriebsspannung soll 12V betragen.

$$U_{R_v} = U_B - U_F; \qquad U_{R_v} = 12\,V - 1{,}7\,V; \qquad U_{R_v} = 10{,}3\,V$$

$$R_v = \frac{U_{R_v}}{I_F}; \qquad R_v = \frac{10{,}3\,V}{20\,mA}; \qquad \underline{R_v = 515\,\Omega}$$

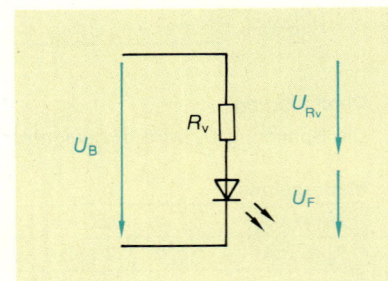

Abb. 3: LED mit Vorwiderstand

Aufgaben zu 8.2.4

1. Zeichnen Sie das Schaltzeichen einer Leuchtdiode und beschreiben Sie die prinzipielle Wirkungsweise!

2. Beschreiben Sie die Wirkungsweise der Stabilisierungsschaltung aus Abb. 1!

3. Berechnen Sie den Vorwiderstand R_v aus der Schaltung von Abb. 3 für $U_B = 15\,V$; $U_F = 1{,}5\,V$; $I_F = 25\,mA$!

4. Entwerfen Sie eine Schaltung, mit der man durch zwei Lumineszenzdioden die Polarität einer Spannungsquelle anzeigen kann!

5. Geben Sie an Hand von Abb. 4 an, wie die Spannung zwischen A und B gepolt sein muß, damit a) eine Minuszeichen und b) ein Pluszeichen angezeigt wird!

6. Geben Sie an Hand von Abb. 4 die Anschlußbedingungen an, bei der die Ziffer 3 aufleuchtet!

7. Begründen Sie, weshalb bei einer Leuchtdiode, die an Wechselspannung betrieben werden muß, eine weiter Diode antiparallel hinzugeschaltet werden muß!

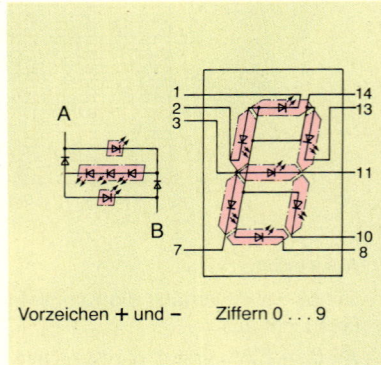

Vorzeichen + und −   Ziffern 0 . . . 9

Abb. 4: Schaltungen von Anzeigeeinheiten

8.2.5 Erklärungsmodell für Halbleiterverhalten

Die Eigenschaften der Halbleiterbauelemente hängen vom atomaren Aufbau der verwendeten Stoffe ab. Deshalb sollen zunächst grundlegende Erkenntnisse und Modellvorstellungen behandelt werden.

Modellvorstellungen haben einen bestimmten Gültigkeitsbereich. Deshalb lassen sich mit den im Buch verwendeten Modellen nur bestimmte Erscheinungen erklären. Für andere Vorgänge müssen andere Modellvorstellungen verwendet werden (z.B. Bändermodell).

Halbleiterbauelemente werden hauptsächlich aus Germanium und Silicium hergestellt. Es lassen sich aber auch Verbindungen anderer Stoffe, z.B. aus Gallium und Arsen (Galliumarsenid) verwenden.

Halbleiterwerkstoffe besitzen vier Elektronen auf der äußeren Schale (Valenzelektronen). Verbinden sich Germanium- und Siliciumatome zu einem Kristallgitter (Abb. 5a), so werden alle Valenzelektronen der beteiligten Atome benötigt. Im Gegensatz zu den Metallen stehen somit zunächst keine freien Elektronen zur Verfügung.

Jedes Atom ist vier Bindungen mit vier Nachbaratomen eingegangen, so daß insgesamt für jedes Atom acht Elektronen verfügbar sind. Es ist ein besonders stabiler Zustand entstanden (wie bei Edelgasen). Diese Bindungsart wird mit Atombindung bezeichnet.

Metalle besitzen dagegen eine Vielzahl frei beweglicher Elektronen, die sich im Kristallgitter aufgrund der Temperatur hin- und her bewewgen.

Stromleitung in Halbleiterwerkstoffen

Abb. 6 zeigt, daß Halbleiterwerkstoffe eine geringere Leitfähigkeit als Metalle besitzen, aber den elektrischen Strom besser als Isolatoren leiten. Aus diesem Grunde bezeichnet man Stoffe wie Silicium oder Germanium als halbleitend oder als Halbleiter.

Wir wollen uns nun mit der Frage beschäftigen, wie die Leitfähigkeit von Halbleiterwerkstoffen entsteht.

Eigenleitung

Kühlt man Halbleitermaterial bis auf eine Temperatur von ungefähr $-273°C$ (0K) ab, dann stellt man fest, daß der Werkstoff den elektrischen Strom nicht leitet. Dies läßt sich dadurch erklären, daß bei Halbleiterwerkstoffen alle Valenzelektronen zum Aufbau benötigt werden und somit, anders als bei Metallen, keine freien Elektronen zur Stromleitung zur Verfügung stehen. Erwärmt man einen Halbleiterkristall, dann zeigt sich, daß der Werkstoff den elektrischen Strom leitet.

Eine Temperatur von z.B. 0°C bedeutet für den Halbleiterkristall bereits eine große Erwärmung, denn der Temperaturunterschied zwischen 0K und 0°C beträgt immerhin 273K.

Man kann ferner beobachten, daß die Leitfähigkeit des Halbleitermaterials mit steigender Temperatur immer größer wird.

Wie entsteht nun die Leitfähigkeit eines Halbleiters bei Erwärmung?

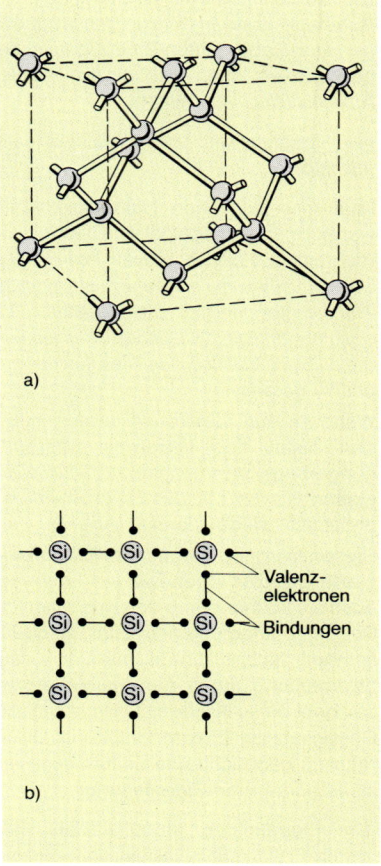

a)

b)

Abb. 5: Siliciumkristall:
a) räumliche Darstellung,
b) ebene Darstellung

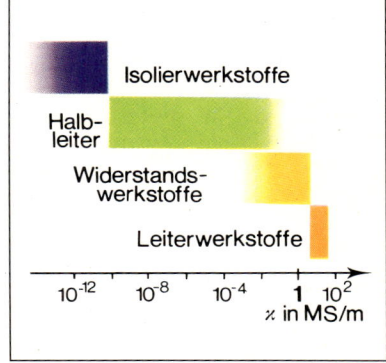

Abb. 6: Leitfähigkeiten von Werkstoffen

Die Atome sind bei Erwärmung des Kristalls nicht mehr in einer Ruhelage, sondern führen Schwingbewegungen in alle Richtungen aus. Dabei reißen Bindungen zu den benachbarten Atomen auf, und es lösen sich einzelne Valenzelektronen von ihren Atomen (Abb. 1).

Die Leitfähigkeit von Halbleitermaterial ist temperaturabhängig.

Legt man an einen Halbleiterkristall eine Spannung, dann wandern die losgelösten Elektronen durch den Kristall in Richtung auf den positiven Pol der Spannungsquelle. An den Stellen im Atom, an denen die wandernden Elektronen ihren Platz hatten, fehlen die negativen Ladungen. Diese Stellen bezeichnet man als Löcher oder als Defektelektronen. Weil jetzt die positive Ladung des Atomkerns überwiegt, ist ein Loch stets positiv geladen.

Wandern nun Elektronen unter Einfluß einer Spannung durch den Kristall, oder führen sie aufgrund von Erwärmung Bewegungen aus, dann können zufällig einige von ihnen auf Löcher stoßen. Hierbei füllt das Elektron ein Loch auf und das Atom wird elektrisch wieder neutral (Abb. 2).

Diesen Vorgang nennt man **Rekombination.** Da jedes rekombinierte Elektron irgendwo ein Loch hinterlassen hat, scheinen auch die Löcher durch den Kristall in Richtung auf den negativen Pol einer angelegten Spannungsquelle zu wandern. Der Einfachheit halber nimmt man an, daß auch die Löcher zur Stromleitung durch den Halbleiterkristall beitragen. Man bezeichnet diese Art des Ladungstransports als Löcherleitung im Gegensatz zur Elektronenleitung. Die schon bei Zimmertemperatur zu beobachtende Leitfähigkeit eines reinen Halbleiterkristalls nennt man **Eigenleitung.**

Die Eigenleitung eines reinen Halbleiterkristalls entsteht durch Erwärmung und ist vom Grad der Erwärmung abhängig. Sie ist aber immer noch sehr viel geringer als bei Metallen.

Störstellenleitung

Für den Aufbau von Halbleiterbauelementen benötigt man Halbleitermaterial, dessen Leitfähigkeit weitgehend temperaturunabhängig und sehr viel höher ist als bei der Eigenleitung. Deshalb fügt man in das Kristallgitter von Halbleitern Fremdatome ein, die entweder drei oder fünf Valenzelektronen haben. Man sagt, das Halbleitermaterial wird **dotiert.** Abb. 3 und 4 zeigen in schematischer Darstellung zwei dotierte Siliciumkristalle. Der regelmäßige Kristallaufbau wird durch das Dotieren gestört. Es entstehen sogenannte **Störstellen.** Der Kristall bleibt aber insgesamt elektrisch neutral. Wir wollen nun die erhöhte Leitfähigkeit von dotiertem Halbleitermaterial erklären.

Beim Dotieren mit fünfwertigen Fremdatomen, z.B. Arsen, werden nur vier Valenzelektronen des Arsenatoms zur Bindung an das Halbleiteratom benötigt. Das fünfte Valenzelektron kann sich leicht vom Arsenatom lösen und unter dem Einfluß einer Spannung als freies Elektron durch das Material wandern (Abb. 3).

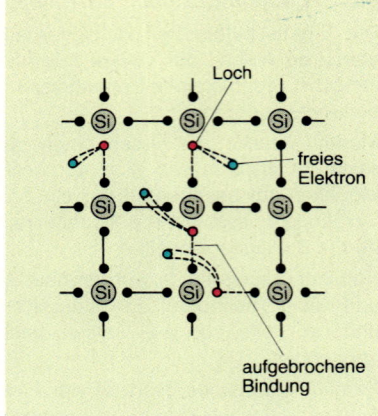

Abb. 1: Aufbrechen der Bindungen bei Erwärmen des Halbleitermaterials

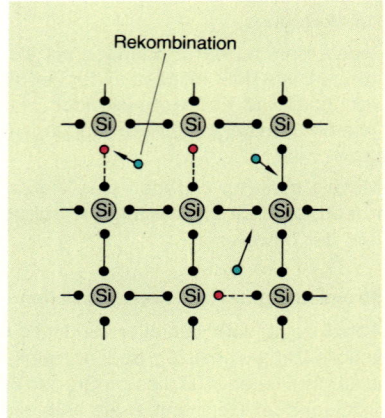

Abb. 2: Rekombination von Loch und Elektron

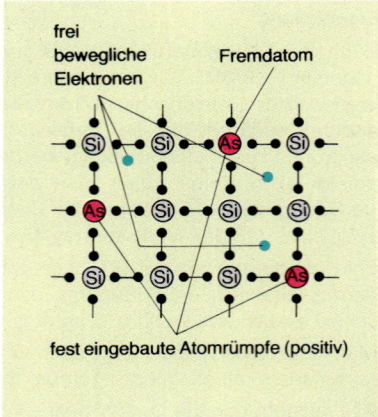

Abb. 3: N-Leiter (mit Arsen dotiert)

Beim Dotieren mit fünfwertigen Fremdatomen wird die Erhöhung der elektrischen Leitfähigkeit durch die Erzeugung freier Elektronen erreicht **(N-leitend).**

Dotiert man dagegen Silicium mit dreiwertigen Fremdatomen, etwa Indium, so werden nicht alle Valenzelektronen des Halbleitermaterials in den Kristallaufbau einbezogen, weil das entsprechende Partnerelektron bei dem Fremdatom fehlt (Abb. 4). Auch bei dieser Art der Dotierung entstehen Störstellen im Kristallaufbau. Diese sind in der Lage, Elektronen aufzunehmen. Dadurch entstehen im Kristall Löcher (Abb. 4).

Beim Dotieren mit dreiwertigen Fremdatomen wird die Erhöhung der elektrischen Leitfähigkeit durch die Erzeugung von Löchern erreicht **(P-leitend).**

Die durch Dotierung hervorgerufene Leitfähigkeit eines Halbleiters nennt man **Störstellenleitung.**

In der Praxis dotiert man Halbleiter so, daß die Eigenleitung im Vergleich zur Störstellenleitung verschwindend gering wird. Da die Störstellenleitung temperaturunabhängig ist, wird damit auch die Leitfähigkeit eines dotierten Halbleiters weitgehend temperaturunabhängig.

Bauelemente der Halbleitertechnik sind oft so aufgebaut, daß P-leitendes Material in einen engen Kontakt mit N-leitendem Material gebracht wird, z.B. die Diode. Die Kontaktfläche bezeichnet man dann als **PN-Übergang.**

Es entsteht dabei eine Zone, die durch Rekombination von Löchern und Elektronen frei von beweglichen Ladungsträgern ist (Abb. 6). Durch diese Zone kann der elektrische Strom normalerweise nicht fließen. Man bezeichnet sie als **Sperrschicht.** Ihre Dicke beträgt einige tausendstel Millimeter. Wie entsteht sie?

Die Sperrschicht entsteht durch Wanderung von Elektronen und Löchern in den jeweils gegenüberliegenden Kristallteil (Abb. 5). Diese Wanderung bezeichnet man als **Diffusion**[1].

Durch die Diffusion werden dem P-dotierten Teil des Kristalls negative und dem N-dotierten Teil positive Ladungsträger zugeführt. Demnach wird durch die Diffusion das P-leitende Material in der Sperrschicht negativ und das N-leitende Material in der Sperrschicht positiv geladen (Abb. 6). Es entsteht eine Spannung, die **Diffusionsspannung.** Diese hat zur Folge, daß die Löcher bzw. Elektronen abgestoßen werden und nicht mehr diffundieren können. Die Sperrschicht breitet sich nicht weiter aus.

Die Diffusionsspannung beträgt bei Germanium ungefähr 0,2V...0,4V und bei Silicium ungefähr 0,5V...0,8V.

Ventilwirkung des PN-Übergangs (Diodenwirkung)

Die Halbleiterdiode ist ein Bauelement, das im wesentlichen aus einem PN-Übergang besteht (Abb. 5). Das Dreieck im Schaltzeichen der Halbleiterdiode symbolisiert den P-dotierten und der Strich den N-dotierten Teil.

[1] diffundere (lat.): eindringen

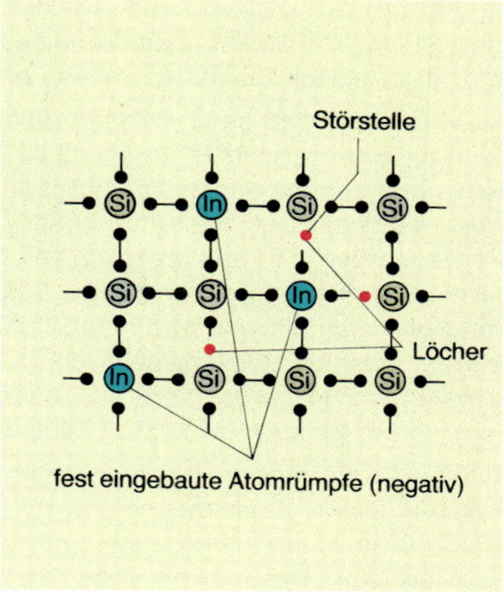

Abb. 4: P-Leiter (mit Indium dotiert)

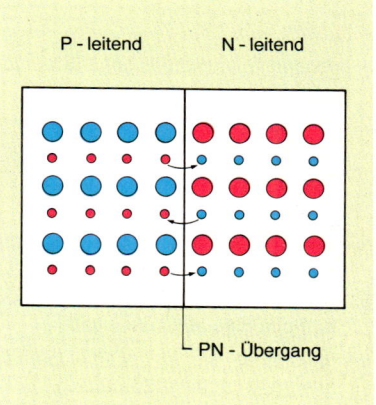

Abb. 5: PN-Übergang vor der Diffusion

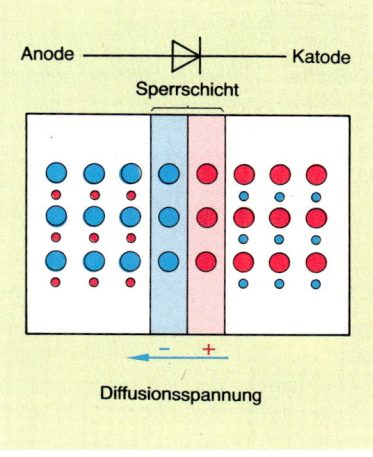

Abb. 6: PN-Übergang nach der Diffusion

In Versuch 8–3 (S. 176) haben wir die Ventilwirkung der Diode untersucht. Wir wollen diese Wirkungsweise jetzt mit Hilfe der hier erarbeiteten Modellvorstellung erklären.

Abb. 1a zeigt, daß beim Anlegen einer Spannung in Sperrrichtung die Sperrschicht im Vergleich zu Abb. 6, S. 187 vergrößert wird, weil ein Teil der freibeweglichen Ladungsträger von den entgegengesetzt geladenen Polen der Spannungsquelle angezogen werden. Es kann praktisch kein Strom durch die Halbleiterdiode fließen, da die angelegte Spannung die gleiche Richtung wie die Diffusionsspannung hat. Es bleibt nun noch zu klären, weshalb der Stromfluß durch den in Flußrichtung geschalteten PN-Übergang erst bei einer Spannung von ca. 0,6 V in unserem Versuch einsetzte. Betrachten Sie dazu Abb. 1b.

Wie Sie sehen, sind die Diffusionsspannung und die in Durchlaßrichtung angelegte Spannung entgegengesetzt gerichtet. Daher muß die in Flußrichtung angelegte äußere Spannung größer sein als die Diffusionsspannung, damit Ladungsträger in die Sperrschicht einfließen können und dann die Sperrschicht abgebaut wird (Abb. 1b).

Aufgaben zu 8.2.5

1. Wodurch wird die Eigenleitung von Halbleitermaterial hervorgerufen?
2. Wie kann die Leitfähigkeit von reinem Silicium oder Germanium erhöht werden?
3. Durch welche Ladungen erfolgt die Stromleitung in einem N-dotierten Halbleiter?
4. Was geschieht in einem PN-Übergang, wenn er in Sperrrichtung betrieben wird?
5. Was geschieht in einem PN-Übergang, wenn er in Durchlaßrichtung betrieben wird?
6. Skizzieren Sie einen PN-Übergang nach Diffusion ohne angelegte äußere Spannung.

Abb. 1: Halbleiterdiode nach Anlegen einer Spannung:
a) in Sperrrichtung,
b) in Flußrichtung

8.3   Transistoren

Transistoren sind Halbleiterbauelemente, die zur Verstärkung, Schwingungserzeugung sowie für Schalt- und Regelzwecke verwendet werden und in diesen Bereichen eine überragende Bedeutung erlangt haben.

Je nach Aufbau des Halbleiterbauelementes unterscheidet man zwischen bipolaren Transistoren und Feldeffekttransistoren.

8.3.1   Grundsätzliche Wirkungsweise des Transistors

Je nach Aufbau unterscheidet man beim bipolaren Transistor noch zwischen NPN- und PNP-Transistoren.

Der Transistor hat drei Anschlüsse, die mit Emitter (E), Basis (B) und Kollektor (C) bezeichnet werden.

In Versuch 8–8 wollen wir die Wirkungsweise des Transistors untersuchen.

Bipolarer Transistor:

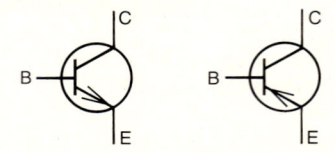

NPN – Transistor   PNP – Transistor

Versuch 8–8: Wirkungsweise des bipolaren Transistors

Aufbau

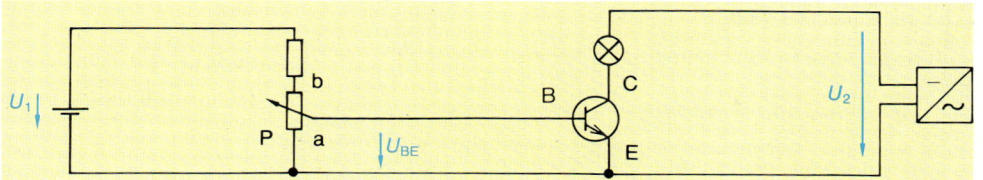

Durchführung

Die Spannungsquelle U_2 wird auf die Betriebsspannung der Lampe (12V) eingestellt.

Das Potentiometer P wird langsam von a nach b verändert.

Ergebnis

Potentiometereinstellung a: Die Lampe leuchtet nicht!

Verstellt man das Potentiometer in Richtung b, dann beginnt die Lampe erst schwach und dann heller zu leuchten, bis sie von einer bestimmten Schleiferstellung ab die Betriebshelligkeit erreicht hat.

Der Transistor und die Lampe sind in Reihe geschaltet. An der Reihenschaltung liegt die Betriebsspannung U_2. Es erfolgt also immer eine Spannungsaufteilung.

Mit Hilfe des Transistors kann man die Helligkeit der Lampe beeinflussen, indem man am Transistor die Spannung zwischen den Anschlüssen B und E verändert. Der Transistor kann also als steuerbarer Widerstand aufgefaßt werden.

Potentiometerstellung a: Transistorwiderstand groß,
Lampe dunkel

Potentiometerstellung b: Transistorwiderstand klein,
Lampe hell

8.3.2 Transistor als Schalter

Wenn man in Versuch 8–8 nur die beiden Potentiometereinstellungen a und b zuläßt, dann kann man mit dem Transistor die Lampe schalten:

Potentiometerstellung a: Lampe aus!

Potentiometerstellung b: Lampe ein!

Aus Versuch 8–8 läßt sich auch entnehmen, daß der Basisanschluß (B) beim Durchschalten des Transistors (Potentiometereinstellung b) durch die zweite Spannungsquelle positiv gegenüber dem Emitteranschluß (E) ist. Diesen Zustand kann man auch erreichen, wenn man den Basisanschluß (B) über einen Widerstand R an die Betriebsspannung legt. Damit man die Basis-Emitter-Spannung ein- bzw. ausschalten kann, muß noch ein Schalter S vorgesehen werden (Abb. 3). Mit dieser Anordnung läßt sich die Lampe dann ohne eine zusätzliche Spannungsquelle mit Hilfe des Transistors schalten.

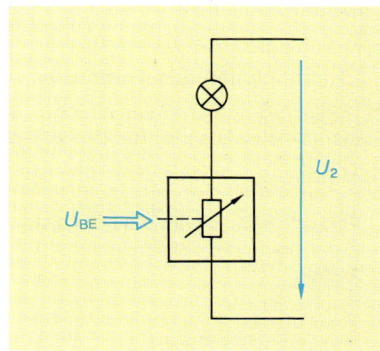

Abb. 2: Transistor als steuerbarer Widerstand

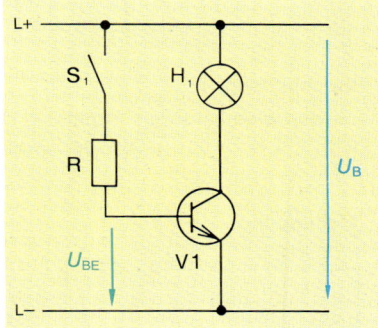

Abb. 3: Transistor als Schalter

Ist der Schalter S1 geöffnet, dann ist keine Spannung zwischen Basis und Emitter. Der Transistor hat einen sehr hohen Widerstandswert. Die Lampe H1 leuchtet nicht. Ist der Schalter S1 geschlossen, dann liegt eine Spannung zwischen Basis und Emitter. Der Transistor hat einen sehr kleinen Widerstandswert. Die Lampe H1 leuchtet (Abb. 1).

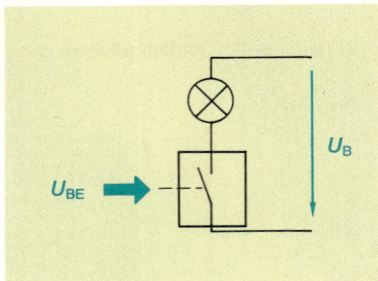

Abb. 1: Transistor als Schalter

> Der Transistor kann als elektronischer Schalter betrieben werden.
>
> $U_{BE} = 0V \Rightarrow$ Transistor hochohmig $\Rightarrow$ »Schalter« offen
>
> $U_{BE} = 0,7V \Rightarrow$ Transistor niederohmig $\Rightarrow$ »Schalter« geschlossen (Abb. 3, S. 189).

In der Schaltung aus Versuch 8–8 und auch in der Schaltung von Abb. 2 lassen sich zwei Stromkreise feststellen. Der Eingangskreis mit der Basis-Emitter-Spannung U_{BE} und dem Basisstrom I_B sowie der Ausgangskreis mit der Kollektor-Emitter-Spannung U_{CE} und dem Kollektorstrom I_C.

Der ausgangsseitige Strom I_C kann mit der eingangsseitigen Spannung U_{BE} bzw. mit dem eingangsseitigen Strom I_B gesteuert werden.

Will man die Zusammenhänge zwischen den einzelnen Strömen und Spannungen am Transistor genauer untersuchen, so muß man wieder mit einer entsprechenden Meßschaltung eine Meßreihe aufnehmen. Die Meßergebnisse werden dann zweckmäßigerweise graphisch als Kennlinien dargestellt.

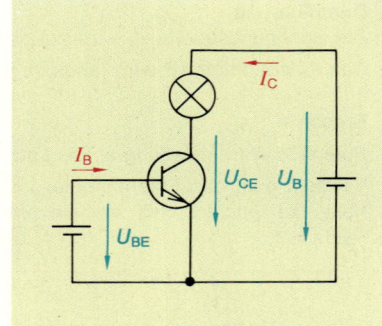

Abb. 2: Stromkreise beim Transistor

8.3.3 Kennlinien des Transistors

In Versuch 8–9 wollen wir einige Zusammenhänge zwischen Eingangs- und Ausgangsgrößen untersuchen.

Versuch 8–9:   Aufnahme der Stromsteuerkennlinie des bipolaren Transistors

Aufbau

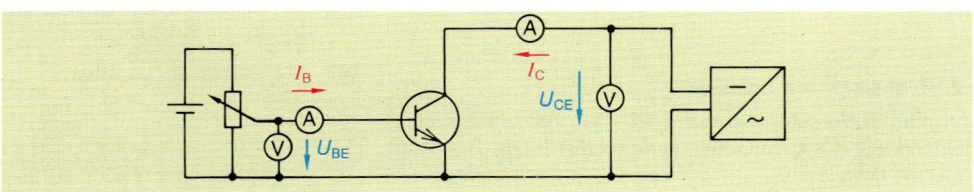

Durchführung

Es wird eine konstante Spannung $U_{CE} = 12V$ eingestellt. Der Strom I_B wird in geeigneten Schritten erhöht. Der Strom I_C und die Spannung U_{BE} werden gemessen.

Meßergebnis

I_B in µA	0	2	5	10	15	30	55	90
I_C in mA	0	0,22	0,55	1	1,8	3,2	6	10
U_{BE} in V	0	0,64	0,66	0,68	0,7	0,72	0,74	0,76

Die Meßergebnisse lassen sich graphisch darstellen. Zunächst soll der Kollektorstrom I_C in Abhängigkeit von dem Basisstrom I_B dargestellt werden (Abb. 3). Man erhält die **Stromsteuerkennlinie.**

> Der Kollektorstrom I_C läßt sich durch den Basisstrom I_B steuern.

Das Verhältnis von Kollektorstromstärke zur Basisstromstärke bezeichnet man als Stromverstärkung B

$$B = \frac{I_C}{I_B}$$

Sie läßt sich leicht mit Hilfe der Stromsteuerkennlinie ermitteln.

Der Zusammenhang zwischen der Basis-Emitter-Spannung U_{BE} und dem Basisstrom I_B wird mit der **Eingangskennlinie** wiedergegeben (Abb. 4). Die Eingangskennlinie des Transistors ist der Durchlaßkennlinie der Diode sehr ähnlich.

Wenn man den Transistor als steuerbaren Widerstand auffassen kann, dann muß es auch noch einen Zusammenhang zwischen den Ausgangsgrößen U_{CE} und I_C geben. Abb. 5 zeigt Kennlinien, in denen der Strom I_C in Abhängigkeit der Spannung U_{CE} dargestellt ist. Für jeden fest eingestellten Basisstrom I_B ergibt sich eine Ausgangskennlinie.

Häufig wird in das Ausgangskennlinienfeld auch die Leistungshyperbel eingezeichnet, die die Belastungsgrenze für den Transistor angibt. Bestimmte Strom- und Spannungswerte dürfen ebenfalls nicht überschritten werden. Dies sind z.B. der maximale Kollektorstrom I_{Cmax} und die maximale Kollektor-Emitter-Spannung U_{CEmax}.

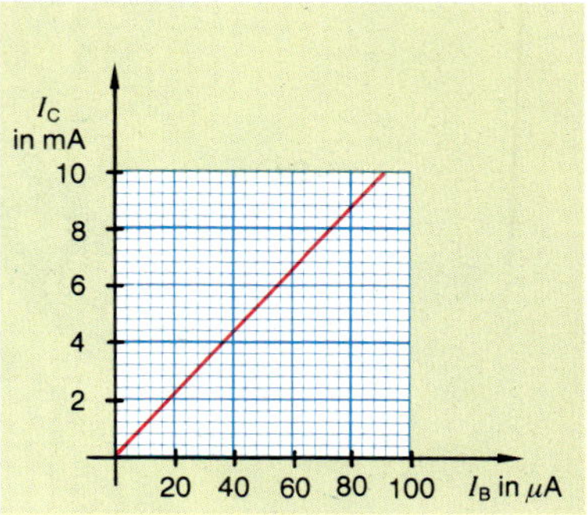

Aufgaben zu 8.3

1. Zeichnen Sie das Schaltzeichen eines NPN-Transistors!

2. Wie heißen die drei Anschlüsse des Transistors?

3. Wie kann man den Kollektorstrom des Transistors steuern?

4. Wie kann ein Transistor als Schalter betrieben werden?

5. Berechnen Sie aus den Meßergebnissen aus Versuch 8–9 den Eingangswiderstand R_{BE} für $I_B = 30$ µA.

6. Berechnen Sie aus dem Ausgangskennlinienfeld Abb. 5 den Ausgangswiderstand R_{CE} für $I_B = 50$ µA und $U_{CE} = 5$ V.

7. Wie muß ein Transistor geschaltet sein, damit ein Kollektorstrom fließt?

8. Benennen Sie das Verhältnis von I_C zu I_B?

9. Ein Transistor hat eine Gleichstromverstärkung von $B = 130$. Wie groß ist der Kollektorstrom, wenn der Basisstrom 10 µA groß ist?

10. Wie verändert sich der Kollektorstrom bei einem PNP-Transistor, wenn die Basis-Emitter-Spannung negativer wird?

Abb. 3: Stromsteuerkennlinie

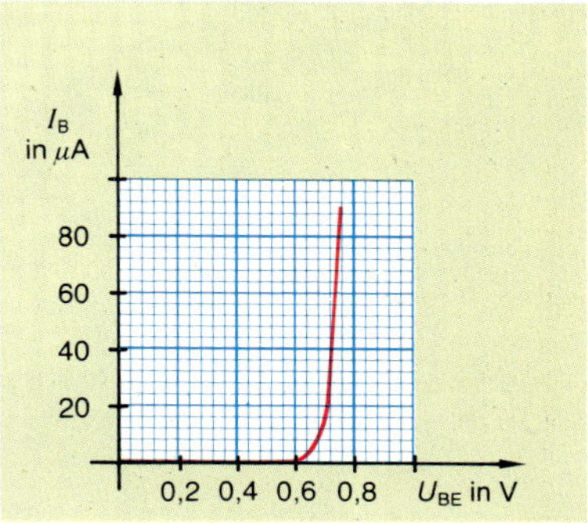

Abb. 4: Eingangskennlinie

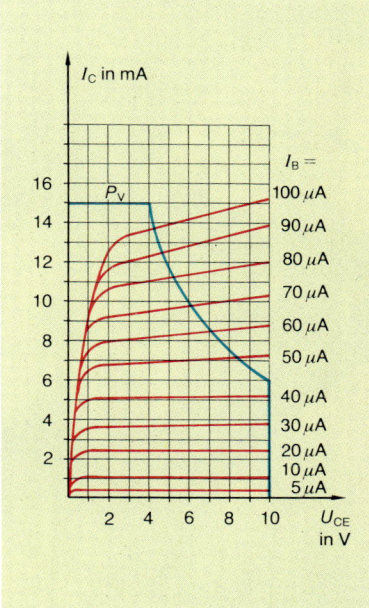

Abb. 5: Ausgangskennlinienfeld mit Leistungshyperbel

9 Einführung in die Steuerungstechnik

9.1 Steuerungstechnische Grundbegriffe

Steuern ist in der Technik ein wichtiger Vorgang. Es werden z.B. der Energiefluß eines Elektrizitätswerkes, die Werkstoffe einer Autofabrik, der elektrische Strom eines Heizgerätes, der Zufluß zu einem Wasserbehälter oder der Signalfluß einer Nachrichtenstrecke gesteuert. Die Beeinflussung erfolgt immer in eine bestimmte Richtung, ohne daß eine Rückmeldung erfolgt. Der Wirkungsablauf ist dabei stets offen (Abb. 1).

> Das Merkmal einer Steuerung ist der offene Wirkungs-ablauf.

Zur Erläuterung wichtiger steuerungstechnischer Grundbegriffe wollen wir von folgendem schaltungstechnischen Problem ausgehen:

Eine Glühlampe soll von drei Stellen aus beliebig ein- und ausgeschaltet werden.

Das Problem läßt sich einfach und wirtschaftlich lösen, wenn man ein Stromstoßrelais an Stelle eines herkömmlichen Relais verwendet. Worin liegen die Unterschiede?

Bei einem herkömmlichen Relais gehen bei Unterbrechung des Stromes durch die Spule die Kontakte wieder in die Ruhelage zurück. Beim Stromstoßrelais geschieht dieses dagegen nicht. Der letzte Zustand bleibt erhalten. Die Kontakte bleiben offen bzw. geschlossen. Man nennt deshalb diese Kontakte auch Rastkontakte.

Es können deshalb für die schaltungstechnische Realisation des Problems an Stelle von Schaltern Taster verwendet werden (Abb. 2). Mit ihnen werden kurzzeitig Ströme durch die Relais-spule hervorgerufen. Wenn die Lampe vorher über den Rast-kontakt K1 nicht eingeschaltet war, wird sie durch den Stromstoß eingeschaltet. Dieser Zustand bleibt so lange erhalten, bis ein weiterer Stromstoß den Rastkontakt in die Ausgangsstellung zurückbringt. Die Lampe leuchtet nicht mehr.

Wir wollen jetzt die Steuerungsschaltung mit dem Stromstoß-relais verallgemeinern und dabei wichtige Begriffe der Steue-rungstechnik herausstellen.

Die Steuerung der Lampe von Abb. 2 geschieht durch die Taster S1 bis S3. Durch eine Handbetätigung wird die Steuerung eingeleitet bzw. »geführt«. Man nennt deshalb die dazu erfor-derliche Eingangsgröße auch **Führungsgröße.** Sie wird durch den Kleinbuchstaben **w** abgekürzt.

Neben der beschriebenen Handbetätigung kann die Führungs-größe durch verschiedenartige Signalgeber gebildet werden. Wenn es sich um nichtelektrische Signale handelt, müssen diese in elektrische umgewandelt werden. In Abb. 3 sind in einer Übersicht einige Signalgeber aufgeführt. Sie reichen vom mechanischen Schalter bis zum Programm eines Computers.

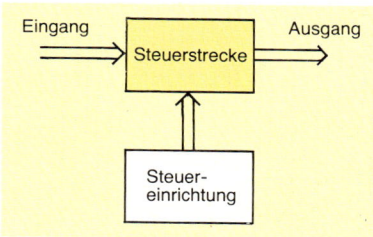

Abb. 1: Prinzip einer Steuerung

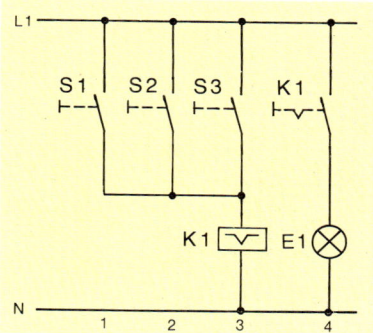

Abb. 2: Stromstoß-Schaltung als Beispiel für eine Steuerung

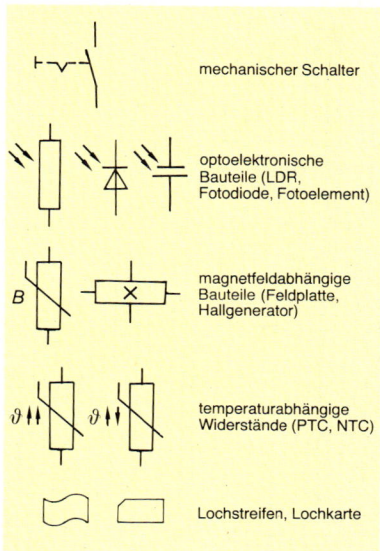

Abb. 3: Beispiele für Signalgeber

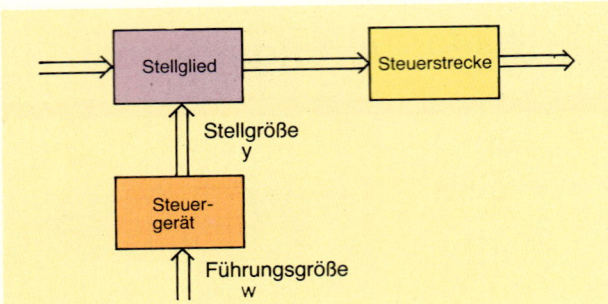

Abb. 1: Prinzip einer Steuerung

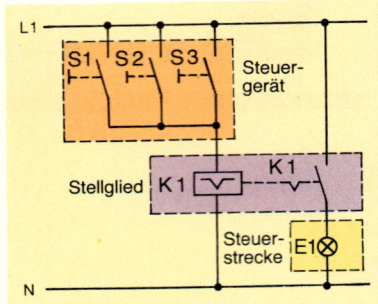

Abb. 2: Elemente einer Steuerung bei einer Stromstoß-Schaltung

Das Gerät, in denen die Eingangsgrößen verarbeitet bzw. den Steuerungsaufgaben angepaßt werden, nennt man **Steuergerät.** In dem besprochenen Beispiel mit dem Stromstoßrelais sind die Taster S1 bis S3 identisch mit dem Steuergerät (Abb. 1 u. 2). Mit ihnen werden für das Relais Signale erzeugt, die in diesem Fall zwei Zustände einnehmen können (binäres Signal 0 oder 1). Wenn ein Taster nicht betätigt ist, liegt für das Relais die Information 0, wenn der Taster betätigt wird, dagegen die Information 1 vor.

Das Stromstoßrelais mit dem Rastkontakt wird durch das Steuergerät gewissermaßen »eingestellt«. Man bezeichnet deshalb diesen Teil einer Steuerkette als **Stellglied.** Die Eingangsgröße für das Stellglied wird als **Stellgröße** bezeichnet und mit **y** gekennzeichnet.

Das Stellglied mit seinem Rastkontakt wirkt wiederum auf die Lampe ein. Sie leuchtet oder sie leuchtet nicht. Sie ist der gesteuerte Teil und wird deshalb auch als **Steuerstrecke** bezeichnet.

Eine Steuerkette besteht aus einem Steuergerät, einem Stellglied und einer Steuerstrecke.

Der Zusammenhang zwischen dem konkreten Beispiel einer Lampenschaltung mit einem Stromstoßrelais und der verallgemeinerten Darstellung in Blockform ist in Abb. 1 und 2 zu sehen. Durch farbige Hinterlegungen sind zusammengehörige Elemente gekennzeichnet worden.

Neben den mechanisch arbeitenden Stellgliedern (Relais, Schütz) gibt es eine Reihe von elektronischen, hydraulischen oder pneumatisch arbeitenden Stellgliedern (Abb. 3).

Die Stromstoß-Schaltung war ein Beispiel für eine digitale Steuerung. Als Beispiel für eine analoge Steuerung kann die Helligkeitssteuerung mit einem Dimmer dienen (Abb. 4).

Die Beeinflussung der Stromstärke durch die Lampe erfolgt über einen elektronisch einstellbaren Widerstand (Triac, Thyristor). Dieses Stellglied vergrößert oder verringert die Energiezufuhr für die Lampe. Beliebige Helligkeiten sind einstellbar.

Da die digitalen Steuerungen zunehmend an Bedeutung gewinnen, werden wir uns im nächsten Teil genauer mit digitalen Signalen und ihren logischen Verknüpfungen befassen.

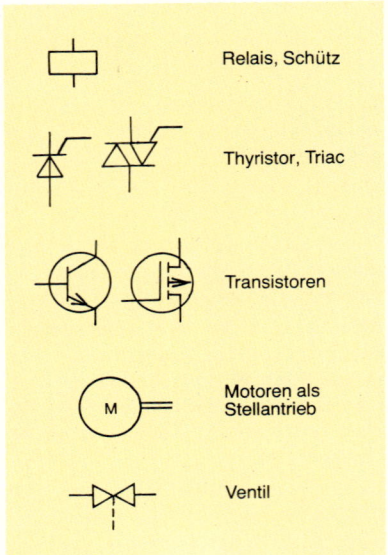

Abb. 3: Beispiele für Stellglieder

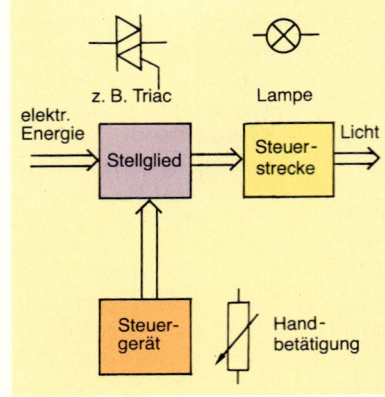

Abb. 4: Helligkeitssteuerung mit einem Dimmer

9.2 Digitale Signale und digital arbeitende Bauteile

Digitale Signale bestehen immer aus abzählbaren Elementen. Grundsätzlich können diese Elemente zwei, drei oder beliebig viele Zustände besitzen. Es könnte z.B. ein digitales System mit den drei Zuständen +10 V, 0 V und −10 V aufgebaut werden. Dieses ist jedoch bei der bei uns verwendeten Digitaltechnik nicht üblich. Es werden nur zwei Zustände verwendet. Diese Digitaltechnik müßte also genauer **binäre** (zweiwertige) **Digitaltechnik** heißen. Dieser Zusatz entfällt jedoch, da alle verwendeten Bausteine und Signale in der Regel zweiwertig sind.

In der Digitaltechnik werden binäre Signale verwendet und dementsprechend Bausteine mit binärem Verhalten eingesetzt.

Obwohl in der Elektrotechnik viele Signale analoger Art sind, gibt es doch bei genauer Betrachtung eine Vielzahl von binären Zuständen. Die folgende Übersicht läßt sich ohne Probleme noch erweitern.

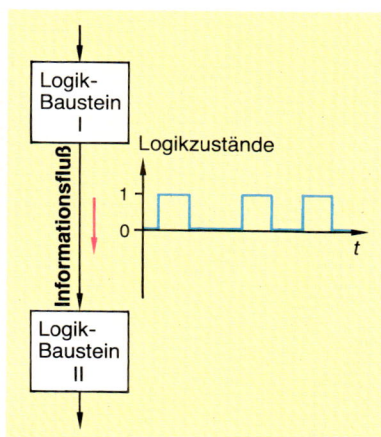

Abb. 5: Binär-digitaler Signalfluß

erster Zustand	zweiter Zustand
Schalter geschlossen	Schalter offen
Spannung vorhanden	Spannung nicht vorhanden
es fließt Strom	es fließt kein Strom
die Lampe leuchtet	die Lampe leuchtet nicht
die Diode ist leitend	die Diode ist nicht leitend

Obwohl in der Übersicht verschiedenartigste Elemente vorhanden sind (Schalter, Spannung, Strom, Lampe, Diode), haben sie jedoch etwas gemeinsames. Die Logikzustände sind in jeder Spalte eindeutig. So kann man z.B. den ersten Zustand mit »**1-Zustand**« und den zweiten Zustand mit »**0-Zustand**« bezeichnen. Diese Zustände werden auch **Logik-Werte** (Logikzustände) genannt.

Zwischen den einzelnen Bausteinen werden bei der inneren Verarbeitung die verschiedenen Logikzustände hin- und hertransportiert. Es entsteht ein Signalfluß, der von der Zeit abhängig ist (Signal-Zeit-Verlauf). Ein Beispiel für einen Signalfluß ist in Abb. 5 zu sehen. Die »1-Zustände« stehen in einem ständigen Wechsel mit den »0-Zuständen«.

Die Ziffern 0 und 1 werden in der Digitaltechnik als Symbole für die Kennzeichnung der Logikzustände verwendet. Sie sind unabhängig von der jeweils verwendeten Bauform bzw. Baustein.

In elektronischen Schaltungen ist für den Techniker nicht nur der Logikzustand von Interesse, sondern auch, welchen Spannungen diese Logikzustände entsprechen. Die Zuordnung ist im Prinzip beliebig. Die in Abb. 5 dargestellte Signalfolge kann z.B. durch die Spannungssignale von Abb. 6 realisiert werden. Wenn eine Festlegung jedoch einmal erfolgt ist, muß sie konsequent beibehalten werden.

Beispiel für einen möglichen Logik- und Spannungszustand:

0 ≙ 0 V   1 ≙ 5 V

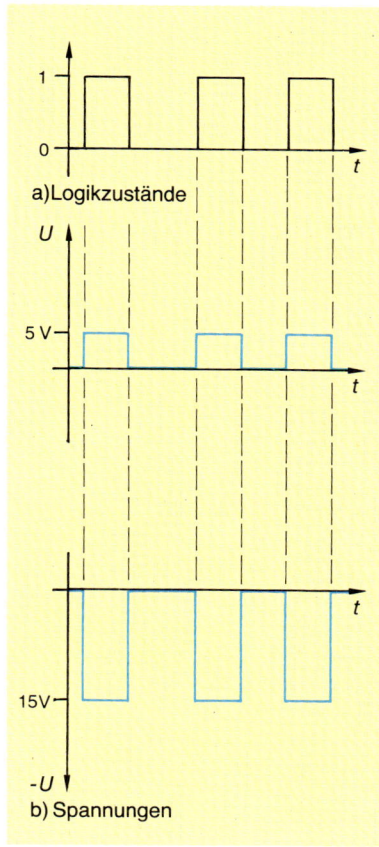

a) Logikzustände

b) Spannungen

Abb. 6: Zusammenhang zwischen Logikzuständen und Spannungen

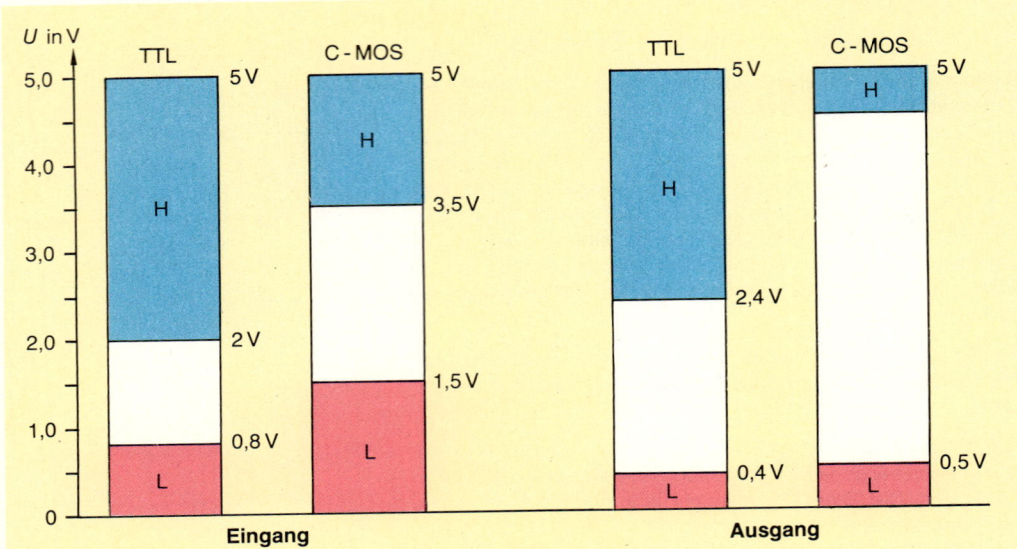

Abb. 1: Toleranzbereiche für Ausgangs- und Eingangspegel integrierter Digitalschaltungen

In den bisherigen Ausführungen wurden den Logikzuständen konstante Spannungen zugeordnet, z.B. 0 V und 5 V. Da elektronische Bauteile jedoch über Toleranzen verfügen, müssen auch für die binären Spannungszustände Toleranzen festgelegt werden. Bei 5 V Betriebsspannung geht z.B. definitionsgemäß am Eingang einer TTL-Schaltung[1] der Logik-Zustand »0« von 0 V bis 0,8 V und der Logik-Zustand »1« von 2 V bis 5 V. Bei C-MOS-Bausteinen[2] (5 V Betriebsspannung) sind dies 0 V bis 1,5 V und 3,5 V bis 5 V. Diese Toleranzbereiche werden von den Herstellern garantiert (Abb. 1).

Spannungsangaben können auch mit **Pegeln** gleichgesetzt werden. Höhere Spannungen entsprechen dabei einem hohen Pegel und werden mit »**H**« (engl.: **H**igh) abgekürzt, niedrigere Spannungen werden dementsprechend mit dem Pegel »**L**« (engl.: **L**ow) gekennzeichnet.

hoher Pegel   ≙ H (High)
niedriger Pegel ≙ L (Low)

Die Zuordnung von Spannungswerten den Pegeln High und Low ist nicht beliebig. Es wurde festgelegt:

Der positivere Spannungsbereich entspricht dem Pegel High (H).
Der negativere Spannungsbereich entspricht dem Pegel Low (L).

Wendet man diese Vorschrift an, dann können sich zwar verschiedene Spannungen in den einzelnen Systemen ergeben, die Zuordnung der H- und L-Pegel ist jedoch immer eindeutig (Abb. 2).

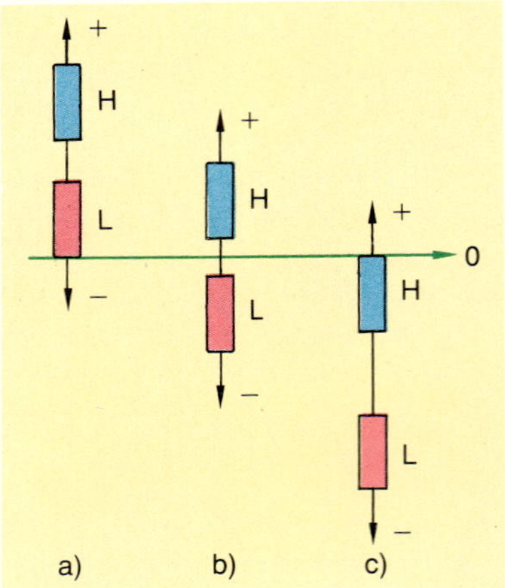

Abb. 2: Beispiele für H- und L-Pegel

[1] TTL: Transistor-Transistor-Logik
[2] C-MOS: Complementary Symmetry-Metal Oxide Semiconductor

Fall a) in Abb. 2 entspricht der allgemein angewendeten »positiven Logik«. Der Pluspol der Betriebsspannung liegt im H-Pegel-Bereich. Die gemeinsame Masse wird als L-Pegel festgelegt. Es ergibt sich dann der folgende Zusammenhang zwischen Pegel und Logikzustand:

$$H \triangleq 1 \qquad L \triangleq 0$$

Wird dagegen der Pluspol (Fall c in Abb. 2) der Betriebsspannung als gemeinsame Elektrode (Masse) verwendet, ergibt sich der folgende Zusammenhang zwischen Pegel und Logikzustand:

$$H \triangleq 0 \qquad L \triangleq 1$$

Den binären Variablen[1] 0 und 1 können beliebige physikalische Größen zugeordnet werden, für die man getrennte Wertebereiche definiert hat. Diese Wertebereiche werden auch als Pegel bezeichnet, die dann mit H und L abgekürzt werden.

Die bisherigen Ausführungen haben sich an den in der Technik üblicherweise verwendeten Systemen orientiert. Die Grundgedanken hierfür reichen jedoch bis ins vorige Jahrhundert. Der englische Mathematiker George Boole (1815 bis 1864) hat eine zweiwertige Algebra entwickelt (später **Boolesche Algebra** genannt), um Probleme der Philosophie mit Hilfe dieser Aussagelogik auf ein mathematisches Fundament zu stellen. Später hat man dieses System auf Schaltfunktionen der Technik übertragen. In der Aussagelogik benutzt man die Begriffe wahr und unwahr, die unseren Logik-Zuständen 1 und 0 entsprechen. In der folgenden Übersicht sind verschiedene binäre Zustände gegenübergestellt.

Logik-Zustand (Boolesche Algebra)	1	0
Spannungsbereiche (Beispiel)	5 V	0 V
Pegel	H	L
Aussagelogik	wahr	unwahr

Zum Abschluß dieses Einführungsteils wollen wir das binäre Verhalten einiger in der Digitaltechnik verwendeten Bauteile beschreiben (Schalter, Diode und Relais). Im Stromkreis mit dem Schalter (Abb. 3a) fließt nur dann ein Strom (1-Zustand), wenn der Schalter geschlossen ist (1-Zustand). Ebenso verhalten sich die Diode und das Relais. Die Diode ist jedoch ein Schalter besonderer Art (vgl. 8.2), da das Schaltverhalten nur davon abhängt, ob sie sich in Durchlaß- oder Sperrichtung befindet.

Transistoren zeigen bei entsprechender Beschaltung ebenfalls ein binäres Verhalten (vgl. 8.3). Sie können in vielfältiger Weise mit anderen Bauteilen auf kleinstem Raum zusammen hergestellt werden und bilden dann eine integrierte Schaltung. Diese Schaltungen könnten im Prinzip auch mit Relais oder Schützen aufgebaut werden. Die Vorteile integrierter Schaltungen sind jedoch so groß, daß nur bei bestimmten Anforderungen (z.B. hohe Leistungen) mechanische Bauteile verwendet werden (vgl. Tab. 9.1, S. 198).

---

[1] Variable: Veränderliche

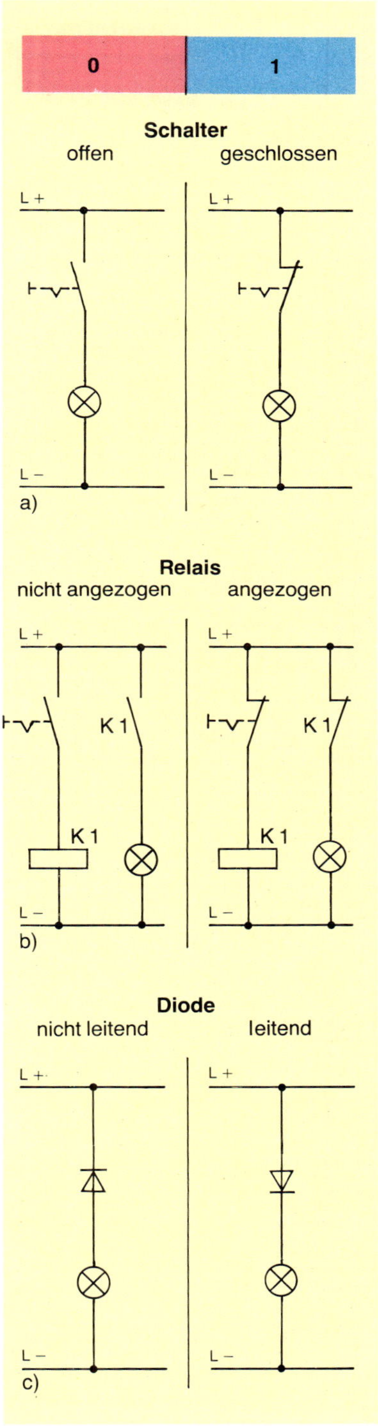

Abb. 3: Binäres Verhalten von Bausteinen

Wir wollen uns jetzt etwas genauer dem Steuergerät zuwenden, denn dort erfolgt die wichtige Signalverarbeitung der Eingangsgrößen. In bisher besprochenen Beispielen handelte es sich lediglich um einzelne Eingangsgrößen. Die Zahl kann sich erheblich erhöhen, wenn komplexe Steuerungsprobleme behandelt werden. Alle diese Eingangsvariablen müssen dann logisch miteinander verknüpft werden, zu einer Ausgangsvariablen bzw. mehreren Ausgangsvariablen, die dann das Stellglied beeinflussen.

Tabelle 9.1: Vergleich zwischen mechanischen Bauteilen und elektronischen Schaltungen der Digitaltechnik

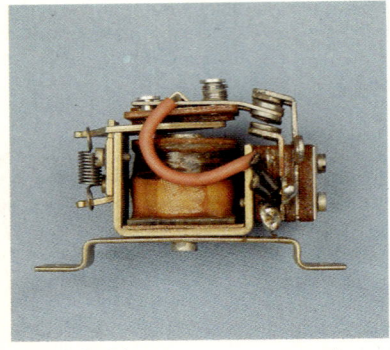

Abb. 1: Relais

	Relais, Schütz			integrierte Schaltung		
Schaltzeit	$10^{-1} \ldots 10^{-2}$ s			$10^{-5} \ldots 10^{-8}$ s		
Schaltungen/s	1 … 10			bis 10^8		
Betriebsspannung	bis 660 V			4 bis 6V (Beispiel)		
Schaltleistung	10mW bis 100kW			bis ca. 1W		
galvanische Trennung zwischen Ein- u. Ausgang	ja			nein		
Empfindlichkeit gegen:	ja	gering	nein	ja	gering	nein
Staub		×				×
Feuchtigkeit		×			×	
Temperatur		×		×		
Erschütterung		×				×
Raumbedarf	relativ groß			sehr klein		

Abb. 2: Integrierte Schaltung

Im Steuergerät erfolgt die logische Verknüpfung der Eingangsgrößen. Als Ergebnis liegen Ausgangsgrößen vor, die weiterverarbeitet werden. Was versteht man aber unter einer logischen Verknüpfung? Wir werden dieser Frage mit vielfältigen Beispielen in den nächsten Teilen nachgehen.

Aufgaben zu 9.1 und 9.2

1. Was versteht man grundsätzlich unter dem Begriff des Steuerns?
2. Zeichnen Sie das Prinzip einer Steuerung mit Blockschaltzeichen!
3. Beschreiben Sie an einem selbst gewählten Beispiel einen Steuerungsvorgang!
4. Nennen Sie Beispiele für Signalgeber und für Stellglieder!
5. Was versteht man unter Logikzuständen und was unter Logikpegeln?
6. Welche Bedeutung haben die Bezeichnungen H und L?
7. Ordnen Sie den Spannungsbereich von Abb. 3 die Pegel H und L zu!
8. Beschreiben Sie die grundsätzliche Arbeitsweise von Bauteilen mit binärem Verhalten!

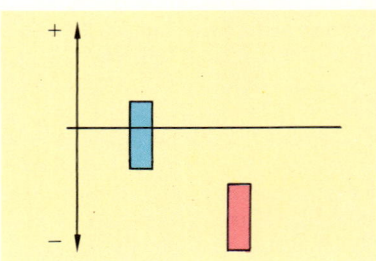

Abb. 3: Zu Aufgabe 7

9.3 Logische Verknüpfungsglieder

9.3.1 Identität

Als Einführungsbeispiel für logische Verknüpfungsglieder wollen wir die einfache Ausschaltung einer Lampe verwenden (Abb. 4). Obwohl es sich um ein einfaches Problem handelt, lassen sich damit schon wichtige steuerungstechnische Prinzipien verdeutlichen.

Zunächst kann das Problem wie folgt in Worte gefaßt werden: **Problemstellung**

Mit einem Schalter soll eine Lampe ein- und ausgeschaltet werden.

Weiter ist es sinnvoll, einen Stromlaufplan zu zeichnen, damit die Funktion der Schaltung deutlich wird (Abb. 4). Der Schalter liegt in Reihe mit der Lampe. Aufgrund der Schalterstellung leuchtet die Lampe oder sie leuchtet nicht. Mit ihr wird also die Eingangsvariable 1 (Schalter geschlossen) oder 0 (Schalter offen) festgelegt. Die Lampe nimmt dementsprechend in Abhängigkeit von der Eingangsvariablen den Zustand 1 oder 0 an. Die Zustände der Lampe H1 entsprechen somit der Eingangsvariablen.

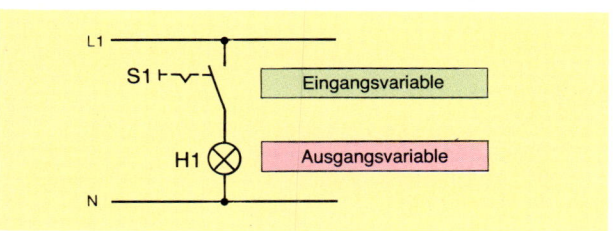

Symbolhafte Darstellung, Stromlaufplan

Abb. 4: Ausschaltung einer Lampe

Zur weiteren Erklärung kann das Verhalten der Schaltung mit einem Signal-Zeit-Verlauf verdeutlicht werden. Dazu werden verschiedene Schalterstellungen angenommen und dazu das Verhalten der Lampe ermittelt. Dazu wollen wir die in 9.2 eingeführten Logikzustände 1 und 0 verwenden (Abb. 5).

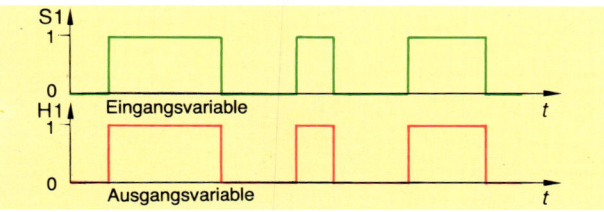

Signal-Zeit-Verlauf

Abb. 5: Signal-Zeit-Verlauf (Beispiel)

Aus dem Signal-Zeit-Verlauf wird natürlich das deutlich, was   **Beschreibung mit Worten**
wir schon wußten: Die Lampe leuchtet nur dann (befindet sich im 1-Zustand), wenn der Schalter geschlossen ist (1-Zustand). Beide Bauteile zeigen also ein identisches Verhalten. Man nennt deshalb diese Schaltung im logischen Sprachgebrauch **Identität**.

Das in Worte gekleidete Ergebnis läßt sich in Form einer Wertetabelle (Wahrheitstabelle, Funktionstabelle) verkürzt wieder-
geben. Da in diesem Fall nur ein Eingang vorhanden ist, kann
die Eingangsvariable die Werte 0 und 1 annehmen.

Eingangsvariable	Ausgangsvariable
0	0
1	1

Wertetabelle
Wahrheitstabelle,
Funktionstabelle

Eine weitere Darstellungsart ist die logische Gleichung. Da in
diesem Fall die Eingangsvariable gleich der Ausgangsvariablen
ist, ergibt sich die folgende Gleichung:

$$S1 = H1$$

Es handelt sich hierbei nicht um eine physikalische Gleichung,
in der Zahlenwerte und Einheiten vorkommen, sondern um eine
Gleichung, die die Logikzustände einer Schaltung wiedergibt.
In diesem Beispiel ist der Logikzustand von S1 gleich dem
Logikzustand von H1.

Gleichung,
Funktionsgleichung

> Logische Verknüpfungsglieder können durch Worte, in Form
> von Symbolen (Schaltungen), mit Hilfe von Signal-Zeit-Ver-
> läufen, durch Wertetabellen und Gleichungen beschrieben
> werden.

Am Ende dieser mehr unter logischen Gesichtspunkten geführ-
ten Besprechung wollen wir die in 9.1 eingeführten Begriffe
hier zuordnen. Die Lampe H1 in Abb. 4 auf S. 199 ist eindeutig
die Steuerstrecke. Der Schalter hat in diesem Fall jedoch eine
Doppelfunktion. Er ist gleichzeitig das Steuer- und das Stellglied.
Diese Doppelfunktion läßt sich mit der Schaltung von Abb. 1
auflösen. Der Schalter S1 ist dabei das Steuerglied. Das Relais
K1 mit dem Relaiskontakt K1 ist das Stellglied.

Die hier besprochene logische Steuerschaltung (Identität), kann
durch ein einfaches Symbol gekennzeichnet werden. Es handelt
sich um ein Rechteck, mit je einem Ein- und einem Ausgang.
Im Rechteck befindet sich eine 1 zur Kennzeichnung der
Funktion (Abb. 2). Die Anschlüsse sind zur Unterscheidung mit
Kleinbuchstaben gekennzeichnet (DIN 40900).

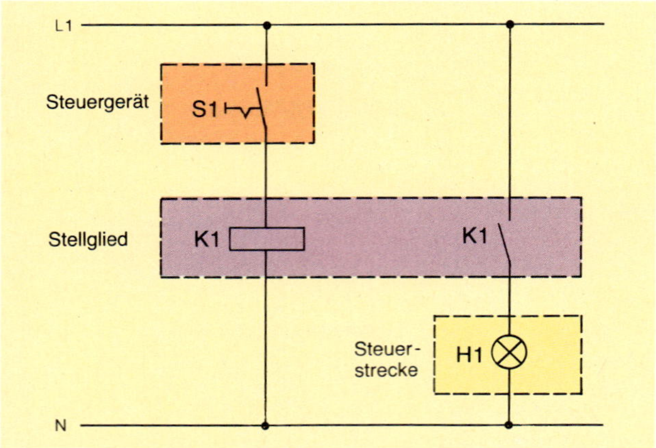

Abb. 1: Ausschaltung mit Relais

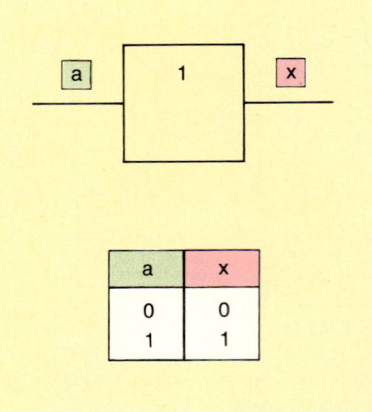

Abb. 2: Schaltzeichen und Wertetabelle der
Identität

9.3.2 NICHT-Verknüpfung, Negation

Das schaltungstechnische Problem, das in der logischen Grundfunktion der »Negation« steckt, läßt sich wie folgt umschreiben:

Eine Lampe soll **nicht** leuchten, wenn der Schalter geschlossen ist.

In Abb. 3 ist der dazugehörige Stromlaufplan mit einem Relais zu sehen. Wenn der Schalter S1 **nicht** geschlossen ist, wird die Lampe H1 leuchten, da über den Relaiskontakt K1 (Öffner) der Stromkreis geschlossen ist. Wenn der Schalter S1 jedoch geschlossen ist, leuchtet die Lampe **nicht** mehr.

Diese Schaltung zeigt also ein umgekehrtes Verhalten wie die Identitätsschaltung aus 9.3.1. Sie wird deshalb als **NICHT-Verknüpfung** oder als **Negation** bezeichnet.

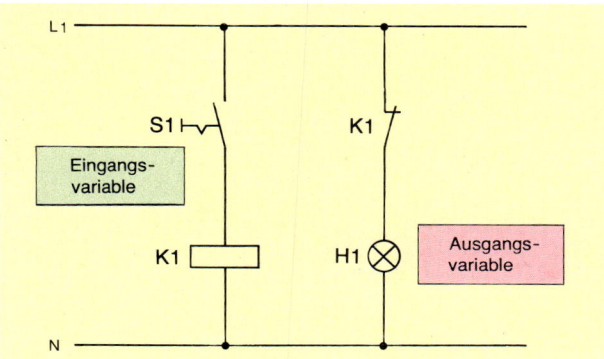

Abb. 3: NICHT-Verknüpfung mit einem Relais

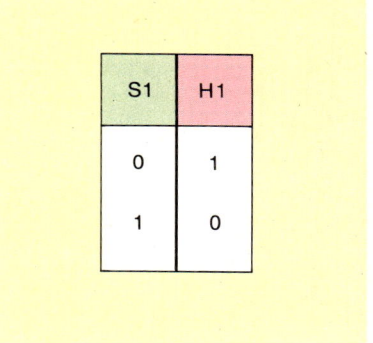

Abb. 4: Wertetabelle der NICHT-Verknüpfung

Das Beispiel für einen Signal-Zeit-Verlauf von Abb. 5 verdeutlicht auf eine andere Weise das logische Verhalten der Schaltung. Immer dann, wenn die Eingangsvariable (S1) den Logikzustand »1« einnimmt, befindet sich die Ausgangsvariable (H1) im »0-Zustand« und umgekehrt.

Es findet also eine ständige Umkehrung statt. Man nennt diese Schaltung deshalb auch **Inverter** (Umkehrer, Umkehrstufe). Dieses Umkehrverhalten drückt sich auch in der Wertetabelle aus (Abb. 4).

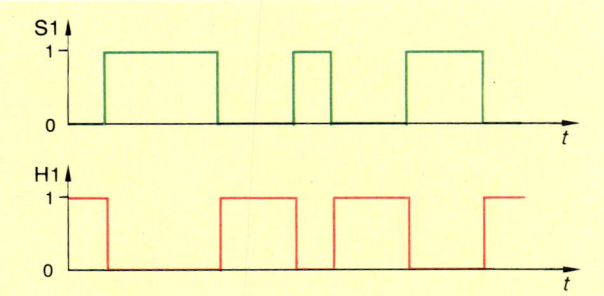

Abb. 5: Signal-Zeit-Verlauf der NICHT-Verknüpfung (Beispiel)

In der logischen Verknüpfungsgleichung muß das Umkehrverhalten (die Negation) näher gekennzeichnet werden. Dieses geschieht durch einen Querstrich über der Variablen. Man spricht diese Darstellungsweise nun wie folgt aus:

H1 gleich S1 nicht   oder   H1 gleich S1 quer; $H1 = \overline{S1}$

Der Querstrich über einer Variablen bedeutet eine Negation. Am Ausgang eines NICHT-Gliedes liegt stets der entgegengesetzte Zustand wie am Eingang.

Die angesprochene NICHT-Verknüpfung wird in vielen logischen Schaltungen angewendet. Hierzu einige Beispiele:
- Die Tür eines Zuges soll sich nicht öffnen lassen, wenn der Zug fährt.
- Die Alarmanlage soll nicht ansprechen, wenn alles in Ordnung ist.
- Die Außenbeleuchtung eines Hauses soll nicht leuchten, wenn es draußen noch hell ist.

Logische Verknüpfungsglieder lassen sich mit Hilfe von Relais oder Schützen aufbauen. Nachteilig sind dabei der Verschleiß durch die Kontakte, die langsame Informationsverarbeitung sowie die großen Abmessungen der Bauteile. Elektronische Bauteile haben diese Nachteile nicht.

Zur Kennzeichnung logischer Bauteile verwendet man das grundsätzliche Symbol von Abb. 1. In das Rechteck wird das Funktionszeichen oder weitere der Kennzeichnung dienende Elemente eingetragen. Ein Logikbaustein besitzt neben den Betriebsspannungsanschlüssen Ein- und Ausgänge, die durch herangeführte Linien gekennzeichnet werden. Die Ein- und Ausgänge werden nach DIN 40900 durch Kleinbuchstaben gekennzeichnet. Diese Kennzeichnung sagt noch nichts über den Logikzustand aus. Erst die Wertetabelle, das Schaltzeichen, der Signal-Zeit-Verlauf oder die Gleichung sagen etwas über das Ein- und Ausgangsverhalten aus.

Für die bisher besprochene NICHT-Schaltung wird das Symbol aus Abb. 3 verwendet. Da das Eingangssignal am Ausgang in negierter Form auftritt, kennzeichnet man den Ausgang durch einen kleinen Kreis. Als Funktionszeichen wird eine 1 verwendet.

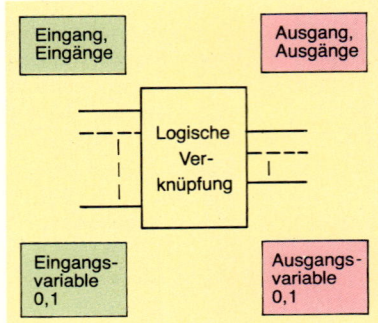

Abb. 1: Kennzeichnungssymbol für logische Bausteine

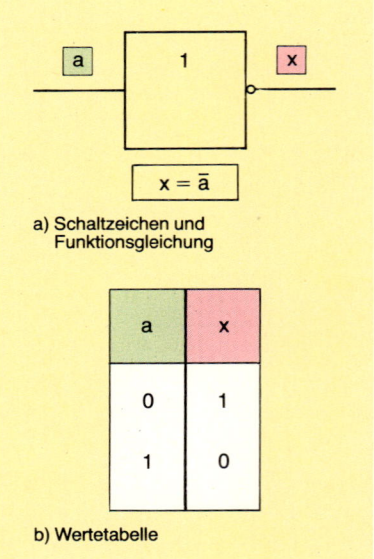

a) Schaltzeichen und Funktionsgleichung

a	x
0	1
1	0

b) Wertetabelle

Abb. 3: NICHT-Glied

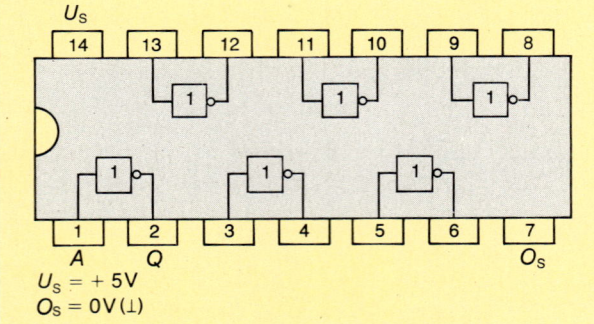

$U_S = +5V$
$O_S = 0V (\perp)$

Abb. 2: Sechsfacher Inverter (7404). Anschlußanordnung (Ansicht von oben)

Wir wollen uns nun etwas näher mit einem elektronischen NICHT-Glied beschäftigen (auch NICHT-Gatter genannt), und verwenden dazu eine integrierte Schaltung, in der sich in einem Dual-in-Line Gehäuse (TO 116) sechs Inverter befinden (Abb. 2 u. 4). Die von vielen Herstellern verwendete Typenbezeichnung ist 7404 (oder ähnlich, eventuell mit Zusatzzeichen). Da sich in seinem Innern viele Halbleiterbauteile befinden, benötigt diese Schaltung eine Betriebsspannung. Sie beträgt 5 V und wird zwischen die Anschlüsse 7 und 14 gelegt. Diese für jeden Baustein erforderliche Betriebsspannung wird in Schaltbildern in der Regel nicht mitgezeichnet. Sie wird als selbstverständlich vorausgesetzt.

Abb. 4: Sechsfacher Inverter (7404)

Zur Überprüfung der Arbeitsweise wollen wir den Versuch 9–1 durchführen. Dazu wollen wir die Ausgangsgröße in Abhängigkeit von der Eingangsspannung untersuchen. Die sich daraus ergebende Kennlinie bezeichnet man als **Übertragungskennlinie.**

Die Übertragungskennlinie eines Bausteins gibt den Zusammenhang zwischen Ausgangs- und Eingangsgröße wieder.

Versuch 9–1:   Die Abhängigkeit der Ausgangsgröße von der Eingangsgröße beim NICHT-Glied (Typ 7404)

Durchführung

Die Eingangsspannung wird in Schritten von 0,2 V bzw. 0,1 V bis zu einem Wert von 2,6 V mit einem Potentiometer verändert und die Ausgangsspannung gemessen. Zum Betrieb der Schaltung wird eine Spannung von 5 V zwischen die Anschlüsse 7 und 14 gelegt.

Aufbau

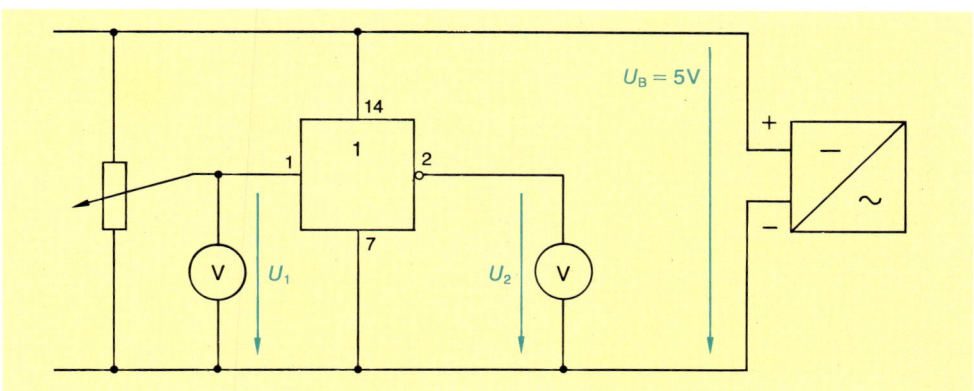

Meßergebnis

U_1 in V	0	0,2	0,4	0,6	0,8	0,9	1,0	1,1	1,2	1,3	1,4	1,5	1,6	1,7	2,6
U_2 in V	3,8	3,8	3,8	3,8	3,8	3,7	3,6	3,5	3,3	3,2	2,4	0,8	0,3	0,3	0,3

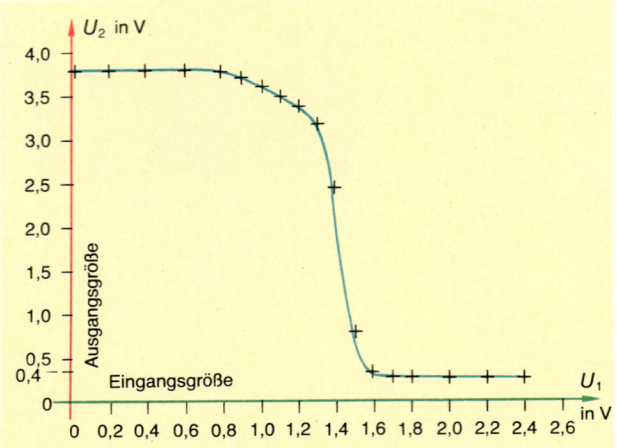

Abb. 1: Übertragungskennlinie eines NICHT-Gliedes

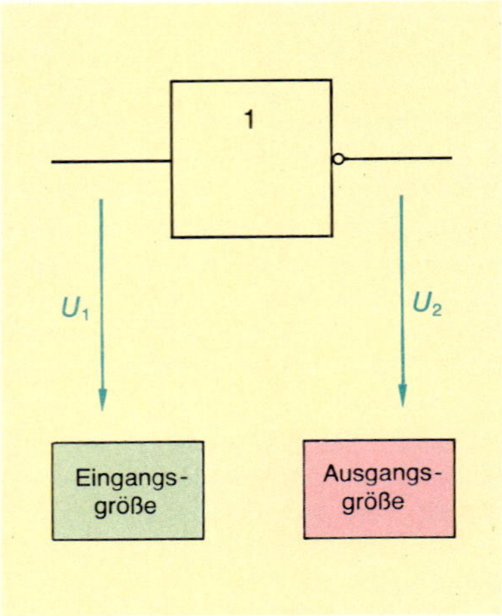

Abb. 2: Schaltzeichen des NICHT-Gliedes

Die Meßwerte zeigen, daß man grundsätzlich zwei Bereiche unterscheiden muß. Bis zu einer Eingangsspannung von etwa 0,8 V bleibt die Ausgangsspannung bei etwa 3,8 V konstant. Ab einer Eingangsspannung von 1,6 V befindet sich die Ausgangsspannung bei etwa 0,3 V. Dieses ist eindeutig ein binäres und außerdem ein negierendes Verhalten.

Aus dem Diagramm (Abb. 1), erkennt man, daß der Übergang zwischen den beiden Zuständen zwar steil, jedoch nicht plötzlich erfolgt.

Nimmt man die Kennlinie eines anderen Inverters auf, dann läßt sich feststellen, daß die Kurven nicht deckungsgleich sind. Von den Herstellern werden deshalb Toleranzfelder angegeben, in denen sich die Kennlinien befinden dürfen. In Abb. 3 ist der Bereich gekennzeichnet, in dem sich die Übertragungskennlinie eines NICHT-Gliedes noch befinden darf.

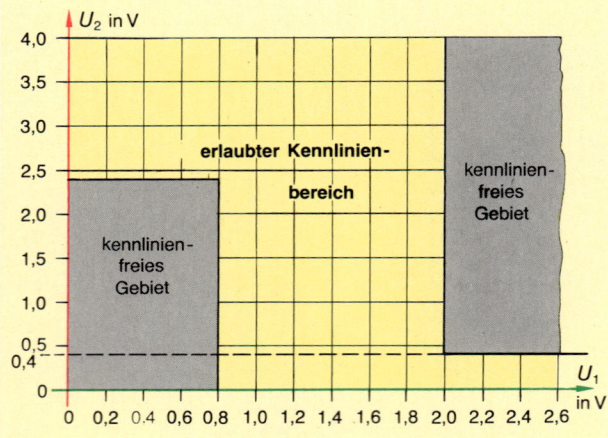

Abb. 3: Toleranzbereich eines NICHT-Gliedes

Will man integrierte Schaltungen in der Praxis einsetzen, müssen in jedem Fall auch die zulässigen Eingangs- und Ausgangsströme berücksichtigt werden. Man kann sie aus den Datenblättern der Hersteller entnehmen.

Beispiel:

Eingang:

1-Signal: $U_1 = \quad 0 \quad$ V ... $+ 0,8$ V, Eingangsstrom $\leq 1,6$ mA
0-Signal: $U_1 = + 2 \quad$ V ... $+ 5 \quad$ V, Eingangsstrom $\leq 0,04$ mA

Ausgang:

1-Signal: $U_2 = \quad 0 \quad$ V ... $+ 0,4$ V, Eingangsstrom ≤ 16 mA
0-Signal: $U_2 = + 2,4$ V ... $+ 5 \quad$ V, Eingangsstrom $\leq \quad 0,4$ mA

9.3.3 UND-Verknüpfung (Konjunktion)

Die logische UND-Verknüpfung wollen wir zunächst durch folgende Beispiele verdeutlichen:

- Aus Sicherheitsgründen darf eine Stanze nur dann arbeiten, wenn der Taster S1 mit der einen Hand **und** der Taster S2 mit der anderen Hand gleichzeitig betätigt werden.

- Ein Geldautomat darf nur dann Geld ausgeben, wenn die Scheckkarte **und** die Geheimnummer zusammenpassen.

- Ein zusätzlicher Generator für die elektrische Energieversorgung darf nur dann hinzugeschaltet werden, wenn die Spannung **und** die Frequenz **und** die Phasenlage übereinstimmen.

Diese Beispiele könnten beliebig fortgesetzt werden. Sie machen deutlich, daß durch die UND-Verknüpfung ein fundamentales schaltungstechnisches Problem ausgedrückt wird. Ein Ausgangssignal entsteht immer dann (befindet sich im 1-Zustand), wenn alle Eingänge gleichzeitig mit einem 1-Signal belegt sind.

Die schaltungstechnische Realisation des ersten Beispiels (Stanze) mit Kontakten verdeutlicht Abb. 4a. Erst wenn die beiden Schalter S1 und S2 getätigt sind, wird der Motor über K1 eingeschaltet.

Die Wertetabelle (Abb. 4b) verdeutlicht die verschiedenen Möglichkeiten der Schalterstellungen. Da es sich um zwei Schalter handelt, gibt es insgesamt 4 Kombinationsmöglichkeiten (2^2).

Aus den bisherigen Beschreibungen und Schaltungsbeispielen ergibt sich die folgende Formulierung zur Kennzeichnung einer UND-Verknüpfung:

1. S1 und S2 sind offen
2. S1 ist offen, S2 ist geschlossen
3. S1 ist geschlossen, S2 ist offen
4. S1 und S2 sind geschlossen

Bei einer UND-Verknüpfung müssen sich alle Eingänge gleichzeitig im 1-Zustand befinden, damit am Ausgang ein 1-Signal entsteht.

Die letzte Zeile der Wertetabelle von Abb. 4b verdeutlicht den Text des Merksatzes.

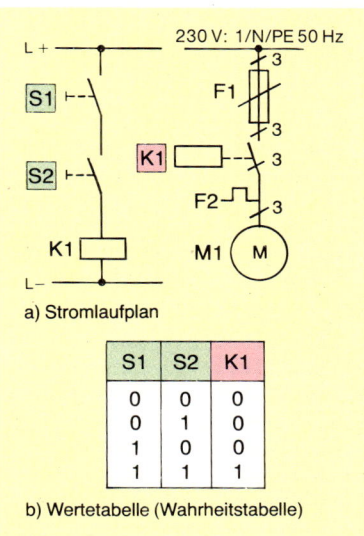

a) Stromlaufplan

S1	S2	K1
0	0	0
0	1	0
1	0	0
1	1	1

b) Wertetabelle (Wahrheitstabelle)

Abb. 4: UND-Verknüpfung mit Schaltern bei einer Stanze

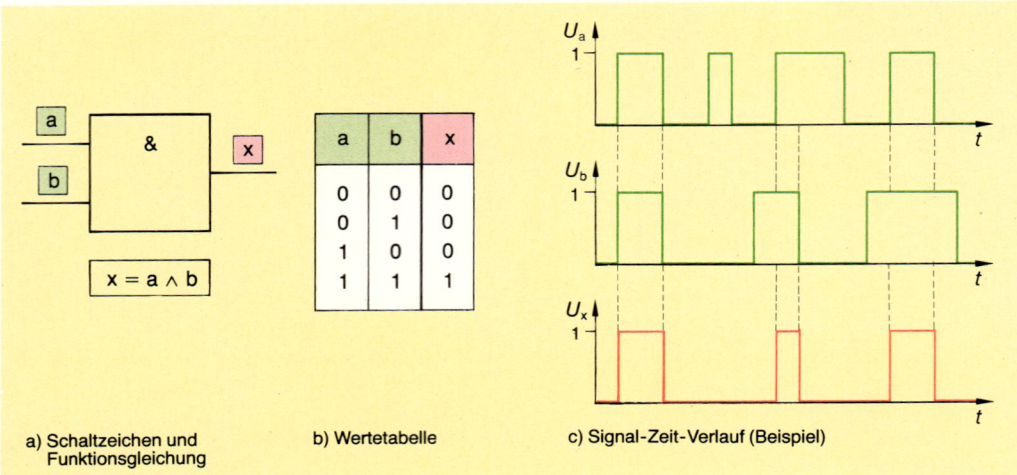

a) Schaltzeichen und   b) Wertetabelle   c) Signal-Zeit-Verlauf (Beispiel)
   Funktionsgleichung

Abb. 1: UND-Verknüpfung

Das allgemeine Schaltzeichen für die UND-Verknüpfung, ohne Berücksichtigung der schaltungstechnischen Realisation (Kontakte, integrierte Schaltungen usw.) ist in Abb. 1a zu sehen. In der darunter befindlichen Gleichung werden die beiden Eingangsgrößen durch das logische UND-Zeichen $\wedge$ miteinander verknüpft.

$x = a \wedge b$ (sprich: x ist gleich a und b)

Das Signal-Zeit-Verhalten verdeutlicht Abb. 1c. Verschiedene 0/1-Signale an den Eingängen erzeugen gemäß der logischen UND-Verknüpfung am Ausgang die entsprechenden Signale.

Aufgrund hoher Integrationsdichten ist es möglich, mehrere UND-Verknüpfungen auf einem Kristall (Chip) und damit in einem Gehäuse unterzubringen. In Abb. 2 ist eine 4fach UND-Schaltung mit den Anschlußbelegungen zu sehen. Daneben befindet sich ein Foto, das die Abmessungen verdeutlicht.

Abschließend wollen wir eine integrierte UND-Verknüpfung mit Hilfe von Spannungen untersuchen.

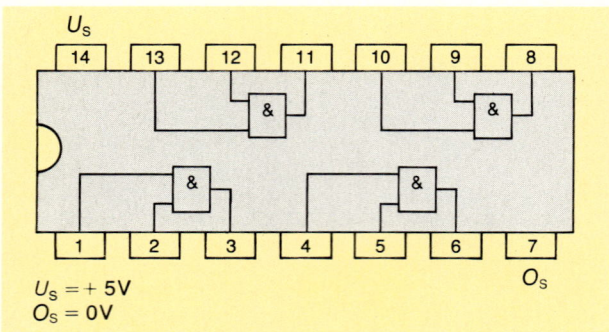

Abb. 2: Integrierter UND-Baustein (Typ 7408)

Abb. 3: UND-Baustein 7408

Versuch 9–2:   Logisches Verhalten einer UND-Verknüpfung

Durchführung

Über zwei Schalter werden die vier möglichen logischen Zustände an die Eingänge gelegt und die Ausgangsspannung gemessen.

Aufbau

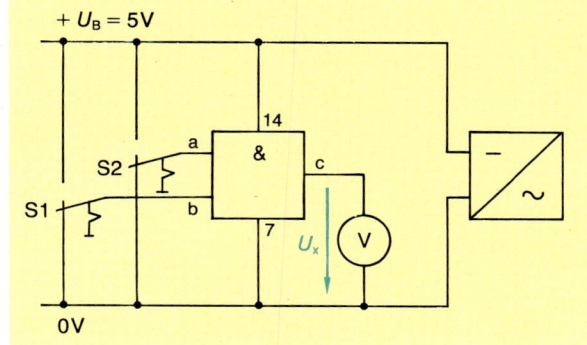

Meßergebnis

Eingänge		Ausgang
U_a	U_b	U_x
0 V	0 V	0,2 V
0 V	5 V	0,2 V
5 V	0 V	0,2 V
5 V	5 V	3,8 V

Die Meßergebnisse zeigen, daß nur dann am Ausgang das H-Potential (1-Zustand) liegt, wenn die beiden Eingänge gleichzeitig auf H-Potential (1-Zustand) liegen. Wenn nur ein Eingang oder beide auf L-Potential (0-Zustand) liegen, befindet sich der Ausgang auf L-Potential.

Aufgaben zu 9.3.1 bis 9.3.3

1. Welche Werte können Ein- und Ausgangsvariable in Schaltungen der Digitaltechnik annehmen?

2. In welchen Formen lassen sich logische Verknüpfungen darstellen?

3. Beschreiben Sie mit Worten die logischen Verknüpfungen Identität und NICHT!

4. Welches logische Verhalten zeigt eine Reihenschaltung aus einem Identitäts-Baustein mit einem NICHT-Glied?

5. Zeichnen Sie die Übertragungskennlinie eines NICHT-Gliedes!

6. Kennzeichnen Sie die Konjunktion durch das Schaltzeichen, die Funktionsgleichung und die Wertetabelle!

7. Drei mechanische Schalter sind in Reihe geschaltet und befinden sich in einem Stromkreis mit einer Lampe. Formulieren Sie für diese Schaltung das logische Verhalten! Stellen Sie zusätzlich eine Wertetabelle auf!

8. Beschreiben Sie mit Worten das logische Verhalten eines UND-Gliedes, und schreiben Sie die Verknüpfungsgleichung für zwei Eingangsvariable auf!

9.3.4 ODER-Verknüpfung (Disjunktion)

Auch die logische ODER-Verknüpfung wollen wir zunächst durch einige Beispiele verdeutlichen:

- Ein elektrischer Türöffner soll die Verriegelung freigeben, wenn durch die beiden Bewohner die Taster S1 **oder** S2 einzeln oder gleichzeitig betätigt werden.

- Die Innenbeleuchtung eines Autos soll sich einschalten, wenn die linke **oder** die rechte **oder** beide Türen geöffnet werden.

- Der Waschvorgang einer Waschmaschine soll unterbrochen werden, wenn die Tür geöffnet wird **oder** der Wasserdruck ausbleibt.

Diese Beispiele machen deutlich, daß es sich auch bei der ODER-Verknüpfung um eine häufig vorkommende Grundschaltung handelt.

Die schaltungstechnische Realisation unseres ersten Beispiels (elektrischer Türöffner) mit Kontakten ist in Abb. 1 zu finden. Mit Hilfe der Taster S1 oder S2 wird der Türöffner eingeschaltet. Es fließt immer nur dann ein Strom durch den Türöffner, wenn Taster S1 oder Taster S2 oder beide betätigt werden. Die dazugehörige Wertetabelle gibt dieses Verhalten wieder.

Das allgemeine Schaltzeichen einer ODER-Verknüpfung ist in Abb. 2a zu sehen. Die Wertetabelle (Abb. 2b) und die Gleichung drücken in verkürzter Form das logische Verhalten wie folgt aus:

> Bei einer ODER-Verknüpfung entsteht am Ausgang immer dann ein 1-Signal, wenn ein Eingang oder mehrere Eingänge sich im 1-Zustand befinden.

Das Signal-Zeit-Verhalten verdeutlicht Abb. 2c. Verschiedene 0/1-Signale an den Eingängen erzeugen gemäß der logischen ODER-Verknüpfung entsprechende Ausgangssignale.

Die beiden Eingänge werden durch das logische ODER-Zeichen ∨ miteinander verknüpft.

x = a ∨ b (sprich: x ist gleich a oder b)

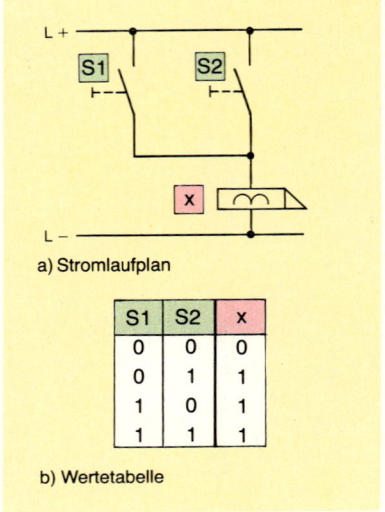

a) Stromlaufplan

S1	S2	x
0	0	0
0	1	1
1	0	1
1	1	1

b) Wertetabelle

Abb. 1: ODER-Verknüpfung beim Türöffner

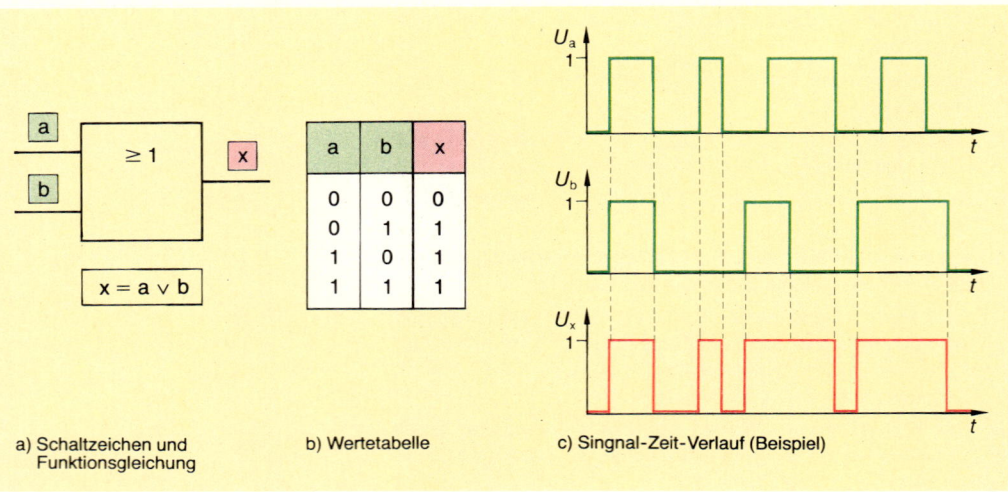

a) Schaltzeichen und Funktionsgleichung

x = a ∨ b

a	b	x
0	0	0
0	1	1
1	0	1
1	1	1

b) Wertetabelle

c) Singnal-Zeit-Verlauf (Beispiel)

Abb. 2: ODER-Verknüpfung

9.3.5 Zusammengesetzte Logik-Bausteine

Bisher wurden im wesentlichen Bausteine besprochen, die über zwei Eingänge und einen Ausgang verfügen. An dem in 9.3.4 behandelten Beispiel des elektrischen Türöffners wird jedoch auch deutlich, daß zwei Betätigungsstellen mitunter nicht ausreichen. Das Problem läßt sich jedoch einfach lösen, indem man Bausteine verwendet, die über mehr als nur zwei Eingänge verfügen. In Abb. 3 ist z.B. eine ODER-Verknüpfung mit drei Eingängen, die dazugehörige Wertetabelle und die Funktionsgleichung zu sehen. Da jetzt drei Eingänge vorhanden sind, gibt es insgesamt 8 Kombinationsmöglichkeiten für die Eingänge (2^3). Sie sind in der Wertetabelle enthalten.

Wenn jedoch keine Bausteine mit mehr als zwei Eingängen zur Verfügung stehen, läßt sich das Problem auch mit diesen Bausteinen lösen (Abb. 4). Die Wertetabellen verdeutlichen, daß die beiden Schaltungen ein identisches Ausgangsverhalten zeigen.

Entsprechende Aussagen lassen sich auch für die Eingangserweiterung bei UND-Verknüpfungen machen. In Abb. 5 ist eine entsprechende Erweiterung für drei Eingänge zu sehen.

Die Zahl der Eingänge kann durch Zusammenschalten von Bausteinen mit nur zwei Eingängen erweitert werden.

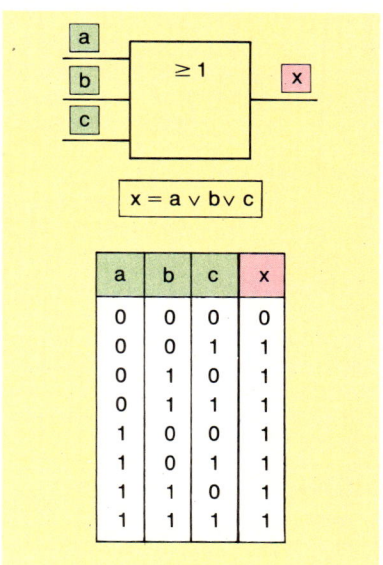

$$x = a \lor b \lor c$$

a	b	c	x
0	0	0	0
0	0	1	1
0	1	0	1
0	1	1	1
1	0	0	1
1	0	1	1
1	1	0	1
1	1	1	1

Abb. 3: ODER-Verknüpfung mit drei Eingängen

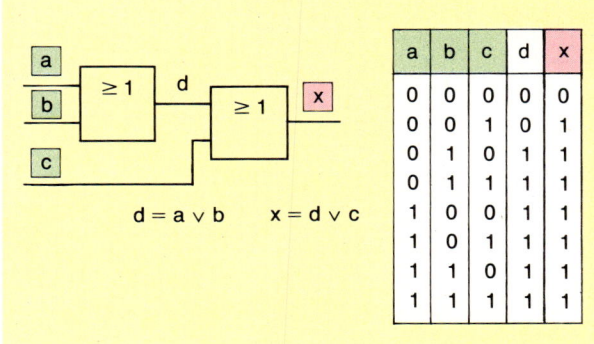

$$d = a \lor b \qquad x = d \lor c$$

a	b	c	d	x
0	0	0	0	0
0	0	1	0	1
0	1	0	1	1
0	1	1	1	1
1	0	0	1	1
1	0	1	1	1
1	1	0	1	1
1	1	1	1	1

Abb. 4: ODER-Verknüpfung mit drei Eingängen

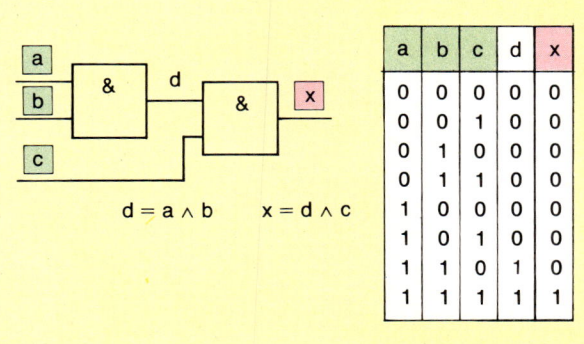

$$d = a \land b \qquad x = d \land c$$

a	b	c	d	x
0	0	0	0	0
0	0	1	0	0
0	1	0	0	0
0	1	1	0	0
1	0	0	0	0
1	0	1	0	0
1	1	0	1	0
1	1	1	1	1

Abb. 5: UND-Verknüpfung mit drei Eingängen

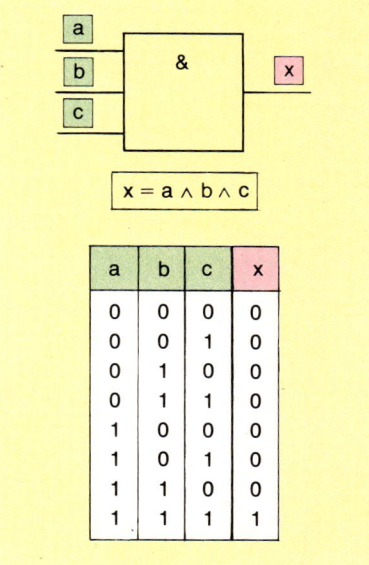

$$x = a \land b \land c$$

a	b	c	x
0	0	0	0
0	0	1	0
0	1	0	0
0	1	1	0
1	0	0	0
1	0	1	0
1	1	0	0
1	1	1	1

Abb. 6: UND-Verknüpfung mit drei Eingängen

In den bisherigen Ausführungen wurden Logik-Bausteine der gleichen Art nur zur Eingangserweiterung zusammen geschaltet. Es ist aber auch häufig erforderlich, z.B. NICHT-Glieder mit UND- bzw. ODER-Gliedern zu verknüpfen. Das folgende schaltungstechnische Problem soll dieses verdeutlichen.

Problemstellung:

Die Heizung eines Warmwasserbereiters soll sich nur dann einschalten, wenn der Behälter gefüllt ist und die vorgewählte Temperatur noch nicht erreicht wurde.

Betrachtet man dieses schaltungstechnische Problem unter logischen Gesichtspunkten, dann kann man die Heizung mit dem Schalter als Ausgangsvariable sowie die Niveau- und die Temperaturmeßstelle als Eingangsvariable auffassen. Schreibt man das gewünschte Verhalten in Form einer Tabelle auf und ergänzt sie noch um die weiteren möglichen Fälle, dann ergibt sich die folgende Übersicht:

Niveau	Temperatur	Heizung
nicht erreicht	erreicht	nicht eingeschaltet
nicht erreicht	nicht erreicht	nicht eingeschaltet
erreicht	erreicht	nicht eingeschaltet
erreicht	nicht erreicht	eingeschaltet

Eine weitere Vereinfachung der Darstellung läßt sich vornehmen, wenn man den Zustandsbeschreibungen die Logikzustände 0 und 1 zuordnet. Die Umschreibung »nicht erreicht« und »nicht eingeschaltet« lassen sich durch den 0-Zustand und die Kennzeichnung »erreicht« und »eingeschaltet« mit dem 1-Zustand kennzeichnen. Somit ergibt sich jetzt die folgende vereinfachte Wertetabelle:

Niveau, a	Temperatur, b	Heizung, x
0	1	0
0	0	0
1	1	0
1	0	1

Aus der Wertetabelle ist entnehmbar, daß die Ausgangsvariable im Prinzip das Verhalten einer UND-Verknüpfung zeigt, wenn das Temperaturverhalten negiert auftritt. D.h., anstelle des Logik-Zustandes 1 müßte der Logik-Zustand 0 und umgekehrt stehen. Schaltungstechnisch läßt sich dieses Problem lösen, indem man vor den »Temperatur-Eingang« der UND-Verknüpfung ein NICHT-Glied schaltet (Abb. 2a).

Will man jetzt die Schaltung auf ihre Richtigkeit überprüfen, muß man für die Ausgänge d und x das Logikverhalten in Abhängigkeit von den Eingangsvariablen a und b feststellen. Dieses ist aus den Wertetabellen von Abb. 2b zu entnehmen. Die Gleichungen geben außerdem das Logikverhalten für die Ausgänge x und d wieder. Der Querstrich über b kennzeichnet die Negation. Man spricht diesen Zusammenhang wie folgt aus: x gleich a und b nicht.

Aus Vereinfachungsgründen wird der Inverter nicht vollständig gezeichnet, sondern lediglich an dem Eingang die Negation durch einen kleinen Kreis gekennzeichnet (Abb. 2c).

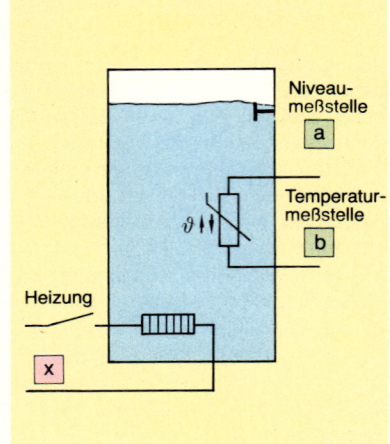

Abb. 1: Heizungssteuerung bei einem Warmwasserbereiter

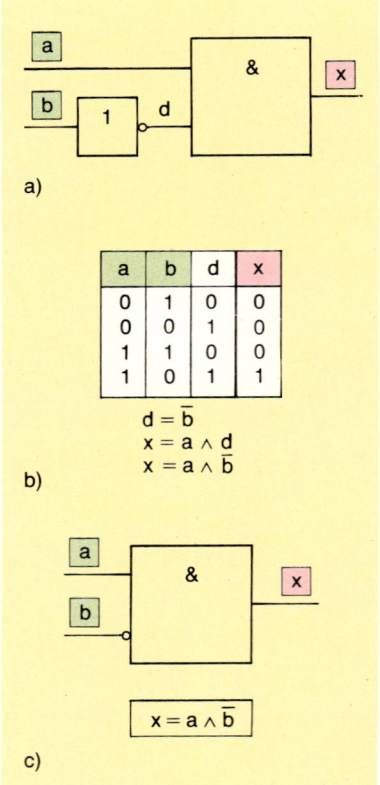

a	b	d	x
0	1	0	0
0	0	1	0
1	1	0	0
1	0	1	1

$$d = \bar{b}$$
$$x = a \wedge d$$
$$x = a \wedge \bar{b}$$

$$x = a \wedge \bar{b}$$

Abb. 2: UND-Verknüpfung mit negiertem Eingang

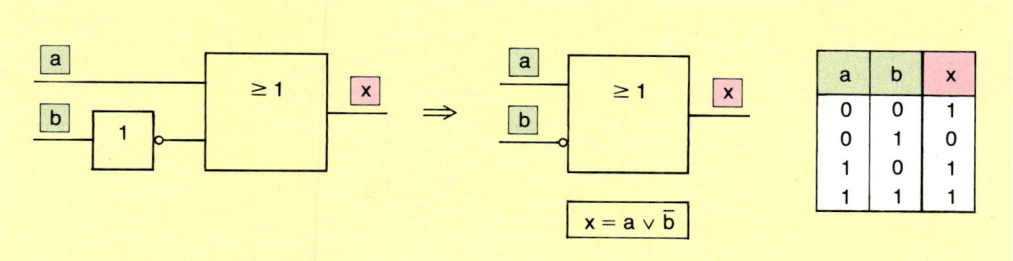

Abb. 3: ODER-Verknüpfung mit einem negierten Eingang

Negierte Eingänge können natürlich auch bei ODER-Verknüpfungen vorkommen. In Abb. 3 ist dafür ein Beispiel zu sehen. Aus der Wertetabelle wird deutlich, daß am Ausgang immer dann ein 1-Signal auftritt, wenn der a-Eingang sich im 1-Zustand oder der b-Eingang sich im 0-Zustand befindet. Deshalb muß über dem b in der Verknüpfungsgleichung ein Negationsstrich gezeichnet werden.

Negationen können nicht nur im Eingangsbereich vorkommen, sondern auch am Ausgang. Es ergeben sich dann UND-NICHT- bzw. ODER-NICHT-Verknüpfungen. Man kürzt sie durch NAND und NOR ab. NAND ist ein vereinfachter Ausdruck von NOT-AND (engl: NICHT-UND), NOR ein vereinfachter Ausdruck für NOT-OR (engl.: NICHT-ODER).

In Abb. 4 ist die Entstehung eines **NAND-Gliedes** aus Einzelbausteinen zu sehen. Da sich am Ausgang des UND-Gliedes das NICHT-Glied befindet, wird das Ausgangssignal lediglich negiert. Dieses wird am UND-Glied durch einen Kreis am Ausgang gekennzeichnet. Aus einem UND-Glied ist damit ein NAND-Glied geworden. Auch die Wertetabelle zeigt das beschriebene Verhalten. Der Ausgang x ist lediglich die Umkehrung des Ausgangs d. Die Negation wird durch einen Strich über der Ausgangsvariablen gekennzeichnet. Man spricht diese Darstellungsweise dann wie folgt aus:

x ist gleich a und b nicht ($x = \overline{a \wedge b}$).

Bei einem NAND-Glied entsteht am Ausgang nur dann ein 0-Signal, wenn an allen Eingängen 1-Signale liegen.

Entsprechende Ausführungen können für das **NOR-Glied** gemacht werden (Abb. 5).

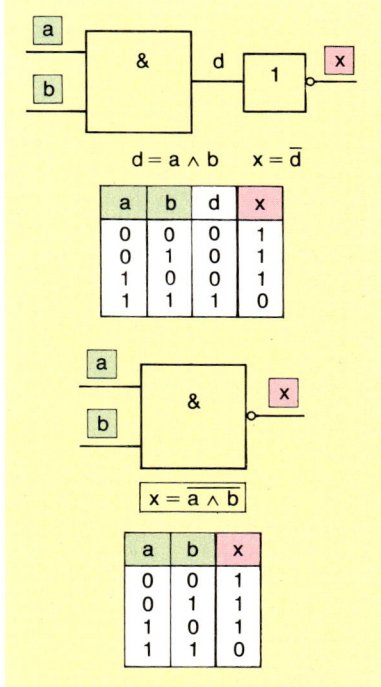

Abb. 4: NAND-Verknüpfung

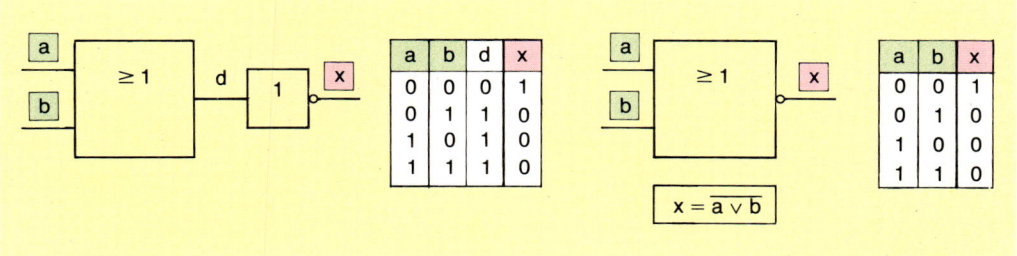

Abb. 5: NOR-Verknüpfung

Bei einem NOR-Glied entsteht am Ausgang nur dann ein 1-Signal, wenn an allen Eingängen 0-Signale liegen.

Der innere Aufbau von Logik-Bausteinen ist unterschiedlich. Sehr einfach ist ein NAND-Glied aufgebaut. Es handelt sich somit um einen sehr kostengünstigen Baustein. Es ist deshalb mitunter sinnvoll, alle vorkommenden Logikprobleme mit einem Bausteintyp zu realisieren. Wie das möglich ist, zeigen die folgenden Ausführungen.

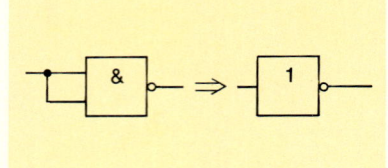

Abb. 1: NICHT aus NAND

NICHT aus NAND

Diese Schaltung ist vom Prinzip her einfach zu realisieren. Wenn ein NAND-Glied zwei oder mehrere Eingänge besitzt, dann sind diese nur parallel zu schalten. Es ist somit ein Baustein mit einem Eingang entstanden, dessen Ausgangssignal gleich dem negierten Eingangssignal ist (Abb. 1).

UND aus NAND

Bei dieser Schaltung ist es lediglich erforderlich, das Ausgangssignal eines NAND-Gliedes durch einen Inverter zu negieren (Abb. 2). Eine doppelte Negation bedeutet dabei eine Aufhebung der Negation.

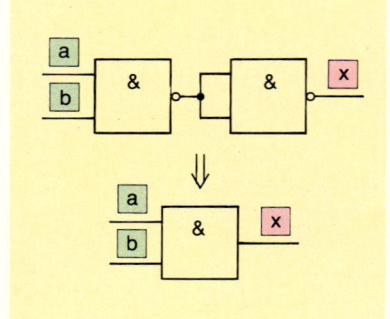

Abb. 2: UND aus NAND

ODER aus NAND

Dieses Problem ist etwas schwieriger zu lösen. Schaut man sich jedoch die Wertetabelle eines ODER-Gliedes und eines NAND-Gliedes an, dann erkennt man, daß lediglich die Eingänge zu negieren sind, um ein ODER-Glied zu erhalten (Abb. 3).

Die Umwandlungsmöglichkeiten mit Hilfe von NAND-Gliedern sind zusammenfassend in der zweiten Spalte der Tabelle 9.2 zu sehen. Die dritte Spalte zeigt entsprechende Umwandlungsmöglichkeiten mit NOR-Gliedern.

Durch NAND- und NOR-Glieder können die drei Grundschaltungen (UND, ODER, NICHT) nachgebildet werden.

Aufgaben zu 9.3.4 und 9.3.5

1. Beschreiben Sie das logische Verhalten der ODER-Verknüpfung mit Worten und mit einer Wertetabelle!

2. Eine logische UND-Verknüpfung für 5 Eingänge soll mit Bausteinen realisiert werden, die nur über 2 Eingänge verfügen. Zeichnen Sie das Schaltbild!

3. Zeichnen Sie das (die) Schaltzeichen für folgende Verknüpfungsgleichungen:

   $x = \bar{a} \wedge \bar{b}$;　　　$x = \overline{\bar{a} \wedge \bar{b}}$;　　　$x = \overline{a \vee \bar{b}}$

4. Kennzeichnen Sie mit Worten das logische Verhalten von NAND- und NOR-Gliedern!

5.

a	1	1	0	0
b	1	0	1	0
x	1	1	0	0

Zeichnen Sie für diese vorgegebene Wertetabelle die logische Verknüpfung!

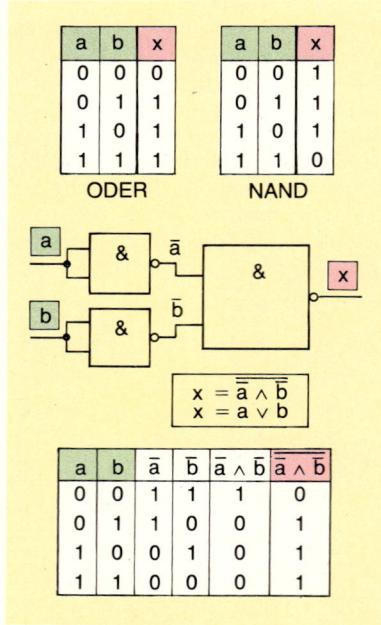

Abb. 3: ODER aus NAND

6. a) Stellen Sie für die Ausgänge d, e und f der logischen Verknüpfungsschaltung von Abb. 4 die Verknüpfungsgleichungen und die Wertetabellen auf!
b) Entwickeln Sie die endgültige Funktionsgleichung (x in Abhängigkeit von a, b und c) sowie die Wertetabelle.

7. Analysieren Sie die logische Schaltung von Abb. 5. Um welches Logikverhalten handelt es sich dabei?

8. In Abb. 6 ist eine logische Schaltung mit fünf NAND-Gliedern zu sehen.
a) Analysieren Sie die Schaltung, indem Sie die Wertetabelle aufstellen!
b) Stellen Sie entsprechend der Wertetabelle die Funktionsgleichung auf!
c) Beschreiben Sie das Ergebnis mit eigenen Worten!

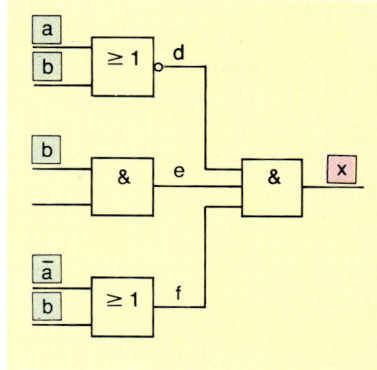

Abb. 4: Zu Aufgabe 6

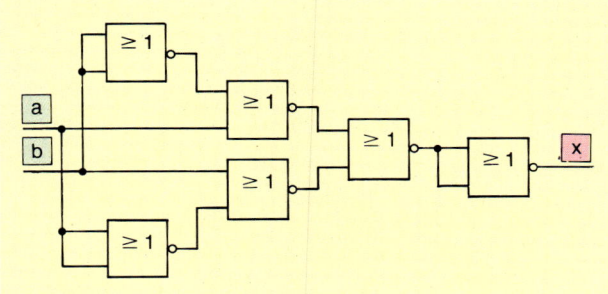

Abb. 5: Zu Aufgabe 7

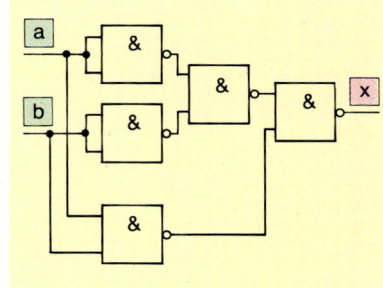

Abb. 6: Zu Aufgabe 8

Tabelle 9.2: Umwandlung logischer Verknüpfungsglieder

NICHT	ersetzt durch NAND	ersetzt durch NOR	Wertetabelle
a — [1] o— x	a —•[&]o— x	a —•[≥1]o— x	a x 0 1 1 0

UND	ersetzt durch NAND	ersetzt durch NOR	Wertetabelle
a, b — [&] — x	a, b — [&]o—•[&]o— x	a — [≥1], b — [≥1] → [≥1] — x	a b x 0 0 0 0 1 0 1 0 0 1 1 1

ODER	ersetzt durch NAND	ersetzt durch NOR	Wertetabelle
a, b — [≥1] — x	a —•[&]o— , b —•[&]o— → [&]o— x	a, b — [≥1]o—•[≥1]o— x	a b x 0 0 0 0 1 1 1 0 1 1 1 1

10 Leitungen

10.1 Leitungsarten

Die Leitungsbezeichnungen wurden international vereinheit-
licht (harmonisiert). Das dabei verwendete Schema wird im
folgenden erläutert. Daran anschließend finden Sie Tabellen
mit den Leitungsarten und deren Anwendungen. Es fällt dabei
auf, daß einige deutsche Bezeichnungen erhalten blieben und
nicht durch internationale ersetzt werden konnten (z.B. NYM).

Beispiel: $\boxed{H}\ \boxed{05}\ \boxed{R}\ \boxed{R}\ \boxed{}\ -\ \boxed{F}\ \boxed{3}\ \boxed{G}\ \boxed{1,5}$

Typ-Kennzeichnung	
Nennspannung	
Aderisolierung	
Mantelwerkstoff	
Aufbauart	

	Leiterquerschnitt
	Schutzleiter
	Adernzahl
	Leiterart

Kurz-zeichen	Erklärung	Kurz-zeichen	Erklärung	Kurz-zeichen	Erklärung	Kurz-zeichen	Erklärung
H A 03 05 07	harmonisierter Typ anerkannter nationaler Typ 300/300 V 300/500 V 450/750 V	V R N S J T	PVC Kautschuk, nat. + synt. Chloropren-Kautschuk Silikon-Kautschuk Glasfasergeflecht Textilgewebe	H H2 X G	flache, aufteilbare Leitung flache, nicht aufteilbare Leitung ohne grüngelben Schutzleiter mit grüngelben Schutzleiter	U R K F H Y	eindrähtig mehrdrähtig feindrähtig, festverlegte Leitung feindrähtig, flexible Leitung feinstdrähtig Lahnlitzenleiter

Abb. 1: Typenkurzzeichen für Leitungen

Tabelle 10.1: Isolierte Leitungen für flexible Verlegung

Bezeich-nung	Bild	Kurzzeichen alt	neu	Ader-zahl	Verwendung
Zwillings-leitungen	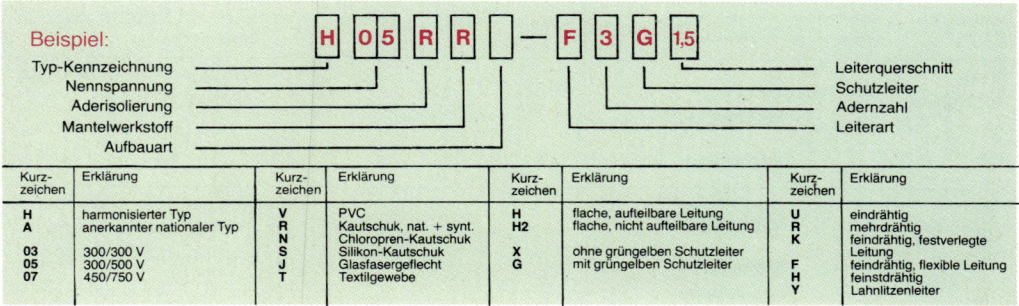	NYZ	H03VH-H	2	In trockenen Räumen bei sehr geringen mechani-schen Beanspruchungen. Nicht für Wärmegeräte
Leichte Kunststoff-schlauch-leitungen		NYLHYrd	H03VV-F	2...3	In trockenen Räumen bei geringen mechanischen Beanspruchungen für leichte Handgeräte
Mittlere Kunststoff-schlauch leitungen		NYMHYrd	H05VV-F	2...5	In trockenen Räumen bei mittleren mechanischen Beanspruchungen, für Hausgeräte auch in feuch-ten Räumen
Gummischlauchleitungen (leichte Ausführung)		NLH NMH	H05RR-F	2...5	In trockenen Räumen bei geringen mechanischen Beanspruchungen für Hand- und Wärmegeräte
Gummischlauchleitungen (schwere Ausführung)		NMHöu NSHöu	H07RN-F	1...5	Bei mittleren mechanischen Beanspruchungen, in trockenen, feuchten und nassen Räumen, in explo-sionsgefährdeten Betriebs-stätten nach VDE 0165 zu-lässig. Im Freien, in land-wirtschaftlichen und in feuergefährdeten Betriebs-stätten sowie in Nutzwasser

Tabelle 10.2: Isolierte Leitungen für feste Verlegung

Isolierte Leitungen für feste Verlegung				
Bezeich-nung	Bild	Kurzzeichen alt	neu	Ader-zahl	Verwendung
Kunststoff-Fassungs-adern		NYFA	H05V-U	1	Verdrahtung in Leuchten
		NYFAF	H05V-K		
Gummi-aderleitung mit erhöhter Wärmebe-ständigkeit		N2GAFU	H05SJ-K	1	Verdrahtung in Leuchten, in Schalt- und Verteileranlagen. Verlegung in Rohren in trockenen Räumen bis 180°C
Kunststoff-ader-leitungen		NYA	H07V-U HO7V-R	1	Verdrahtung in Schalt- und Verteileranlagen. Verlegung in Rohren in trockenen Räumen
		NYAF	H07V-K		
Steg-leitungen		NYIF	–	2...5	Verlegung in oder unter Putz in trockenen Räumen
Mantel-leitungen		NYM	–	1...5	Verlegung auf, in und unter Putz in trockenen und feuch-ten Räumen und im Freien
Umhüllte Rohrdrähte		NYRUZY	–	1...5	Verlegung auf, in unter und über Putz in trockenen und feuchten Räumen und im Freien
Bleimantelleitungen		NYBUY	–	1...5	Verlegung auf, in, unter und über Putz in trockenen und feuchten Räumen und im Freien

10.2 Spannungsfall und Verlustleistung

Ein Wohnwagenbesitzer baut unter Anleitung in seinen Wohn-wagen eine elektrische Heizung ein. Sie ist für 230 V ausgelegt und nimmt an dieser Spannung eine Leistung von 4 kW auf. Nach Fertigstellen der Anlage wird sie von einem Fachmann überprüft und in Betrieb genommen. Dabei mißt er Spannung und Stromstärke: $U = 230$ V; $I = 17{,}4$ A

Anschließend fährt der Wohnwagenbesitzer in Urlaub und stellt seinen Wohnwagen auf einem Campingplatz ab. Um die Heizung anschließen zu können, kauft er 100 m drei-adrige Leitung (H05RW-F3G1,5) mit einem Aderquerschnitt $q = 1{,}5$ mm², da die nächste Anschlußstelle ziemlich weit entfernt ist.

Nachdem die Heizung in Betrieb genommen ist, stellt der Besitzer fest, daß sie nicht mehr ihre volle Leistung abgibt. Eine erneute Messung zeigt: $U = 194{,}9$ V; $I = 14{,}76$ A

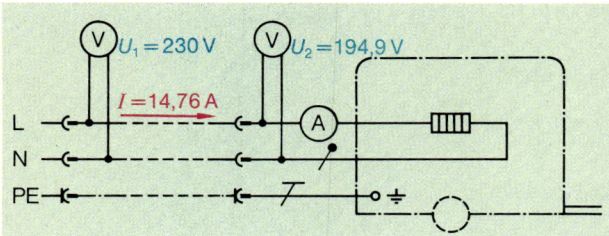

Abb. 1: Meßschaltung zur Überprüfung der Heizung (lange Zuleitung)

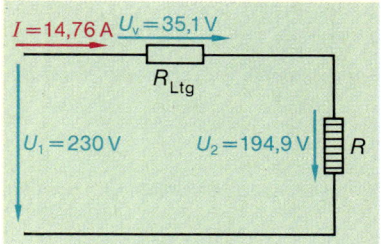

Abb. 2: Ersatzschaltung eines Verbrauchers mit Leitungswiderstand

Diese Werte sind wesentlich niedriger als die ursprünglichen. Der Verdacht, daß das EVU (Elektrizitäts-Versorgungs-Unternehmen) zu wenig Spannung liefert, bewahrheitet sich nicht. Am Elektroanschluß des Platzes werden 230 V gemessen.

Die Verluste können also nur durch den Leitungswiderstand verursacht werden (vgl. 3.2), der zusammen mit dem Heizwiderstand eine Reihenschaltung bildet.

In Abb. 1 ist die Schaltung der Wohnwagenheizung mit den eingebauten Meßgeräten und den Meßwerten dargestellt. Abb. 2 zeigt die entsprechende Ersatzschaltung.

Der Spannungsfall der Leitung ist abhängig vom Belastungsstrom $I = 14{,}76$ A und dem Leitungswiderstand R_{Ltg} (vgl. 3.2). Er setzt sich aus den Leiterwiderständen von Hin- und Rückleiter zusammen. Für die Länge l wird die Leitungslänge eingesetzt. Damit ist der Leitungswiderstand:

$$R_{Ltg} = R_{L\,(hin)} + R_{L\,(rück)} = 2\,R_L$$

$$R_{Ltg} = \frac{2 \cdot l}{\varkappa \cdot q}$$

Der Spannungsfall ist damit:

$$\Delta U = I \cdot R_{Ltg}$$

$$\Delta U = \frac{I \cdot 2 \cdot l}{\varkappa \cdot q};\qquad \Delta U = \frac{14{,}76\,\text{A} \cdot 2 \cdot 100\ \text{m}}{56 \cdot 10^6\,\dfrac{\text{S}}{\text{m}} \cdot 1{,}5 \cdot 10^{-6}\ \text{m}^2}$$

$$\Delta U = 35{,}1\,\text{V}$$

Dieser Spannungsfall verursacht am Verbraucher – in diesem Fall am Heizwiderstand – eine Leistungsverminderung. Die Leitung bewirkt also außer dem Spannungsfall auch eine Verlustleistung.

Die Verlustleistung einer belasteten Leitung ist quadratisch vom Belastungsstrom und direkt vom Leitungswiderstand abhängig

$$P_v = I^2 \cdot R_{Ltg}$$

$$P_v = \frac{I^2 \cdot 2 \cdot l}{\varkappa \cdot q}$$

$$P_v = \frac{14{,}76^2\,\text{A}^2 \cdot 200\ \text{m}}{56 \cdot 10^6\,\dfrac{\text{S}}{\text{m}} \cdot 1{,}5 \cdot 10^{-6}\ \text{m}^2};\qquad P_v = 519\ \text{W}$$

Spannungsfall einer Leitung

$$\Delta U = \frac{I \cdot 2 \cdot l}{\varkappa \cdot q}$$

Spannungsfall in Prozent der Nennspannung

$$\Delta u = \frac{\Delta U}{U_N} \cdot 100\%$$

Verlustleistung einer Leitung

$$P_v = \frac{I^2 \cdot 2 \cdot l}{\varkappa \cdot q}$$

Verlustleistung in Prozent der Nennleistung

$$P_{v\%} = \frac{P_v}{P_N} \cdot 100\%$$

In der Praxis werden die Verluste gewöhnlich in Prozent angegeben.

Spannungsfall in Prozent der Nennspannung $U_N = 230\,V$

$$\Delta u = \frac{\Delta U}{U_N} \cdot 100\%; \qquad \Delta u = \frac{35{,}1\,V}{230\,V} \cdot 100\%; \qquad \underline{\Delta u = 15{,}3\%}$$

Verlustleistung in Prozent der Nennleistung $P_N = 4000\,W$

$$P_{v\%} = \frac{P_v}{P_N} \cdot 100\%; \qquad P_{v\%} = \frac{519\,W}{4000\,W} \cdot 100\%; \qquad \underline{P_{v\%} = 13\%}$$

Die Summe von Spannungsfall und Verbraucherspannung ergibt die Nennspannung.

$$\Delta U + U_2 = 35{,}1\,V + 194{,}9\,V$$
$$\underline{\Delta U + U_2 = 230\,V}$$

Dieser Zusammenhang gilt nicht für die Summe von Verlustleistung und Verbraucherleistung! Die prozentual nutzbare Leistung ist wesentlich geringer als die prozentual nutzbare Spannung, da sich die Leistung quadratisch mit der Spannung ändert (Abb. 1).

10.3 Bemessung elektrischer Leitungen

Welche Möglichkeiten gibt es, die im vorausgegangenen Beispiel genannte elektrische Anlage wirtschaftlicher zu betreiben?

Wir wissen, daß der Leitungswiderstand die Verluste hervorruft. Also muß dieser verringert werden. Hierfür gibt es zwei Möglichkeiten (vgl. 3.2):

- Man verkürzt die Leitung.
- Man vergrößert den Querschnitt des Leiters.

In der Praxis (wie auch bei unserem Beispiel) läßt sich oft nur die zweite Möglichkeit durchführen.

Jede belastete Leitung verursacht einen Spannungsfall, der jedoch möglichst gering sein sollte. Häufig wird sein zulässiger Höchstwert vom EVU vorgeschrieben.

Nach den TAB (Technische Anschlußbedingungen) der Vereinigung Deutscher Elektrizitätswerke e. V. – VDEW gilt hierfür:

Der prozentuale Spannungsfall darf in den Leitungen vom Hausanschluß (Übergabestelle des EVU) bis zu den Zählern (Meßeinrichtungen) nicht mehr als 0,5% und in der Anlage hinter den Zählern nicht mehr als 3% betragen.

Bei größeren Leistungen (über 100 kVA bzw. kW) sind zwischen der Übergabestelle des EVU und den Meßeinrichtungen höhere Werte als 0,5% für den Spannungsfall zulässig. Es müssen immer die gültigen TAB berücksichtigt werden.

Für die Heizung des Wohnwagens ist also ein Spannungsfall von 3% zugelassen. Er heißt **zulässiger Spannungsfall** ΔU_{zul}.

$$\Delta U_{zul} = 3\% \text{ von } 230\,V$$
$$\Delta U_{zul} = 0{,}03 \cdot 230\,V$$
$$\underline{\Delta U_{zul} = 6{,}9\,V}$$

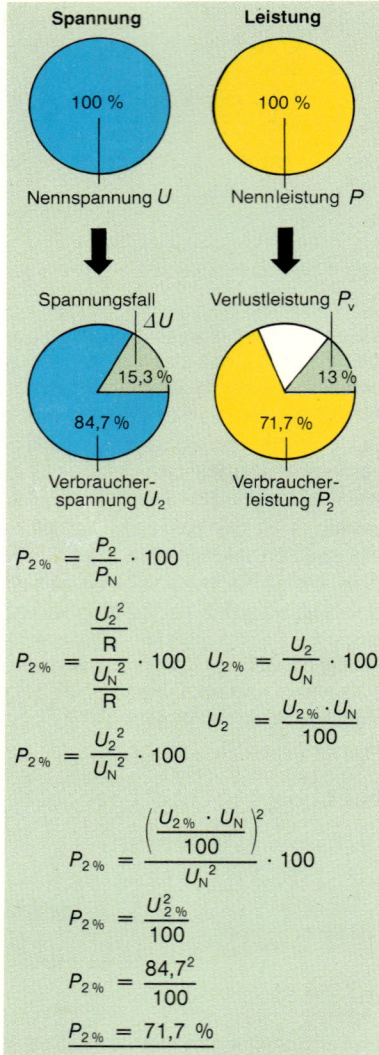

$$P_{2\%} = \frac{P_2}{P_N} \cdot 100$$

$$P_{2\%} = \frac{\dfrac{U_2^{\,2}}{R}}{\dfrac{U_N^{\,2}}{R}} \cdot 100 \qquad U_{2\%} = \frac{U_2}{U_N} \cdot 100$$

$$P_{2\%} = \frac{U_2^{\,2}}{U_N^{\,2}} \cdot 100 \qquad\qquad U_2 = \frac{U_{2\%} \cdot U_N}{100}$$

$$P_{2\%} = \frac{\left(\dfrac{U_{2\%} \cdot U_N}{100}\right)^2}{U_N^{\,2}} \cdot 100$$

$$P_{2\%} = \frac{U_{2\%}^2}{100}$$

$$P_{2\%} = \frac{84{,}7^2}{100}$$

$$\underline{P_{2\%} = 71{,}7\%}$$

Abb. 1: Vergleich von genutzter Spannung und genutzter Leistung in Prozenten (Beispiel: S. 217).

Er ist die Grundlage zur Berechnung des **erforderlichen Leiterquerschnitts** q_{erf}.

$$\Delta U_{zul} = \frac{I \cdot 2 \cdot l}{\varkappa \cdot q_{erf}}$$

Der erforderliche Leiterquerschnitt für unser Beispiel (S. 216) ist damit:

$$q_{erf} = \frac{I \cdot 2 \cdot l}{\varkappa \cdot \Delta U_{zul}}; \qquad q_{erf} = \frac{17{,}4 \ A \cdot 200 \ m}{56 \cdot 10^6 \ \dfrac{S}{m} \cdot 6{,}9 \ V}$$

$$q_{erf} = 9 \cdot 10^{-6} \ m^2 \qquad q_{erf} = 9 \ mm^2$$

Die Berechnung des erforderlichen Leiterquerschnitts ergibt in der Regel einen Wert, der nicht genormt ist. Man wählt deshalb einen Leiter mit dem Querschnitt des nächsthöheren Normwertes. In unserem Fall beträgt er $q = 10 \ mm^2$.

Es ergibt sich dadurch ein Spannungsfall, der kleiner ist als der geforderte, was nur begrüßt werden kann.

$$\Delta U = \frac{I \cdot 2 \cdot l}{\varkappa \cdot q}$$

$$\Delta U = \frac{17{,}4 \ A \cdot 200 \ m}{56 \cdot 10^6 \ \dfrac{S}{m} \cdot 10 \cdot 10^{-6} \ m^2} \qquad \Delta U = 6{,}2 \ V$$

Diese Berechnung enthält eine Ungenauigkeit. Da Leiterwiderstand und Heizwiderstand eine Reihenschaltung bilden, fließt nicht der Nennstrom von 17,4 A, sondern ein geringerer Strom von 16,93 A. Hieraus läßt sich der tatsächliche Spannungsfall $\Delta U = 6{,}05$ V errechnen. Da dieser Wert wenig von 6,2 V abweicht, genügt für die Praxis, wenn man mit der Nennstromstärke rechnet.

10.4 Schutz elektrischer Leitungen

Der Strom erwärmt leider auch die Zuleitungen. Es müssen daher Schutzorgane eingebaut werden, die bei unzulässig hohen Strömen die betreffende Leitung abschalten. Man benutzt dazu Schmelzsicherungen, Sicherungs-Automaten und Leitungsschutzschalter. Ihnen ist bekannt, daß bestimmte Überstromschutzorgane den betreffenden Leitungsquerschnitten zugeordnet sind. Das kommt daher, daß die Isolationsstoffe nur bestimmte Grenztemperaturen (z.B. PVC 70 °C) aushalten. Sie werden dann weich und verlieren ihre Isolationseigenschaft. Für die Erwärmung der Leiter ist das Verhältnis von Stromstärke zum Querschnitt verantwortlich. Man nennt dieses Verhältnis **Stromdichte.**

Die Stromdichte ist das Verhältnis von Stromstärke zu Leiterquerschnitt.

Ausgehend von der Stromdichte läßt sich dann die **zulässige** Betriebsstromstärke I_z für Dauerbetrieb der Nennquerschnitte elektrischer Leiter ermitteln. Damit diese Werte nicht überschrit-

Erforderlicher Leiterquerschnitt

$$\boxed{q_{erf} = \frac{I \cdot 2 \cdot l}{\varkappa \cdot \Delta U_{zul}}}$$

Stromdichte

Formelzeichen J

$$\boxed{J = \frac{I}{q}} \qquad [J] = \frac{A}{m^2}$$

ten werden, müssen die Leitungen mit Überstromschutzorganen abgesichert sein, deren **Nennstromstärken** I_n gleichgroß oder darunter liegen.

Die Erwärmung der Leitungen hängt aber nicht nur von der Stromdichte ab, sondern auch von der Wärmeabfuhr. Diese wird wesentlich beeinflußt von der Verlegungsart der Leitung. Es ist sicher nicht gleichgültig, ob z. B. NYM frei an der Wand liegt oder im Elektroinstallationsrohr verlegt wird.

Bei gleicher Wärmezufuhr, d. h. bei gleich großem Strom, wird die Leitung im Rohr sicher wärmer als die Leitung in der freien Luft. Es ergibt sich hieraus, daß die Grenztemperatur der Isolierstoffe (z. B. 70 hC für PVC) bei den verschiedenen Verlegearten durch unterschiedlich hohe Ströme erreicht wird.

Der Verband Deutscher Elektrotechniker (VDE) hat daher den fünf Verlegearten höchstzulässige **Betriebsstromstärken** I_z zugeordnet. (Siehe Tabelle 10.3 nach DIN VDE 0298 T 4/2.88)

Als konkretes **Beispiel** soll jetzt die Festlegung eines Leiterquerschnittes und die Zuordnung einert entsprechenden Sicherung vorgenommen werden.

Ein Heißwassergerät 3 kW/230 V wird mit einer 15 m langen NYM-Leitung an die Verteilung angeschlossen. Die Verlegung wird direkt unter Putz ausgeführt.

$$P = U \cdot I_z$$

$$I_z = \frac{P}{U}$$

$$I_z = \frac{3000 \text{ W}}{230 \text{ V}}$$

$$\underline{I_z = 13 \text{ A}}$$

Aus der Tabelle 10.3 (S. 221) ergibt sich für die Verlegeart C ein Nennquerschnitt von 1,5 mm², weil dieser Kupferleiter einen Betriebsstrom bis zu 19,5 A zuläßt. Die dazu gehörende Sicherung hat einen Nennstrom von 20 A. Dieser Wert liegt demnach 0,5 A über dem zulässigen Betriebsstrom. Dieses geringfügige Überschreiten (= 3 %) ist vertretbar, zumal die Betriebs-Belastungen für eine Umgebungstemperatur von 30 °C berechnet wurden, die in Wohnungen selten erreicht werden. Diese Überlegungen gelten auch für die betreffenden Werte der Verlegungsarten A und B 2.

Obwohl der Leitungsschutz mit einer Sicherung von 20 A gewährleistet ist, wählen wir eine 16 A-Sicherung, um auch das angeschlossene Gerät gegen Überlastung zu schützen. Die niedrigere Absicherung ist durchaus zulässig, da dadurch der Leitungsschutz noch verbessert wird. Höher darf natürlich nicht abgesichert werden, weil sonst durch unzulässig hohe Ströme die Grenztemperatur der Isolation überschritten würde.

Leitungen niemals höher absichern als von VDE vorgeschrieben.

Tabelle 10.3 Belastbarkeit von Leitungen und Zuordnung von Leitungsschutz-Sicherungen

	Kennbuch-stabe	A	B 1	B 2	C	E
Verlegearten	Verlegung	in wärme-dämmenden Wänden	in Elektroinstallationsrohr oder -kanal		direkt	frei in Luft
	Erläute-rungen	• Ader- oder mehradrige Leitungen in Elektro-installa-tionsrohr • mehradrige Leitungen direkt in Wand	• Aderlei-tungen auf Wand • Ader- oder mehradrige Leitungen in Wand oder Decke	• mehradrige Leitungen auf Wand oder Fußboden	• Mantel-leitungen auf Wand oder Fußboden • mehradrige Leitungen oder Steg-leitungen in Wand oder unter Putz ohne Abstand $< 0{,}3\,d$	• mehradrige Leitungen auf Wand mit Abstand $\geq 0{,}3\,d$
	Leitungs-beispiele	NYM	NYM, H07V-U	NYM	NYM, NYIF	NYM, NYMZ

	Nenn-querschnitt der Leiter in mm²	zulässige Betriebsstromstärke I_z und Sicherungs-Nennstromstärke I_n in A								
		I_z	I_n	I_z	I_n	I_z	I_n	I_z	I_n	I_z	I_n
Belastungen	1,5	15,5	16	17,5	16	15,5	16	19,5	20	20	20
	2,5	19,5	20	24	20	21	20	26	25	27	25
	4	26	25	32	25	28	25	35	35	37	35
	6	34	25	41	35	37	35	46	35	48	35
	10	46	35	57	50	50	50	63	63	66	63
	16	61	50	76	63	68	63	85	80	89	80
	25	80	80	101	100	90	80	112	100	118	100
	35	99	80	125	125	110	100	138	125	145	125

Die Werte dieser Tabelle gelten nur für
• **eine** Leitung mit PVC-Isolation,
• zwei belastete Kupferleiter in Dauerbetrieb,
• feste Verlegung,
• Umgebungstemperatur: 30 °C und
• Betriebsklasse der Sicherung: g L

Tabelle 10.4: Mindest-Querschnitte für Leiter

Verlegungsart	Mindestquerschnitt in mm²	
	bei Cu	bei Al
feste, geschützte Verlegung	1,5	2,5
Leitungen in Schaltanlagen und Verteilern bei Stromstärken bis 2,5 A über 2,5 A bis 16 A über 16 A	0,5 0,75 1,0	—
offene Verlegung (auf Isolatoren) Abstand der Befestigungspunkte bis 20 m über 20 bis 45 m	4 6	16 16 (mehr drähtig)
bewegliche Leitungen für den Anschluß von leichten Handgeräten bis 1 A Stromaufnahme und einer größten Länge der Anschlußleitung von 2 m, wenn dies in den entsprechenden Gerätebestimmungen festgelegt ist	0,1	
Geräten bis 2,5 A Stromaufnahme und einer größten Länge der Anschlußleitung von 2 m, wenn dies in den entsprechenden Gerätebestimmungen festgelegt ist	0,5	—
Geräten bis 10 A Stromaufnahme, für Gerätesteck- und Kupplungsdosen bis 10 A Nennstrom	0,75	
Geräten über 10 A Stromaufnahme, Mehrfachsteckdosen, Gerätesteckdosen und Kupplungsdosen mit mehr als 10 A bis 16 A Nennstrom	1,0	
Fassungsadern	0,75	
Lichtketten für Innenräume zwischen Lichtkette und Stecker zwischen den einzelnen Lampen	0,75 siehe VDE 0,5 0710 Teil 3	
Starkstrom-Freileitungen	siehe VDE 0211	

Bei den bisherigen Überlegungen zu unserem Beispiel haben wir die Länge der Leitung und damit den Spannungsfall nicht berücksichtigt. Nach den Erläuterungen des Abschnittes 10.2 müßte jetzt noch überprüft werden, ob der ermittelte Querschnitt von 1,5 mm² für den zulässigen Spannungsfall ΔU_{zul} (in unserem Beispiel: 3%) ausreicht.

$$q_{erf} = \frac{I \cdot 2 \cdot l}{\varkappa \cdot \Delta U_{zul}}$$

$$q_{erf} = \frac{13 \text{ A} \cdot 2 \cdot 15 \text{ m}}{56 \cdot 10^6 \frac{\text{S}}{\text{m}} \cdot 6,9 \text{ V}}$$

$$q_{erf} = 1 \cdot 10^{-6} \text{ m}^2$$

$$q_{erf} = 1 \text{ mm}^2$$

Dieses Ergebnis zeigt, daß der ermittelte Nennquerschnitt von 1,5 mm² auch für die Forderung hinsichtlich des zulässigen Spannungsfalls ΔU_{zul} ausreicht.

Abb. 1: Verschiedene Leiterquerschnitte

Schmelzsicherungen (Niederspannungssicherungen)

Schmelzsicherungen bestehen aus einem Porzellankörper, in dem sich ein dünner Draht oder Metallstreifen befindet. Zur Lichtbogenlöschung ist dieser in Quarzsand eingelagert.

Sicherungen stellen die empfindlichste Stelle eines Stromkreises dar. Wird die Nennstromstärke der Sicherung um einen bestimmten Betrag überschritten, dann schmilzt der Sicherungsdraht in einer gewissen Zeit, und der Stromkreis ist unterbrochen.

Sicherungen des **D-Systems,** sie werden in der Praxis **DIAZED-Sicherung** genannt, haben einen Nennstrom von 2 A … 100 A bei einer Nennspannung von 500 V. In den Sockel kommt ein Paßeinsatz, der verhindert, daß ein Sicherungseinsatz mit höherem Nennstrom eingesetzt werden kann.

Sicherungen des **DO-Systems,** sie werden in der Praxis **NEO-ZED-Sicherungen** (gr. neo: neu) genannt, sind nach dem gleichen Prinzip wie die des D-Systems, nur kleiner, aufgebaut. Sie haben einen Nennstrom von 2 A … 100 A bei einer Nennspannung von 400 V (bei Gleichspannung 250 V).

Sicherungen des **NH-Systems (Niederspannungs-Hochleistungs-Sicherungen)** können sehr hohe Ströme abschalten. Ihre Nennstromstärke beträgt bis zu 1250 A bei einer Nennspannung von 500 V Wechselspannung oder 660 V Wechselspannung und 440 V Gleichspannung. NH-Sicherungen haben Messerkontakte. Sie dürfen nur von Fachleuten bedient werden, da Sicherungseinsätze mit höherem Nennstrom als die vorgesehene problemlos eingesetzt werden können. Die Sicherungseinsätze werden mit isolierenden Aufsteckgriffen betätigt.

Alle Sicherungen schalten bei einer Überlastung ab. Die Abschaltzeit ist um so kürzer, je höher die Überlastung ist. Für den Schaltgeräte- und Halbleiterschutz sind Sicherungen erforderlich, die bei Überlastung schnell abschalten. Die früher üblichen Bezeichnungen »träge« und »flinke« Sicherung wurde ersetzt durch die Einteilung in Betriebsklassen (Abb. 3).

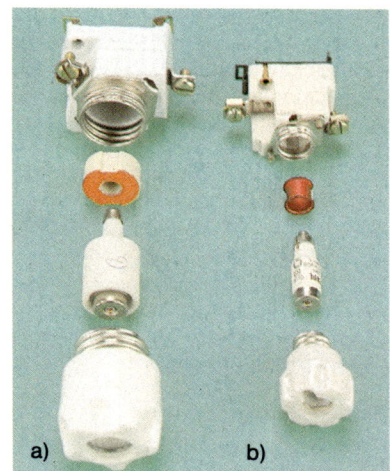

a)   b)

Abb. 2: a) DIAZED-Sicherung (**D**iametral **a**bgestufter **z**weiteiliger **E**disonschraubstöpsel); b) NEOZED-Sicherung

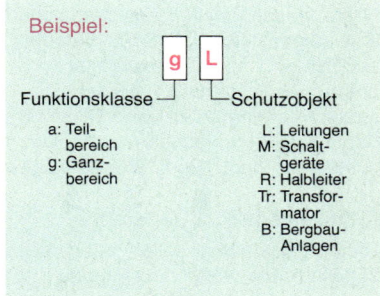

Beispiel:

g L

Funktionsklasse ──┘ └── Schutzobjekt

a: Teil-
  bereich
g: Ganz-
  bereich

L: Leitungen
M: Schalt-
  geräte
R: Halbleiter
Tr: Transfor-
  mator
B: Bergbau-
  Anlagen

Abb. 3: Betriebsklassen-Einteilung nach DIN VDE 0636 T1

Tabelle 10.5: Kennfarben und Abschaltzeiten von Sicherungen

Nenn-stromstärke	Kennfarbe der Paß-einsätze und Unter-brecher-melder	Abschaltzeiten der Sicherungen in Sekunden bei Stromstärken von					
		$2,5 \cdot I_N$		$3 \cdot I_N$		$4 \cdot I_N$	
		mindest	höchst	mindest	höchst	mindest	höchst
2	rosa	2,2	140	0,15	8	0,004	0,15
4	braun	3,2	220	0,22	8	0,0076	0,14
6	grün	4	140	0,32	9	0,01	0,15
10	rot	4,7	200	0,5	13	0,012	0,19
16	grau	5,5	120	0,57	9	0,019	0,15
20	blau	8,3	115	0,83	10,7	0,027	0,17
25	gelb	9	140	1	12,7	0,03	0,2
35	schwarz	11	150	1,3	14	0,039	0,27
50	weiß	19	200	1,7	18	0,043	0,36
63	kupfer	18	310	2,2	30	0,055	0,45
80	silber	21	300	2,4	30	0,055	0,57
100	rot	30	400	3,2	30	0,07	0,52

Leitungsschutzschalter

Anstelle von Schmelzsicherungen werden vielfach Leitungsschutzschalter (Abb. 1) verwendet. Sie haben den Vorteil, daß sie nach dem Auslösen wieder eingeschaltet werden können. Große Ströme werden bei Leitungsschutzschaltern über eine Kurzschlußschnellauslösung sofort abgeschaltet. Geringere Überströme werden durch einen Bimetallauslöser verzögert abgeschaltet. Leitungsschutzschalter sind bis zu einer Nennstromstärke von 63 A bei einer Nennwechselspannung bis 415 V zugelassen.

Es gibt Leitungsschutzschalter für verschiedene Anwendungsbereiche. Sie unterscheiden sich in den Ansprechzeiten in Abhängigkeit von der Stromstärke. In Abb. 2 sind zwei wichtige Charakteristiken abgebildet.

B-Charakteristik:

Diese LS-Schalter sollen die Leitungen gegen Überlast schützen. Hierfür waren bisher die Überstromschutzorgane mit L-Charakteristik (L ≙ Leitung) üblich, die nach DIN VDE 0641 nicht mehr hergestellt werden dürfen.

Die Kurve besteht aus zwei Teilen. Der untere Bereich stellt das Verhalten des magnetischen Schnellauslösers dar, während der obere Teil die Bimetall-Auslösung charakterisiert. Aus der Kennlinie erkennt man, daß der 3 . . . 5fache Nennstrom innerhalb kurzer Zeit (4 . . . 10 s) abgeschaltet wird, während kleinere Überströme länger gehalten werden. Die Grenzwerte befinden sich am oberen Diagramm-Rand. Diese LS-Schalter halten demnach den 1,13fachen Nennstrom aus. Das 1,45fache hingegen muß spätestens nach einer Stunde abgeschaltet werden.

K-Charakteristik: (K ≙ Kraft)

Diese LS-Schalter sollen auch die angeschlossenen Geräte schützen. Sie halten eine Stunde nur noch 5 % Überstrom aus und lassen maximal 20 % Überlast zu. Kurzzeitige Ströme hingegen werden bis zum 8 . . . 14fachen Wert des Nennstroms gehalten. Dieses Verhalten ist besonders für Motoren wichtig, weil diese Betriebsmittel hohe, kurzfristige Anlaufströme haben.

Überstromschutzorgane sollen bei Auftreten von Überströmen abschalten. Kritische Abschaltfälle treten bei Kurzschluß auf. LS-Schalter gibt es mit einem Kurzschlußschaltvermögen von 3000 A, 6000 A und 10000 A. Außerdem ist der Zeitpunkt der Abschaltung nach dem Auftreten des Fehlers (Kurzschluß) wichtig. Hierüber gibt die Strombegrenzungsklasse Auskunft. Man unterscheidet drei Klassen: 1, 2 und 3. Die Abschaltung bei gleichem Kurzschlußstrom erfolgt bei dem LS-Schalter mit der höheren Strombegrenzungsklasse schneller.

Selektivität

Die Überstromschutzorgane müssen am Anfang jedes Stromkreises sowie an allen Stellen eingebaut werden, an denen eine geringere Strombelastbarkeit erforderlich wird. Das ist z.B. immer bei Querschnittsverkleinerungen der Fall.

In einer größeren Anlage sind immer mehrere Stromkreise vorhanden. Diese werden einzeln abgesichert. Ihnen übergeordnet ist eine größere Sicherung am Anfang der stärkeren

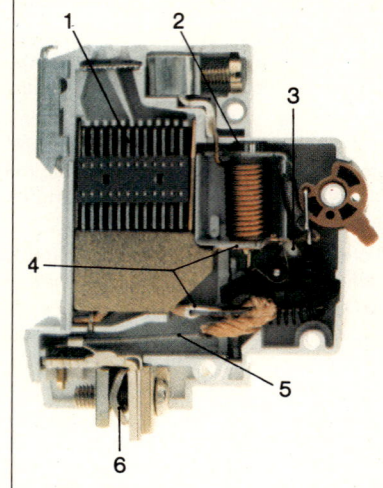

1 Löschkammer
2 elektromagnetische Schnellauslösung
3 Schaltmechanik
4 Kontaktsystem
5 Überlastauslöser mit Bimetall
6 Zuleitungsklemme

Abb. 1: Aufbau eines Leitungsschutzschalters

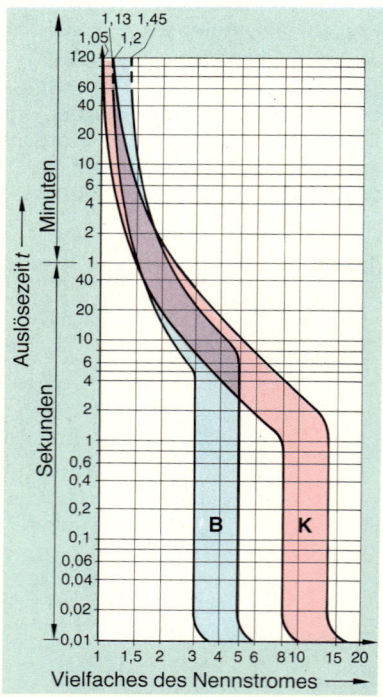

Abb. 2: Auslöse-Charakteristiken von LS-Schaltern

Zuleitung (z.B. Etagenzuleitung). Mehrere Etagenzuleitungen können dann in der Hauptzuleitung zusammengefaßt werden. Diese Hauptzuleitung, die wiederum einen größeren Querschnitt hat, wird nochmals höher abgesichert. Dadurch ist gewährleistet, daß im Störungsfall nur die Sicherung anspricht, die der Fehlerstelle direkt vorgeschaltet ist. Eine 16-A-Sicherung schaltet früher ab als eine 20-A-Sicherung. Dieses Absicherungsprinzip nennt man Selektivität.

> Unter Selektivität versteht man das gestufte Absichern einer Anlage, so daß im Fehlerfall nur das vorgeschaltete Überstromschutzorgan abschaltet.

Nehmen wir an, in einer Hausinstallation ist ein Lichtstromkreis mit einem LS-Schalter 16 A, ein Elektroherd mit einem LS-Schalter 20 A und ein Heißwassergerät mit einer Schmelzsicherung 25 A abgesichert.

Tritt in einem dieser Stromkreise ein Kurzschluß auf, dann muß die nächst vorgeschaltete Überstromsicherung abschalten. In keinem dieser Fälle darf F4 oder gar F5 abschalten (Abb. 4).

In bezug auf F1 und F4, F2 und F4, ist Selektivität gewährleistet. Bei F3 und F4 ist die Selektivität nicht sicher gewährleistet, denn eine Sicherung 35 A kann unter Umständen schneller abschalten als eine Sicherung 25 A anderer Bauart.

Um die Selektivität zu erreichen, sollte man nach Möglichkeit immer 2 Stufen höher als nachfolgend absichern. F4 müßte also 50 A sein.

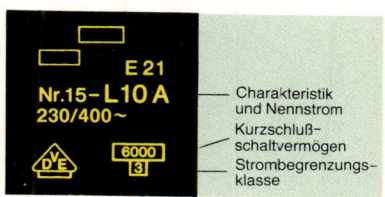

Abb. 3: Kennzeichnung von LS-Schaltern

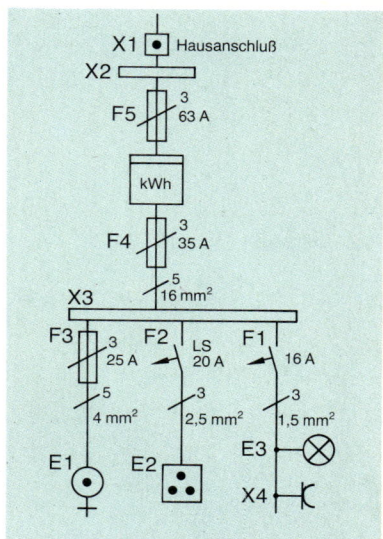

Abb. 4: Selektivität einer Hausinstallation

Aufgaben zu 10

1. Wie lang darf eine zweiadrige Zuleitung (Cu) mit $q = 1,5\,mm^2$ höchstens sein, wenn 16 A Strom fließen und der zulässige Spannungsfall höchstens 3,3 V betragen darf?

2. Welcher Leiterquerschnitt muß für ein Heißwassergerät ($U_N = 230$ V, $P_N = 4$ kW) verlegt werden, wenn die Leiterlänge 12 m und der zulässige Spannungsfall 3% betragen (Leiterwerkstoff: Cu)?

3. Wieviel Prozent seiner Nennleistung nimmt ein Bügeleisen mit $P_N = 1000$ W auf, wenn in der Zuleitung ein Spannungsfall von 10% auftritt?

4. Worin unterscheiden sich Schmelzsicherungen von Leitungsschutzschaltern?

5. Wann benötigt man Sicherungen, die schnell auslösen?

6. Unter welchen Bedingungen ist in einer Anlage Selektivität gewahrt?

Schreckdose!

11 Schutz vor Gefahren des elektrischen Stromes

11.1 Gefahren des elektrischen Stromes

Die nebenstehende Meldung einer Regionalzeitung löst beim Elektro-Fachmann u.U. eine Reihe von Fragen aus, z.B.

- Was ist ein elektrischer Schlag?
- Was passiert eigentlich dabei?
- Warum ist elektrischer Strom für den Menschen so gefährlich?
- Ab welcher Stärke ist elektrischer Strom für Menschen und Haustiere gefährlich?
- Wie kann man sich dagegen schützen?
- Was kann man tun, wenn ein Mensch durch Strom verletzt wurde?

Im folgenden Kapitel wollen wir auf diese und weitere damit zusammenhängende Fragen antworten.

Wirkungen des elektrischen Stromes

In Kapitel 5 sind die Wirkungen des elektrischen Stromes erläutert worden. Wir gehen hier nur auf die Wirkungen ein, die eine Gefahr für Lebewesen und Sachen sein können.

Beginnen wir mit der **Wärmewirkung.** Jeder Stoff erwärmt sich bei Stromdurchgang. In vielen Fällen ist das erwünscht (z.B. beim Tauchsieder). Unerwünscht ist die Wärme jedoch bei den Zuleitungen und an den Übergangsstellen (z.B. Klemmen). Diese ist festzustellen bei

- stark belasteten Leitungen,
- nicht fest angezogenen Klemmen (z.B. in einer Abzweigdose),
- locker sitzenden Steckern in Steckdosen,
- nicht angedrückten Kontakten von Schaltern.

Durch die Erwärmung wird die Isolation weich und damit kann es zur direkten Berührung der Leiter kommen. Die Folge davon können Brände sein. Da der Elektrofachmann diese Gefahren kennt, wird von ihm gerade hierbei eine besonders sorgfältige Arbeit erwartet.

Im Schadensfall kann der Hersteller einer Elektroanlage zur Kostenerstattung herangezogen werden.

Wir wollen jetzt noch einmal auf die locker sitzenden Klemmen eingehen. In solch einem Fall ist der Übergangswiderstand zwischen Leiter und Klemmen groß. Im Vergleich zum relativ kleinen Leitungswiderstand erzeugt dann der durchfließende Strom an der Übergangsstelle eine große Leistung und damit Wärme ($P = I^2 \cdot R \Rightarrow W = P \cdot t$). Brandgefahr!

Dieser Umstand ist besonders wichtig beim Stromdurchgang durch den menschlichen Körper. Wenn nämlich jemand zufällig ein stromführendes Teil berührt, ist natürlich der Übergangs-

Familienvater beim Auswechseln einer Glühlampe schwer verletzt

ke. – Herr N. aus W. wollte die defekte Glühlampe einer Wandlampe auswechseln. Da die Glühlampe sehr fest saß, hielt er die Wandlampe mit einer Hand fest und drehte mit der anderen die Lampe heraus. Dabei rutschte er ab und kam gegen die Wand. In diesem Moment erhielt er einen kräftigen elektrischen Schlag, rutschte vom Stehtritt und brach sich eine Hand.

Bei der anschließenden Untersuchung wurde glücklicherweise keine Beeinträchtigung des Herzens festgestellt. Eine Überprüfung der Wandlampe ergab, daß sich die Isolierung eines Leiters durchgescheuert hatte und der blanke Draht das Metallgehäuse berührte. Wer die Lampe installiert hatte, ließ sich nicht mehr feststellen.

Abb. 1: Zeitungsmeldung

Wärmewirkung:

- **Strommarken**
- **Gerinnung von Eiweiß**
- **Platzen der roten Blutkörperchen**

Abb. 2: Wärmewirkung

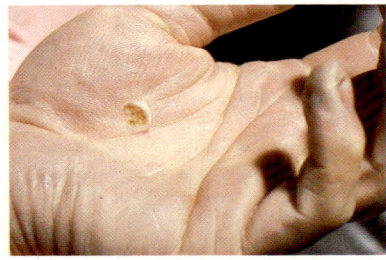

Abb. 3: Strommarken an Händen (Ein- und Austrittstellen des Stromes)

widerstand zwischen Haut und Gegenstand groß. Die Folge der geschilderten Verhältnisse sind »Strommarken« (starke Verbrennungen der Strom-Eintritts-Stellen am Körper, Abb. 3, S. 227).

Leitet man elektrischen Strom durch eine Flüssigkeit, so wird diese zersetzt (**Chemische Wirkung,** vgl. 5.4). So auch beim menschlichen Körper, da dieser überwiegend aus Flüssigkeit besteht. Hierbei sind besonders die einzelnen Zellen gefährdet, die dann absterben. Diese Wirkung des elektrischen Stromes tritt besonders bei Gleichstrom auf (Abb. 1).

Wir benötigen in unserem Organismus ständig Elektrizität, um unsere Sinneseindrücke an das Gehirn zu »melden« und um von dort Steuerungssignale an die Nerven in den Muskeln zu geben. Dabei treten in den Nerven Spannungsimpulse von 10 ... 50 μV und in den Muskeln zwischen 0,5 ... 1 mV auf. Werden jetzt zusätzlich Spannungen von außen angelegt, so sind die normalen Abläufe gestört, z.B. Muskeln entspannen sich nicht mehr **(Muskelkrampf).** Dies könnte z.B. eine Verkrampfung der Hand zur Folge haben, so daß der Verunglückte das stromführende Teil nicht mehr loslassen kann. Diese Stromwirkung nennt man **physiologische Wirkung** (Abb. 4).

Das Steuerzentrum unseres Herzens liegt im Herzen selbst (sog. Sinusknoten), so daß Fremdströme über das Herz besonders gefährlich sind. Wir arbeiten überwiegend mit Wechselstrom von 50 Hz, so daß der Herzmuskel 100mal in der Sekunde den Befehl zum Zusammenziehen bekäme. Das ist etwa 80mal schneller als normal. Die Folge davon ist ein rasendes, oberflächliches Arbeiten, d.h., das Herz pumpt nicht mehr. Dies wird als **Herzkammerflimmern** oder auch Herzflimmern bezeichnet und führt zum Herzstillstand (Abb. 3).

Stromstärkebereiche

Obwohl einige Elektro-Fachleute meinen, daß sie kleine elektrische Ströme unbeschadet vertragen, hat aber die wissenschaftliche Untersuchung das Gegenteil ergeben. Wenn nämlich die Einwirkungsdauer zunimmt, können auch geringe Stromstärken für Mensch und Haustier gefährlich sein. Dies wurde durch Berechnungen der Verhältnisse bei stattgefundenen Unfällen nachgewiesen. Weitere Bestätigungen dafür erbrachten Tierversuche. Die so festgestellten Auswirkungen werden in fünf Gruppen zusammengefaßt, die bestimmten Stromstärken und Einwirkungszeiten zugeordnet werden können (Abb. 5).

Chemische Wirkung:

• **Zersetzen der Zellflüssigkeit**

Abb. 1: Chemische Wirkung

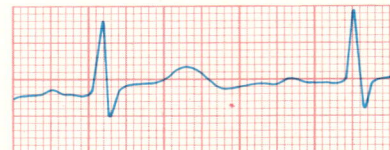

Abb. 2: Ausschnitt aus einem Elektrokardiogramm (EKG) eines gesunden Herzens

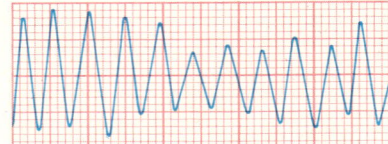

Abb. 3: EKG eines flimmernden Herzens

Physiologische Wirkung:

• **Muskelkrämpfe**
• **Herzkammerflimmern**

Abb. 4: Physiologische Wirkung

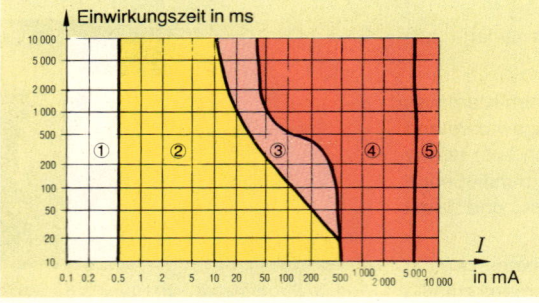

Abb. 5: Stromstärkebereiche bei Wechselstrom (50 Hz)

① Keine Einwirkungen wahrnehmbar **Empfindungsschwelle**

② Keine schädlichen physiologischen Folgen **Loslaßgrenze**

③ **Muskelverkrampfung**, Atembeschwerden, vorübergehender Herzstillstand möglich Keine organischen Schäden

④ **Herzkammerflimmern**, Herzstillstand, Atemstillstand, Verbrennungen

⑤ Kein Herzkammerflimmern mehr, **sehr schwere Verbrennungen**, Tod oft nach Tagen (Vergiftung)

Diese Zuordnungen sind Erfahrungswerte und gelten daher nicht für jeden Menschen und nicht für jeden Einzelfall. Der allgemeine Gesundheitszustand und auch die aktuelle Gemütslage spielen hierbei eine wichtige Rolle. Auch die Beschaffenheit der Haut (Feuchtigkeit, Temperatur u.ä.) hat Einfluß, deshalb sind u.a. Menschen im Badezimmer besonders gefährdet.

> Jeder elektrische Strom durch den menschlichen Körper ist gefährlich. Die Gefährdung nimmt mit wachsender Stromstärke und längerer Einwirkungszeit zu.

Bei weiteren Untersuchungen stellte sich heraus, daß gerade Wechselströme mit Frequenzen bis etwa 100 Hz besonders gefährlich sind. Man kann das mit ihrer zeitlichen Nähe zur Herzschlag-Frequenz ($>$1 Hz) begründen. Wesentlich höhere Strom-Frequenzen haben daher i.a. nicht so gravierende Folgen.

Natürlich ist auch der Weg des Stromes durch den menschlichen Körper wichtig. Fließt der Strom beispielsweise durch die Finger einer Hand, so ist das Herz nicht unmittelbar belastet. Hierbei können zwar Muskelverkrampfungen die Folge sein, nicht aber Herzkammerflimmern.

> Die Gefährdung des Menschen durch elektrischen Strom hängt entscheidend von der Frequenz und dem Weg durch den menschlichen Körper ab.

Wenden wir uns noch einmal dem Stromstärke-Diagramm zu (Abb. 5). Für 100 mA wollen wir zeigen, wie stark die Auswirkungen auf den menschlichen Körper von der Einwirkungszeit abhängen. Bis 120 ms werden keine physiologischen Folgen erwartet, darüber hinaus können Muskelverkrampfungen und auch vorübergehender Herzstillstand eintreten. Bei mehr als 0,5 s tritt Herzkammerflimmern ein und damit voraussichtlich Herzstillstand.

11.2 Fehlerstromkreis

In der Abb. 7 ist ein möglicher Weg des Fehlerstromes dargestellt. Da hierbei keine Schutzmaßnahme vorgesehen war, fließt der Strom über den Menschen. Der entsprechende vereinfachte Schaltplan (Abb. 8) wird als **Fehlerstromkreis** bezeichnet.

Fehlerarten

In dem Anfangsfall (S. 227) berührt ein stromführender Leiter das Gehäuse. Man nennt das einen **Körperschluß.** Ist der Gerätekörper geerdet, dann liegt zusätzlich ein **Erdschluß** vor. Nicht jeder Körperschluß ist also auch ein Erdschluß. Es kommt häufig vor, daß der Leiter nicht direkt mit dem Gehäuse in Berührung kommt, sondern daß noch ein Teil des Verbraucherwiderstandes durchflossen wird. So etwas nennt man einen **unvollkommenen** Körperschluß.

Es gibt noch Fehler, die nicht unmittelbar eine Gefahr für den Menschen bedeuten, sondern meist die Geräte zerstören.

Die Stromwirkungen auf den Menschen werden beeinflußt von:

- **Stromstärke**
- **Einwirkungsart**
- **Stromweg**
- **Stromfrequenz**
- **Hautbeschaffenheit**
- **Gesundheitszustand**

Abb. 6: Einflüsse auf Stromwirkungen

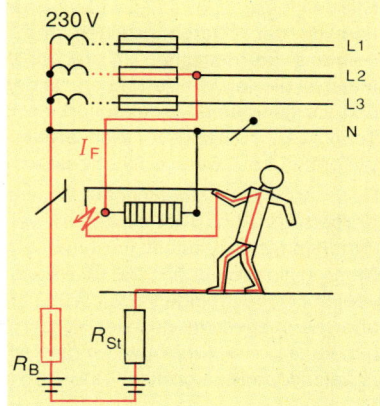

Abb. 7: Weg des Fehlerstroms (ohne Schutzmaßnahme)

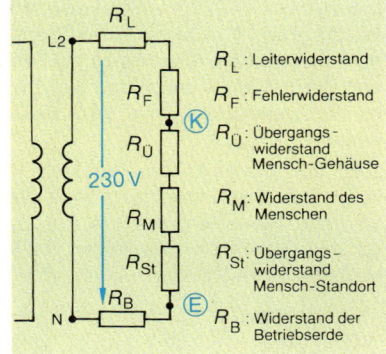

Abb. 8: Fehlerstromkreis

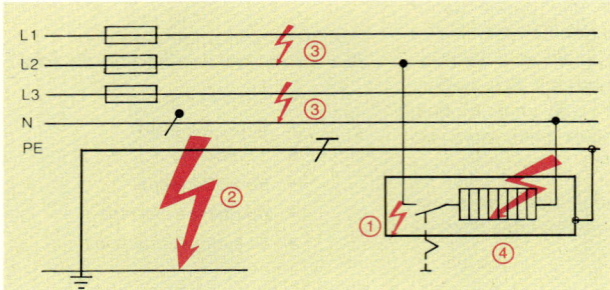

Abb. 1: Mögliche Isolationsfehler

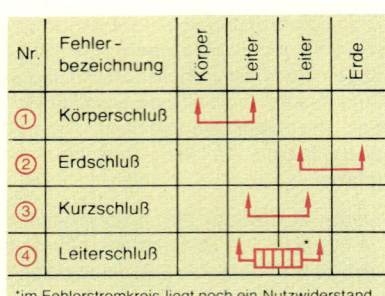

Abb. 2: Fehlerarten

Gemeint ist der **Kurzschluß,** die leitende Verbindung zweier Leiter. Dieser Isolationsfehler ergibt eine starke Erhitzung, die häufig auch einen Körperschluß zur Folge hat. Den unvollkommenen Kurzschluß nennt man **Leiterschluß.** Man meint meistens damit die leitende Überbrückung eines Teils des Verbraucherwiderstandes, z.B. durch Lötzinn.

Widerstand des Menschen

Hierbei müssen drei Teilwiderstände berücksichtigt werden, nämlich der Übergangswiderstand $R_{\text{Ü}}$, der eigentliche Widerstand des Menschen R_{M} und der Übergangswiderstand R_{St}. Meist ist der letztere sehr hoch, da der Betreffende durch seine Schuhe gegenüber Erde isoliert ist. Berührt er aber geerdete Teile, z.B. Heizkörper, Wasserhähne, so schrumpft dieser Widerstand auf wenige Ohm zusammen.

Doch nun zum eigentlichen Widerstand des menschlichen Körpers. In Abb. 3 ist eine stark vereinfachte Verteilung der Widerstände dargestellt. Für einen Stromweg »eine Hand – ein Bein« ergibt sich dann 1000 Ω, während sich für den Stromweg »beide Hände – beide Füße« 500 Ω errechnen läßt. Es hat sich aber herausgestellt, daß der Körperwiderstand spannungsabhängig ist. Bei Kleinspannungen (z.B. 25 V) kann man mit nahezu doppelt so großen Widerständen rechnen als bei 220 V.

Höchstzulässige Berührungsspannung

Durch die Reihenschaltung der Widerstände im Fehlerstromkreis (Abb. 8, S. 229) liegt im Fehlerfall zwischen Körper Ⓚ und Bezugserde Ⓔ nicht die volle Spannung von 220 V, sondern nur noch ein Teil. Dieser wird mit **Fehlerspannung** U_F bezeichnet. Berührt ein Mensch das Gehäuse, so kann er einen Teil davon überbrücken. Dies wird **Berührungsspannung** U_B genannt.

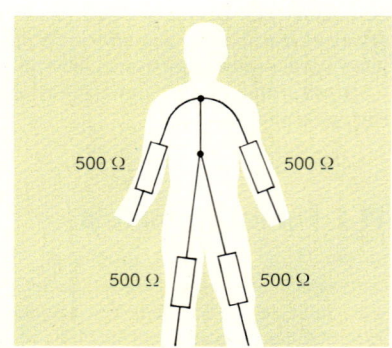

Abb. 3: Widerstandswerte im menschlichen Körper (stark vereinfacht)

Jetzt soll die Spannung ermittelt werden, die ein Mensch längere Zeit berühren darf, ohne bleibende Schäden davonzutragen. Hierfür ergibt sich aus Abb. 5 (S. 228) ein Stromwert von etwa 40 mA. Der Widerstand des Menschen beträgt 1000 Ω, so daß sich eine Spannung von 40 V ergibt.

Die höchstzulässige Berührungsspannung U_B beträgt nach VDE für Menschen 50 V $\sim$ bzw. 120 V $-$, für Nutztiere 25 V $\sim$ bzw. 60 V $-$.

11.3 Schutzmaßnahmen gegen gefährliche Körperströme

In den vorangegangenen Abschnitten wurde gezeigt, welche Wirkungen der elektrische Strom auf den Menschen hat und welche Spannungen gefährliche Ströme zur Folge haben. Um nun den Benutzer elektrischer Anlagen und Geräte vor körperlichem und materiellem Schaden zu bewahren, werden Schutzmaßnahmen angewendet.

Es kann sich hier nur um einen **Überblick** handeln, weil zum einen die notwendigen elektrotechnischen Kenntnisse erst zu einem späteren Zeitpunkt Ihrer Ausbildung behandelt werden und weil zum anderen die einzelnen Schutzmaßnahmen entsprechend den Gegebenheiten der verschiedenen Berufe unterschiedlich gewichtet werden.

Um eventuelle Ströme durch den menschlichen Körper klein zu halten (vgl. 11.1), muß die Berührungsspannung niedrig sein. Dies ist auf zwei Arten möglich:

- Man arbeitet nur mit Nennspannungen unter 50 V.
- Man dimensioniert die Widerstände des Fehlerstromkreises so, daß die Spannungsabfälle im Fehlerfall eine unter 50 V liegende Berührungsspannung zur Folge haben.

Die erste Möglichkeit wird durch die Schutzmaßnahmen **Schutzkleinspannung** und **Funktionskleinspannung** verwirklicht. Im Sinne der zweiten Alternative werden **Schutzisolierung** und **Schutz durch nichtleitende Räume** (z.B. bei Freileitungen) eingesetzt.

Neben den genannten Schutzmaßnahmen nach dem Prinzip »ungefährliche Berührungsspannung« gibt es noch drei weitere Möglichkeiten, den Menschen vor gefährlichen Körperströmen zu bewahren. Es kann z.B. die Entstehung eines Fehlerstromkreises verhindert werden, indem man keine Verbindung für den Rückstrom schafft. Hierzu wird die **Schutztrennung** eingesetzt.

Eine andere Möglichkeit ist, den eventuellen Fehlerstrom am Menschen vorbeizuleiten. Die Maßnahme **Schutz durch erdfreien, örtlichen Potentialausgleich** kommt hierbei zur Anwendung.

Für die Auswirkungen auf den menschlichen Körper ist neben der Stärke des Stromes die Einwirkungsdauer maßgebend. So wurden als weitere Möglichkeit Schutzmaßnahmen entwickelt, die das Bestehenbleiben von gefährlichen Berührungsspannungen unterbinden. In erster Linie ist das der **Schutz durch Abschalten.** Hierzu werden Sicherungen, Leitungsschutz-Automaten, Fehlerstrom-Schutzschalter (FI) und selten auch Fehlerspannungs-Schutzschalter (FU) verwendet. Auch der **Schutz durch Meldung** von Isolationsfehler (mit Hilfe von Isolationsüberwachungseinrichtungen) gehört dazu (Abb. 5).

Der Einsatz dieser Schutzeinrichtungen richtet sich im wesentlichen danach, ob ein Schutzleiter vorhanden ist (TN-Netz) oder ob die Gehäuse der Betriebsmittel geerdet sind (IT- oder TT-Netz). Wir müssen uns deshalb erst mit den verschiedenen Netzformen beschäftigen, bevor dann in den darauffolgenden Abschnitten wichtige Schutzmaßnahmen erläutert werden.

Schutzmaßnahmen

gegen Entstehung zu hoher Berührungsspannung

- Schutzkleinspannung
- Funktionskleinspannung
- Schutzisolierung
- nichtleitende Räume
- Schutztrennung
- erdfreier, örtlicher Potentialausgleich

gegen Bestehenbleiben zu hoher Berührungsspannung

- durch Abschaltung (z. B. FI-Schalter, FU-Schalter, Sicherungen)
- durch Meldung (Isolationsüberwachungseinrichtung)

Abb. 4: Übersicht über die Schutzmaßnahmen gegen gefährliche Körperströme

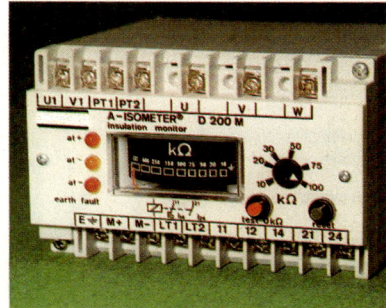

Abb. 5: Isolationsüberwachungseinrichtung

11.3.1 Netzformen

Die meisten Wohnhäuser sind mit vier Leitern (Außenleiter: L1, L2, L3 und Neutralleiter N) an das Netz des Elektrizitäts-Versorgungs-Unternehmen angeschlossen. Seltener findet man noch Zweileiter-Anschlüsse (Außenleiter und Neutralleiter). In beiden Fällen ist ein Neutralleiter vorhanden. Das führt uns zu der üblichen Netzform **TN-Netz**. Die beiden Buchstaben der Bezeichnung sind Angaben über die Erdverbindungen, wobei der **1. Buchstabe zum Erzeuger** und der **2. Buchstabe zum Verbraucher** gehört.

Netzbezeichnungen		
1. Buchstabe:	**I** ≙	Sternpunkt isoliert
(Erzeuger)	**T** ≙	Sternpunkt geerdet
2. Buchstabe:	**N** ≙	Körper(Gehäuse) mit Sternpunkt des
(Verbraucher)		Erzeugers verbunden
	T ≙	Körper (Gehäuse) direkt geerdet

Bei einem TN-Netz muß noch angegeben werden, ob der Neutralleiter auch die Schutzfunktion übernimmt oder nicht. Solche Netze werden noch mit Zusatz-Buchstaben versehen.

S ≙ Schutzleiter PE und Neutralleiter N getrennt (»separat«) geführt (Abb. 1)

C ≙ Schutzleiter PE und Neutralleiter N zum PEN-Leiter zusammengefaßt (»combination«)[1] (Abb. 2)

In den Verbraucher-Anlagen werden PE und N meist getrennt geführt und in der Verteilung miteinander verbunden. Wir haben es dann mit einem **TN-C-S-Netz** (Abb. 3) zu tun.

TT-Netze[2] (Abb. 4) sind heute selten geworden, weil sie bei Isolationsfehlern keinen guten Schutz bieten.

IT-Netze (Abb. 6) findet man in Bergwerken oder eigenen Firmen-Netzen. Ihr besonderer Vorteil liegt darin, daß sie beim Auftreten eines Fehlers betriebsbereit bleiben. Näheres hierzu wird im Abschnitt 11.3.2 ausgeführt.

Abb. 5: Verbindung von PE, N und PEN

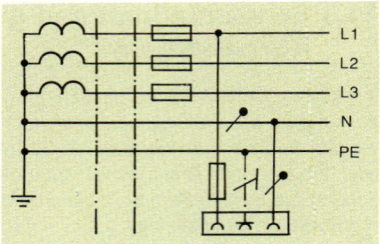

Abb. 1: TN-S-Netz

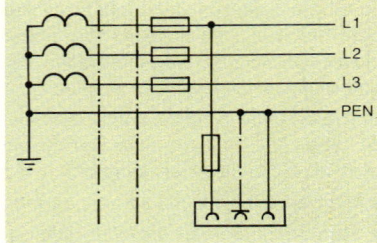

Abb. 2: TN-C-Netz

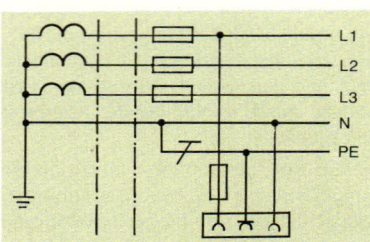

Abb. 3: TN-C-S-Netz

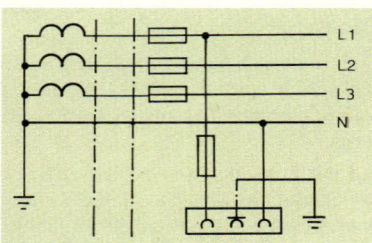

Abb. 4: TT-Netz

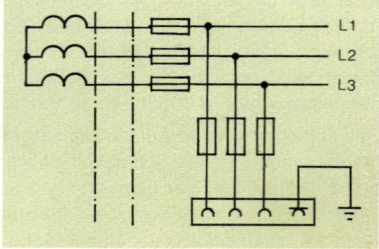

Abb. 6: IT-Netz

11.3.2 Schutz vor Entstehung zu hoher Berührungsspannung

Fast alle elektrischen Spielzeuge sind mit Trockenbatterien ausgerüstet oder werden über einen Transformator mit niedrigen Spannungen betrieben. So kann auch den Kindern nichts passieren, die das Spielzeug auseinander nehmen und direkt stromführende Teile berühren. Diese geringe Spannung wurde also als Schutzmaßnahme eingeführt. Man nennt sie daher **Schutzkleinspannung.** Manchmal ist aber auch aus technischen Gründen Kleinspannung notwendig (z.B. Steuerstromkreise), d.h., die niedrige Spannung dient nicht in erster Linie dem Schutz des Menschen. Sie wird dann als **Funktionskleinspannung** bezeichnet. Aus betrieblichen Gegebenheiten können hierbei nicht die gleichen Anforderungen gestellt werden wie bei der Schutzkleinspannung.

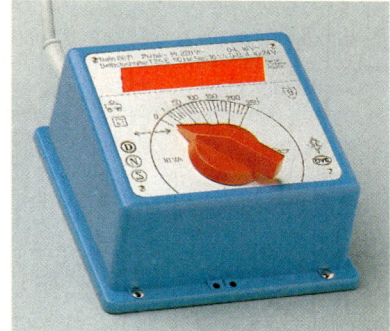

Abb. 7: Transformator für Modelleisenbahn

Schutzkleinspannung

Da die höchstzulässige Berührungsspannung 50 V $\sim$ bzw. 120 V $-$ beträgt (vgl. 11.2), müssen Schutzkleinspannungen unter diesen Werten liegen.

Genormte Schutzkleinspannungen:
6 V   12 V   24 V   42 V

Die Erzeugung dieser Spannungen geschieht entweder durch Batterien oder Netzgeräte. Bei den zuletztgenannten handelt es sich häufig um Transformatoren, die an 230 V bzw. 400 V angeschlossen werden. Damit die Vorteile der Kleinspannung nicht verloren gehen, gelten nach VDE 0550 für diese Stromquellen besondere Vorschriften.

Abb. 8: CEE-Stecker für 380 V Betriebsspannung

Geräte für Kleinspannungen dürfen natürlich nicht an höhere Spannungen angeschlossen werden. Ihre Steckverbindungen passen daher nicht zu den Steckverbindungen höherer Spannungen (Abb. 8, 9 u. 10).

Stecker von Kleinspannungsgeräten dürfen nicht in Steckdosen höherer Spannungen passen.

Es ist zweckmäßig, Leitungen verschiedener Spannungen getrennt zu verlegen. Im mehradrigen Leitungen dürfen aber Kleinspannungsadern und Netzspannungsadern gemeinsam geführt werden. Damit keine Spannungsübertragungen vorkommen, müssen auch die Adern für die niedrigen Spannnungen gegen die hohe Spannung isoliert sein.

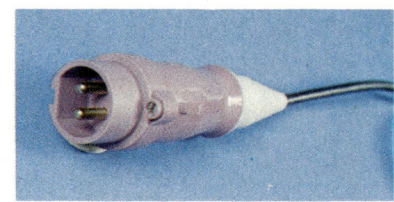

Abb. 9: CEE-Stecker für 24 V Betriebsspannung

Anwendungen der Schutzkleinspannung:

- Kleinwerkzeuge
- Leuchten, Pumpen unter Wasser
- Handleuchten in Backöfen und Kesseln
- Geräte in der Nutztierhaltung
- Spielzeug und Körperpflegegeräte (... 25 V)
- medizinische Geräte im menschlichen Körper (... 6 V)

Abb. 10: Steckvorrichtung im Bereich der Nachrichtentechnik

Schutzisolierung

Die stromführenden Teile eines elektrischen Betriebsmittels sind gegeneinander und gegen die Metallteile des Gehäuses isoliert (Basisisolierung). Wird diese Isolation zerstört, könnte

Schutzisolierung

der Mensch beim Berühren des Gehäuses einen elektrischen Schlag bekommen. Umhüllt man das gesamte Gerät mit einer zusätzlichen Isolation **(Vollisolation),** so ist die Gefahr gebannt. Den gleichen Effekt erfüllt eine vollständige Isolation des Innenteils des Gehäuses **(Isolierauskleidung).**

> Schutzisolierung ist eine zusätzliche Isolierung, die beim Versagen der Basisisolierung den Menschen vor zu hoher Berührungsspannung schützen soll.

Damit die Vorzüge dieser Schutzmaßnahme nicht verloren gehen, dürfen keine Erdverbindungen an Metallteile des schutzisolierten Gerätes angeschlossen werden, d.h. keinen Schutzleiter im Gerät anschließen. Bei Anschlußleitungen mit Schutzleiter darf dieser nur im Stecker, aber nicht im schutzisolierten Gerät angeschlossen werden.

Schutzisolation ist eine weitverbreitete Schutzmaßnahme. Sie wird bei fast allen Haushaltsgeräten, vielen medizinischen Geräten und Werkzeugen angewendet (Abb. 1).

Schutztrennung

Bei den üblichen öffentlichen Netzen (TT-, TN-Netzen) ist der Mittelpunktleiter (Neutralleiter) der Stromquelle geerdet. Liegt dann ein Außenleiter durch einen Isolationsfehler am nichtgeerdeten Gehäuse an und ein Mensch berührt das Gehäuse, so ist ein Fehlerstromkreis vorhanden. Durch den Menschen fließt dann Strom (vgl. 11.2). Würde man jetzt die Erdverbindung des Mittelpunktes des Erzeugers aufheben, so wäre der Fehlerstromkreis unterbrochen (Abb. 2). Diesen Umstand nutzt man bei der Schutztrennung aus. Mit Hilfe eines Transformators wird der Verbraucher vom Netz galvanisch getrennt (Abb. 2).

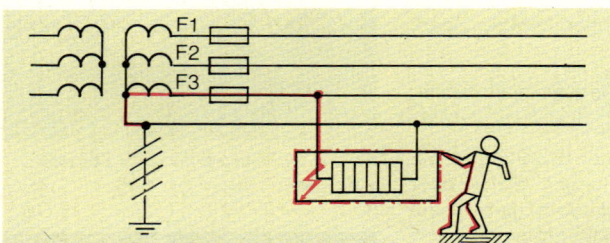

Abb. 3: Unterbrochener Fehlerstromkreis bei isoliertem Sternpunkt

> Schutztrennung trennt das Netz vom Verbraucher durch einen Trenntransformator. Er verhindert den Aufbau eines Fehlerstromkreises.

Es kann also kein Stromkreis mehr zwischen der Verbraucher-Anlage und dem Sternpunkt des Erzeugers hergestellt werden. Um dies nicht wieder aufzuheben, darf natürlich die Abgabe-Seite des Transformators (Sekundär-Seite) nicht geerdet werden oder mit anderen Stromkreisen verbunden sein.

Anwendungen der Schutztrennung:

- Rasierapparate
- Werkzeuge (z.B. Schleif- und Poliermaschinen)

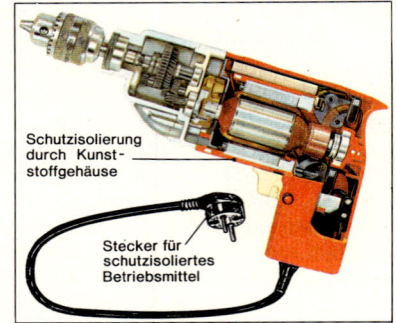

Schutzisolierung durch Kunststoffgehäuse

Stecker für schutzisoliertes Betriebsmittel

Abb. 1: Schutzisolierte Bohrmaschine

Schutztrennung

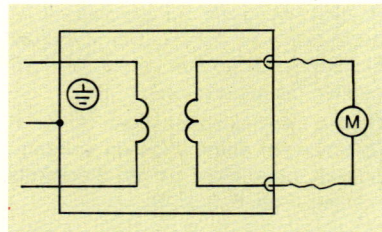

Abb. 2: Trenntransformator (Schaltung)

Abb. 4: Arbeitsplatz eines Radio- und Fernsehtechnikers (Trenntransformator ist markiert)

11.3.3 Schutz gegen Bestehenbleiben zu hoher Berührungsspannung

Löst eine **Sicherung** oder ein **LS-Automat** aus, so war die dazu gehörende Leitung überlastet. Der Elektro-Fachmann wird daher prüfen, ob die eingeschalteten Geräte einen zu hohen Strom benötigen. Das Abschalten der Überstromschutzorgane kann aber eine ganz andere Ursache haben. Es könnte nämlich auch »gewollt« sein. Das klingt vielleicht überraschend, ist es aber nicht mehr, wenn man den Anlaß des Abschaltens genauer betrachtet. Sehen wir uns dazu ein TN-C-S-Netz mit einem Gerät an, bei dem ein Körperschluß vorliegt (Abb. 5). Am Gehäuse des Betriebsmittels liegt dann eine Spannung gegenüber Erde von fast 230 V. Berührt jetzt ein Mensch das Gehäuse, bekommt er einen elektrischen Schlag. Um das zu verhindern, soll die Sicherung F3 den betreffenden Stromkreis abschalten. Dies muß innerhalb sehr kurzer Zeit geschehen, z.B. bei Steckdosen-Stromkreise innerhalb von 0,2 s.

> Überstromschutzorgane (Sicherungen, LS-Schalter) schalten bei Körperschluß ab. Es wird so das Bestehenbleiben hoher Berührungsspannungen verhindert.

Wenn ein Körperschluß vorliegt, besteht der Fehlerstromkreis im wesentlichen aus der Hin- und Rückleitung. Deren Widerstand muß so klein sein, daß im Fehlerfall ein ausreichend hoher Strom fließt. Für eine Sicherung von $I_N = 20$ A liegt dieser Abschaltstrom bei 190 A. Bei 230 V ergibt sich daraus ein maximaler Leitungswiderstand von 1,21 Ω. Man kann hieraus schließen, daß diese Schutzmaßnahme nur bis zu bestimmten Leitungslängen anwendbar ist.

> Schutz durch Abschalten mit Überstromschutzorganen ist nur bis zu bestimmten Leitungslängen der Versorgungsnetze möglich.

Die aufgezeigten Schwierigkeiten können durch den Einsatz von **Fehlerstrom-Schutzschaltern (FI-Schutzschaltern)** vermieden werden. Dieses Schutzorgan vergleicht die Ströme der Außenleiter und des Neutralleiters miteinander. Sind ankommende und abgehende Ströme gleich, wird der FI-Schutzschalter nicht betätigt. Ist ein Körperschluß vorhanden (Abb. 5), fließt ein Teil des Stromes über den Schutzleiter am Fehlerstrom-Schutzschalter vorbei. Die Ströme innerhalb des Schutzorgans sind nicht mehr ausgeglichen. Er schaltet allpolig ab (Abb. 7 u. 8).

Schutzleiter-Klemme

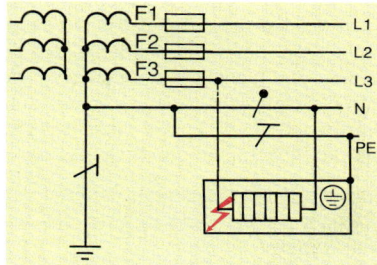

Abb. 5: Körperschluß im TN-Netz

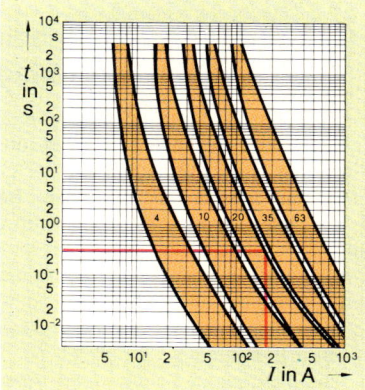

Abb. 6: Zeit-Strom-Bereiche für Leistungsschutzsicherungen (nach DIN 57636 T1)

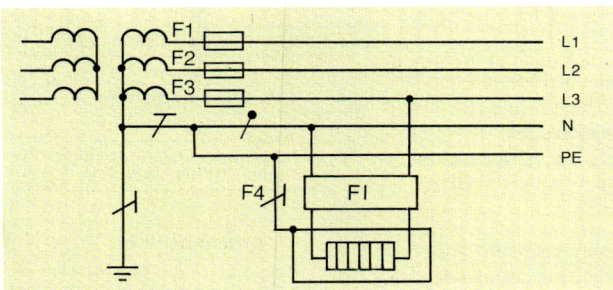

Abb. 7: FI-Schutzschalter im TN-Netz

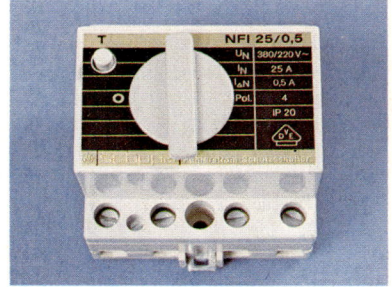

Abb. 8: Fehlerstrom-Schutzschalter

Fehlerstrom-Schutzschalter (Fl-Schutzschalter), (Abb. 8, S. 235) schalten allpolig ab, wenn ein Körperschluß vorliegt und ein Strom über den Schutzleiter fließt.

Es gibt Fl-Schutzschalter mit unterschiedlicher Empfindlichkeit, und zwar ab 10 mA Nennfehlerstrom. Gehen wir einmal von $I_{\Delta N} = 300$ mA aus. Bei 230 V würde dann ein Schleifenwiderstand (Widerstand des Außenleiters, des Schutzleiters/Neutralleiters, der Transformatorwicklung) von 767 Ω ausreichen, um den Fl-Schutzschalter ansprechen zu lassen. Der Widerstandswert macht deutlich, daß diese Schutzmaßnahme viel sicherer als das Abschalten durch Überstrom-Schutzorgane ist.

Schutz durch Abschalten mit Fehlerstrom-Schutzschalter (Fl-Schutzschalter) kann in allen TN- und TT-Netzen angewendet werden.

Wir haben den Schutz durch Abschalten an Beispielen des TN-Netzes erläutert. Beim TT-Netz tritt anstelle des Neutralleiters als Fehlerstrom-Rückleiter die Erde (Geräte-Erdung bis Betriebserdung des Spannungs-Erzeugers), (Abb. 1).

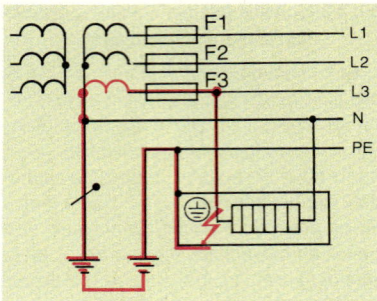

Abb. 1: Fehlerstromkreis im TT-Netz

11.4 Sicherheitsregeln beim Arbeiten an elektrischen Anlagen

Wir haben uns in 11.3 mit Schutzmaßnahmen gegen gefährliche Körperströme beschäftigt. Sie werden angewendet, um den Menschen bei Isolationsfehlern der Geräte zu schützen. Man nennt das **Schutz bei indirektem Berühren** stromführender Teile. Ganz selbstverständlich waren wir davon ausgegangen, daß normalerweise kein Benutzer die unter Spannung stehenden Teile berühren kann. In den betrachteten Fällen wurde das durch Isolation erreicht. Hierfür gibt es aber noch andere **Schutzmaßnahmen gegen direktes Berühren,** z.B. Schutz durch Abstand (Freileitung), Schutz durch Hindernisse (Schutzgitter in Trafo-Stationen), Schutz durch Abdeckung (Abdeckung der Klemmleisten von Schützen). Außerdem können zwei Schutzmaßnahmen für den Schutz bei indirektem Berühren auch als Schutz gegen direktes Berühren eingesetzt werden, nämlich Schutzkleinspannung und Funktionskleinspannung.

Wenn an elektrischen Anlagen gearbeitet werden muß, ist die Gefährdung des betreffenden Gesellen bzw. Facharbeiters wesentlich größer. Den eben genannten Schutzmaßnahmen kommt dann eine größere Bedeutung zu.

Die Berufsgenossenschaft der Feinmechanik und Elektrotechnik hat in der Unfallverhütungsvorschrift »Elektrische Anlagen und Betriebsmittel (VBG 4)« die **Fünf Sicherheitsregeln** für das Arbeiten an elektrischen Anlagen festgelegt (Abb. 3). Wir wollen im folgenden darauf näher eingehen und einige Hinweise zur praktischen Durchführung geben.

Vor jeder Arbeit an elektrischen Anlagen müssen Maßnahmen zur Einhaltung der Sicherheitsregeln ergriffen werden, und zwar unbedingt in der genannten Reihenfolge.

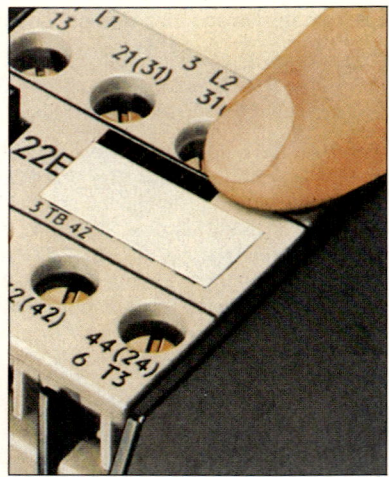

Abb. 2: Arbeit an verdeckten Klemmen

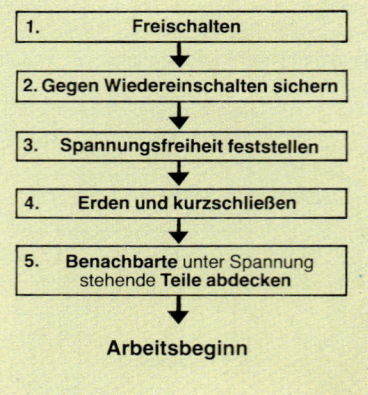

1.	Freischalten
2.	Gegen Wiedereinschalten sichern
3.	Spannungsfreiheit feststellen
4.	Erden und kurzschließen
5.	**Benachbarte** unter Spannung stehende **Teile abdecken**

Arbeitsbeginn

Abb. 3: Fünf Sicherheitsregeln

Freischalten

Man versteht darunter das allpolige und allseitige Abschalten des betreffenden Anlagenteils. Allseitig bedeutet hierbei, daß man in komplizierten Anlagen und Netzen vor und nach dem betreffenden Anlageteil auftrennen soll. Es könnten sonst Spannungsverschleppungen aus anderen Einspeisungen herangeführt werden, die dann den Facharbeiter gefährden würden.

> Freischalten ist das allpolige und allseitige Abschalten des Anlageteils.

Durchführung: Das Herausdrehen der Schmelzsicherungen bzw. Haushaltsautomaten oder das Abschalten der Schutzschalter ist eine ganz einfache Methode, dieser Regel zu genügen.

Das Ausschalten eines einpoligen Schalters ist unzureichend, da er ohne weiteres von anderen Personen wieder eingeschaltet werden kann. Außerdem können andere nicht abgeschaltete Leiter Spannung führen. Hieraus ist zu ersehen, wie wichtig die zweite Regel ist.

Gegen Wiedereinschalten sichern

Es müssen Maßnahmen getroffen werden, die sicherstellen, daß nur der an der Anlage Tätige diese auch wieder einschalten kann.

> Gegen Wiedereinschalten sichern bedeutet, daß nur der an der Anlage Tätige den betreffenden Anlageteil wieder in Betrieb setzen kann.

Durchführung: Wenn die Sicherungen herausgedreht sind, dürfen sie nicht an der Verteilung abgelegt werden, sondern müssen mitgenommen werden. Verriegelbare Sperrelemente bieten eine zusätzliche Sicherheit (Abb. 5). Zur Information anderer Facharbeiter oder Benutzer der Anlage können selbstklebende Etikette verwendet werden, die man auf die Schutzorgane oder Sicherungssockel klebt. Sie haben eine rote oder gelbe Farbe (Abb. 6).

Sicherer ist es natürlich, wenn keine andere Person an die Schalter herankommt, d.h. wenn die Schaltschränke oder -räume abgeschlossen sind.

1. Freischalten

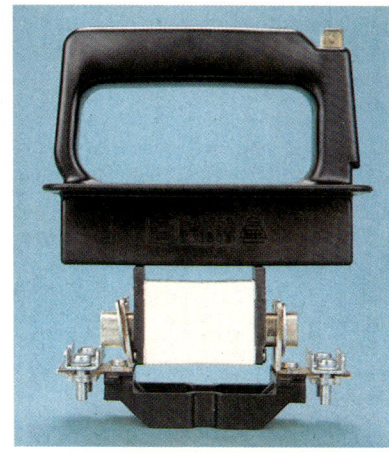

Abb. 4: NH-Sicherung mit Aufsteckgriff

2. Gegen Wiedereinschalten sichern

Abb. 5: Verriegelbare Sperrstöpsel

**Nicht einschalten!
Es wird gearbeitet**

Ort: ....

Entfernen des Schildes _nur_ durch:

Name: ....

Abb. 6: Selbstklebende Warnungsschilder

**Nicht einschalten
Gefahr!**

Spannungsfreiheit feststellen

Auch wenn man meint, den richtigen Stromweg unterbrochen zu haben, kann unter Umständen durch einen Fehler in der Anlage (Schaltungs- oder Bezeichnungsfehler) Spannung am betreffenden Anlagenteil liegen. Vor jeder Arbeit ist deshalb unbedingt die Spannungsfreiheit festzustellen.

Spannungsfreiheit feststellen ist der eindeutige Nachweis, daß keine Spannung gegenüber Erde am betreffenden Anlageteil vorhanden ist.

Durchführung: Es dürfen nur Spannungsmesser oder zwei-polige Spannungsprüfer verwendet werden (Abb. 1). Bei ein-poligen Spannungsprüfern (sog. Phasenprüfern) kann es pas-sieren, daß sie nichts anzeigen, obwohl eine Spannung vor-handen ist. Das liegt daran, daß der sehr kleine Prüfstrom über den Menschen fließen muß. Steht dieser jedoch besonders gut isoliert (z.B. Teppich), fließt kein Strom, und der Phasenprüfer zeigt nichts an. Außerdem sollten die Spannungsprüfer direkt vor dem Einsatz auf ihre einwandfreie Funktion hin überprüft werden.

Erden und Kurzschließen

Diese zusätzliche Maßnahme soll gewährleisten, daß die vor-geschalteten Überstrom-Schutzorgane auslösen, wenn durch einen Irrtum die Anlage zu früh an Spannung gelegt wird.

Es ist stets zuerst zu erden und dann kurzzuschließen, damit die eventuell vorhandenen Ladungen (auf langen Leitungen) zur Erde abfließen können.

Bei Arbeiten an Anlagen bis 1000 V Nennspannung (ausge-nommen Freileitungen) darf diese Maßnahme unterbleiben, wenn die Sicherheitsregeln 1 ... 3 eingehalten wurden.

Erden und Kurzschließen ist das Verbinden der Außen-leiter untereinander und mit der Betriebserde. Hierdurch sollen die Überstromschutzorgane sofort auslösen, wenn der betreffende Anlageteil irrtümlich eingeschaltet wird.

Durchführung: Die Verbindung der Erde mit den Leitern und der Leiter untereinander muß nahezu widerstandslos durch-geführt werden. Hierzu werden besondere Verbindungsleitun-gen mit Zwingen oder Greifklauen verwendet, deren Quer-schnitte für eventuell auftretende Kurzschlußströme bemessen sein müssen (Abb. 2). Das Überwerfen von Metallseilen oder -ketten über Freileitungen ist z.B. unzulässig.

Benachbarte, unter Spannung stehende **Teile abdecken oder abschranken.**

Muß in der Nähe von spannungsführenden Teilen gearbeitet werden, so sind Maßnahmen zu ergreifen, die ein Berühren dieser Teile unmöglich machen. (Hinweis: Für die erlaubte Annäherung an spannungsführende Anlagen gibt es in VDE 0101 und VDE 0105 genaue Vorschriften!)

Benachbarte, unter Spannung stehende Teile abdecken oder abschranken ist das provisorische Isolieren von nicht abge-schalteten Anlageteilen. Hierdurch soll das zufällige Be-rühren stromführender Teile verhindert werden.

---

3. Spannungsfreiheit feststellen

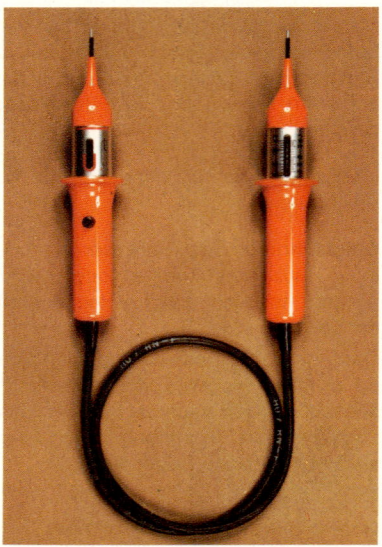

Abb. 1: Zweipoliger Spannungsprüfer

4. Erden und Kurzschließen

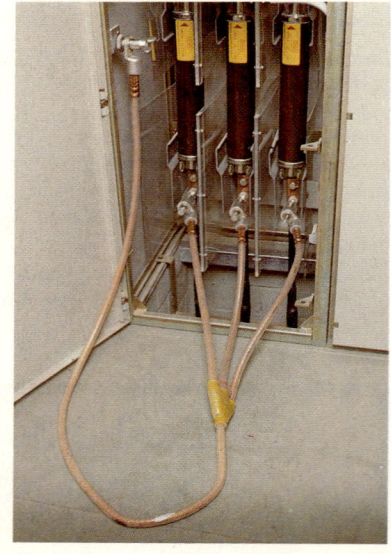

Abb. 2: Erden und Kurzschließen von Leitern

5. Benachbarte, unter Spannung stehende Teile abdecken oder abschranken

Durchführung: Oft genügt dazu das Abdecken mit Kunststoff (z.B. Hülsen für Isolatoren und Leitungen im Freileitungsbau), (Abb. 3) oder das Abschranken durch Gitter. Werden sperriges Handwerkszeug oder Geräte benutzt, ist die Gefahr besonders groß. Eine eindeutige und unübersehbare Kennzeichnung des Gefahrenbereichs bringt zusätzliche Sicherheit.

Arbeiten an der Anlage

Erst wenn die angesprochenen Sicherheitsmaßnahmen durchgeführt wurden, darf an der Anlage gearbeitet werden. Man nennt das **Freigabe der Arbeitsstelle.**

Sind die Arbeiten beendet, werden die Maßnahmen in umgekehrter Reihenfolge wieder aufgehoben.

Abb. 3: Abgedeckte Freileitung

11.5 Verhalten bei Stromunfällen

Bei den Arbeiten an elektrischen Anlagen kann es trotz aller Sicherheitsvorkehrungen und Schutzmaßnahmen zu Unfällen kommen. Rasche Hilfe ist dann nötig, weil länger dauernde Stromeinwirkungen verheerende Folgen haben können (vgl. 11.1). Wenn Sie sich einmal gründlich mit den wenigen Verhaltensregeln vertraut gemacht haben, werden Sie im Ernstfall auch Hilfe leisten können. Gerade bei Stromunfällen kann falsches Verhalten zur Gefährdung des Verletzten, aber auch des Helfers führen. Sie sollten deshalb das Folgende genau lesen und mit Ihrem Ausbilder eingehend besprechen.

Diese Hinweise sind auf keinen Fall als Ersatz für eine Unterweisung in Erste-Hilfe anzusehen, sondern nur als

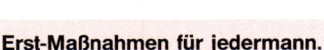

Erst-Maßnahmen für jedermann.

Abb. 4: Abgedeckte Verteilung

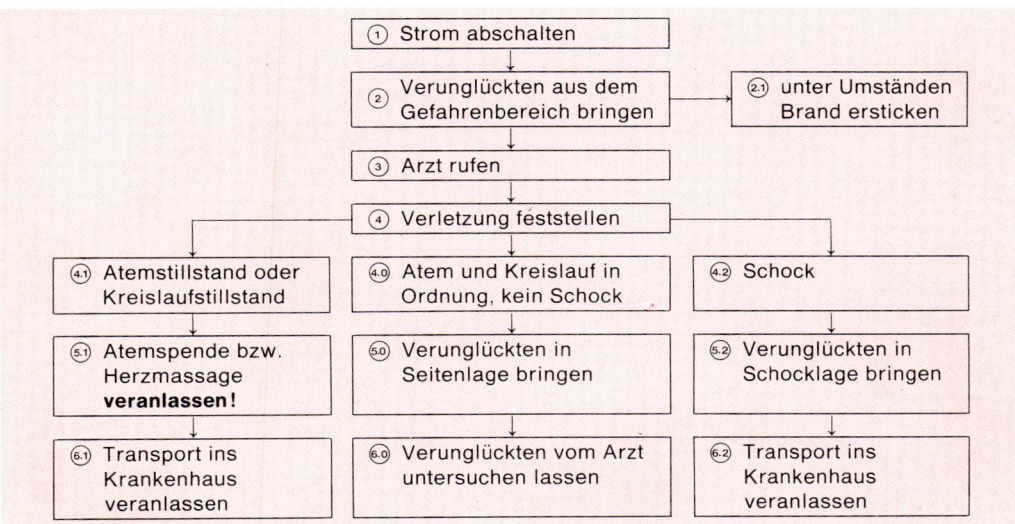

Abb. 5: Erst-Maßnahmen bei Stromunfällen

Wahrscheinlich wird Ihnen einiges unvollständig erscheinen, und Sie wollen vielleicht mehr tun. Das ist aber nur nach einer regelrechten Ausbildung möglich, wie sie vom Deutschen Roten Kreuz, dem Arbeiter-Samariter-Bund oder ähnlichen Organisationen angeboten wird. Hierzu können wir nur raten, zumal auch für den Führerschein eine entsprechende Unterweisung gefordert wird.

Erläuterungen zu den Maßnahmen

① Strom abschalten

Sicher wird jeder versuchen, zuerst den Strom abzuschalten. Manchmal ist das nicht rasch möglich, da der Verunglückte den Weg zum Schalter oder zur Sicherung versperrt. Hier muß versucht werden, mit einem isolierenden Gegenstand (z.B. Holzstiel) an den Schalter heranzukommen.

② Verunglückten aus dem Gefahrenbereich bringen

Konnte der Strom nicht abgeschaltet werden, muß hierbei besonders umsichtig vorgegangen werden, um sich und andere nicht zu gefährden. Zuerst muß sich der Helfer gegen Erde isolieren. Das kann er mit Decken oder Kleidungsstücken tun. Dann erst darf der Verletzte geborgen werden. Er darf auf keinen Fall direkt berührt werden, sondern muß an seiner Kleidung oder mit isolierenden Gegenständen aus dem Gefahrenbereich gezogen werden. War der Strom abgeschaltet, dann dürfen die verkrampften Finger nicht mit Gewalt gelöst werden. Im Zweifelsfall ist das Aufgabe des Arztes.

②.① Brand ersticken

Bei Stromunfällen treten häufig Lichtbögen auf, die Brände verursachen. Sie sind mit Decken oder ähnlichem zu ersticken. Wasser darf erst verwendet werden, wenn der Strom abgeschaltet ist. Vorsicht; Wasser leitet!

Verbrennungen des Verletzten dürfen mit Wasser gekühlt werden, aber auf keinen Fall mit Salben oder Puder.

③ Arzt rufen

Bevor weitere Maßnahmen ergriffen werden, ist unbedingt ein Arzt oder der Rettungsdienst zu rufen. Dabei muß man angeben, daß es sich um einen Elektrounfall handelt. Bevor der Arzt eintrifft, sollte der Helfer noch die folgenden Maßnahmen durchführen.

④ Verletzung feststellen

Es ist festzustellen, ob neben den eventuellen äußeren Verletzungen (z.B. Verbrennungen, Brüche) auch Beeinträchtigungen oder sogar Stillstand des Kreislaufs oder der Atmung eingetreten sind.

④.① Atem- und Kreislaufstillstand

Atemstillstand: Atemstillstand läßt sich meist recht einfach feststellen. Wie Abb. 1 zeigt, legt der Helfer dazu seine Hände an den unteren Rippenrand bzw. auf die Magengrube. Ist kein Heben und Senken des Brustkorbes und Bauches zu spüren, liegt Atemstillstand vor.

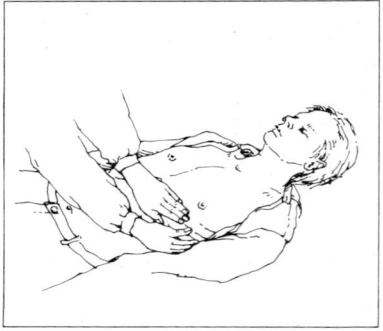

Abb. 1: Feststellung der Atmung

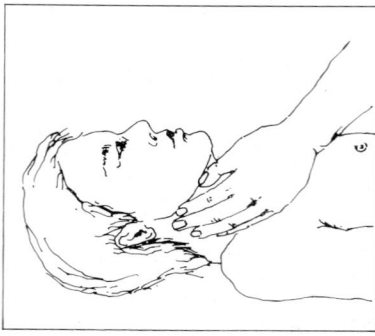

Abb. 2: Halsschlagaderpuls fühlen

Kreislaufstillstand: Kreislaufstillstand liegt vor, wenn die Pupillen extrem weit geöffnet sind und auf Lichteinfall nicht reagieren, und wenn kein Puls an der Halsschlagader zu spüren ist (Abb. 2).

In beiden Fällen müssen Maßnahmen von speziell dafür ausgebildeten Helfern durchgeführt werden, und zwar Atemspenden im ersten Fall sowie Herzmassage im zweiten. Hier ist Eile geboten, denn die fehlende Sauerstoffversorgung der Gehirnzellen läßt diese nach etwa vier Minuten absterben.

Jeder Facharbeiter und Geselle sollte deshalb auch einen **Erste-Hilfe-Kursus** mit zusätzlicher Unterweisung in Herz-Lungen-Wiederbelebung absolviert haben.

(4.2) Schock

Der Puls wird schneller und dabei schwächer. Der Verunglückte friert und hat Schweiß auf der Stirn.

Abb. 3: Verunglückter in Schocklage

Er muß flach gelagert werden, seine Beine sind anzuheben, damit das Blut wieder in den Körper zurückströmt (Abb. 3).

(5) Verunglückten in Seitenlage bringen

Hat der Helfer festgestellt, daß Atmung und Kreislauf funktionieren und kein Schock vorliegt, soll der Verunglückte in die Seitenlage gebracht werden. Der Kopf wird dabei etwas zurückgebeugt (Abb. 4). Außerdem ist der Verletzte vor Kälte, Nässe und starker Wärme zu bewahren.

(6) Verunglückten vom Arzt untersuchen lassen

In jedem Fall ist der Verletzte vom Arzt zu untersuchen, denn innere Verletzungen können unter Umständen noch nach längerer Zeit tödliche Folgen haben. Sie sollten als Helfer stets darauf bestehen, auch wenn der Verunglückte es nicht für erforderlich hält.

Abb. 4: Verunglückter in Seitenlage

11.6 Gefährdung von Sachen

Nachdem wir uns in den Abschnitten 11.2 ... 11.5 mit dem Schutz des Menschen vor den Gefahren des elektrischen Stromes beschäftigt haben, wollen wir in diesem Abschnitt auf den Schutz der elektrischen Betriebsmittel eingehen. Dazu gehört der Überlastungsschutz der Leitungen, der bereits in Kapitel 10 behandelt wurde. Aus diesem Grund geht es im folgenden in erster Linie um **Brandschutz.**

Überstrom-Schutzorgane und Geräte-Schutzschalter schützen Leitungen bzw. Betriebsmittel vor zu hohen Strömen und damit vor unzulässig hoher Erwärmung. Daher ist die Überlastung selten die Ursache von Bränden. Diese werden wesentlich häufiger durch Kurzschlüsse ausgelöst. Die großen Übergangswiderstände an der Fehlerstelle erzeugen dabei hohe Temperaturen. Die Isolation wird weich, und weitere Berührungen der Leiter sind die Folge. Diese Gefahr ist besonders groß beim Verlegen von Stegleitungen, deshalb darf diese z.B. nicht auf Holz verlegt werden.

Symbol	Löschmittel	Hinweise
A	Wasser, Luftschaum, Glutbrandlöschpulver	... 1000V 3 m Abstand
B	Luftschaum, Kohlendioxid, Halogenkohlenwasserstoff	... 1000V: 1 m Abstand > 1000V: siehe VDE 0132

Abb. 5: Brandklassen und Löschmittel für elektrische Anlagen

Oft ist aber nicht ein elektrisches Gerät der Auslöser eines Brandes, sondern etwas anderes (z.B. Blitzeinschlag). Die Hitzeentwicklung des Brandes läßt dann in der betroffenen elektrischen Anlage Isolationsfehler entstehen, die die geschilderten Folgen haben können.

Verhalten beim Brand elektrischer Anlagen

① Erforderliche Anlageteile abschalten

Anders als beim Elektro-Unfall braucht hier nicht unbedingt alles abgeschaltet zu werden. Wenn die Verunglückten und die Helfer nicht gefährdet werden können (z.B. Kriechstrom über Metallspitze eines Löschschlauches) und wenn brennende Leitungen keine Kurzschlüsse ergeben können, kann der Strom angeschaltet bleiben.

② Verunglückte bergen und gegebenenfalls löschen

Natürlich müssen zuerst die gefährdeten Menschen geborgen werden. Hierbei sind die gleichen Vorkehrungen zu treffen wie beim Elektrounfall. Dann wird die brennende Kleidung erstickt. Hierzu dienen Löschdecken aus Asbest oder Wolle. Auch Mäntel oder Jacken können benutzt werden. Diese dürfen aber auf keinen Fall aus Kunstfasern hergestellt sein. Natürlich sind hierfür auch Feuerlöscher anwendbar.

> In Anlagen mit über 1000 V müssen Feuerlöschdecken leicht erreichbar sein.

Brandwunden werden nur mit dafür vorgesehenen Tüchern abgedeckt. Sind diese oder glatte Leinentücher nicht vorhanden, bleibt die Wunde offen. Auf keinen Fall dürfen Puder, Salben oder Öl benutzt werden. Kühlen mit Wasser ist möglich. In der Wunde festgeklebte Stoffe dürfen nicht entfernt werden. Sie werden lediglich von der übrigen Kleidung abgeschnitten.

Da die Verunglückten schnell an Unterkühlung leiden, sind sie mit Decken oder Kleidungsstücken zuzudecken. Unter Umständen muß ein Arzt verständigt werden. In jedem Fall müssen die Brandverletzten anschließend untersucht werden.

③ Löschen des Brandes

Bei elektrischen Anlagen sollte möglichst kein Wasser zum Löschen benutzt werden. Feuerlöscher mit Kohlendioxid oder Trockenpulver sind am besten geeignet. Bei den letzteren besteht allerdings die Gefahr, daß sich durch Feuchtigkeit und Hitze eine leitfähige Paste bildet.

Ist die Anlage abgeschaltet, darf neben Wasser auch Luftschaum zum Löschen eingesetzt werden.

Die Handhabung der Feuerlöscher sollte mindestens einmal jährlich am Feuer geübt werden, damit im Notfall nicht lange überlegt werden muß. Auf einige wichtige Punkte wollen wir hier hinweisen:

- Vorhandene Feuerlöscher sollen zusammen und nicht nacheinander eingesetzt werden
- Feuer stets in Windrichtung (Zugrichtung) angreifen
- Brände von vorn und nicht von oben bekämpfen
- Abgelöschte Brandherde beobachten

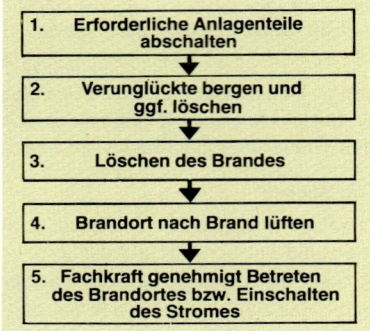

1.	Erforderliche Anlagenteile abschalten
2.	Verunglückte bergen und ggf. löschen
3.	Löschen des Brandes
4.	Brandort nach Brand lüften
5.	Fachkraft genehmigt Betreten des Brandortes bzw. Einschalten des Stromes

Abb. 1: Verhalten beim Brand elektrischer Anlagen

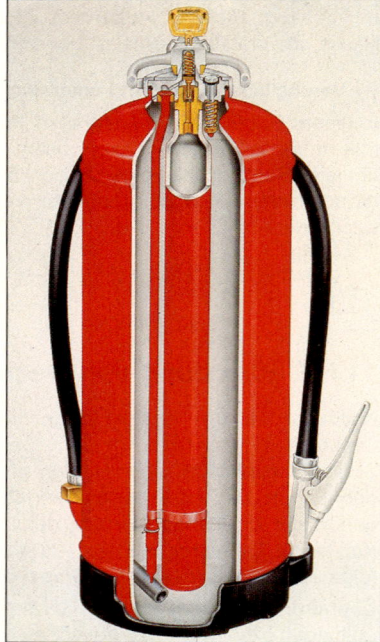

Abb. 2: Trocken-Handfeuerlöscher

④ **Brandort nach Brand lüften**

Der Brand hat viel Sauerstoff verbraucht. Außerdem entstanden durch die Hitze aus den Isolierstoffen und den Löschmitteln giftige Gase. Durch ausreichendes Lüften wird der Brandort »entgiftet«.

⑤ **Fachkraft genehmigt Betreten des Brandortes bzw. Einschalten des Stromes**

Nach dem Brand muß eine Elektro-Fachkraft die Isolation der elektrischen Betriebsmittel untersuchen. Ist keine Gefahr durch hohe Körperströme gegeben, darf der Verantwortliche das Einschalten des Stromes und das Betreten des Brandortes genehmigen.

Aufgaben zu 11

1. Welche Folgen haben die Wirkungen des Stromes auf den menschlichen Körper?

2. Warum ist bei einem Stromunfall die Wärmeentwicklung an den Ein- bzw. Austrittsstellen besonders groß?

3. Warum sind Fremdströme über das Herz besonders gefährlich?

4. Aus einem Unfallbericht stammen folgende Fakten:

   Der Außenleiter L1 berührte das Gehäuse eines Motors, dessen Schutzleiter unterbrochen war (Fehlerwiderstand 100 Ω). Die verletzte Person stand auf einem leitenden Fußboden (Standortwiderstand 300 Ω) und berührte mit der rechten Hand das Motorgehäuse (Widerstand des Menschen einschließlich Übergangswiderstand am Gehäuse 3400 Ω). Die Messungen ergaben einen Leitungswiderstand von 2,5 Ω und einen Betriebserde-Widerstand von 5 Ω.

   Es handelte sich um ein 220-V-Wechselspannungsnetz, wobei der Innenwiderstand der Spannungsquelle vernachlässigt wird.

   a) Zeichnen Sie den Fehlerstromkreis!

   b) Wie hoch war der Fehlerstrom?

   c) Wie hoch waren Fehler- und Berührungsspannung?

   d) Welche Wirkungen hat dieser Strom bei der betreffenden Person vermutlich gehabt, wenn die Berührung etwa $\frac{1}{5}$ Sekunde gedauert hat?

5. Formulieren Sie kurze Sätze zu den Fehlerbezeichnungen der Abb. 2 auf Seite 230!

   Vergleichen Sie Ihre Formulierungen mit den Definitionen der VDE 0100 Teil 200 Abs. 10!

6. Nennen Sie die Sicherheitsregeln!

7. Warum müssen die Sicherheitsregeln in der festgelegten Reihenfolge durchgeführt werden?

8. Nennen Sie Maßnahmen zur Sicherheitsregel »gegen Wiedereinschalten sichern«!

9. Welche Maßnahmen sind bei Stromunfällen zu ergreifen?

10. Welche Maßnahmen sind beim Brand elektrischer Anlagen zu ergreifen?

12 Werkstoffe und Werkstoff-Bearbeitung

Die Facharbeiter bzw. Gesellen der Abb. 2 bis 4 arbeiten mit unterschiedlichen Werkstoffen. Diese wurden für den konkreten Arbeitsvorgang gezielt ausgewählt.

Es war dazu notwendig, daß die betreffenden Fachleute zum einen die Anforderungen kannten und zum anderen über die Eigenschaften der Materialien genau informiert waren. Daraus ergaben sich dann die angemessenen Bearbeitungsverfahren sowie die richtige Auswahl der Werkzeuge.

Solche Überlegungsketten laufen grundsätzlich vor jedem Arbeitsvorgang ab, nur haben die meisten Fachkräfte Erfahrungen gesammelt, so daß sie im konkreten Fall sofort die richtigen Werkzeuge bzw. Verfahren anwenden. Im folgenden Kapitel haben wir deshalb den Schwerpunkt auf die Eigenschaften, Anwendungsbereiche sowie Bearbeitungshinweise gelegt.

Abb. 2: Feilen

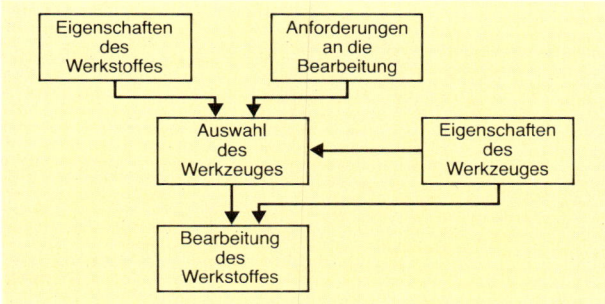

Abb. 1: Werkzeug-Auswahl-Kriterien

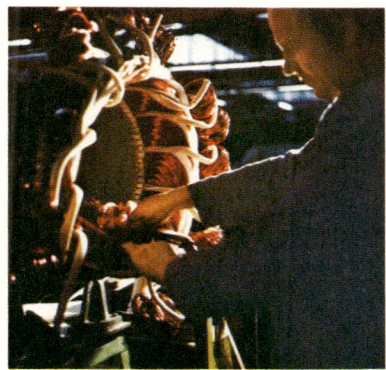

Abb. 3: Isolieren

12.1 Werkstoff-Eigenschaften

In diesem Abschnitt geht es in erster Linie um Begriffsklärungen, weil viele Fachausdrücke aus der Werkstoff-Bearbeitung stammen und dem Elektro-Fachmann nicht so geläufig sind.

Man faßt die Werkstoff-Eigenschaften in drei Gruppen zusammen, nämlich in Gruppen mit **physikalischen, chemischen** und **technologischen** Eigenschaften.

Eine klare Abgrenzung ist dabei nicht immer möglich. Besonders deutlich wird das bei den technologischen Eigenschaften, weil sich diese aus dem Zusammentreffen anderer Eigenschaften ergeben. Beispiel: Zerspanbarkeit ㉙ hängt ab von Härte, Sprödigkeit, Festigkeit u.a.

Einige der in der Übersicht aufgeführten Eigenschaften sind bereits durch ihre Bezeichnung hinreichend erklärt. Die anderen werden näher erläutert. Die verwendete Numerierung dient lediglich der Kennzeichnung und stellt keinen Hinweis auf die Wichtigkeit der Eigenschaft dar.

Abb. 4: Löten

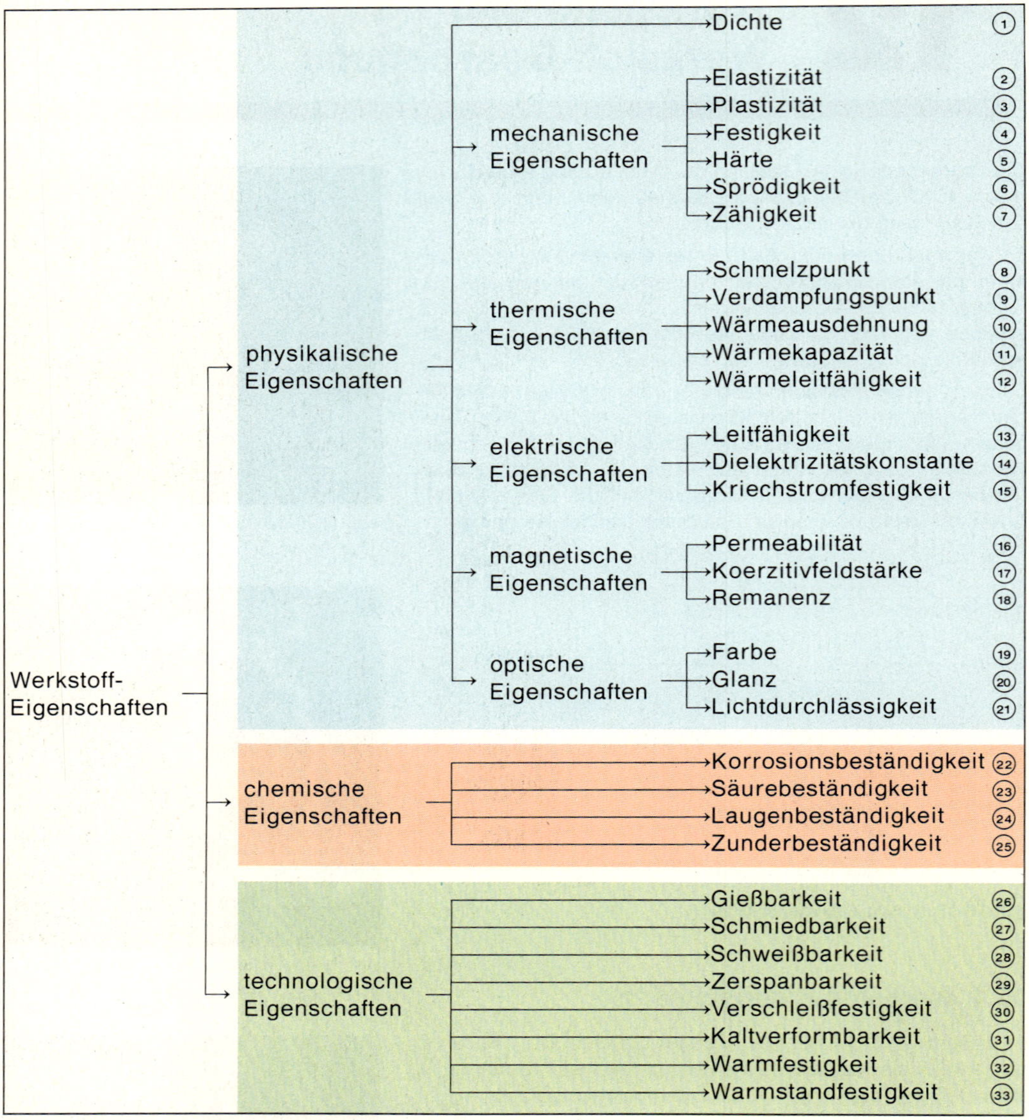

			→Dichte	①
		mechanische Eigenschaften	→Elastizität	②
			→Plastizität	③
			→Festigkeit	④
			→Härte	⑤
			→Sprödigkeit	⑥
			→Zähigkeit	⑦
		thermische Eigenschaften	→Schmelzpunkt	⑧
			→Verdampfungspunkt	⑨
			→Wärmeausdehnung	⑩
			→Wärmekapazität	⑪
			→Wärmeleitfähigkeit	⑫
	physikalische Eigenschaften	elektrische Eigenschaften	→Leitfähigkeit	⑬
			→Dielektrizitätskonstante	⑭
			→Kriechstromfestigkeit	⑮
Werkstoff-Eigenschaften		magnetische Eigenschaften	→Permeabilität	⑯
			→Koerzitivfeldstärke	⑰
			→Remanenz	⑱
		optische Eigenschaften	→Farbe	⑲
			→Glanz	⑳
			→Lichtdurchlässigkeit	㉑
	chemische Eigenschaften		→Korrosionsbeständigkeit	㉒
			→Säurebeständigkeit	㉓
			→Laugenbeständigkeit	㉔
			→Zunderbeständigkeit	㉕
	technologische Eigenschaften		→Gießbarkeit	㉖
			→Schmiedbarkeit	㉗
			→Schweißbarkeit	㉘
			→Zerspanbarkeit	㉙
			→Verschleißfestigkeit	㉚
			→Kaltverformbarkeit	㉛
			→Warmfestigkeit	㉜
			→Warmstandfestigkeit	㉝

Abb. 1: Übersicht über die wichtigsten Werkstoff-Eigenschaften

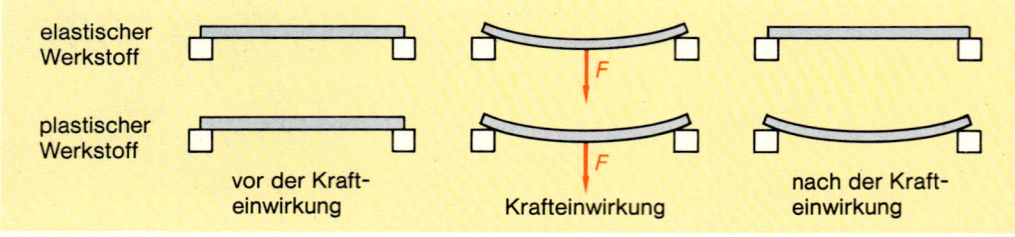

Abb. 2: Vergleich zwischen elastischem und plastischem Werkstoff

① **Dichte** ist das Verhältnis der Masse eines Körpers zu dessen Volumen.

② **Elastizität** ist die Eigenschaft eines Materials, sich unter Krafteinwirkung zu verformen und danach in die ursprüngliche Form zurückzugehen (Abb. 2).

③ **Plastizität** ist die Eigenschaft eines Materials, sich unter Krafteinwirkung **bleibend** zu verformen, d.h. nicht in die ursprüngliche Form zurückzugehen, wenn die Belastung zurückgenommen wurde (Abb. 2).

④ **Festigkeit** ist der Widerstand gegen Bruch des Werkstückes. Man unterscheidet im allgemeinen: Zug-, Druck-, Biege-, Scher-, Verdrehfestigkeit.

⑤ **Härte** ist der Widerstand gegen Eindringen eines anderen Werkstoffes.

⑥ **Sprödigkeit** ist die Eigenschaft eines Stoffes, ohne Formveränderung zu zerbrechen (Abb. 4).

⑦ **Zähigkeit** ist das Gegenteil von Sprödigkeit. Zähe Werkstücke zeigen wesentliche plastische Verformungen unter Krafteinwirkung, ehe sie zerbrechen.

⑧ **Schmelzpunkt** ist die Temperatur, bei der ein fester Werkstoff beginnt, flüssig zu werden.

⑨ **Verdampfungspunkt** ist die Temperatur, bei der der flüssige Werkstoff gasförmig wird.

⑩ **Wärmeausdehnung** ist die Volumenvergrößerung bei Temperaturzunahme. Bei festen Stoffen wird auch häufig nur der Längenausdehnungskoeffizient α verwendet (Abb. 5).

⑪ **Wärmekapazität** ist die zum Erwärmen eines Stoffes notwendige Wärmemenge bezogen auf 1 K. Sie wird als spezifische Wärmekapazität bezeichnet, wenn sie auf eine Masseneinheit bezogen wird (c).

⑫ **Wärmeleitfähigkeit** ist die Fähigkeit eines Werkstoffes, eine Wärmemenge durch den Stoff weiterzugeben (λ).

⑬ **Elektrische Leitfähigkeit** (vgl. 3.2)

⑭ **Dielektrizitätskonstante**

⑮ **Kriechstromfestigkeit** ist der Widerstand von Isolierstoffen gegen Ströme an der Oberfläche der Werkstücke (Kriechströme).

⑯, ⑰, ⑱ vgl. Fachbildung, bzw. Ausgabe E

㉒ **Korrosionsbeständigkeit** ist der Widerstand gegen Zerstörung von Werkstoffen durch chemische oder elektrochemische Reaktionen mit der Umgebung.

㉕ **Zunderbeständigkeit** ist der Widerstand gegen Einwirkungen von Luft und Ofengasen bei höheren Temperaturen.

㉙ **Zerspanbarkeit** bedeutet, daß der Werkstoff spanabhebend bearbeitet werden kann.

㉚ **Verschleißfestigkeit** ist der Widerstand gegen unbeabsichtigtes Abtragen der Oberfläche eines Werkstückes, z.B. durch Reibung.

㉜ **Warmfestigkeit** ist der Widerstand gegen Zerstörung des Werkstückes durch hohe Temperaturen.

㉝ **Warmstandfestigkeit** ist die Fähigkeit der Werkstücke, noch bei hohen Temperaturen einsatzfähig zu sein.

Abb. 3: Dichteprüfung der Schwefelsäure eines Bleiakkumulators

$$[\alpha] = \frac{1}{K}$$

$$[c] = \frac{J}{kg \cdot K}$$

$$[\lambda] = \frac{W}{K \cdot m}$$

Abb. 4: Spröder Werkstoff nach Druckversuch

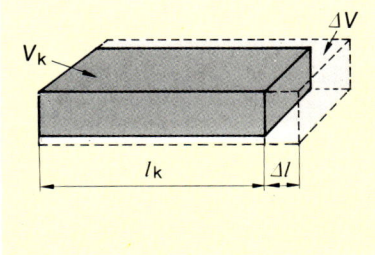

Abb. 5: Wärmeausdehnung eines Körpers

12.2 Spanloses Bearbeiten von Werkstoffen

Wir wollen in diesem Abschnitt einen Überblick über die verschiedenen Fertigungsverfahren geben. Als Beispiel verwenden wir dabei die Herstellung eines Werkzeughalters (Abb. 1). Die einzelnen Verfahren werden kurz erläutert und auf ihre Besonderheiten hingewiesen. Wir machen dabei auf ähnliche Fertigungsmethoden aufmerksam.

Einen möglichen **Arbeitsablauf zur Herstellung des Werkzeughalters** teilen wir in folgende Arbeitsschritte ein:

① Herstellen des Werkstoffes

② Herstellen des Halbzeuges

③ Herstellen des Werkzeughalters

④ Herstellen einer Schutzschicht

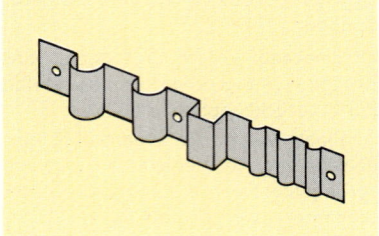

Abb. 1: Werkzeughalter

① Herstellen des Werkstoffes

Wir gehen davon aus, daß der Halter aus Stahl gefertigt werden soll. Dazu muß ein bestimmter Stahl hergestellt werden. Dieser entsteht durch das Legieren von Eisen, Kohlenstoff und anderen Zusätzen (vgl. 12.4). Anschließend wird er in eine Form (in unserem Beispiel: ein Block) gegossen.

Das Ausgangsmaterial beim **Gießen** kann grundsätzlich eine Schmelze (z.B. flüssiges Roheisen), Pulver oder Granulat (z.B. beim Gießen von Kunststoff) sein. Entweder gießt (Gießform aus Sand), drückt (Spritzguß bei Kunststoff) oder schleudert (Herstellung von Rohren) man die Schmelze in einen Hohlraum.

Da sich das Material beim Erkalten zusammenzieht, muß die Form entsprechend größer gebaut werden. Nach dem Abkühlen wird die Form entfernt und die jetzt überflüssigen Ansätze am Werkstück entfernt.

Da bei diesem Fertigungsverfahren aus einer formlosen Masse erstmalig ein Werkstück entsteht, nennt man es Urformen (Abb. 3). Ein weiteres Verfahren dieser Art ist das **Sintern** (Abb. 4). Dies hat für die Elektrotechnik eine besondere Bedeutung (keramische Trägerteile, Kontaktwerkstoffe, Kohlebürsten).

Zuerst werden die Ausgangsstoffe zermahlen, gemischt und in die gewünschte Form gepreßt. Im zweiten Schritt werden die Werkstücke erhitzt. Die Temperatur liegt dabei zwischen 50% und 95% der Schmelztemperatur. Die einzelnen Pulverteilchen haften dann auf Grund der Wärmebewegung aneinander. Ein wesentlicher Vorteil dieses Verfahrens ist, daß man auch Stoffe sintern kann, die nicht miteinander legiert werden können.

Gesinterte Werkstücke sind sehr hart und spröde. Sie können daher nur vorsichtig durch Schleifen bearbeitet werden. Das ist aber selten notwendig, da solche Teile mit großer Genauigkeit und guter Oberfläche hergestellt werden können.

Als besonders warmfest haben sich sogenannte Tränklegierungen erwiesen. Sie bestehen aus einem gesinterten »Skelettkörper«, der mit einem gut leitenden Werkstoff (z.B. Silber) »getränkt« ist. Durch diese Kombination bleibt das Stück auch über die Schmelztemperatur des Tränkmaterials hinaus formbeständig.

Abb. 2: Gußstück

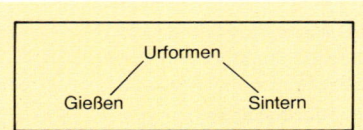

Abb. 3: Urformen

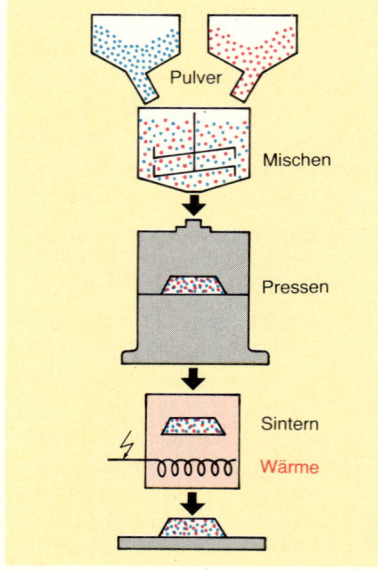

Abb. 4: Schematische Darstellung des Sintervorganges

② Herstellen des Halbzeuges

Halbzeuge sind Ausgangswerkstücke für die Fertigung, z.B. Bleche, Stangen, Profile, Rohre.

Für unseren Werkzeughalter wollen wir ein Blech benutzen, das durch Walzen aus einem Gußblock hergestellt wurde.

③ Herstellen des Werkzeughalters

Das Blech wird dann in die gewünschte Form geschnitten. Das kann durch **Scheren** mit einer Handschere, einer Kreisschere oder einer Stanze erfolgen. Es entstehen hierbei keine Späne, sondern Abfallstücke. Das Fertigungsverfahren gehört damit zu den spanlosen Verfahren. Man nennt den Vorgang Trennen.

Weitere Verfahren dieser Art sind das Ätzen und das Abtragen durch Laserstrahlen. Bei der **Lasertechnik** wird ein sehr energiereicher Lichtstrahl zum Trennen benutzt. Der Werkstoff schmilzt unmittelbar oder verdampft sogar. Die Schnittkanten sind scharf und ohne jeden Grat. Die Teile brauchen an ihren Rändern daher nicht mehr nachgearbeitet zu werden. Mit diesem Verfahren können komplizierte Schnitte sehr genau ausgeführt werden. Neben Metallen lassen sich damit auch Kunststoffe, Holz, Leder, Textilien, Gummi, Glas und Hartmetalle bearbeiten.

Das **Ätzabtragen** ist gerade für die Elektrotechnik wichtig. Es wird zur Herstellung von gedruckten Schaltungen und Leiterplatten eingesetzt. Auch in der Druckindustrie wird es für Druckplatten benutzt. Der Arbeitsablauf dieses Fertigungsverfahrens wird in drei Schritten vollzogen (Abb. 6):

1. Alle Stellen, die nicht abgetragen werden sollen, werden mit einer Schutzschicht überzogen (z.B. Lack).
2. Der Werkstoff wird an den freigelassenen Stellen mittels Säure (z.B. Salzsäure), Lauge (z.B. Natronlauge) oder durch Eisen(III)-Chlorid abgetragen.
3. Das Werkstück wird gereinigt. Die Schutzschicht wird entfernt.

Doch nun wieder zu unserem Werkzeughalter. Der ausgeschnittene Blechstreifen muß nun in die entsprechende Form gebogen werden. Üblicherweise verwendet man dabei Werkzeuge, über die man das Blech biegen kann. Soll sehr genau gebogen werden, müssen Biegewerkzeuge eingesetzt werden. Das **Biegen** gehört zur Verfahrensgruppe Umformen, weil hier aus einem Werkstück (z.B. Blechstreifen) durch Verformen ein anderes (z.B. Halterung) wird. Weitere Verfahren dieser Art sind Ziehen (z.B. Drähte) und Stauchen (Abb. 8).

④ Herstellen einer Schutzschicht

Damit der Werkzeughalter nicht rostet, wird er lackiert. Zuerst wird er mit einem Grundiermittel überzogen und dann mit einem Lack beschichtet.

Dieses Verfahren gehört zur Gruppe Beschichten. Dazu zählt ebenfalls das Aufdampfen und das Galvanisieren. Beide Ver-

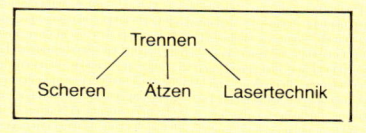

Abb. 5: Trennen

Ätzabtragen:

1. Schutzschicht aufbringen
2. Abätzen
3. Reinigen

Abb. 6: Ätzabtragen

Abb. 7: Geätzte (o.) und ungeätzte (u.) Leiterplatten

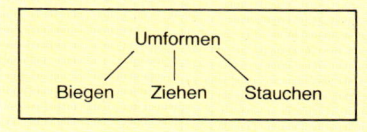

Abb. 8: Umformen

fahren spielen in der Elektrotechnik eine Rolle. Bei der Herstellung integrierter Schaltungen wird das **Aufdampfen** angewendet. Hier werden Metalle bzw. Metalloxide verdampft, die sich dann auf dem relativ kalten Trägermaterial niederschlagen (kondensieren) und so dort einen dauerhaften Überzug herstellen. Dabei werden wie beim Ätzen Masken verwendet, die den Niederschlag nur an bestimmten Stellen zulassen. Darüber hinaus wird dieses Verfahren zur Oberflächenveredlung (z.B. Vergolden) und zum Korrosionsschutz eingesetzt. Besonders vorteilhaft ist hierbei, daß auch nichtleitende Werkstoffe (z.B. Glas) beschichtet werden können. Das ist beim **Galvanisieren** nicht ohne weiteres möglich. Der zu überziehende Gegenstand muß dabei entweder leitend sein oder mit einer Graphitschicht leitend gemacht werden (vgl. 5.4).

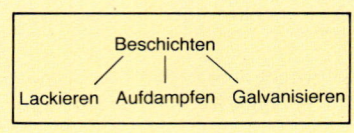

Abb. 1: Beschichten

12.3 Werkstoff-Arten

Sie sollen in diesem Abschnitt eine Einteilung der Werkstoffe kennenlernen, die in der Metalltechnik üblich ist.

Man geht dabei technologisch vor, d.h., die Elemente, Verbindungen und Legierungen werden in Gruppen mit ähnlichen Anwendungsmöglichkeiten und Eigenschaften zusammengefaßt.

Wenn also von Metallen die Rede ist, sind damit nicht nur die Elemente gemeint, sondern auch alle Legierungen.

Wir unterscheiden Stoffe, die in der Natur gefunden werden, und solche, die bearbeitet sind.

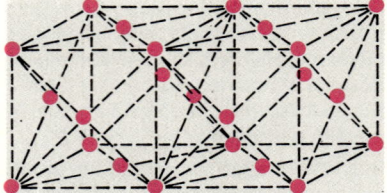

Abb. 2: Kubisch-flächenzentriertes Raumgittermodell

Die in der Natur vorkommenden Stoffe heißen Rohstoffe.
Beispiel: Eisenerz

Bearbeitete Rohstoffe werden als Werkstoffe bezeichnet.
Beispiel: Stahl

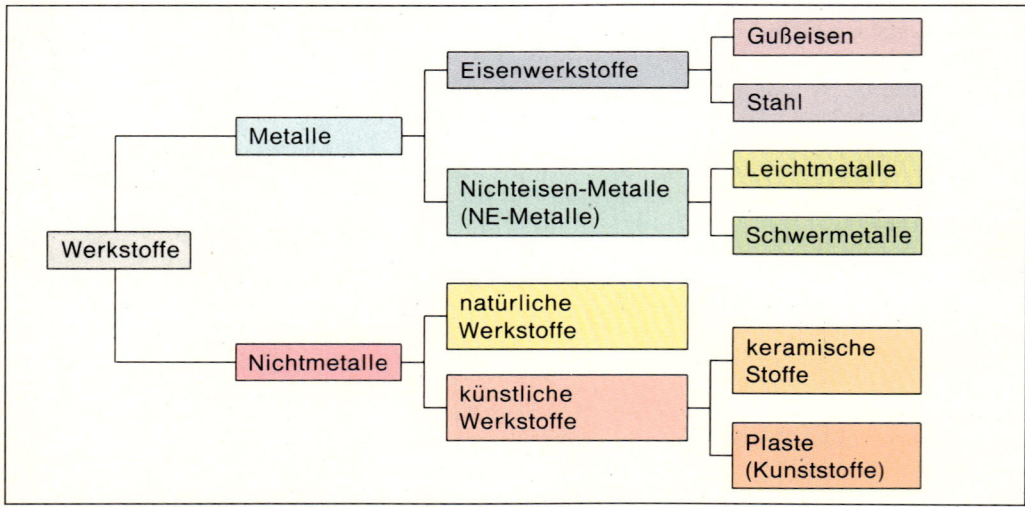

Abb. 3: Einteilung der Werkstoffe

H 1																	He 2
Li 3	Be 4											B 5	C 6	N 7	O 8	F 9	Ne 10
Na 11	Mg 12											Al 13	Si 14	P 15	S 16	Cl 17	Ar 18
K 19	Ca 20	Sc 21	Ti 22	V 23	Cr 24	Mn 25	Fe 26	Co 27	Ni 28	Cu 29	Zn 30	Ga 31	Ge 32	As 33	Se 34	Br 35	Kr 36
Rb 37	Sr 38	Y 39	Zr 40	Nb 41	Mo 42	Tc 43	Ru 44	Rh 45	Pd 46	Ag 47	Cd 48	In 49	Sn 50	Sb 51	Te 52	I 53	Xe 54
Cs 55	Ba 56	Lan- tha- nide	Hf 72	Ta 73	W 74	Re 75	Os 76	Ir 77	Pt 78	Au 79	Hg 80	Tl 81	Pb 82	Bi 83	Po 84	At 85	Rn 86
Fr 87	Ra 88	Acti- nide	Ku 104	Ha 105	106	107											

☐ Leichtmetalle; ☐ Schwermetalle; ☐ Edelmetalle; ☐ Halbmetalle; ☐ Nichtmetalle;
☐ Edelgase

Abb. 4: Periodentafel der Elemente (vereinfacht)

In der vereinfachten Periodentafel sind die Elemente nach der Anzahl der Elektronen und der Besetzung der äußeren Schalen angeordnet. Wir haben darin die Elementbezeichnungen mit den gleichen Farben versehen wie in der Übersicht der Einteilung der Werkstoffe. Man sieht, daß die Elemente mit gemeinsamen Eigenschaften zusammenliegen.

Erläuterungen zu den Begriffen der Übersicht:

Metalle unterscheiden sich grundsätzlich in ihrem Aufbau und in ihren Eigenschaften von den übrigen Werkstoffen. Ihre Besonderheit ist die Anordnung der Atome (genauer: Atomrümpfe) in Raumgittern (Abb. 2). Beim Erstarren von Metallschmelzen wachsen Kristalle völlig unabhängig voneinander an verschiedenen Stellen. Die bis zu dieser Temperatur relativ beweglichen Atome binden sich aneinander. Sie bilden Keime, an die sich andere Atome anlagern. Es entstehen Kristallite (also mehrere Kristalle) oder Körner. Die rasch wachsenden Metallkristallite stoßen aneinander und bilden so unregelmäßige Korngrenzen. Die vier Stadien dieses Vorganges sind in Abb. 5 schematisch dargestellt.

Die Anzahl der Kristallite und damit auch ihre Größe hängen von der Abkühlungsgeschwindigkeit ab. Dies beeinflußt die Festigkeit und die Härte der Werkstoffe, da ein Gefüge aus großen Körnern eher das Abgleiten der Raumgitter aneinander ermöglicht (Abb. 6).

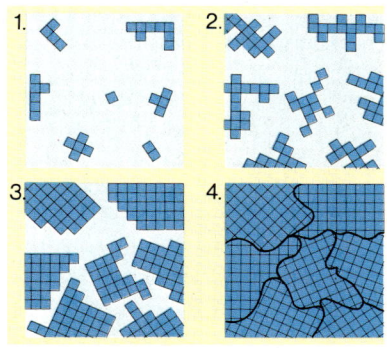

Abb. 5: Schematische Darstellung des Kristallwachstums

schnelle Abkühlung
↓
viele kleine Kristallite
↓
große Festigkeit

Abb. 6: Zuordnung von Festigkeit und Abkühlung

Der kristalline Aufbau der Metalle ist auch der Grund für ihren eigentümlichen Glanz. Bis auf Kupfer und Gold sowie deren Legierungen haben alle Metalle eine grauweiße Farbe, die bei einigen bläulich schimmert.

Andere charakteristische Eigenschaften dieser Werkstoffe sind:

- hohe Festigkeit und Zähigkeit
- gute Legierbarkeit
- hohe thermische und elektrische Leitfähigkeit

Als **Leichtmetalle** werden alle Metalle bezeichnet, deren Dichte unter $4,5 \frac{kg}{dm^3}$ liegt.

Abb. 1: Gebrochener Zinkbarren

Leicht-
metalle $< 4,5 \frac{kg}{dm^3} <$ **Schwer-**
metalle

Trotz der Entwicklung der Plaste sind die am meisten benutzten Werkstoffe immer noch **Eisenwerkstoffe.** In 12.4 werden sie genauer behandelt.

Die **Nichtmetalle** bilden keine einheitliche Gruppe. Die Vielfalt der möglichen Gruppierungen ist groß. Wir behandeln nur einige davon, z.B. in 12.6. Auch in den anderen Abschnitten werden Nichtmetalle genannt und deren Anwendung besprochen, entweder als Legierungsbestandteil oder als unerwünschte Beimengungen, die die Werkstoff-Eigenschaften verschlechtern.

Natürliche Werkstoffe sind solche, die durch Bearbeitung und Verformung aus Rohstoffen gewonnen werden, z.B. Holz, Leder.

Künstliche Werkstoffe werden dagegen vorwiegend durch chemische Prozesse gewonnen bzw. hergestellt. Eine Gruppe davon bezeichnen wir als Plaste, die häufig auch Kunststoffe genannt werden. Wir wollen damit auch in der Bezeichnung eine deutliche Abgrenzung zu den anderen künstlich hergestellten Werkstoffen schaffen.

Abb. 2: Gefüge von abgekühlten Schmelzen bei gleichem Vergrößerungsmaßstab

12.4 Stahl

Von den heute üblichen Werkstoffen sind Stähle am häufigsten vertreten. Dies liegt im wesentlichen an den vielfältigen Verwendungsmöglichkeiten, da Stahl durch Zusätze sehr unterschiedliche Eigenschaften bekommen kann.

Eisen

Symbol Fe
(lat. Ferrum)

Stahl ist eine schmiedbare Legierung aus Eisen und Kohlenstoff mit einem Kohlenstoff-Gehalt zwischen 0,05% und 2,06%.

0,05% C < Stahl < 2,06% C

Gußeisen hat einen höheren Kohlenstoff-Gehalt, wobei Werkstoffe mit mehr als 4% Kohlenstoff wegen der zu geringen Festigkeit nicht verwendet werden.

12.4.1 Eigenschaften

Wenn Sie mit einem Hammer Nägel in eine Wand einschlagen, haben Sie es bei beiden Werkstoffen mit Stahl zu tun. Da die Anforderungen recht unterschiedlich sind, aber in beiden Fällen Stahl benutzt wird, müssen die Eigenschaftsbereiche dieses Materials in weiten Bereichen änderbar sein.

Die Tabelle 12.1 soll das verdeutlichen. Sie finden in der zweiten Spalte die Werte für reines Eisen. In der dritten sind die Mindest- und Höchstwerte der Stahlsorten aufgeführt. Die letzte Spalte enthält die Stahlwerte in Prozenten des jeweiligen Eisenwertes. Man erhält dadurch ein sehr anschauliches Bild der Änderungsmöglichkeiten der Eigenschaft von Stahl.

Tabelle 12.1: Vergleich der Eigenschaften von Stahl und reinem Eisen

Eigenschaft	reines Eisen ($\triangleq 100\%$)	Stahl	
		absolute Werte	in % (bezogen auf Eisen)
Dichte in $\dfrac{kg}{dm^3}$	7,87	7,4 ... 7,95	94 ... 101
Schmelzpunkt in °C	1535	1200 ... 1500	82 ... 98
Zugfestigkeit in $\dfrac{N}{mm^2}$	180	330 ... 1900	183 ... 1055
Wärmeleit-fähigkeit in $\dfrac{W}{K \cdot m}$	73	12,5 ... 54,3	17 ... 74
Remanenz in T	max. 1,1	0,53 ... 1,35	48 ... 123

Diese sehr unterschiedlichen Eigenschaften des Stahls erreicht man durch

- unterschiedlichen **Kohlenstoff-Gehalt,**
- unterschiedliche **Legierungsbestandteile** und
- unterschiedliche **Nachbehandlung.**

Einfluß des Kohlenstoff-Gehalts

Eisen ist relativ weich und wird erst durch die Legierung mit Kohlenstoff hart. Die entscheidende Rolle spielt dabei die Eisen-Kohlenstoff-Verbindung Eisenkarbid (Fe_3C), die Zementit genannt wird (Abb. 3).

Hieraus läßt sich leicht schließen, daß die Härte mit steigendem Kohlenstoff-Gehalt (also höherem Zementit-Anteil) zunimmt.

Erhöhung des Kohlenstoff-Gehaltes führt zur Erhöhung der Härte und Festigkeit, aber zur Verringerung der Verformbarkeit.

Einfluß der Legierungsbestandteile

Im wesentlichen besteht die Wirkung der Legierungsbestandteile in der Verschiebung der Temperaturbereiche, in denen sich bestimmte Gefügeanordnungen bilden. Einige Raumgitter-Anordnungen entstehen dadurch schon früher und andere erst später als bei einer reinen Eisen-Kohlenstoff-Legierung. Die

Abb. 3: Schliffbild eines Gefüges mit hohem Zementitgehalt (Zementit: helles Netz auf den Korngrenzen)

Eigenschaften des Stahls werden dadurch stark verändert. Die Größe und die Art der Beeinflussung durch die Legierungsbestandteile hängen mit der Gitterstruktur ihrer Atome und deren Größe zusammen.

Einfluß der Nachbehandlung

Bei langsamer Abkühlung von Eisen-Kohlenstoff-Schmelzen werden je nach Temperatur und Kohlenstoff-Gehalt verschiedene Kristallgitter nacheinander aufgebaut. Kühlt man jedoch rasch ab, werden einzelne Bereiche übersprungen oder andere Strukturen erzwungen. Dies macht man sich beim **Härten** zu nutze. Das Werkstück wird dazu auf 700 ... 900 °C erwärmt und dann schlagartig abgekühlt (abgeschreckt). Der Werkstoff erhält dadurch starke mechanische Spannungen, die als Härte wirken. Natürlich ist das Werkstück dadurch empfindlich geworden. Durch **Anlassen** bei bestimmten Temperaturen (Vorschrift der Stahl-Hersteller) kann auf gewünschte Härten zurückgeführt werden.

12.4.2 Bezeichnungen

Die Zusammensetzungen und damit auch die Eigenschaften der Stahlsorten sind genormt. Sie sind nach dem Grad der Legierung mit anderen Stoffen eingeteilt in:

- unlegierte,
- niedriglegierte und
- hochlegierte Stähle.

Die als unlegiert bezeichneten Sorten haben auch Beimengungen, aber in äußerst geringen Prozentsätzen.

Nach ihrem Verwendungszweck werden Stähle unterteilt in

- Baustähle,
- Einsatz- und Vergütungsstähle und
- Werkzeugstähle.

Nach dieser Einteilung richtet sich die Benennungsart.

Baustähle werden mit den Buchstaben »St« und der Mindestzugfestigkeit bezeichnet.

Beispiel: St 37

Unlegierter Baustahl mit einer Mindestzugfestigkeit von $360 \frac{N}{mm^2}$ $\left(\text{früher: } 37 \frac{kp}{mm^2}\right)$.

Einsatz- und Vergütungsstähle werden mit dem Buchstaben C und dem Kohlenstoffgehalt bezeichnet.

Beispiel: C 45

Unlegierter Vergütungsstahl mit 0,45% Kohlenstoff.

Werkzeugstähle werden wie Einsatz- und Vergütungsstähle bezeichnet, nur wird hier noch der Buchstabe W mit einer Ziffer hinzugesetzt. Diese Ziffer gibt die Güteklasse an.

Beispiel: C 100 W 2

Unlegierter Werkzeugstahl mit 1% Kohlenstoff und der Güteklasse 2.

Die **legierten Stähle** (niedrig- und hochlegiert) werden durch Kombinationen von chemischen Kurzzeichen und Prozentangaben der Legierungsbestandteile benannt.

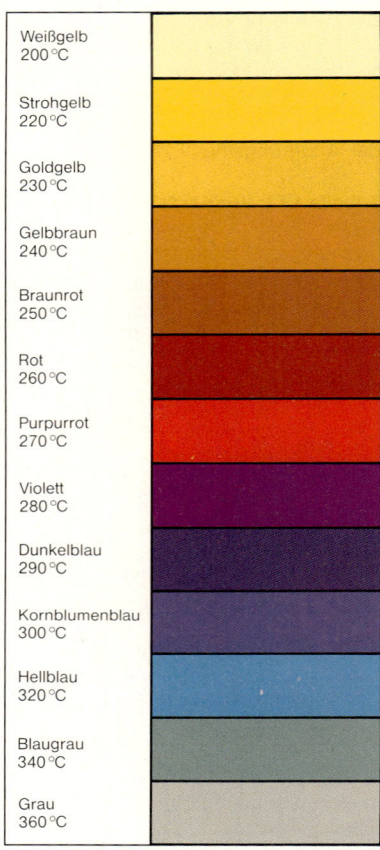

Weißgelb 200 °C	
Strohgelb 220 °C	
Goldgelb 230 °C	
Gelbbraun 240 °C	
Braunrot 250 °C	
Rot 260 °C	
Purpurrot 270 °C	
Violett 280 °C	
Dunkelblau 290 °C	
Kornblumenblau 300 °C	
Hellblau 320 °C	
Blaugrau 340 °C	
Grau 360 °C	

Abb. 1: Anlaßfarben (Feststellen der Temperatur des Werkstückes)

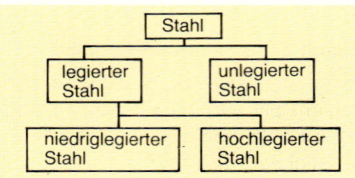

Abb. 2: Einteilung der Stähle

Abb. 3: Anlaßfarben an einem Schraubendreher

Beispiel: 30 CrNiMo 8

Niedrig legierter Stahl mit 0,3% Kohlenstoff, 2% Chrom und geringen Anteilen Nickel und Molybdän.

Nach DIN 17 007 können alle Werkstoffe auch durch eine 7stellige **Werkstoff-Nummer** bezeichnet werden (Abb. 4), wobei die 1. Ziffer den Hauptwerkstoff angibt:

1 für Stahl
2 für Schwermetalle (ohne Eisen)
3 für Leichtmetalle.

Die nächsten vier Ziffern bezeichnen die Zusammensetzung, z.B. 01 12. ≙ Baustahl St 37−2.

Die beiden letzten Ziffern machen Aussagen über das Gewinnungsverfahren und die Behandlung, z.B. 61 ≙ beruhigter Siemens-Martin-Stahl, normalgeglüht.

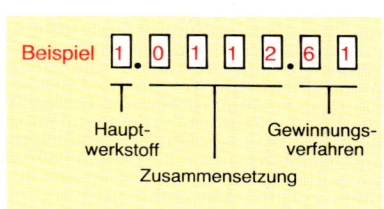

Abb. 4: Erläuterung der Werkstoff-Nummer

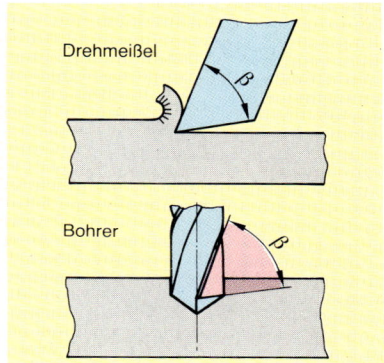

Abb. 5: Keilwinkel

12.4.3 Hinweise zur Bearbeitung

Die technologischen und physikalischen Eigenschaften der Werkstoffe bestimmen die Bearbeitungsverfahren sowie Eigenschaften und Ausführungen der Werkzeuge. Man muß also die Härte und die Festigkeit des zu bearbeitenden Werkstückes kennen, um die richtige Schneidenform auszuwählen. Der Widerstand gegen das Eindringen eines Keils ist bei einem festen und harten Werkstoff besonders groß. Die Schneide muß deshalb kräftig ausgeführt sein, d.h., daß der Keilwinkel bei einem Werkzeug zur Bearbeitung von Stahl groß sein muß (Abb. 5).

Keilwinkel $\beta = 65° ... 85°$ (je nach Härte)

Aber nicht nur der Keilwinkel spielt bei der spanabhebenden Bearbeitung eine große Rolle, sondern auch der Spanwinkel γ und der Freiwinkel α (Abb. 6).

Der Freiwinkel bestimmt wesentlich die Reibung zwischen Werkstück und Schneide. Er hat damit Einfluß auf die Lebensdauer des Werkzeuges. Bei zäh-elastischen Werkstoffen wie Stahl muß der Freiwinkel relativ groß sein, weil der Werkstoff hinter der Schneide etwas nachfedert und so den Zwischenraum teilweise ausfüllt (Abb. 7).

Freiwinkel $\alpha = 8°$

Vom Spanwinkel hängt entscheidend die Spanbildung ab, die aber auch von der Schnittgeschwindigkeit beeinflußt wird. Bei kleinen Spanwinkeln werden die Materialteilchen vor der Schneide mehr gestaucht und weggedrückt. Es entstehen Reißspäne. Bei großen Spanwinkeln dagegen wird mehr geschnitten. Es entstehen lockenartige Fließspäne. Dieses Schneiden ist aber nur bei weichen Werkstoffen möglich, da die Schneiden bei harten Stoffen festhaken würden.

Spanwinkel $\gamma = 0° ... 14°$ (je nach Härte)

Auch die **Schnittgeschwindigkeit** hängt von den Werkstoff-Eigenschaften ab. Je fester das Material ist, desto größer ist die Erwärmung beim Zerspanen. Also muß bei festen Werkstoffen eine kleine Schnittgeschwindigkeit gewählt werden. Für Stahl können keine allgemeingültigen Zahlen genannt werden, weil die Warmstandfestigkeit der Werkzeuge und die Kühlung

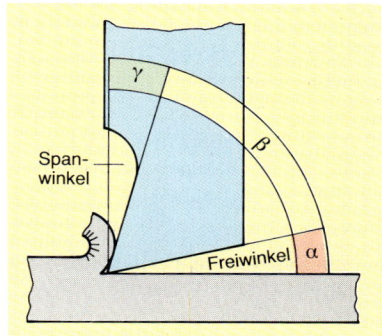

Abb. 6: Spanwinkel und Freiwinkel

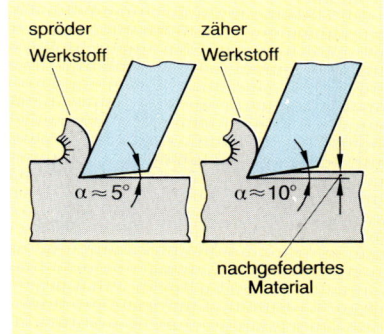

Abb. 7: Freiwinkel bei sprödem und bei zähem Werkstoff

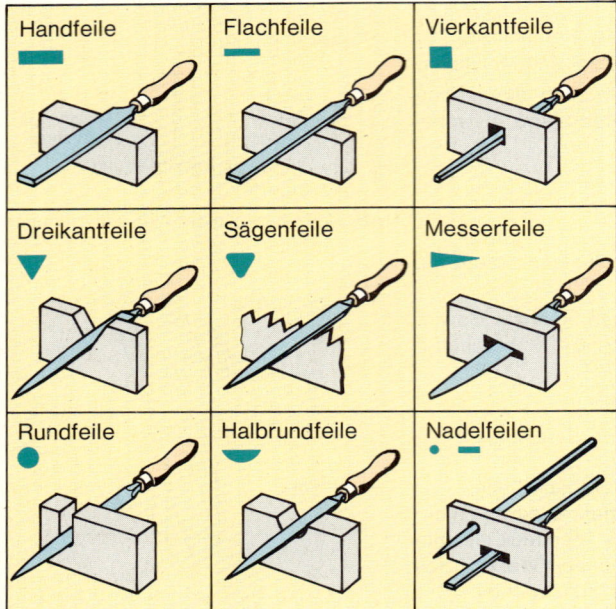

Abb. 1: Verschiedene Feilen

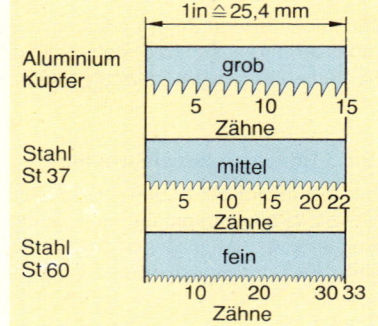

Abb. 2: Spanwinkel gehauener Feilen

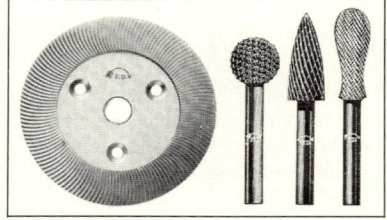

Abb. 3: Zahnteilungen

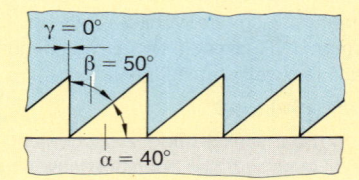

Abb. 4: Feilensonderformen

Abb. 5: Winkel am Bügelsägeblatt

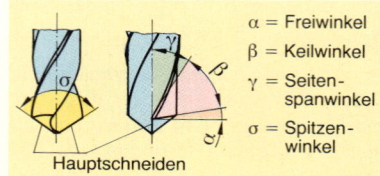

Abb. 6: Bohrer Typ N für Stahl

beim Spanen eine große Rolle spielen. Um die richtige Geschwindigkeit wählen zu können, sind Tabellen aufgestellt worden, in denen den unterschiedlichen Bedingungen Rechnung getragen wird.

Aus diesen allgemeinen Aussagen lassen sich Angaben zu speziellen Werkzeugen zur Stahl-Bearbeitung machen:

Feilen: Kreuzhiebfeilen mit negativem Spanwinkel etwa $-15°$ (Abb. 2).

Sägen: Der Keilwinkel bei Metall-Sägen beträgt 50°, damit ein genügend großer Freiwinkel zur Aufnahme der Späne bleibt (Abb. 5).

Wegen der gleichmäßigen Motorkraft bei Maschinensägen sind die Spanwinkel der entsprechenden Sägeblätter positiv. Die Handsägeblätter erfordern einen stabilen Sägezahn mit größerem Keilwinkel und einem Spanwinkel von 0°, da sie mit ungleichmäßiger Kraft geführt werden. Die Zähne würden sonst einhaken.

Um die Gegenkräfte beim Spanen von festen Werkstoffen besser zu verteilen, wird die Zähnezahl erhöht (Abb. 3). So haben Sägen zur Stahl-Bearbeitung 22 und mehr Zähne auf 25 mm (25,4 mm = 1 in)[1].

Bohrer: Schnellarbeitsstahl-Bohrer oder Hochleistungs-Schnellarbeitsstahl-Bohrer (SS bzw. HSS) mit einem Seitenspanwinkel von 22° (Abb. 7), bei besonders harten Stählen etwa 12°. Der Spitzenwinkel beträgt 118°.

---

[1] inch (engl.), Einheitszeichen in

α = Freiwinkel
β = Keilwinkel
γ = Seitenspanwinkel
σ = Spitzenwinkel

Hauptschneiden

Abb. 7: Winkel an der Bohrerschneide

12.5 Leiterwerkstoffe

Wenn Sie die Zeichnung der Lampe in Abb. 8 betrachten, können Sie drei Werkstoffe erkennen, die unterschiedliche Funktionen haben. Sie beziehen sich auf die elektrische Leitfähigkeit von Materialien (Abb. 9).

- Die elektrische Energie soll möglichst verlustlos an den eigentlichen »Verbraucher«, den Glühfaden, herangeführt werden. Also benötigt man einen guten elektrischen Leiter. Dieses Material nennen wir **Leiterwerkstoff.**

- Im »Verbraucher« soll die elektrische Energie in Wärmeenergie umgewandelt werden. Dazu benötigt man Materialien, die einen wesentlich höheren elektrischen Widerstand als die Zuleitungen haben. (**Widerstandswerkstoffe**, vgl. 3.5).

- Damit keine unerwünschten Berührungen der leitenden Teile untereinander oder mit den Menschen vorkommen, werden Stoffe mit sehr großem elektrischen Widerstand zwischen ihnen angebracht. Sie werden **Isolierstoffe** genannt.

Diese anwendungsbezogene Betrachtungsweise ermöglicht eine andere als die metallurgische Einteilung der Werkstoffe (vgl. 12.3). Für die Elektrotechnik ist die hier dargestellte Einteilung gebräuchlicher. Die einzelnen Werkstoffe sind dabei ihrem Hauptanwendungsbereich zugeordnet. Dabei kommt es natürlich vor, daß Elemente und Verbindungen mehrfach genannt werden müssen, z.B. Kupfer.

Wir haben hier nur die Leiterwerkstoffe, die Isolierstoffe (12.6) und die Verbindungswerkstoffe (12.7) behandelt. Die Magnetwerkstoffe werden später zusammen mit dem Magnetfeld besprochen.

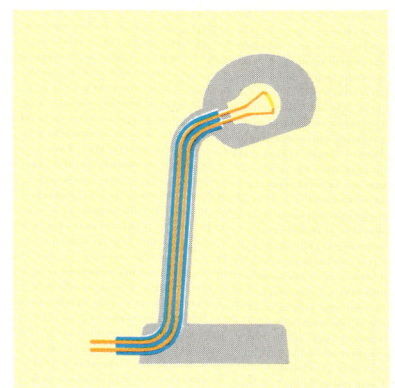

Abb. 8: Verschiedene Werkstoffe an einer Schreibtischlampe

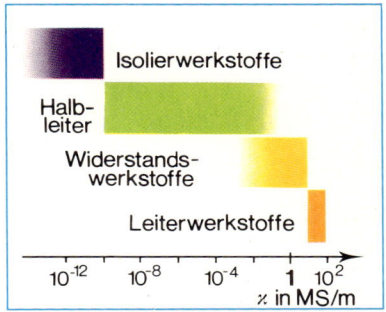

Abb. 9: Leitfähigkeiten von Werkstoffen

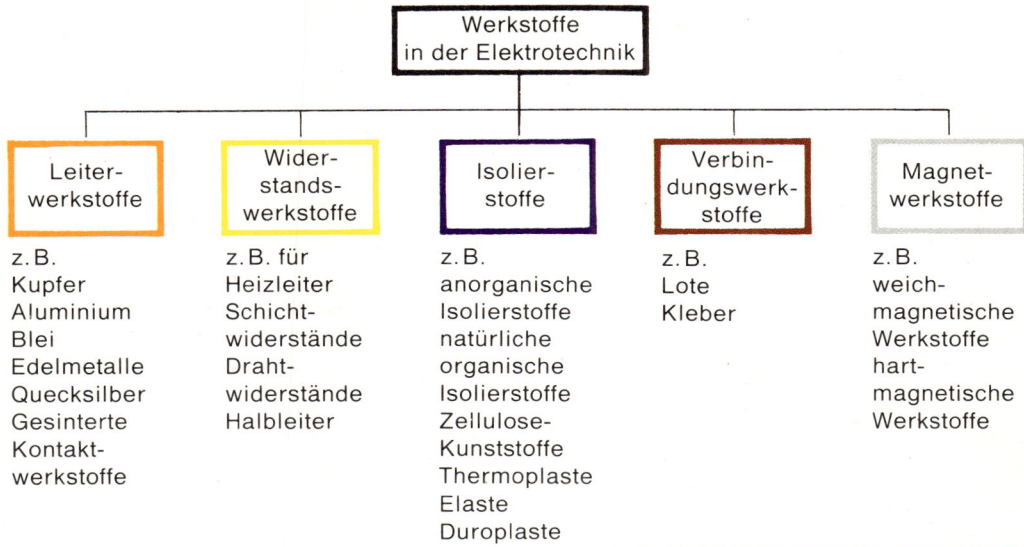

Werkstoffe in der Elektrotechnik				
Leiter-werkstoffe	Wider-stands-werkstoffe	Isolier-stoffe	Verbin-dungswerk-stoffe	Magnet-werkstoffe
z.B. Kupfer Aluminium Blei Edelmetalle Quecksilber Gesinterte Kontakt-werkstoffe	z.B. für Heizleiter Schicht-widerstände Draht-widerstände Halbleiter	z.B. anorganische Isolierstoffe natürliche organische Isolierstoffe Zellulose-Kunststoffe Thermoplaste Elaste Duroplaste	z.B. Lote Kleber	z.B. weich-magnetische Werkstoffe hart-magnetische Werkstoffe

Abb. 10: Einteilung der Elektro-Werkstoffe

12.5.1 Kupfer

Eigenschaften

Kupfer ist

- zäh
- **gut legierbar**
- gut spanlos verformbar (besonders kalt)
- **gut lötbar**
- unter Schutzgas schweißbar
- schlecht gießbar (Gase machen Kupfer porös)
- schlecht spanabhebend bearbeitbar, weil es »schmiert«
- korrosionsbeständig

Farbe	rotbraun
Dichte	**8,93** $\frac{kg}{dm^3}$
Schmelzpunkt	1083 °C (1356 K)
elektrische Leitfähigkeit	**56** $\frac{MS}{m}$ [1]
Wärmeleitfähigkeit	395 $\frac{W}{K\,m}$
spezifische Wärmekapazität	0,39 $\frac{kJ}{kg\,K}$
Zugfestigkeit	220 $\frac{N}{mm^2}$

Anwendungen

Die Kombination guter Eigenschaften macht Kupfer vielseitig einsetzbar. Etwa die Hälfte der Weltproduktion wird in der Elektrotechnik für Leitzwecke eingesetzt. Wegen der erwünschten großen Leitfähigkeit kommt es auf besondere Reinheit an. **Elektrokupfer** hat einen Reinheitsgrad bis zu **99,98%.**

Hinweise zur Bearbeitung

Da Kupfer sehr weich ist, sind bei der spanabhebenden Bearbeitung die Winkel an der Schneide besonders zu beachten.

Der Keilwinkel kann klein sein: $\beta = 50° \dots 60°$
Der Spanwinkel muß groß sein: $\gamma = 20° \dots 30°$
Der Freiwinkel soll groß sein: $\alpha = 10°$

Für die Werkzeuge ergeben sich daraus folgende Forderungen:

Feilen: Gefräste Feilen mit positivem Spanwinkel und Spanbrechernuten (Abb. 2 und 3) benutzen.

Sägen: Sägen mit kleiner Zähnezahl (15 Zähne/25 mm) und kleinem Keilwinkel verwenden. Der Freischnitt (Abb. 4) muß groß sein. Freischnitt entsteht durch verschränken der Zähne.

Bohrer: Bohrer mit großem Spitzenwinkel (140°) und großem Seitenspanwinkel (35° ... 40°) aus Werkzeugstahl verwenden. Die Schnittgeschwindigkeit darf doppelt so groß wie bei Stahl sein.

[1] Leitfähigkeit für Leitungskupfer; reines Kupfer dagegen: 58 $\frac{MS}{m}$

Kupfer

Symbol Cu
(lat. cuprum)

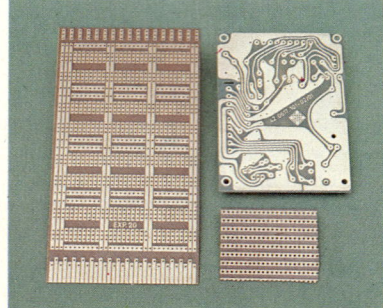

Abb. 1: Platinen mit Kupferbahnen

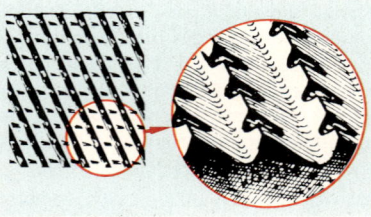

Abb. 2: Gefräste Feile

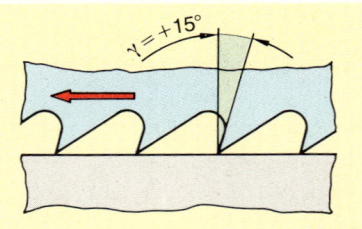

Abb. 3: Seiten-Spanwinkel an gefrästen Feilen

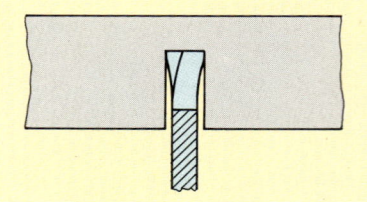

Abb. 4: Freischnitt bei Sägen

Abb. 5: Bohrer Typ W für Kupfer

12.5.2 Kupferlegierungen

Von den Kupferlegierungen spielen in der Elektrotechnik Messing- und Bronzesorten die größte Rolle, deshalb werden hier nur diese behandelt.

Messing ist eine Legierung aus Kupfer und Zink und soll daher nach DIN 17660 als **Kupfer-Zink-Legierung** bezeichnet werden. Der Name Messing ist aber ebenfalls zugelassen.

Messing = Kupfer + Zink

Eigenschaften von Messing

Bestandteile	85% Cu ... 55% Cu 15% Zn ... 45% Zn
Farbe	goldrot ... grünlich-gelb
Dichte	$8{,}73 ... 8{,}4\ \dfrac{kg}{dm^3}$
Schmelzpunkt	1030 ... 870 °C
elektrische Leitfähigkeit	$20 ... 8\ \dfrac{MS}{m}$
Wärmeleitfähigkeit	$155 ... 54\ \dfrac{W}{K\,m}$
spezifische Wärmekapazität	$0{,}39\ \dfrac{kJ}{kg\,K}$
Zugfestigkeit	$260 ... 530\ \dfrac{N}{mm^2}$

Abb. 6: Messingteile

Aus diesen Werten ist zu ersehen, daß man durch Legieren mit Zink die Eigenschaften recht breit ändern kann.

Messing ist

- gut lötbar
- besser schweißbar als Kupfer
- schlecht gießbar
- gut spanlos verformbar

Anwendungen

Messing wird häufig dann eingesetzt, wenn die niedriglegierten Kupfersorten den mechanischen und technologischen Anforderungen nicht genügen und Stahl nicht benutzt werden kann, weil der Werkstoff entweder gut elektrisch leitend oder nicht magnetisierbar sein soll. Deshalb hat Messing in der Elektrotechnik eine große Verbreitung gefunden.

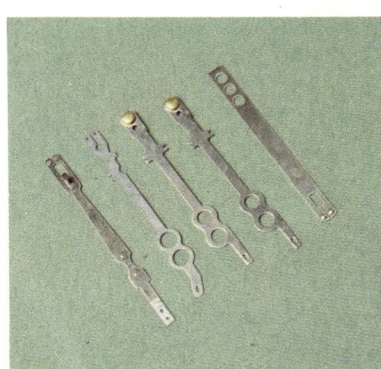

Abb. 7: Teile aus Neusilber (Legierung aus Kupfer, Nickel und Zink)

Hinweise zur Bearbeitung

Messing ist fester als Kupfer und benötigt deshalb zur Bearbeitung folgende Winkel an den Schneiden:

Keilwinkel $\beta = 80°$
Spanwinkel $\gamma = 3°$
Freiwinkel $\alpha = 7°$

Hieraus ergeben sich ähnliche Werkzeuge wie für die Bearbeitung von Stahl. Natürlich ist auch hierbei die Härte und Zugfestigkeit zu beachten.

Abb. 8: Bohrer Typ H für kurzspanende Messingsorten

Bronze ist eine Legierung aus Kupfer und Zinn. Früher wurden auch andere Kupferlegierungen als Bronze bezeichnet, z.B. Aluminiumbronze, Bleibronze. Nach DIN 17662 sollen dafür Bezeichnungen verwendet werden, die sich aus den Hauptbestandteilen zusammensetzen, z.B. Kupfer-Aluminium-Legierung.

Bronze = Kupfer + Zinn

Eigenschaften von Bronze

Farbe	rotbraun
Dichte	um 8,8 $\dfrac{\text{kg}}{\text{dm}^3}$
Schmelzpunkt	um 990 °C (1263 K)
elektrische Leitfähigkeit	um 9 $\dfrac{\text{MS}}{\text{m}}$
Wärmeleitfähigkeit	um 70 $\dfrac{\text{W}}{\text{K} \cdot \text{m}}$
spezifische Wärmekapazität	um 0,37 $\dfrac{\text{kJ}}{\text{kg K}}$
Zugfestigkeit	260 … 590 $\dfrac{\text{N}}{\text{mm}^2}$

Abb. 1: Bronzeteile

Anwendungen

In der Elektrotechnik wird Bronze hauptsächlich beim Maschinenbau verwendet, und zwar bei den Stromzuführungen der Läufer als Federn und Bänder.

Hinweise zur Bearbeitung

Da Bronze härter ist als Messing, werden hierzu die gleichen Werkzeuge benutzt wie sie für die Bearbeitung harter Stähle vorgesehen sind.

12.5.3 Aluminium

Eigenschaften

Aluminium ist

- weich
- gut legierbar
- gut spanlos verformbar, besonders kalt
- gut spanabhebend bearbeitbar
  (Auf großen Spanwinkel und hohe Schnittgeschwindigkeit achten!)
- bedingt lötbar
- bedingt gießbar (deshalb: Druckguß)
- **wasser- und säurebeständig**
- nicht seewasser- und laugenbeständig

Aluminium überzieht sich an der Luft mit Aluminiumoxid, das sehr hart und dicht ist. Dadurch tritt keine weitere Oxidation ein, und die Schicht bleibt sehr dünn (etwa 0,01 µm = 0,00001 mm). Wird sie beschädigt, »heilt« sie sich selbst, d.h. das freigelegte Aluminium überzieht sich sehr schnell wieder mit einer Oxidschicht.

Abb. 2: Auluminiumkabel

Farbe	weißgrau
Dichte	$2,7 \dfrac{\text{kg}}{\text{dm}^3}$
Schmelzpunkt	660 °C (837 K)
elektrische Leitfähigkeit	$36 \dfrac{\text{MS}}{\text{m}}$
Wärmeleitfähigkeit	$210 \dfrac{\text{W}}{\text{K m}}$
spezifische Wärmekapazität	$0,899 \dfrac{\text{kJ}}{\text{kg K}}$
Zugfestigkeit	$70 \dfrac{\text{N}}{\text{mm}^2}$

Aluminium

Symbol Al

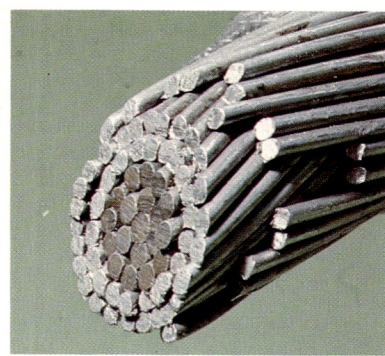

Abb. 3: Aluminiumfreileitung mit Stahlseele

Abb. 4: Kurzschlußkäfigläufer

Anwendungen

Die günstige Kombination von sehr kleiner Dichte, guten mechanischen und technologischen Eigenschaften sowie der Korrosionsbeständigkeit hat dazu geführt, daß Aluminium neben Stahl heute am häufigsten eingesetzt wird.

In der Elektrotechnik wird Aluminium vor allen Dingen wegen des günstigen Leitwert/Masse-Verhältnisses verwendet. Zur Erreichung des gleichen Leitwertes braucht bei Aluminium im Vergleich zu Kupfer nur die Hälfte der Masse eingesetzt werden. Dies macht man sich besonders beim Bau von Freileitungen zunutze. Für Hochspannungen und große Spannweiten werden Aluminiumlegierungen (z.B. Aldrey = AlMgSi) oder Aluminiumleitungen mit Stahlseele (Abb. 3) benutzt.

Weitere Anwendungsgebiete sind: Kabelmäntel, Abschirmfolien, Gehäuse, Kurzschlußläufer (Abb. 4), Kondensatorfolien, Stromschienen (Abb. 5), Schaltstücke, Antennenbau.

Hinweise zur Bearbeitung

Sollen Aluminiumteile **elektrisch leitend** verbunden werden, muß die Oxidschicht unmittelbar vor dem oder beim Verbindungsvorgang entfernt werden. Dies kann mechanisch durch Kratzen, Schaben und Feilen oder chemisch durch reduzierende Mittel geschehen.

Auch beim **Löten** müssen im Vergleich mit anderen Metallen besondere Bedingungen beachtet werden. Einmal werden zum Auflösen der Oxidschicht besondere Flußmittel verwendet, und zum anderen wird wegen der großen Wärmekapazität von Aluminium eine große Wärmemenge benötigt.

Beim **spanabhebenden Bearbeiten** müssen die Winkel an den Schneiden der geringen Festigkeit des Leichtmetalls angepaßt werden.

Der Keilwinkel kann klein sein: $\beta =$ etwa 50°
Der Spanwinkel muß groß sein: $\gamma =$ etwa 30°
Der Freiwinkel soll groß sein: $\alpha = 10°$

Daraus ergeben sich für die Werkzeuge etwa die gleichen Anforderungen wie bei Kupfer, mit der bereits erwähnten Einschränkung, daß die harte Oxidschicht besonders beim Feilen vorher entfernt werden muß. Die Feile »rutscht« sonst.

Abb. 5: Stromschienen aus Aluminium in einer Mittelspannungs-Schaltanlage

$$\frac{m_{Al}}{m_{Cu}} = \frac{\varrho_{Al} \cdot V_{Al}}{\varrho_{Cu} \cdot V_{Cu}} \qquad\qquad R_{Cu} = R_{Al}$$

$$\frac{m_{Al}}{m_{Cu}} = \frac{\varrho_{Al} \cdot l_{Al} \cdot q_{Al}}{\varrho_{Cu} \cdot l_{Cu} \cdot q_{Cu}} \leftarrow l_{Al} = l_{Cu} \rightarrow \frac{l_{Cu}}{\varkappa_{Cu} \cdot q_{Cu}} = \frac{l_{Al}}{\varkappa_{Al} \cdot q_{Al}}$$

$$\frac{m_{Al}}{m_{Cu}} = \frac{\varrho_{Al} \cdot q_{Al}}{\varrho_{Cu} \cdot q_{Cu}} \qquad\qquad \varkappa_{Al} \cdot q_{Al} = \varkappa_{Cu} \cdot q_{Cu}$$

$$\frac{m_{Al}}{m_{Cu}} = \frac{\dfrac{\varkappa_{Cu} \cdot q_{Cu}}{\varkappa_{Al}}}{\varrho_{Cu} \cdot q_{Cu}} \varrho_{Al} \cdot \qquad\qquad q_{Al} = \frac{\varkappa_{Cu} \cdot q_{Cu}}{\varkappa_{Al}}$$

$$\frac{m_{Al}}{m_{Cu}} = \frac{\varrho_{Al} \cdot \varkappa_{Cu} \cdot q_{Cu}}{\varrho_{Cu} \cdot \varkappa_{Al} \cdot q_{Cu}}$$

$$\frac{m_{Al}}{m_{Cu}} = \frac{\varrho_{Al} \cdot \varkappa_{Cu}}{\varrho_{Cu} \cdot \varkappa_{Al}}$$

$$\frac{m_{Al}}{m_{Cu}} = \frac{2,7 \cdot 56}{8,9 \cdot 36}$$

$$\frac{m_{Al}}{m_{Cu}} = 0,472$$

Abb. 1: Ableitung des Masseverhältnisses von Kupfer- und Aluminiumleiter bei gleichem Widerstand

Aufgaben zu 12.1 … 12.5

1. Beschreiben Sie den Unterschied zwischen elastischem und plastischem Bereich von Werkstoffen!

2. Erklären Sie den Unterschied zwischen Festigkeit und Härte eines Werkstoffes!

3. Nennen Sie charakteristische Eigenschaften der Metalle!

4. Warum werden Werkstoffe gesintert?

5. Welche Eigenschaften von Stahl nehmen im wesentlichen zu, wenn der Kohlenstoff-Gehalt erhöht wird?

6. Welche Eigenschaften von Kupfer ändern sich wesentlich durch die Legierung mit Zink?

7. Welche besonderen Vorteile hat Aluminium gegenüber Kupfer?

8. Für die Bewegung der Antenne eines Funkamateurs soll ein kleiner, leichter Motor zur Außenmontage gebaut werden.

   Welche Werkstoffe schlagen Sie für die einzelnen Teile (Gehäuse als Stator, Rotor, Wicklungen, Rotor-Zuführungen) vor? Begründen Sie Ihre Auswahl!

   Lösungshinweis:

   a) Stellen Sie die Anforderungen für die einzelnen Motorteile zusammen!

   b) Suchen Sie aus den Werkstoffen des Abschnittes 12.3 die Werkstoffe heraus, die den Anforderungen am nächsten kommen!

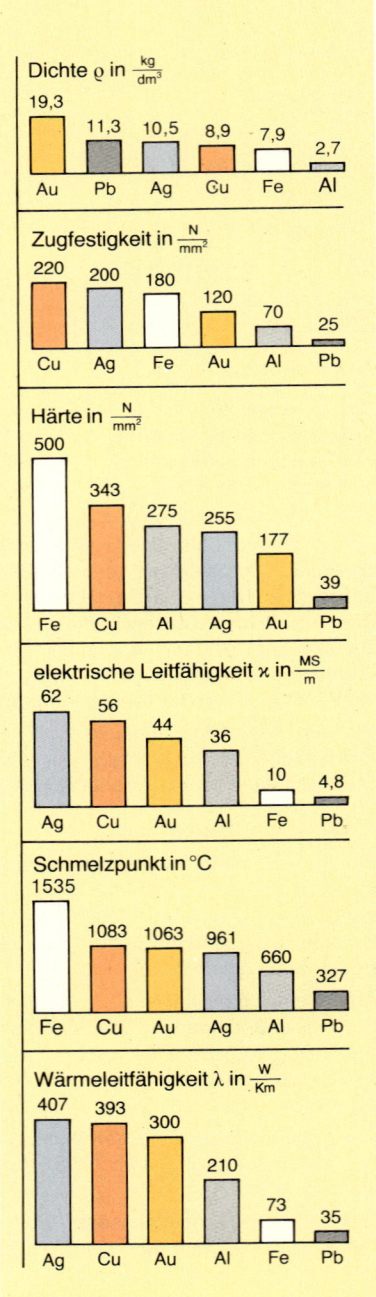

Abb. 2: Vergleich wichtiger Werkstoffeigenschaften

12.6 Isolierstoffe

Die Isolierstoffe haben die Aufgaben

- **die Berührung stromführender Teile untereinander zu verhindern** (Basisisolierung)

- **die Menschen vor elektrischen Spannungen zu schützen** (Schutzisolierung)

Fast alle Nichtmetalle kommen dafür in Frage, da sie keine quasifreien Elektronen besitzen. Der spezifische Widerstand ist daher hoch. Bei Isolierstoffen nennt man diese Größe **spezifischen Durchgangswiderstand** ϱ, der in $\Omega \cdot cm$ angegeben wird (z.B. für PVC $\varrho = 10^{17} \cdot \Omega \cdot cm = 10^{21}\,\mu\Omega \cdot m$). Diese Werkstoffe können aber durch hohe Spannungen leitend gemacht werden. Dabei werden Elektronen abgespalten, so daß Ionen entstehen (vgl. 5.4). Ein Maß dafür ist die **Durchschlagsfestigkeit E_d**

$$\left(\text{z.B. für PVC } E_d = 45\,\frac{kV}{mm}; \text{ für Luft } E_d = 2\,\frac{kV}{mm} \right).$$

Die große Zahl der Isolierstoffe kann man nach verschiedenen Gesichtspunkten einteilen. Aber stets gibt es Überschneidungen, so daß einige Stoffe nicht eindeutig eingeordnet werden können. Auch bei der von uns gewählten Gliederung ließ sich das nicht vermeiden (Abb. 4).

Bei den Materialien, die im folgenden besprochen werden, handelt es sich nur um einen Ausschnitt. Es soll an ihnen typisches Verhalten einer Gruppe gezeigt werden. Bei den Plasten (Kunststoffen) ist die Vielfalt besonders groß, und ständig kommen neue Werkstoffe hinzu.

Die Isolierstoffe werden in Klassen eingeteilt, denen höchstzulässige Betriebstemperaturen zugeordnet sind. Die Klassen sind mit großen Buchstaben gekennzeichnet. In der Tab. 12.2 sind die Wärmebeständigkeitsklassen der Isolierstoffe mit den zugehörigen Dauertemperaturen aufgeführt.

Abb. 3: Starkstromkabel mit Isolierung aus vernetztem Polyäthylen

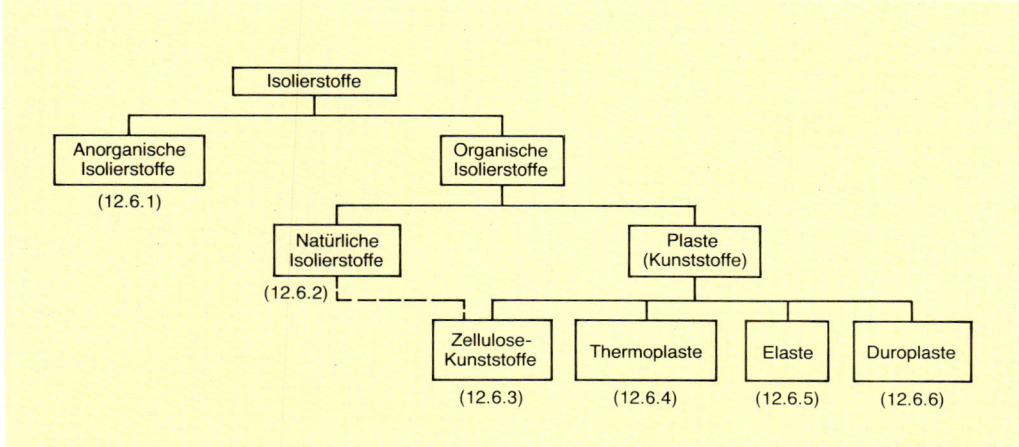

Abb. 4: Einteilung der Isolierstoffe

Tabelle 12.2: Wärmebeständigkeitsklassen der Isolierstoffe (nach VDE 0530 und VDE 0532)

Klasse	Isolierstoff	Behandlung	Dauer-temperatur in °C
Y	Baum-, Zellwolle, Seide, Polyamid-Textilien, Papier, Preßspan, Vulkanfiber, Gummi	ungetränkt	90
A	wie unter Y, Drahtlack, synthetischer Gummi	getränkt mit organischen Bindemitteln	105
Ao	wie zu A, Drahtlack	unter Öl	115
E	Wärmebeständige Kunstfolien, Hartpapier, Lackpapier, Drahtlack	ungetränkt	120
	Papier	getränkt mit Kunstharzlacken	
	Schichtstoffe mit Papier, Baum- oder Zellwolle und Kunstharzen	—	
B	Anorganische Stoffe, wie Glimmer, Asbest, Glaserzeugnisse und ähnliche mineralische Stoffe	getränkt mit Kunstharzlacken	130
F		getränkt mit Silikonen und organischen Kunststoffen	155
H		getränkt mit reinen Silikonen	180
C	Glimmer, Porzellan, Glas, Quarz und ähnliche feuerfeste Stoffe	ungetränkt ohne Bindemittel	> 180

12.6.1 Anorganische Isolierstoffe

In den Anfängen der Elektrotechnik spielten die anorganischen Isolierstoffe eine große Rolle. Während früher vielfach natürliche Werkstoffe eingesetzt wurden, sind es heute nur noch künstliche Stoffe. So findet man den ehemals häufig benutzten Marmor jetzt kaum noch. Aber auch aus Teilbereichen der modernen Isoliertechnik sind anorganische Isolierstoffe nicht wegzudenken, z.B. Luft, Glimmer, Asbest, Keramik, Glas.

Der billige Isolierstoff **Luft** wurde früher häufiger eingesetzt als heute. Er hat aber nach wie vor große Bedeutung (z.B. bei Freileitungen und in Schaltanlagen), (Abb. 1).

Gase können durch genügend hohe Spannungen leitend gemacht werden, indem man durch Elektronenabspaltung Ionen erzeugt. Aus diesem Grund ist die Durchschlagfestigkeit bei Gasen wichtiger als ihr spezifischer Durchgangswiderstand.

Glimmer und **Asbest** sind Mineralien. Glimmer wird in Platten gefunden, während Asbest als faserförmiges Material vorkommt.

Keramische Isolierstoffe werden aus pulverisierten Silicaten (SiO_2) und anderen Metalloxiden geformt und gebrannt. Es handelt sich dabei um einen Sintervorgang (vgl. 12.2). Anschließend werden sie meist mit einer Glasur versehen, um durch Verschluß der Poren das Eindringen von Wasser zu verhindern.

Die Vielzahl der möglichen Werkstoffe wird nach ihren Rohstoffen genormt. In DIN 40685 unterscheidet man sieben Hauptgruppen, die sich in unterschiedlich viele Gruppen un-

Abb. 1: Isolation durch Luft in einer Umspannstation eines Hochspannungsnetzes

terteilen. Allen sind bestimmte Eigenschaften gemeinsam, die nur unterschiedlich stark ausgeprägt sind.

Keramische Isolierstoffe (außer Speckstein aus der Hauptgruppe 200) sind

- hart
- sehr spröde
- bruchfest bei ruhender Belastung und sehr gut auf Druck belastbar
- säurefest (außer gegen Flußsäure)
- laugenfest

Während die keramischen Werkstoffe durch einen Sintervorgang entstehen, ist **Glas** eine Legierung. Die Ausgangsstoffe sind Sand (Siliciumdioxid oder Quarz), Soda (Natriumcarbonat) und Kalk (Calciumcarbonat).

Glas ist

- farblos und durchsichtig
- **sehr hart**
- sehr spröde
- **sehr stoßempfindlich**
- säurefest (außer gegen Flußsäure)
- ein schlechter Wärmeleiter
- nicht hygroskopisch
- nur durch Naßschleifen oder mit Ultraschallwerkzeugen bearbeitbar.

Glas hat einen hohen spezifischen Durchgangswiderstand ($\varrho_D = 10^{13}\ \Omega \cdot cm = 10^{17}\ \mu\Omega \cdot m$), aber einen negativen Temperaturkoeffizienten, so daß es bei Rotglut (etwa 700 °C) leitend wird.

Hinweise zur Bearbeitung

Keramik und Glas sind sehr hart und spröde. Sie können deshalb nur durch Schleifen oder mit Diamantschneiden bearbeitet werden. Dies gilt auch für das Trennen. Diese Werkstoffe können aber auch nach Ritzen der Oberfläche (»Glasschneider«) maßhaltig gebrochen werden.

12.6.2 Natürliche organische Isolierstoffe

Hier sollen einige organische Werkstoffe angesprochen werden, die mehr oder weniger bearbeitete Stoffe aus der Natur sind. Sie stellen also keine Rohstoffe dar, trotzdem spricht man hier von natürlichen Materialien.

Wichtige natürliche Isolierstoffe: Papier, Textilien, Gummi, Bitumen, Öl, PCB.

Papier wird aus feingemahlenem Holz in einem »Kochvorgang« hergestellt. Es ist brennbar und hygroskopisch. Es kann daher unbearbeitet nicht für Isolationszwecke benutzt werden. Papier wird zu diesem Zweck imprägniert. Die Dielektrizitätszahl und die Durchschlagfestigkeit sind hoch, daher wird Papier als Dielektrikum in Kondensatoren (Abb. 1, S. 266) verwendet. Auch zur Isolierung von Drähten und Wicklungen wird dieser Werkstoff bei Leitungen, Kabeln und Spulen eingesetzt, aber auch hier haben sich mehr und mehr die Kunststoff-Folien durchgesetzt.

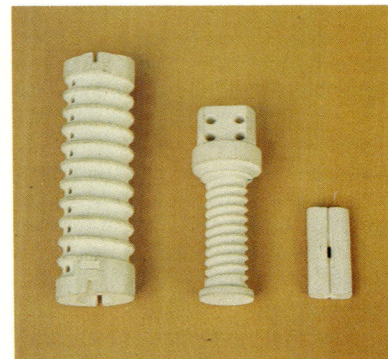

Abb. 2: Träger für Heizleiter

Abb. 3: Lampenkolben aus Glas

Abb. 4: Glasisolatoren

Textilien

Sie werden für die Elektrotechnik aus verschiedenen Rohstoffen hergestellt, nämlich aus Baumwolle, Flachs, Hanf, Jute und Seide. Die Einzelfasern werden dabei zu Fäden versponnen und meistens verwebt. Wie Papier sind auch die Textilien hygroskopisch. Sie werden daher fast immer imprägniert.

Anwendungsbereiche: Die Leiterisolation wurde früher fast ausschließlich aus Textilien hergestellt. Für das Bandagieren von Wicklungen (Abb. 3), das Ausfüllen zwischen Leitern einer Leitung sowie als Kennfäden werden sie aber auch heute noch benutzt.

Gummi

wird aus Natur-Kautschuk gewonnen und ist

Abb. 1: Kondensatorfolien

- **sehr elastisch** (bis zu 600%)
- nicht hygroskopisch
- nicht witterungsbeständig (es wird spröde und bricht)
- löslich in Benzin, Benzol, Öl und starker Säure
- **brennbar**
- kaum warmfest (Grenztemperatur: 60 °C).

Sein spezifischer Widerstand ist etwa so groß wie der von Glimmer ($\varrho = 10^{16}\ \Omega \cdot cm = 10^{20}\ \mu\Omega \cdot m$), während seine Durchschlagfestigkeit mit ca. $25\ \dfrac{kV}{mm}$ etwas geringer ist. Sie liegt damit aber bei dem 2,5fachen von unbehandeltem Papier.

Anwendungsbereiche: In der Elektrotechnik wird Gummi fast ausschließlich zur Isolierung von beweglichen Leitungen eingesetzt (Abb. 2). Heute wird dazu in erster Linie künstlicher Gummi (Buna) verwendet (vgl. 12.6.4).

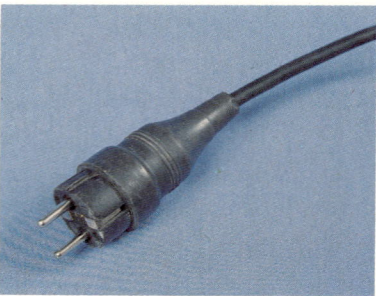

Abb. 2: Gummiisolierte Leitung mit Stecker

Bitumen

Das Bitumen ist ein Nebenprodukt bei der Mineralölgewinnung. Es ist bei Raumtemperatur zähflüssig und wird zum Verarbeiten auf 100...200 °C erhitzt. Auch Bitumen wird zunehmend durch Kunststoffe ersetzt.

Anwendungsbereiche: Verguß- und Tränkmasse (Abb. 4).

Abb. 3: Isolation einer Statorwicklung mit Seidenband

Abb. 4: Vergießen einer Kabelmuffe mit Bitumen

Öl

Es wird aus Erdöl gewonnen und deshalb als Mineralöl bezeichnet.

Die Öle für die Elektrotechnik müssen frei von Feuchtigkeit sein, weil schon geringe Anteile den spezifischen Widerstand, die Dielektrizitätszahl und die Durchschlagfestigkeit wesentlich verändern.

Anwendungsbereiche: Isolation und Kühlung in Transformatoren, Löschung von Lichtbögen in Schaltanlagen, Dielektrikum in großen Kondensatoren (Abb. 5).

Polychlorierte Biphenyle

Diese Stoffe (PCB) (Handelsnamen: Clophen, Askarel u.a.) werden an Stelle von Öl als Kühl- und Isoliermittel in Transformatoren und Kondensatoren verwendet. Sie bestehen im wesentlichen aus Chlor und Benzol.

Stoffe aus PCB sind weitgehend hitzebeständig und nicht brennbar. Sollten jedoch durch Brände anderer Materialien Temperaturen über 300°C entstehen, so zersetzen sie sich. Hierbei können die Gifte Dioxin oder Furane entstehen. Dioxin hat tragische Berühmtheit erhalten als sogenanntes »Seveso-Gift«.

Aus diesem Grund müssen so ausgerüstete Betriebsmittel (Transformatoren, Kondensatoren) besonders gekennzeichnet werden (Abb. 6). Da heute bereits mehrere Ersatzstoffe auf Kunststoff-Basis vorliegen, sollen PCB-haltige Stoffe in der Elektrotechnik nicht mehr eingesetzt werden.

Abb. 5: Transformator mit Ölkühlung

Abb. 6: Warnschild bei Clophen-Füllung

12.6.3 Zellulose-Kunststoffe

Wir verstehen darunter Kunststoffe, die auf der Grundlage von Zellulose aufgebaut wurden. Da die Zellulose aus pflanzlichen Stoffen wie Holz gewonnen wird, gehört sie zu den **natürlichen** Werkstoffen. Durch besondere Behandlung entsteht daraus ein **Kunst**stoff. Wir haben deshalb diese Materialien zwischen die natürlichen Werkstoffe und die Plaste eingeordnet.

Es gibt u.a. folgende Zellulose-Kunststoff-Arten: Preßspan, Lackpapier, Zellulose-Nitrat, Zellulose-Acetat.

Preßspan entsteht durch in Harz getränkte Papierlagen, die aufeinander gewalzt werden. Man erhöht dadurch die Festigkeit. Preßspan wird für Spulenkörper, Isolierplatten sowie zur Nutisolierung verwendet.

Lackpapier ist ein in Kunststoff-Lack getränktes Papier, das zur Spulen-Isolation benutzt wird (Abb. 7).

Zellulose-Nitrat wird mit Hilfe von Salpetersäure und Schwefelsäure sowie dem Weichmacher Kampfer (daher der typische Geruch dieses Kunststoffes) aus Zellulose hergestellt. In der Elektrotechnik wird Zellulose-Nitrat kaum verwendet, wohl aber zur Herstellung vieler Gebrauchsgegenstände, wie Kämme, Brillengestelle u.ä.

Zellulose-Acetat wird aus Zellstoff gewonnen, und zwar unter Einwirkung von Essigsäure.

Anwendungsbereiche: Folien als Isoliermaterial, Spritzgußteile für Schalterknöpfe.

Abb. 7: Spulenisolation aus Papier

12.6.4 Thermoplaste

Die Thermoplaste sind eine Untergruppe der Plaste (Kunst-stoffe). Wir müssen deshalb zu Beginn dieses Abschnittes etwas über diese gesamte Werkstoff-Gruppe sagen.

Plaste unterscheiden sich von allen anderen Stoffen dadurch, daß sie aus riesigen Molekülen **(Makromoleküle)**[1] aufgebaut sind.

Beispiel: Die Makromoleküle von Acrylharz haben bis zu 30000 Grundbausteine.

Ihre Bausteine sind selbst auch schon komplizierte Kohlenstoff-Verbindungen mit den Elementen Wasserstoff und Sauerstoff, aber auch Silicium, Stickstoff, Chlor, Fluor, Calcium, Schwefel u.a.

> Plaste (Kunststoffe) bestehen aus Makromolekülen, deren Einzelmoleküle organische Kohlenstoff-Verbindungen sind.

Diese Großmoleküle bilden sich kettenförmig aus, wobei auch einzelne Abzweigungen möglich sind (Abb. 1). Sie sind ver-schlungen und verknäult, wodurch die Festigkeit des Stoffes entsteht.

Verbinden sich einzelne Ketten miteinander durch »Brücken«, so entstehen räumliche Netze. Diese können weitmaschig oder engmaschig sein (Abb. 2 und 3).

> Plaste mit kettenförmigen (fadenförmigen) Makromolekülen ohne Zwischenbindungen heißen **Thermoplaste.**
>
> Plaste mit weitmaschig vernetzten Makromolekülen heißen **Elaste.**
>
> Plaste mit engmaschig vernetzten Makromolekülen heißen **Duroplaste.**

Je zahlreicher die Zwischenbindungen sind, desto weniger lassen sich die Moleküle gegeneinander verschieben. Der Grad der Vernetzung spielt für das Verhalten der Plaste, also für ihre Eigenschaften, eine große Rolle.

Trotzdem haben Plaste eine Reihe gemeinsamer Eigenschaf-ten, die im Einzelfall durch chemische Verfahren entscheidend geändert werden können.

Plaste (Kunststoffe) sind im allgemeinen

- chemisch beständig
- leicht färbbar
- korrosionsfest
- schlecht wärmebeständig (Grenztemperatur $\approx 120\ °C$)
- wärmeisolierend
- **elektrisch schlecht leitend**
- nicht hygroskopisch
- gut spanlos verformbar
- leichter als Leichtmetalle $\varrho = 0{,}9 \ldots 2\ \dfrac{kg}{dm^3}$

Plaste haben im allgemeinen

- schlechtere mechanische Eigenschaften als Metalle
- große Wärmeausdehnungen.

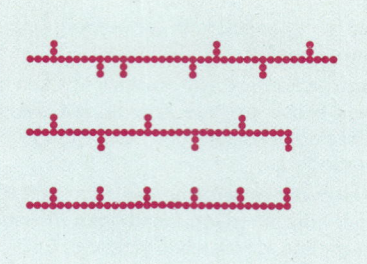

Abb. 1: Kettenförmige Makromoleküle (schematische Darstellung)

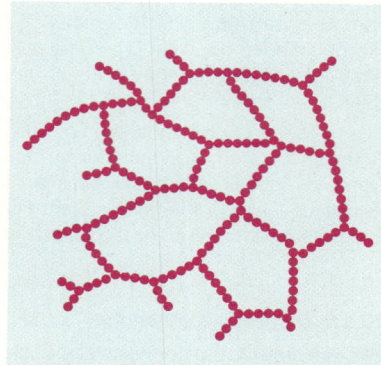

Abb. 2: Makromoleküle mit weitmaschigen Brücken (schematische Darstellung in einer Ebene)

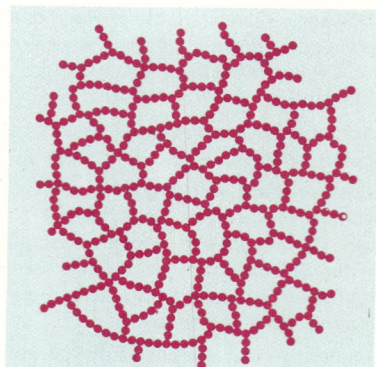

Abb. 3: Makromoleküle mit engmaschigen Brücken (schematische Darstellung in einer Ebene)

---

[1] makros (griech.): groß

Nach diesen allgemeinen Ausführungen wollen wir uns jetzt mit den **Thermoplasten**[1] (auch Plastomere) beschäftigen.

Bei Erwärmung lösen sich die verschlungenen Makromoleküle durch die Wärmebewegungen voneinander (Abb. 4). Der Werkstoff verliert seine Festigkeit und läßt sich leicht verformen (Spritzen, Gießen usw.). Bei Abkühlung werden die Bewegungen geringer, und der Stoff wird wieder fest. Dieser Vorgang läßt sich wiederholen. Bei häufigem Temperaturwechsel können allerdings Makromoleküle zerstört werden. Damit würden die Kunststoff-Eigenschaften verlorengehen.

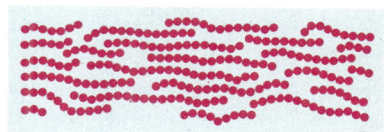
Abb. 4: Makromoleküle nach Erwärmung

Thermoplaste sind bei Wärme verformbar.
Thermoplaste sind nicht aushärtbar.

Wir können hieraus schließen, daß sich vor allen Dingen die mechanischen Eigenschaften bei der Erwärmung von Thermoplasten stark ändern. Für die Anwendung bedeutet das, daß Thermoplaste nur in bestimmten Temperaturbereichen eingesetzt werden dürfen. Je nach Zusammensetzung liegt die höchste Betriebstemperatur zwischen 80 °C und 160 °C.

Thermoplaste sind also bei Raumtemperatur elastisch bis weich, bei niedrigen Temperaturen nehmen Festigkeit und Härte zu, so daß sie sogar spröde werden können. Beim Einsatz von Thermoplasten müssen demzufolge nicht nur bestimmte Höchsttemperaturen beachtet werden, sondern auch Tiefstwerte. Die Vielfalt und die Variationsbreite der einzelnen Kunststoffe erlaubt keine generelle Aussage über die entsprechenden Größen.

Sie finden in vielen Tabellenbüchern Anwendungsbereiche für Thermoplaste.

Abb. 5: Schreibgeräte aus Thermoplasten

[1] thermos (griech.) = Wärme

Hinweise zur Bearbeitung

Thermoplaste werden in erster Linie spanlos verarbeitet. Sie können aber auch leicht geschnitten, gesägt oder gebohrt werden. Wie bei weichen Metallen kann dabei der Keilwinkel klein sein. Der Spanwinkel und der Freiwinkel müssen groß sein.

Feilen: Thermoplaste werden selten gefeilt. Ggfs. müssen gefräste Feilen wie für Kupfer benutzt werden.

Sägen: Die Spanwinkel müssen positiv sein, und zwar bei weichen Thermoplasten über 15°. Die Zähnezahl muß wegen der Spanabfuhr klein sein (4 bis 15 Zähne auf 25 mm).

Bohrer: Da die Kunststoffe schlecht die Reibungswärme ableiten, muß für ausreichende Kühlung gesorgt werden. Hierzu wird vorwiegend Druckluft eingesetzt, weil flüssige Kühlmittel nicht für alle Plaste geeignet sind.

Die eingesetzten Bohrer haben extrem kleine Spitzenwinkel (60° ... 90°), damit die Hauptschneiden besonders lang sind (Abb. 1). Dadurch wird die Wärmeableitung über den Bohrer gefördert. Der Seitenspanwinkel ist ebenfalls klein, damit die Späne schnell herausgeführt werden können.

Durch die starke Ausdehnung der Plaste werden die Löcher nach dem Bohren etwas kleiner.

Löcher in Kunststoff stets etwas größer (0,05 mm...0,01 mm) bohren!

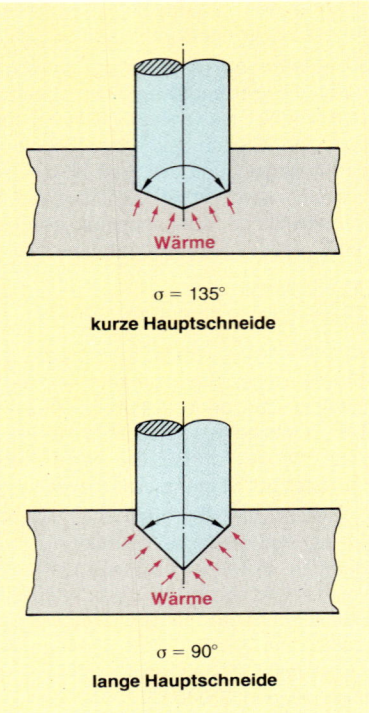

Abb. 1: Hauptschneidenlänge in Abhängigkeit vom Spitzenwinkel

12.6.5 Elaste

Die Makromoleküle dieser Werkstoffe sind durch einige »Brücken« zu weitmaschigen Netzen verknüpft. Die kettenförmigen Moleküle lassen sich dennoch in bestimmten Grenzen bewegen. Sie können aber wegen der »Brücken« nicht mehr ganz voneinander abgleiten.

Elaste verlieren demnach bei Temperaturerhöhung etwas an Festigkeit, werden aber nicht vollkommen plastisch.

Belastet man diese Kunststoffe, so streckt sich das Molekül, ohne zu zerreißen, weil die »Brücken« zwischen den kettenförmigen Makromolekülen dies nicht zulassen. Es entstehen dabei mechanische Spannungen, die nach der Entlastung den ursprünglichen Zustand wieder herstellen (Abb. 2).

Elaste sind elastisch verformbar.

Diese Aussage stimmt natürlich nur für bestimmte Temperaturbereiche. Sie beginnen bei einigen Stoffen (den eigentlichen Elasten, auch Elastomere genannt) bereits unter 0 °C und bei anderen (genannt: Thermoelaste) etwas über 0 °C. Die Höchstwerte sind unterschiedlich und stellen die Temperaturen dar, bei denen sich die Moleküle zersetzen.

Anwendungsbereiche:

Verwendung wie Gummi, also für Kabel- und Leitungsisolierungen usw.

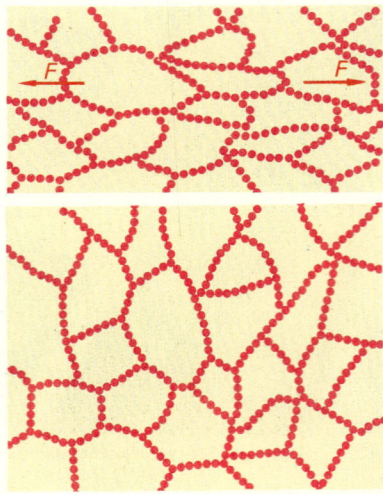

Abb. 2: Makromoleküle von Elasten bei Zugbeanspruchung und nach Entlastung

Hinweise zur Bearbeitung

Elaste werden fast ausschließlich spanlos verarbeitet. Für den Elektro-Fachmann ist aber das Trennen mit dem Messer oder der Zange interessant. Da das Material sehr weich ist, müssen kleine Keilwinkel benutzt werden, d.h., die Schneiden der Werkzeuge müssen sehr scharf sein.

12.6.6 Duroplaste

Die kettenförmigen Moleküle sind bei den Duroplasten[1] (auch Duromere genannt) durch sehr viele »Brücken« eng vernetzt. Die Folge davon ist, daß sich die einzelnen Molekülketten nicht mehr bewegen können, weder bei Temperaturerhöhung noch bei Zugbelastung.

Duroplaste entstehen durch Aushärten unter Druck und Wärme. Man versteht darunter das Vernetzen der fadenförmigen Moleküle. Dieser Vorgang kann nicht rückgängig gemacht werden. Zum einen tränkt man Textilien, Papier oder Holz mit dem flüssigen Kunststoff (z.B. Melaminharz) und preßt dann. Im anderen Fall werden die Ausgangsstoffe (z.B. Phenolharze) gegossen bzw. gespritzt. Es entstehen dabei die Makromoleküle und die Vernetzungen.

Temperaturänderungen verändern also die Festigkeit unwesentlich. Duroplaste werden weder plastisch noch flüssig. Bei sehr hohen Temperaturen werden natürlich auch hier die Makromoleküle zerstört.

Duroplaste sind nicht dehnbar oder anders verformbar.

Abb. 3: Zangengriffe aus Elasten

Hinweise zur Bearbeitung

Bei Duroplasten ist die spanabhebende Bearbeitung häufiger als bei den anderen Plasten. Die Winkel an den Schneiden sind wie bei harten Metallen zu wählen, also kleiner Spanwinkel und großer Keilwinkel.

Feilen: Kreuzhieb-Feilen mit negativem Spanwinkel sind zu benutzen.

Sägen: Auch hier werden Metallsägen benutzt, also große Zähnezahlen (etwa 30 Zähne). Der Spanwinkel kann 5° betragen.

Achtung! Preßstoffe splittern leicht, deshalb besondere Vorsicht beim Sägen!

Bohrer: Wegen der Wärmeabfuhr werden kleine Spitzenwinkel (60°...90°) bevorzugt. Hierdurch werden die Hauptschneiden länger. Durch diese Vergrößerung der Berührungsflächen erreicht man eine bessere Wärmeübertragung vom Material auf den Bohrer.

Bei flachen Löchern wird ein kleiner Seitenspanwinkel (10° ...15°) und bei tiefen Löchern ein großer (35°...40°) benutzt.

Um Kantenausbrüche zu vermeiden, sollte man an der Bohreraustrittsstelle in Holz bohren (Abb. 5).

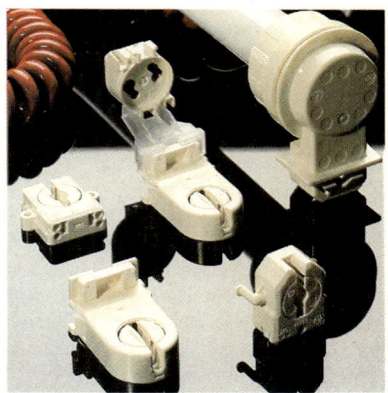

Abb. 4: Leuchtröhrenhalter aus Duroplasten

---

[1] duro (lat.): härten

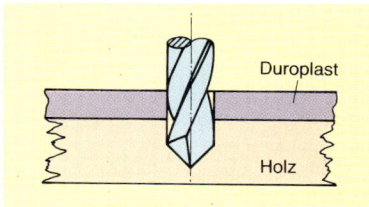

Duroplast

Holz

Abb. 5: Bohren von Duroplasten mit Holzunterlage

12.7 Verbindungswerkstoffe

Der Elektro-Fachmann hat überwiegend mit dem Verbinden von Werkstücken zu tun. Nach DIN 8593 nennt man das Verbinden auch Fügen.

> Fügen (Verbinden) ist das Fertigen durch Zusammenbringen von festen Werkstücken mit formlosem Stoff.

Folgende Gruppen werden dabei unterschieden:

- Zusammenlegen (z.B. Einstecken von Steckern)
- Füllen (z.B. Tränken einer Wicklung)
- An- und Einpressen (z.B. Festschrauben von Drähten)
- Urformen (z.B. Vergießen von Kabelmuffen)
- Umformen (z.B. Verdrehen von Drähten)
- Stoffvereinigen (z.B. Löten von Drähten)

Wir wollen hier nur auf zwei wichtige Verfahren der Elektrotechnik eingehen, und zwar auf

- Leitungs-Verbindungs-Techniken
- Leitungs-Befestigungs-Techniken

Bei der Herstellung von **Leitungsverbindungen** sind mehrere Verfahren üblich:

- Verspleißen (Abb. 1)
- Quetschen (Abb. 2)
- Wire-Wrap (Abb. 3)
- Löten
- Schweißen (Abb. 4)

Beim **Quetschen** werden durch den hohen Preßdruck die Leiter verformt und bilden so eine gute elektrische Verbindung.

Bei der **Wire-Wrap-Technik** wird der Draht fest um einen kantigen Stift gewickelt und stellt so die Verbindung her. Hierzu benutzt man ein elektrisches Wickelgerät, um die notwendige Zugspannung zu erzeugen.

12.7.1 Lote

Löten und **Schweißen** stellen Fügetechniken dar, die durch Stoffverbindungen hergestellt werden. Man nennt sie stoffschlüssige Verbindungen. Sie gelten als unlösbare Verbindungen, weil zur Lösung der Verbindung das Bindemittel zerstört werden muß.

Beim **Schweißen** werden die zu verbindenden Werkstücke an der Schweißstelle bis zur Schmelztemperatur erhitzt und fließen dann ineinander. Zur Verstärkung wird häufig noch der gleiche Werkstoff in Form von Schweißstäben zugeführt.

Das **Löten** unterscheidet sich hiervon grundsätzlich, da in erster Linie das Lot erhitzt und zum Schmelzen gebracht wird und nicht die Werkstück-Materialien. Das Lot diffundiert dann in die Werkstücke, so daß nach dem Erstarren eine Verbindung aus fünf Schichten entstanden ist (Abb. 5):

- Werkstoff 1
- Legierung aus Werkstoff 1 und Lot
- Lot (sehr dünne Schicht)
- Legierung aus Werkstoff 2 und Lot
- Werkstoff 2

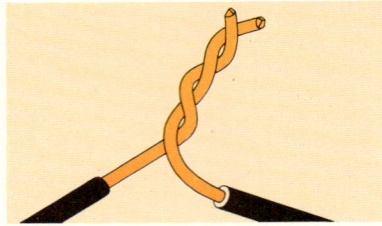

Abb. 1: Verspleißen

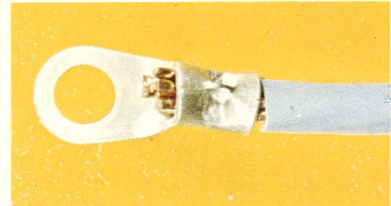

Abb. 2: Quetschen

Abb. 3: Wire-wrapping
(ca. 10fach vergrößert)

Abb. 4: Elektroschweißen

Da die Metalle durch den Sauerstoff der Luft mit Oxiden überzogen sind, müssen diese vor dem eigentlichen Lötvorgang beseitigt werden. Das kann durch mechanische Mittel geschehen, wie Kratzen, Bürsten oder Schleifen. Meistens genügt das jedoch nicht, weil die Oxide hart sind. Diese können durch chemische Reaktionen beseitigt werden, und zwar mit Hilfe von Säuren, Laugen oder Salzen. Die dafür benutzten Stoffe heißen **Flußmittel.**

> Flußmittel werden beim Löten zum Reinigen der Werkstück-Oberflächen verwendet.

An Flußmittel müssen folgende Anforderungen gestellt werden:
- Schmelzpunkt niedriger als Lot-Schmelzpunkt
- gute Benetzbarkeit
- keine Reaktion mit dem Lot
- keine Reaktion mit dem Werkstück-Material

Flußmittel werden als Pulver (z.B. Kolophonium), Pasten (z.B. Zinkchlorid) oder Flüssigkeit (z.B. Salzsäure) hergestellt.

In der Elektrotechnik findet man häufig die Flußmittel innerhalb der Lote. Man spricht dann von einer Flußmittelseele im Röhrenlot (Abb. 6).

Bezeichnung der Flußmittel

Nach DIN 8511 werden Flußmittel einheitlich bezeichnet, und zwar mit dem Buchstaben F. Dann folgen noch zwei weitere Buchstaben, die den Typ angeben. Davon gibt es folgende:
- Flußmittel zum Hartlöten von Schwermetallen   F-SH
- Flußmittel zum Weichlöten von Schwermetallen   F-SW
- Flußmittel zum Hartlöten von Leichtmetallen   F-LH
- Flußmittel zum Weichlöten von Leichtmetallen   F-LW

Diesen Buchstabengruppen folgen noch Zahlen, die je nach Typ unterschiedliche Bedeutung haben.

Beim Lötvorgang kann man **vier Schritte** feststellen:
1. Herstellen von metallisch-reinen Werkstück-Oberflächen
2. Schmelzen des Lots
3. Diffundieren des Lots in die Werkstücke
4. Reinigen der Lötstelle

Die Festigkeit der Lötnaht ist besonders groß, wenn das Lot vollständig in die Werkstücke eingedrungen ist. Dazu muß es dünnflüssig sein und die Lötstelle vollständig benetzen.

Man kommt so zu folgenden **Anforderungen an Lote:**
- Lote müssen mit anderen Metallen gut legierbar sein.
- Lote müssen dünnflüssig sein.
- Lote müssen eine gute Benetzbarkeit haben, damit sie keine Tropfen bilden, sondern rasch die Lötstelle bedecken.
- Lote dürfen nicht mit den Flußmitteln reagieren, sondern müssen sie verdrängen.
- Lote der Elektrotechnik müssen gute elektrische Eigenschaften (z.B. elektrische Leitfähigkeit) haben.
- Lote müssen je nach Beanspruchung zusätzliche chemische, mechanische oder technologische Eigenschaften haben.

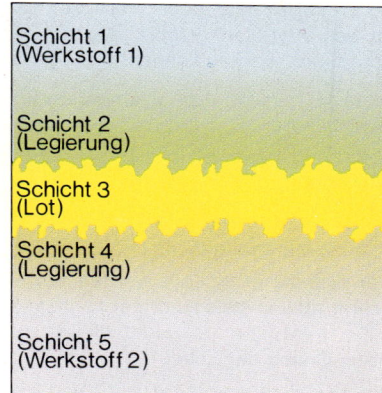

Schicht 1 (Werkstoff 1)

Schicht 2 (Legierung)

Schicht 3 (Lot)

Schicht 4 (Legierung)

Schicht 5 (Werkstoff 2)

Abb. 5: Lötverbindung

Abb. 6: Röhrenlot mit Flußmittelseele

Abb. 7: Flußmittel und Lote

Forderungen nach hoher Festigkeit und Warmfestigkeit haben zu den Hartloten geführt, die nur bei hohen Temperaturen verarbeitet werden können.

> Lote mit Verarbeitungstemperaturen unter 450 °C heißen **Weichlote.**
>
> Lote mit Verarbeitungstemperaturen über 450 °C heißen **Hartlote.**

• Lote müssen einen niedrigeren Schmelzpunkt als das Werkstück-Material haben.

Um dies zu erreichen, werden Legierungen benutzt, da ihr Schmelzpunkt stets niedriger liegt als der von reinen Metallen.

Bezeichnung der Lote

Die Weichlote sind in DIN 1707 und 8516 genormt, die Hartlote in DIN 8513.

Lote werden einheitlich mit dem Buchstaben L gekennzeichnet. Diesem folgt eine Buchstaben-Ziffern-Gruppe, die sich aus den Kennbuchstaben der Legierungsbestandteile und deren Prozentanteile zusammensetzt.

Beispiele:

Weichlot L-Sn60Pb: 60% Zinn, 40% Blei
Hartlot L-AlSi12:   88% Aluminium, 12% Silicium.

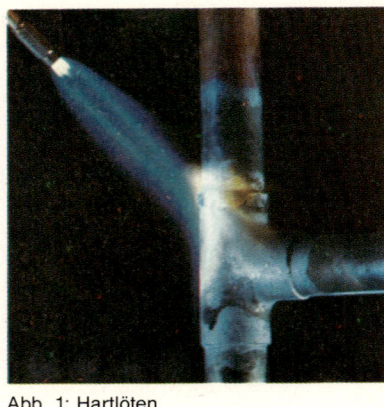

Abb. 1: Hartlöten

Weichlöten   ≤ 450 °C
Hartlöten   > 450 °C

12.7.2 Kleber

Jeder hat schon Klebeverbindungen hergestellt, wobei mitunter recht unterschiedliche Werkstoffe verbunden wurden. Kleben verdrängt auch bei Metallverbindungen teilweise das Löten oder Schweißen, weil dabei stets eine Erwärmung nötig ist. Beim Kleben hingegen bilden sich keine Legierungen, so daß höhere Temperaturen als Raumtemperatur selten gebraucht werden. Die Werkstücke haften auf Grund von Adhäsionskräften aneinander.

> Klebeverbindungen sind Adhäsionsverbindungen und keine Legierungen.

Die Kleber sind sehr zahlreich, weil für die verschiedensten Werkstoffe und Anforderungen Spezial-Kleber entwickelt wurden. Sie werden sehr unterschiedlich verarbeitet.

Hinweise zur Verarbeitung

Es ist unbedingt erforderlich, sich ganz genau an die Anweisungen der Hersteller zu halten. Sonst kann es passieren, daß die Kleber nicht fest werden oder daß das Werkstück angelöst wird. Dies kann besonders bei Plasten auftreten. Hier muß vor allen Dingen darauf geachtet werden, ob der Kleber überhaupt für den betreffenden Kunststoff geeignet ist.

Wie die Oberflächen-Beschaffenheit der Werkstücke sein muß, ist noch nicht endgültig geklärt. Rauhe sowie glatte Oberflächen zeigten gute und schlechte Ergebnisse. Auf alle Fälle dürfen keine losen Partikel wie Staub, Sand, Späne vorhanden sein. Auch Feuchtigkeit und Fett müssen entfernt werden.

Achtung! Kleber enthalten häufig giftige oder explosive Lösungsmittel! (Gebrauchsanweisung beachten!)

Die Dämpfe dürfen deshalb nicht eingeatmet werden. Bei der Verarbeitung größerer Mengen ist für ausreichende Lüftung zu sorgen!

Natürlich darf auch nicht geraucht oder offenes Feuer benutzt werden.

Man unterscheidet bei den Klebstoffen zwei Arten:

Ein-Komponenten-Kleber[1] und Mehr-Komponenten-Kleber (meist zwei Komponenten).

Die **Ein-Komponenten-Kleber** werden durch den Sauerstoff der Luft oder durch die Luftfeuchtigkeit fest. Sie werden häufig unter Druck und Wärme verarbeitet, wobei entweder kurzzeitiger starker oder langanhaltender mittelstarker Druck nötig ist.

Bei den **Zwei-Komponenten-Klebern** muß dem eigentlichen Klebstoff noch ein Härter beigegeben werden, wobei das vorgeschriebene Mischungsverhältnis sehr genau eingehalten werden muß (Abb. 2). Die Kleber sind zumeist Plaste aus der Gruppe der Elaste oder Duroplaste. In der Elektrotechnik werden sie besonders als Schellenkitt oder für das Kleben von Stegleitung verwendet (Abb. 3).

Metallisierte Klebstoffe (bis zu 80% Metall als Füllmasse) werden auch als elektrische oder Wärmeleitung eingesetzt (»Wärmeleitpaste«).

Im weitesten Sinne müssen auch die **Gießharze** zu den Klebern gezählt werden. Sie gehören zur Gruppe der Duroplaste (vgl. 12.6.6). Es sind ungesättigte Polyester, Epoxide oder Polyurethane.

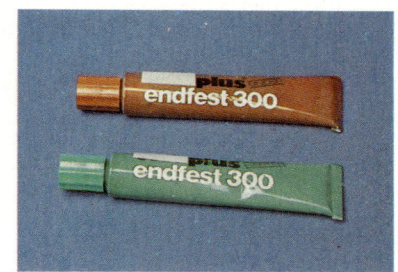
Abb. 2: Zwei-Komponenten-Kleber

Abb. 3: Stegleitungskleber

Aufgaben zu 12.6 und 12.7

1. Nennen Sie Isolierstoffe aus natürlichen organischen Materialien!

2. Welchen Nachteil haben Papier und Textilien hinsichtlich ihres Einsatzes als Isolierstoff?

3. Welche Zellulose-Kunststoffe spielen in der Elektrotechnik eine Rolle?

4. Wodurch unterscheiden sich Plaste von allen anderen Werkstoffen?

5. Welches Element ist in allen Plasten enthalten?

6. Wodurch unterscheiden sich Thermoplaste, Elaste und Duroplaste voneinander hinsichtlich Aufbau und Verhalten?

7. Nennen Sie typische Kunststoff-Eigenschaften!

8. Was versteht man unter Aushärten eines Kunststoffes?

9. Nennen Sie die Unterschiede zwischen Löten und Schweißen!

10. Welche Hauptaufgabe haben Flußmittel?

11. Nennen Sie die Unterschiede zwischen Weich- und Hartlöten!

12. Welche Unterschiede bestehen zwischen Löten und Kleben?

---

[1] Komponente (lat.): Teil des Ganzen

13 Einführung in die Datenverarbeitung

13.1 Aufbau und Funktionsweise einer Datenverarbeitungsanlage

In diesem Kapitel geht es darum, eine funktionsfähige Datenverarbeitungsanlage, wie es sie schon recht preiswert zu kaufen gibt und wie sie in Schulen in der Regel vorhanden ist, kennen und bedienen zu lernen. Darüber hinaus soll sie zur Lösung elektrotechnischer Probleme gezielt eingesetzt werden. Dabei wird Software[1] analysiert und erstellt.

Es geht nicht darum, das Innenleben von Mikroprozessoren oder von Speichern zu erarbeiten. Die Hardware[2] kann sinnvoll erst später aufgearbeitet werden. Erst müssen elektronische Grundlagen in einem umfassenderen Maße bekannt sein.

Als problemorientierte Programmiersprache ist hier »**Basic**«[3] gewählt worden, weil sie recht früh angewendet werden kann. Basic soll damit nicht favorisiert werden. Andere Programmiersprachen wie z.B. **Pascal** erfordern eine etwas längere Einarbeitungszeit.

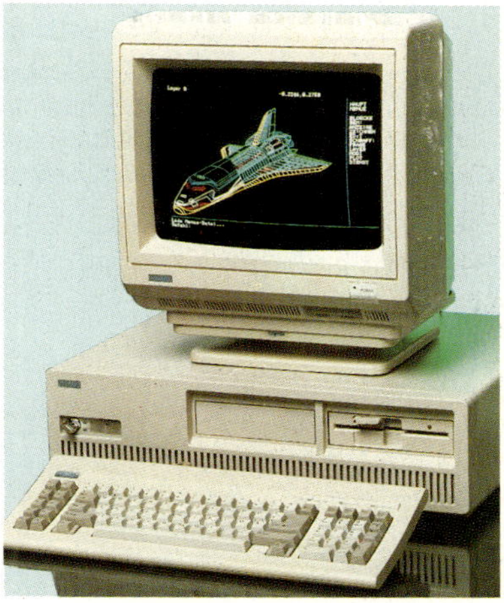

Abb. 1: Datenverarbeitungsanlage

13.1.1 Funktionseinheiten einer Datenverarbeitungsanlage

Abb. 1 zeigt einen Computer, also eine funktionsfähige Datenverarbeitungsanlage (DVA). Was gehört zu einer funktionsfähigen DVA?

Da ist zunächst ein Bildschirm und eine um einige Tasten erweiterte Schreibmaschinentastatur zu sehen. Bei genauerem Hinsehen ist unter dem Bildschirm noch ein waagerechter Spalt zu erkennen. Er dient zur Aufnahme von Disketten, denn in dem Gehäuse ist eine Diskettenstation untergebracht (vgl. 13.3.1). Darüber hinaus befindet sich in dem Gehäuse noch die wichtigste Funktionseinheit, die **Zentraleinheit** (Abb. 2).

Um die Bedeutung der Funktionseinheiten besser zu verstehen, wollen wir uns überlegen, wie eine sinnvolle Datenverarbeitung durchgeführt werden muß. Was sind eigentlich **Daten?**

Daten sind entweder Wörter, Zahlen oder Kombinationen von beiden.

Sie müssen miteinander verknüpft (aneinanderreihen, vergleichen, addieren, subtrahieren usw.) werden. Dies kann die Zentraleinheit (Abb. 2).

Die Zentraleinheit besteht im wesentlichen aus dem Mikroprozessor und den Arbeitsspeichern.

Abb. 2: Zentraleinheit

[1] Alle Programme eines Systems

[2] Alle elektronischen und mechanischen Teile eines Systems

[3] »**B**eginners **A**ll purpose **S**ymbolic **I**nstruction **C**ode«, eine problemorientierte höhere Programmiersprache

Der **Mikroprozessor** führt die Verarbeitung, die Operation, durch (z.B. Rechenoperation). Die **Arbeitsspeicher** speichern die Daten, die für die Durchführung der Operation erforderlich sind.

Wir als Anwender wollen, daß eine bestimmte Verarbeitung von bestimmten Daten durchgeführt wird. Dieses »Wollen« müssen wir der Zentraleinheit mitteilen, wir müssen Daten eingeben. Dies geschieht z.B. über die Tastatur.

Die Zentraleinheit verarbeitet entsprechend der Eingabe die Daten und kommt zu einem Ergebnis. Dieses Ergebnis wollen wir wissen. Die Zentraleinheit muß das Ergebnis ausgeben. Dies geschieht z.B. über den Bildschirm.

Jede Datenverarbeitungsanlage arbeitet nach dem Eingabe-Verarbeitung-Ausgabe-Prinzip (EVA-Prinzip).

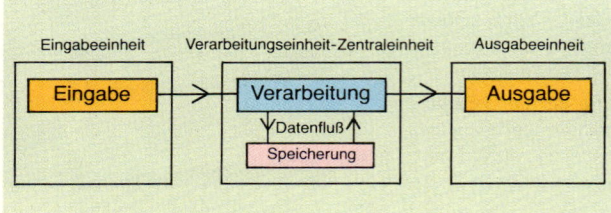

Abb. 1: EVA-Prinzip

In der Regel reichen die Arbeitsspeicher der Zentraleinheit für umfangreiche Operationen nicht aus. Neben internen Speicher-erweiterungen kommen noch externe Speicher dazu.

Jede funktionsfähige Datenverarbeitungsanlage besteht aus der Zentraleinheit, den Eingabegeräten, den Ausgabegeräten und den Speichereinheiten (Sammelbegriff: Hardware).

Beispiele für **Eingabegeräte:** Tastatur, Strichcodeleser, Loch-codeleser, Klarschriftleser, Joystick, Maus, Lichtstift, Meßwert-aufnehmer (z.B. für Temperatur, Spannung, Strom) (Abb. 2–4).

Beispiele für **Ausgabegeräte:** Bildschirm, Drucker, Plotter, Lochkartenstanzer, Sprachausgabegerät (Abb. 5 u. 6).

Beispiele für **Speichergeräte:** Diskettenspeicher (Floppy-Disk-Station), Magnetbandkassettenspeicher, Magnetplattenspei-cher (Festplatte), Magnetbandspeicher (Abb. 7).

Die o.a. Speichergeräte ergänzen den Arbeitsspeicher. Sie speichern die Daten, die momentan nicht benötigt werden. Darüber hinaus bewahren sie auch Daten auf. Damit wird deutlich, daß Speichergeräte auch als Eingabegeräte und als Ausgabegeräte dienen.

13.1.2 Erste Bedienung einer Datenverarbeitungsanlage

Die folgenden Ausführungen ersetzen nicht das Benutzer-handbuch, sondern erläutern und ergänzen es. Wir gehen davon aus, daß eine funktionsfähige Datenverarbeitungsanlage mit Zentraleinheit, Bildschirm, Tastatur und Diskettenstation in-stalliert ist.

Abb. 2: Tastatur

Abb. 3: Joystick   Abb. 4: Maus

Abb. 5 Drucker

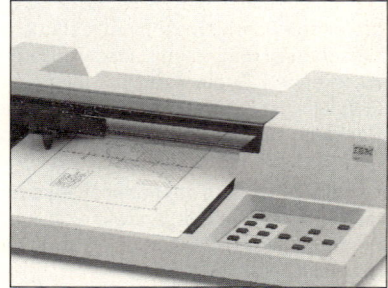

Abb. 6: Plotter

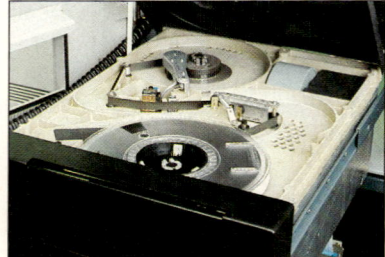

Abb. 7: Magnetbandspeicher

Sie schalten den Computer ein! Das Geräusch einer Kühlung, ein Gong oder etwas ähnliches zeigt an, daß die Anlage zu arbeiten beginnt. Auf dem Bildschirm ist entweder nichts zu sehen, oder es erscheint ein Text, z.B.: Bitte warten ... Der Computer durchläuft eine automatische Systemprüfung. Während dieser Systemprüfung erscheinen weitere Texte auf dem Bildschirm, die ausdrücken, was der Computer gerade ausführt. Dies nennt man auch das Bildschirmecho. Es kann aber auch der Text »C〉 echo off« erscheinen. Dann ist das Bildschirmecho ausgeschaltet.

Eine andere Möglichkeit ist die, daß der Computer nach dem Einschalten auffordert, die Systemdiskette einzulegen und das Einlegen mit dem Drücken einer beliebigen Taste zu quittieren. Danach wird das System geladen. Wir wollen annehmen, daß es sich um das am weitesten verbreitete Betriebssystem DOS[1] handelt. Ist der Vorgang beendet, dann erscheint auf dem Bildschirm das Bereitschaftszeichen, entweder ein C〉 oder ein A〉 (Abb. 8).

Das Bereitschaftszeichen gibt das aktuelle Laufwerk an, mit dem der Computer arbeiten will, C〉 bei der Festplatte und A〉 bei der Diskettenstation. Besitzt die Datenverarbeitungsanlage zwei Diskettenlaufwerke, dann kann auch B〉 für das zweite Laufwerk erscheinen.

Sie können nun mit dem Computer einen Dialog führen. Dazu müssen Sie die Tastatur benutzen. Jede Eingabe muß mit der Enter-Taste[2] abgeschlossen werden. Bei einem ersten Dialog werden Sie jedoch wenig Freude haben. Der Computer wird evtl. antworten: »Befehl oder Dateiname falsch«. Was hat das zu bedeuten?

Zur Beantwortung dieser Frage müssen wir etwas über das Betriebssystem DOS aussagen, das die Datenverarbeitungsanlage verwaltet. DOS versteht nur bestimmte Befehle, die es nach der Eingabe, die mit 〈Enter〉 abgeschlossen werden müssen, ausführt. In unserem Fall wollen wir ja mit der Programmiersprache Basic arbeiten. Basic selbst ist ein Programm, das zunächst in den Arbeitsspeicher der Zentraleinheit geladen werden muß:

Wir nehmen an, das Bereitschaftszeichen ist C〉. Die Datenverarbeitungsanlage besitzt also eine Festplatte. Außerdem soll sie eine Diskettenstation besitzen. Die Programmiersprache Basic soll jetzt als Programm auf einer Diskette gespeichert sein. Was ist zu tun?

1. Das aktuelle Laufwerk C (Festplatte) muß nach A gewechselt werden. Auf dem Bildschirm erscheint nach der Eingabe von »A:« auf der nächsten Zeile A〉.

2. Jetzt wird »Basic« eingegeben, und nach kurzer Zeit erscheint die Bereitschaftsmeldung, daß mit Basic gearbeitet werden kann (Abb. 8 u. 9). Alle neuen Eingaben müssen Basic-Eingaben sein, weil nur solche verarbeitet werden können.

```
C〉A:

A〉BASIC
```

Abb. 8: Bildschirmausdruck: Wechsel des aktuellen Laufwerks von C nach A und Aufruf des Anwenderprogramms Basic

```
GW-BASIC 3.11
(C) Copyright ----------

62115 Bytes free
```

Abb. 9: Bildschirmausdruck: Meldung, daß Basic (hier GW-Basic Version 3.11) für den Einsatz bereit ist!

---

[1] **D**isk **O**perating **S**ystem – ein Betriebssystem, oft auch MS-DOS, weil von Microsoft. Das Betriebssystem ist ein Programm, das die Hardware verwaltet.

[2] Tasten werden im Buch mit den Zeichen 〈 〉 gekennzeichnet. Je nach Fabrikat ist 〈Enter〉 mit 〈Return〉 und mit 〈↵〉 identisch.

13.2 Einsatz einer Datenverarbeitungsanlage in der Elektrotechnik (Beispiel)

Mit dem Computer kann man entweder im direkten Modus, oder im indirekten Modus arbeiten. Im **direkten Modus** arbeitet er wie ein elektrischer Taschenrechner. Die Abb. 1 bis 4 geben dazu einige Beispiele. Vollziehen Sie diese Beispiele nach, und probieren Sie neue aus!

Im **indirekten Modus** werden die eingegebenen Befehle zunächst in einem Programm zusammengefaßt. Die Programmzeilen erhalten Nummern. Gibt man direkt »RUN« ein, so werden die Zeilen entsprechend der Numerierung abgearbeitet und die in den Zeilen stehenden Anweisungen durchgeführt.

Im folgenden soll ein kleines Programm (Abb. 5) erprobt und untersucht werden. Dieses Programm soll dann auf eine Diskette gespeichert und später wieder aufgerufen werden.

13.2.1 Problemstellung und Lösungsstrategie

Der Widerstand eines Leiters soll berechnet werden. Dazu ist es erforderlich, daß man die Leiterlänge, den Leiterquerschnitt und das Leitermaterial kennt. Außerdem muß man bedenken, in welchen Einheiten die Größen angegeben werden. Ein richtiges Ergebnis ergibt sich nur, wenn die Leiterlänge in m, der spezifische elektrische Widerstand in $\mu\Omega m$ und der Leiterquerschnitt in mm² berücksichtigt werden.

Da der Computer die Widerstandsberechnung durchführen soll, muß er zunächst die Zahlenwerte der gegebenen Größen kennen. Er kann nur mit Zahlen (numerischen Variablen) rechnen. Dann muß er wissen, wie er diese Variablen miteinander verknüpfen soll, er benötigt die Formel. Danach muß er weiter wissen, was er mit dem Ergebnis anstellen soll. Er könnte es z.B. ausdrucken, er könnte es auf eine Diskette speichern, er könnte es aber auch auf dem Bildschirm darstellen.

> Vor jeder Berechnung muß der Computer alle Variablen kennen.

Dies muß unbedingt beachtet werden, denn wenn er mit Variablen rechnet, die er nicht kennt, dann setzt er sie einfach Null. Das Ergebnis kann dann natürlich nicht stimmen.

13.2.2 Erste Programmerprobung

In Abb. 5 ist ein Programm zur Widerstandsberechnung dargestellt. Geben Sie es sorgfältig über die Tastatur ein. Schließen Sie jede Zeile mit ⟨Enter⟩ ab, denn nur dann übernimmt die Zentraleinheit die Zeile in ihren Programmspeicher. Wenn Sie fertig sind, dann drücken Sie gleichzeitig die Tasten ⟨Ctrl⟩ und ⟨Home⟩[2]. Der Bildschirm wird gelöscht. Nun steht das Programm nur noch im Programmspeicher.

---

[1] Die algebraische Schreibweise ist vorangestellt.

[2] Angaben in diesen Zeichen ⟨ ⟩ geben Tasten an, die direkt betätigt werden können.

$$15{,}46 + 0{,}987 = 16{,}447$$

```
PRINT 15.46+0.987
 16.447
Ok

PRINT 19.67-7.77
 11.9
Ok

PRINT 28.55-(12.78+5.99)
 9.779999
Ok

PRINT 28.55-12.78+5.99
 21.76
Ok

PRINT -492.664-24+600
 83.336
Ok
```

Abb. 1: Beispiele für den direkten Modus Addition (Subtraktion)[1]

$$\frac{0{,}134 \cdot 23{,}56}{34{,}88} = 9{,}051147 \cdot 10^{-2}$$

```
PRINT 0.134*23.56/34.88
 9.051147E-02
Ok

PRINT 0.134/34.88*23.56
 9.051147E-02
Ok

PRINT 0.134/(34.88*23.65)
 1.624416E-04
Ok

PRINT 1/20/30/40
 4.166667E-05
Ok

PRINT 1/(20*30*40)
 4.166667E-05
Ok
```

Abb. 2: Beispiele für den direkten Modus Multiplikation (Division)

$$2^8 = 256$$

```
PRINT 2^8
 256
Ok

PRINT 2^20
 1048576
Ok

PRINT 8^2
 64
Ok

PRINT 64^(1/2)
 8
Ok

PRINT 256^(1/8)
 2
Ok
```

Abb. 3: Beispiele für den direkten Modus Potenzieren (Radizieren)

LIST

Zur Kontrolle kann man jetzt »LIST«auf dem Bildschirm schreiben und ⟨Enter⟩ drücken. Das Programm wird auf dem Bildschirm wieder aufgelistet. Vergleichen Sie das Programm auf dem Bildschirm mit Abb. 5!

NEW

Häufig kommt es vor, daß vor der Programmerstellung oder hier vor dem Abschreiben des Programms noch andere Programmzeilen im Programmspeicher stehen. Diese würden einen Programmablauf unmöglich machen. Sie sollten deshalb zuerst »LIST« mit ⟨Enter⟩ abgeschlossen eintippen. Auf dem Bildschirm darf nur »Ok« erscheinen. Ist das nicht der Fall, dann schreiben Sie »NEW« und drücken ⟨Enter⟩. Jetzt wird alles gelöscht, was im Programmspeicher steht.

RUN

Schreiben Sie nun »RUN« und schließen mit ⟨Enter⟩ ab. Dann erscheint auf dem Bildschirm »Leiterlänge in m?«. Dies ist eine Information für Sie. Das Fragezeichen fordert Sie auf, etwas einzugeben, und der Text sagt Ihnen, daß Sie die Leiterlänge in m als Zahl eingeben sollen. Sie geben eine Zahl, z.B. 25 ein und schließen die Eingabe mit ⟨Enter⟩ ab. Es erscheint die nächste Zeile, mit der nächsten Frage, die Sie wiederum mit einer Zahl beantworten. So folgt auch noch eine dritte Zeile mit einer weiteren Frage, die sie ebenfalls beantworten. Die letzte Zeile bringt schließlich das Ergebnis.

Dezimalpunkt – Null vor dem Punkt

In Abb. 6 ist der gesamte Bildschirmausdruck, der während des Programmablaufes entstanden ist, wiedergegeben. Die Angabe .3 Ohm bedeutet 0,3 Ohm. Hier lernen wir eine weitere Eigenart kennen. Die meisten Computer und ebenfalls die Drucker schreiben die Null vor dem Komma nicht aus, wenn sie dort allein vorkommt. Außerdem kennen alle Computer nur den Punkt anstelle des sonst verwendeten Kommas. Weiter ist hier das griechische Omega als Ohm ausgeschrieben worden. Das ist der Normalfall, da Sonderzeichen besonders dargestellt werden müssen.

Syntax error

Vielleicht ist Ihnen das oder aber etwas ähnliches passiert, was in Abb. 1, S. 282 dargestellt ist. Der Startbefehl ist richtig eingegeben worden. Die ersten zwei Zeilen wurden richtig bearbeitet. Dann erscheint auf dem Bildschirm »Syntax error in 120«. Das bedeutet, in der Zeile 120 ist ein Formatfehler. Dies kann ein falscher Befehl sein, ein Zeichen zuviel, ein Zeichen zuwenig oder schlicht ein Schreibfehler. In der Regel wird auch die Zeile mit dem Formatfehler auf dem Bildschirm abgebildet, und der **Cursor** markiert den Fehler.

Unter Cursor versteht man ein in manchen Ausführungen auch blinkendes Leuchtzeichen auf dem Bildschirm. Er ist insofern eine sehr praktische Hilfe, weil er genau die Stelle auf dem Bildschirm angibt, auf der gerade geschrieben wird.

$$6^3 + \frac{24 \cdot 67}{(67 - 56) \cdot 3} = 264{,}7273$$

```
PRINT 6^3+24*67/(67-56)/3
 264.7273
Ok

PRINT 6^3+24*67/((67-56)*3)
 264.7273
Ok

PRINT (35-78)/-234+945/(24+46)
 13.68376
Ok

PRINT (35-78)/-(234+945)/(24+46)
 5.210227E-04
Ok

PRINT (24+73)^2
 9409
Ok

PRINT 24^2+73^2
 5905
Ok
```

Abb. 4: Beispiele für den direkten Modus Vers. gemischte Aufgaben

```
10 REM "Berechnung des Leiterwi
   derstandes"
20 REM "Name: BERLEIWI"
100 INPUT "Leiterlänge in m";L
110 INPUT "spez. el. Widerstand
    in Mikroohmmeter";RHO
120 INPUT "Leiterquerschnitt in
    mm^2";Q
200 LET R=RHO*L/Q
300 PRINT "Leiterwiderstand R =
    ";R;" OHM"
990 END
```

Abb. 5: Basic-Programm »Berechnung des Leiterwiderstandes«

```
RUN
Leiterlänge in m? 25
spez. el. Widerstand in Mikrooh
   mmeter? 0.018
Leiterquerschnitt in mm^2? 1.5
Leiterwiderstand R =  .3 OHM
Ok
```

Abb. 6: Bildschirmausdruck nach Bearbeitung des Programms »BERLEIWI«

Fehlerkorrektur

Die Fehlerkorrektur ist recht einfach. Man verbessert die Zeile und drückt erneut ⟨Enter⟩. Im vorliegenden Fall wurde anstelle eines Semikolons ein Doppelpunkt geschrieben. Die Zeile wird also einfach neu geschrieben. Ähnlich kann man auch eine Zeile löschen. Man schreibt die Zeilennummer und drückt ⟨Enter⟩, man schreibt also eine neue Zeile, nur schreibt man nichts hinein.

13.2.3 Programminterpretation

Wir wollen jetzt an Hand der Abb. 5 und Abb. 6 von S. 281 das Programm untersuchen.

REM

Die Zeile 10 hat keine Auswirkung auf den Programmablauf. Folglich hat auch der Befehl REM keine Bedeutung. Er erlaubt es jedoch, in das Programm einen erläuternden Text einzubauen. Damit wird das Programm für den Anwender verständlicher. REM-Zeilen können zur Erklärung an jeder Stelle eingebaut werden.

INPUT

In der Zeile 100 steht der Befehl INPUT. Er fordert den Anwender durch ein Fragezeichen auf, eine Variable in Form einer Zahl einzugeben. Gleichzeitig erlaubt er es aber auch, einen erläuternden Text auf dem Bildschirm anzuzeigen. Der Text muß in Anführungsstrichen stehen und durch ein Semikolon von dem Variablen-Namen getrennt sein.

Variablen-Name

Namen von numerischen Variablen bestehen aus Buchstaben und/oder Zahlen. Das erste Zeichen muß ein Buchstabe sein. Es sind bis zu 40 Zeichen erlaubt. Jede Variable muß einen eigenen Namen haben.

Die Zeilen 110 und 120 entsprechen sinngemäß der Zeile 100. Sie sind alle Eingabezeilen.

LET-Zuweisung

Die Zeile 200 ist eine Verarbeitungszeile. Hier werden die Variablen *RHO*, *L* und *Q* miteinander verknüpft. Die Verknüpfungszeichen sind hier die Zeichen »mal« (Multiplikationszeichen als Stern) und »geteilt« (Divisionszeichen als Schrägstrich). Das Gleichheitszeichen weist der Variablen *R* das Verknüpfungsergebnis zu. Der Befehl LET bewirkt das gleiche. Deshalb kann er als Zuweisungsbefehl weggelassen werden. Die Verarbeitungszeile bewirkt nichts auf dem Bildschirm.

In Tabelle 13.1 sind die mathematischen Verknüpfungszeichen, die Operatoren, dargestellt. Bei der Berechnung hält der Computer die übliche Reihenfolge (Hierarchie) ein.

Potenzieren kommt vor Multiplizieren/Dividieren und Multiplizieren/Dividieren kommt vor Addieren/Subtrahieren.

In der Mathematik gilt diese Hierarchie allgemein.

```
RUN
Leiterlänge in m? 25
spez. el. Widerstand in Mikrooh
    mmeter? 0.018
Syntax error in 120
Ok
120 INPUT "Leiterquerschnitt in
    mm^2";Q
```

Abb. 1: Bildschirmausdruck nach der teilweisen Bearbeitung des Programms »BERLEIWI« mit Fehleranzeige

Tabelle 13.1:
Mathematische Operatoren

Matematische Operatoren/Schreibweise		
Bedeutung	Symbol	Beispiel
Potenzieren	^	A^2; 45^3
Multiplizieren	*	$A \cdot B$; $36 \cdot 26$
Dividieren	/	A/B; $27/9$
Addieren	+	$A+B$; $12+45$
Subtrahieren	−	$A-B$; $75-39$
Negatives Vorzeichen	−	$-A$; -258
Gleichheitszeichen (Zuweisungszeichen)	=	$A=B$; $A=497$
Ungleichheitszeichen	$><$ $<>$	$A><B$ $A<>B$
kleiner als	$<$	$A<B$; $24<56$
kleiner gleich	$<=$ $=<$	$A>=B$ $A=>B$
größer als	$>$	$A<B$; $56<24$
größer gleich	$>=$ $=>$	$A<=B$ $A=<B$
Zehnerpotenz	E	$20E3$; $20 \cdot 10^3$ $40E-6$; $40 \cdot 10^{-6}$

PRINT

Der Befehl PRINT in der Zeile 300 bewirkt die Ausgabe auf den Bildschirm. Im vorliegenden Fall werden drei Ausgaben vollzogen. Sie sind durch ein Semikolon getrennt. Zwei Zeichenfolgen, (auch string genannt) und eine numerische Variable. Ein string ist also eine Zeichenfolge, die immer in Anführungszeichen gesetzt wird. Für die numerische Variable steht ihr Name, hier **R,** und die Ausgabe erfolgt als Zahl.

END

Die Zeile 990 zeigt den Befehl END. Er bewirkt, daß hier die Programmbearbeitung beendet wird. Der Computer beendet die Programmbearbeitung. Er verläßt den indirekten Modus (den Programmodus) und geht in den direkten Modus zurück.

13.2.4 Prinzipielle Struktur eines Programms

In 13.2.1 sind schon erste Überlegungen zur Strukturierung eines Programms angestellt worden. Sie spiegeln das EVA-Prinzip (Abb. 1 Seite 278) wider. Darüber hinaus muß der Programmablauf einen Anfang und ein Ende haben. Der Anfang ist meistens ein erläuternder Text (gewissermaßen eine Überschrift) in einer REM-Zeile. Das Ende stellt die END-Zeile dar. Sie ist sehr wichtig, weil in umfangreicheren Programmen nach der END-Zeile noch weitere Zeilen in Form von Unterprogrammen vorkommen können, die nur bei Bedarf benötigt werden.

Dies sind zunächst formale Erfordernisse. Darüber hinaus muß man genau überlegen, durch welche Einzelschritte die gestellte Aufgabe (das Problem) gelöst werden kann. Man muß eine Lösungsstrategie entwickeln (Algorithmus).

Algorithmus

Der Algorithmus ist eine Bearbeitungsvorschrift, die bei allen gleichgelagerten Problemen (Aufgaben) zu richtigen Ergebnissen führt.

In unserem Fall müssen also die drei Größen *L, RHO* und *Q* in der richtigen Einheit eingegeben und in der richtigen Art und Weise miteinander verknüpft werden (Berechnungsformel).

Damit ergibt sich für jede Programmerstellung eine Strategie:

1. Die Aufgabenstellung muß genau analysiert werden.
2. Der Algorithmus wird aufgestellt.
3. Der Programmablauf (Abb. 2) wird nach dem Algorithmus entwickelt.
4. Das Programm wird erstellt und eingegeben.
5. Das Programm wird erprobt.

Diese Strategie sollte im wesentlichen immer eingehalten werden. Nur so ist es möglich, gut strukturierte Programme zu entwickeln. Gut strukturierte Programme wiederum ermöglichen später eine problemlose Programmerweiterung bzw. eine systematische Fehlersuche. Anstelle eines Programmablaufplanes kann auch ein Struktogramm erstellt werden (vgl. 13.4.4).

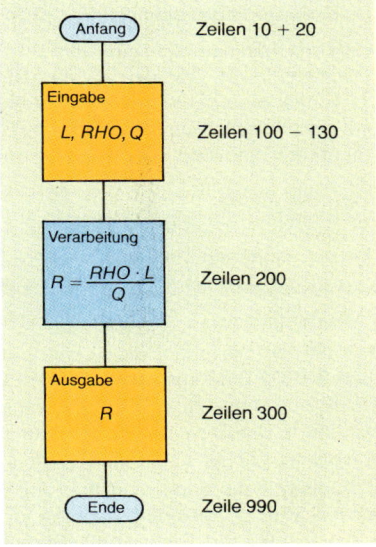

Abb. 2: Programmablaufplan (PA) des Programms »BERLEIWI«

13.3 Speichern von Programmen (Dateien)

Wir wollen das Programm »Berechnung des Leiterwiderstandes« speichern, damit wir es zu einem späteren Zeitpunkt wieder verwenden können. Dazu wollen wir den Diskettenspeicher benutzen. Auf einer Diskette war ja auch unser Basic-Programm gespeichert. Doch zuvor wollen wir uns mit dem Diskettenspeicher etwas vertraut machen.

13.3.1 Speichervermögen und Vorbereitung von Disketten

Was ist eine Diskette?

Eine Diskette (floppy-disk) ist eine mit einer magnetisierbaren Schicht überzogene flexible Kunststoffolie, die in einer Schutzhülle steckt (Abb. 1).

Es gibt 8″ (Zoll), 5,25″ und 3,5″ Disketten. Es gibt einseitig oder zweiseitig verwendbare Disketten. Sie unterscheiden sich nicht nur in ihrer Größe, sondern auch in ihrer Speicherfähigkeit.

Was speichert aber eine Diskette wirklich? Dateien (auch Programme sind Dateien, Programmdateien) bestehen aus Daten. Daten sind Zeichen, die entweder 0 oder 1 sind. Ein Punkt auf der Diskette kann entweder magnetisch oder unmagnetisch sein. Er speichert also eine Information.

Die kleinste Informationseinheit (0 oder 1) heißt Bit[1].

Nun kann man natürlich mit einem Bit noch kein Wort darstellen, höchstens zwei Zeichen. In der Datenverarbeitungstechnik verwendet man heute für die Darstellung eines Zeichens 8 bit und nennt diese neue größere Einheit Byte. Mit 8 Bit kann man 256 unterschiedliche 0–1 Kombinationen bilden ($2^8 = 256$).

Ein Byte besteht aus 8 Bit. Mit einem Byte können 256 verschiedene Zeichen dargestellt werden.

Darüber hinaus gibt es noch größere Einheiten:

1 kB (Kilobyte)   = 2^{10} Byte $\cong$ 1024 Byte
1 MB (Megabyte) = 2^{20} Byte $\cong$ 1048576 Byte

Es gibt nun Disketten, die können 360 kB, also 368640 Byte, rund 360000 Byte speichern. Andere können 720 kB oder gar 1,2 MB speichern. Eine Festplatte kann z.B. 10 MB oder 20 MB speichern. Die Entwicklung geht hier immer weiter.

Wenn man auf der einen Seite weiß, wieviel Speicherplatz zur Verfügung steht, dann muß man auf der anderen Seite auch wissen, wieviel Speicherplatz man für eine Datei benötigt. So benötigt z.B. das Programm »Berechnung des Leiterwiderstandes« 214 Byte. Die Programmdatei »Basic«, die wir ja vorher von der Diskette geladen haben, benötigt 86917 Byte.
Welche Diskettenart eine Diskettenstation (floppy disk drive; kurz: Floppy) benötigt, muß man dem Handbuch entnehmen.

Man kann jedoch nicht einfach eine Diskette kaufen und dann sofort Dateien darauf abspeichern. Diese Disketten müssen entsprechend des verwendeten Betriebssystems und dem Speichervermögen vorbereitet werden. Man nennt diesen Vorgang Formatieren.

[1] Binary digit

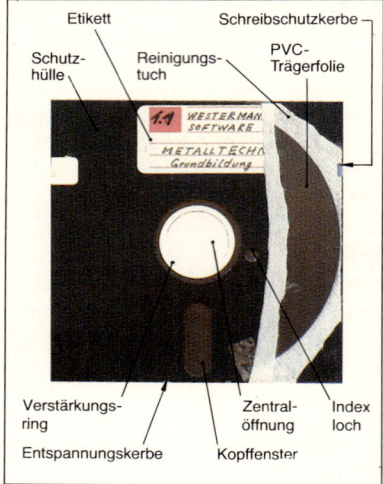

Abb. 1: Diskette 5¼″

Behandlung von Disketten:

Disketten soll man

- im Schutzumschlag aufbewahren,
- nicht an der Oberfläche anfassen,
- nicht in die Nähe von Magnetfeldern bringen,
- nicht biegen oder knicken,
- nur mit weichem Filzstift beschriften,
- keiner Temperatur $>50\,°C$ aussetzen,
- lagerichtig einlegen,
- niemals mit Gewalt einlegen.

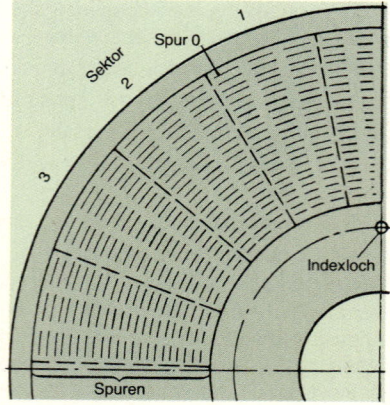

Abb. 2: Diskette in Sektoren und Spuren unterteilt

FORMAT

Der Befehl lautet: FORMAT A:/V und kann nur direkt mit dem Betriebssystem DOS verwirklicht werden. A: gibt an, daß die Formatierung in Laufwerk A erfolgen soll. V ist ein Befehlsparameter und bedeutet hier, daß die Diskette einen Namen, ein Kennzeichen, erhalten soll (Abb. 3).

Beim Formatieren werden auf der Diskettenoberfläche Sektoren und Spuren angelegt (Abb. 2), in die später die Dateien geschrieben werden. Nur so können sie auch wieder gefunden werden. Beim Formatieren wird auch die Diskette überprüft. Es werden nur die Diskettenstellen berücksichtigt, die eine einwandfreie Aufzeichnung ermöglichen.

13.3.2 Bedienung eines Diskettenspeichers

Wir wollen nun das Programm »Berechnung des Leiterwiderstandes« (Name: »BERLEIWI«) abspeichern. Dazu benötigen wir eine Diskette, die noch genügend Speicherplatz frei hat. Diese legen wir richtig (vgl. Handbuch) ein und gehen folgendermaßen vor:

SAVE

Wir geben ein SAVE »A:\BERLEIWI« und schließen wieder mit ⟨ENTER⟩ ab. Jetzt leuchtet die grüne Leuchtdiode der Floppy kurz auf, und der Computer meldet Ok. Das Programm ist abgespeichert und somit gesichert. Save ist also der Befehl, der die Abspeicherung auslöst (Abb. 4).

Was bedeutet aber die Eingabe? A: zeigt dem Computer an, daß das Programm auf die Diskette zu speichern ist, die sich gerade im Laufwerk A befindet. Der Rückstrich \ trennt die Laufwerksangabe von dem Dateinamen.

Jede Datei muß einen Namen haben. Dieser darf in der Regel aus bis zu acht Buchstaben bestehen. Man kann ihn noch um drei Buchstaben verlängern, wenn nach dem achten Buchstaben ein Punkt folgt.

Beim Abspeichern muß man darauf achten, daß auf der Diskette nicht schon eine Datei mit dem gleichen Namen vorhanden ist. Je nach Basic-Version wird die vorhandene Datei überschrieben, oder die neue überhaupt nicht gespeichert. Es kann aber auch sein, daß der Computer nachfragt: z.B. alte Datei überschreiben ja oder nein? Im ersten Fall ist die vorhandene Datei verloren, im zweiten unter Umständen die neue Datei, weil man glaubt, diese abgespeichert zu haben. Vergewissern Sie sich also, wie ihre Basic-Version arbeitet (Handbuch oder Programmbeschreibung).

Jetzt können wir die Diskette aus der Station entfernen, die Anlage ausschalten und eine Pause einlegen. Das Programm ist gesichert. Das sollte auch in dieser Reihenfolge geschehen.

Nach der Pause wollen wir mit dem Programm weitere Leitungswiderstände berechnen. Wir schalten die Anlage wieder ein, und laden gegebenenfalls das Betriebssystem DOS mit der Systemdiskette. Danach laden wir das Basic-Programm wie auf Seite 279 beschrieben.

```
C>FORMAT A:/V
Neue Diskette für Laufwerk A: e
  inlegen und ENTER drücken we
  nn fertig

Formatierung beendet

Band Kennzeichen (11 Zeichen, E
  NTER für keines)? BASICPROGR

362496 BYTES insgesamt auf Disk
  ette
362496 BYTES verfügbar auf Disk
  ette

Nochmal formatieren (J/N)?N
C>
```

Abb. 3: Bildschirmausdruck beim Formatierungsvorgang

```
SAVE"A:\BERLEIWI"
Ok
```

Abb. 4: Bildschirmausdruck beim Abspeichern des Programms »BERLEIWI«

LOAD

Erst jetzt können wir das gewünschte Programm starten. Wir geben ein LOAD »A:\BERLEIWI« und schließen ebenfalls mit ⟨Enter⟩ ab. Wieder leuchtet die grüne Leuchtdiode der Floppy kurz auf, und der Computer meldet Ok. Mit RUN und ⟨Enter⟩ können wir das Programm starten und beliebig viele Leitungswiderstände berechnen.

Es kann aber auch sein, daß der Computer meldet: »file not found« (Abb. 1). Er sagt damit, er habe die Datei nicht gefunden. Hierfür gibt es zwei Ursachen: Entweder wir haben uns bei der Eingabe vertippt, oder die Diskette hat gar keine solche Datei gespeichert (z.B. falsche Diskette).

Im ersten Fall wird die LOAD-Eingabe wiederholt. Erscheint trotzdem »file not found«, dann sollte man das Dateiverzeichnis kontrollieren. Das Dateiverzeichnis heißt direktory.

```
LOAD"A:\BERLEIWI"
File not found
Ok
```

Abb. 1: Bildschirmausdruck: Erfolgloser Ladebefehl

SYSTEM

Hierzu muß man das Basic-Programm verlassen und nur mit dem Betriebssystem DOS arbeiten. Verlassen kann man Basic, indem man SYSTEM ⟨Enter⟩ eingibt. Danach meldet sich der Computer mit dem aktuellen Laufwerk.

DIR

Ist das aktuelle Laufwerk nicht das, in dem die zu überprüfende Diskette steckt, dann muß man das Laufwerk wechseln. Jetzt gibt man einfach DIR ⟨Enter⟩ ein, und der Inhalt der Diskette wird angezeigt (Abb. 2). Im vorliegenden Fall befindet sich die Diskette in Laufwerk A und hat den Namen: BASICPROGR. Das Verzeichnis sagt aus, daß vier Dateien gespeichert und noch 358400 BYTES frei sind. Darüberhinaus sind neben den Dateinamen mit ihren Ergänzungen (BAS-BASIC) die Dateilänge in Bytes, das Datum und die Uhrzeit der letzten Bearbeitung angegeben.

```
A>DIR

 VOLUME in Laufwerk A ist BASIC
    PROGR
 Verzeichnis von A:\

BERLEIWI  BAS 235 29.08.87 20.42
BERSPAAB  BAS 481 29.08.87 20.51
BERLEIOU  BAS 740 30.08.87 11.36
SINUSSFA  BAS 211 30.08.87 15.09
  a Datei(en) 358400 BYTES frei

A>
```

Abb. 2: Bildschirmausdruck: Dateiverzeichnis einer Diskette

Tabelle 13.2: Sinnbilder eines Programmablaufplanes nach DIN 66001

 ⬭	Grenzstelle z. B. Anfang Ende	▷	Sprung mit Rückkehr
●	Verbindungsstelle	▷	Sprung ohne Rückkehr
▭	Verarbeitung einschließlich Eingabe/Ausgabe	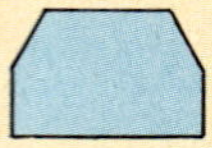 ⬠	Anfang einer Schleife
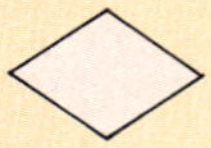 ◇	Verzweigung	 ⬡	Ende einer Schleife

13.4 Programmentwicklung

In 13.2.2 haben wir ein erstes Programm kennengelernt. Von der Eingabe über die Verarbeitung bis zur Ausgabe durchlief der Computer das Programm nach den aufsteigenden Zeilennummern ohne Verzweigung. Ein solches Programm nennt man ein lineares Programm. Der Abstand der Zeilennummern ist willkürlich gewählt worden. Man sollte immer etwas Abstand vorsehen, damit man später evtl. noch erweitern kann.

Programme können auch an einer Stelle verzweigt sein, wenn je nach Wunsch das eine oder das andere Ergebnis gewünscht wird. Im folgenden sollen an Hand von Beispielen aus der Elektrotechnik noch weitere Programmarten vorgestellt werden.

13.4.1 Berechnung des Spannungsfalls
– Beispiel eines Unterprogramms –

Problemanalyse

Der Spannungsfall ist in der Praxis ein Maß für die auftretenden Verluste. Er ist von der Stromstärke in der Leitung, der Leitungslänge, dem Leiterquerschnitt und vom Leitungsmaterial abhängig. Die Stromstärke und die Leitungslänge liegen in der Regel für eine Anlage fest. Leiterquerschnitt und Leitermaterial müssen bestimmt werden.

Aufstellung eines Algorithmus

Zur Berechnung des Spannungsfalls gibt es eine Formel. Diese erfordert die Größen Leitungslänge, Stromstärke, Leiterquerschnitt und elektrische Leitfähigkeit. Als projektierender Fachmann kann man l und I aus den Unterlagen entnehmen und eingeben. Die Leiterquerschnitte sind in Stufen genormt. Sie kann man aus dem vorliegenden Bestellkatalog der Lieferfirma für Elektromaterial entnehmen. Die elektrische Leitfähigkeit müßte man aus Tabellen entnehmen. Diese Arbeit kann man sich ersparen, wenn man die Werte für die Leitfähigkeit in das Programm aufnimmt und nur noch das Material eingibt.

Algorithmus

1. Eingabe von I, l, q und Material.
2. Computer ermittelt die elektrische Leitfähigkeit in einem Unterprogramm.
3. Berechnung des Spannungsfalls (Formel).
4. Ausdruck des Spannungsfalls.

Programmablauf

Abb. 3 zeigt den Programmablauf, der sich aus dem Algorithmus ergibt.

Programmerstellung

Versuchen Sie einmal, das Programm selbst zu erstellen. Neben den bekannten Befehlen kommen hier GOSUB ... RETURN und IF ... THEN zum Einsatz. Außerdem wird die Menütechnik angewendet.

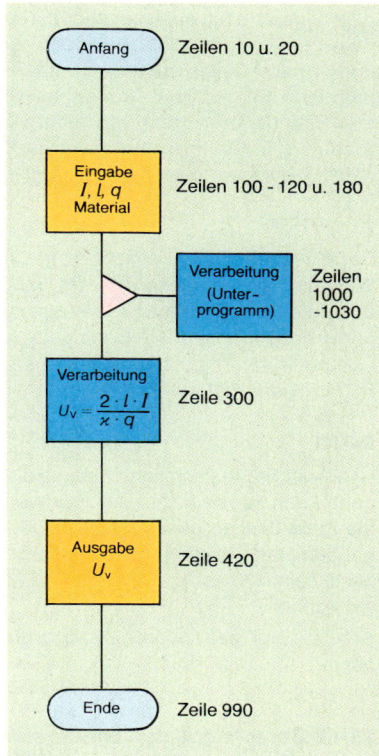

Abb. 3: Programmablaufplan des Programms »BERSPAAB«

Programminterpretation

Die Zeilen 10 und 20 des Programms »BERSPAAB« (Abb. 1) geben die Überschrift des Programms an. Sie stellen damit den Programmanfang dar. Diesen Anfang könnte man noch um weitere REM-Zeilen, die die Variablennamen zuordnen, ergänzen. Bei umfangreichen Programmen ist das erforderlich. Die Zeilen 100 bis 120 stellen die bekannte Eingabe dar. Eine andere Form der Eingabe ist in den Zeilen 130 bis 170 zu sehen. Sie wird Menütechnik genannt.

Menütechnik

Hier wird zunächst nach dem Leitermaterial gefragt (Zeile 130) und dann drei Materialien zur Auswahl angeboten. Der Bediener wählt das Material aus dem Menü aus, indem er 1, 2 oder 3 eingibt. Für den Computer ist das die Variable M.

GOSUB ... RETURN – Unterprogramm

Mit GOSUB verzweigt der Computer in ein Unterprogramm. Ist dies abgearbeitet, dann bewirkt RETURN den Rücksprung in die Zeile nach dem GOSUB-Befehl. Unterprogramme müssen immer nach Zeilen stehen, die das Hauptprogramm beenden (hier 990). Es gibt zwei Gründe, ein Unterprogramm einzurichten. Erstens kann man von mehreren Stellen das Unterprogramm aufrufen, also mehrfach benutzen, und zweitens wird jedes Programm dadurch übersichtlicher.

IF ... THEN

Der IF ... THEN-Befehl erlaubt es, bedingte Befehle auszuführen. Wenn die IF-Bedingung wahr ist, dann werden die nachfolgenden Befehle ausgeführt. Sie werden immer durch einen Doppelpunkt getrennt. Ist die IF-Bedingung nicht wahr, dann geht der Computer sofort zur nächsten Zeile über. Deshalb taucht hier RETURN dreimal auf.

GOTO

Ist bei der Frage nach dem Material eine falsche Eingabe erfolgt, dann kann kappa nicht bestimmt werden. Deshalb wurde hier die Zeile 1030 vorgesehen. Der GOTO-Befehl verursacht einen unbedingten Sprung hier nach Zeile 990 END. Man hätte auch nach Zeile 130 springen und so die Materialabfrage wiederholen können.

Abb. 2 zeigt den Bildschirmausdruck einer Programmerprobung.

```
10 REM "Berechnung des Spannungs
   falls"
20 REM "Name: BERSPAAB"
100 INPUT "Leitungsstrom in A";I
110 INPUT "Leitungslänge in m";L
120 INPUT "Leiterquerschnitt in
    mm^2";Q
130 PRINT "Leitermaterial ?"
140 PRINT "     Kupfer    - 1"
150 PRINT "     Aluminium - 2"
160 PRINT "     Eisen     - 3"
170 INPUT M
200 GOSUB 1000
300 LET UV=2*L*I/KAPPA/Q
400 PRINT
410 PRINT
420 PRINT "Der  Spannungsfall be
    trägt ";UV;" V !"
990 END
1000 IF M=1 THEN KAPPA=56:RETURN
1010 IF M=2 THEN KAPPA=36:RETURN
1020 IF M=3 THEN KAPPA=10:RETURN
1030 PRINT "Leitermaterial nicht
     erkannt":GOTO 990
```

Abb. 1: Basic-Programm
»Berechnung des Spannungsfalls«

```
RUN
Leitungsstrom in A? 10
Leitungslänge in m? 22
Leiterquerschnitt in mm^2? 1.5
Leitermaterial ?
     Kupfer    - 1
     Aluminium - 2
     Eisen     - 3
? 1


Der Spannungsfall beträgt  5.23
   8096  V !
Ok
```

Abb. 2: Bildschirmausdruck nach Bearbeiten des Programms »BERSPAAB«

13.4.2 Berechnung des Leiterquerschnitts
– Bedingte Programmwiederholung; Schleife –

Problemanalyse:

In 13.4.1 wurde der Spannungsfall berechnet. In der Praxis ist der zulässige Spannungsfall entsprechend der technischen Anschlußbedingungen (TAB) vorgeschrieben. Es ist eine Prozentangabe, die auf die Netzspannung bezogen ist. Entsprechend dieser Angabe muß für eine vorgegebene elektrische Anlage der Leiterquerschnitt ausgewählt werden. Der erforderliche Leiterquerschnitt wird aufgrund des zulässigen Spannungsfalls für eine vorgegebene Stromstärke und Leitungslänge unter Berücksichtigung des Leitermaterials berechnet.

Aufstellung eines Algorithmus

Zunächst berechnet man den zulässigen Spannungsfall in V. Dann stellt man die Formel für den Spannungsfall nach dem Leitungsquerschnitt um. Bei der Berechnung setzt man für den Spannungsfall den zulässigen Spannungsfall ein und erhält den erforderlichen Leiterquerschnitt. Dieser ist in der Regel jedoch kein genormter Querschnitt. Folglich wählt man aus einer Normliste den nächsthöheren Querschnitt aus und berechnet für ihn den vorhandenen Spannungsfall.

Man kann aber auch anders vorgehen: Zunächst berechnet man genau wie oben den zulässigen Spannungsfall. Dann berechnet man den Spannungsfall für den kleinsten Leiterquerschnitt, der verlegt werden darf. Diesen vergleicht man mit dem zulässigen Spannungsfall. Ist der errechnete Spannungsfall größer als der zulässige, dann wiederholt man die Berechnung mit dem nächst größeren Normquerschnitt. Diese Wiederholung wird so oft durchgeführt, bis der errechnete Spannungsfall kleiner oder gleich dem zulässigen ist.

Die erste Vorgehensweise erfordert zwei Berechnungen, während die zweite unter Umständen wesentlich mehr erfordert. Da jedoch der Computer sehr geduldig und sehr schnell rechnet, soll hier die zweite Methode gewählt werden.

Algorithmus

1. Eingabe von I, l, U_N, $U_{V\%}$ und Material.
2. Computer ermittelt die elektrische Leitfähigkeit.
3. Berechnung des zulässigen Spannungsfalls.
4. Computer legt kleinsten Leiterquerschnitt fest.
5. Berechnung des Spannungsfalls.
6. Vergleich der Spannungsfallwerte und bei zu großem berechneten Spannungsfall Wiederholung der Berechnung mit dem nächst größeren Leiterquerschnitt.
7. Ausdruck des erforderlichen Leiterquerschnittes und des vorhandenen Spannungsfalls.

Programmablauf: Siehe Abb. 4.

Programmerstellung:

Auch hier können Sie zuerst selbständig ein Programm erarbeiten und ausprobieren. Es kommt nur ein neuer Befehl hinzu: READ...DATA.

Programminterpretation: (Abb. 1, S. 290)

Die Zeilen 10 bis 200 entsprechen teilweise direkt, teilweise sinngemäß den entsprechenden Zeilen des Programms BERSPAAB. In Zeile 300 wird der zulässige Spannungsfall berechnet. Eine Neuerung stellt die Zeile 310 dar. Sie ist eng mit der Datazeile 1100 verknüpft. Diese kann im Prinzip überall stehen. Sinnvoll ist es, sie an eine Stelle zu plazieren, an der man sie leicht findet. Was hat es nun mit diesem Befehl auf sich?

```
RUN
Leitungsstrom in A? 10
Leitungslänge in m? 22
Leiterquerschnitt in mm^2? 1.5
Leitermaterial ?
    Kupfer    - 1
    Aluminium - 2
    Eisen     - 3
? 4
Leitermaterial nicht erkannt
Ok
```

Abb. 3: Bildschirmausdruck nach einer fehlerhaften Menü-Eingabe

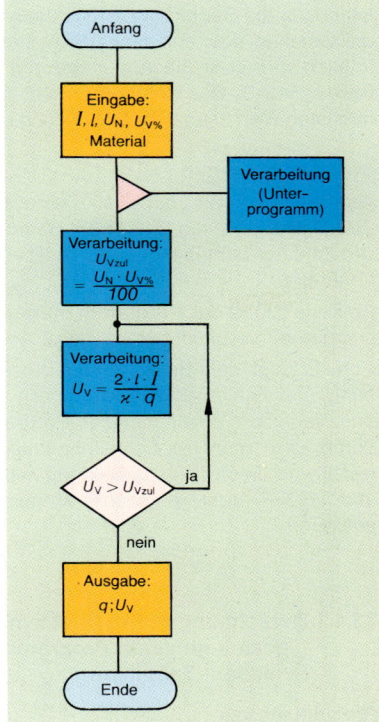

Abb. 4: Programmablaufplan des Programms »BERLEIQU«

READ...DATA

Wenn der Befehl READ erscheint, dann sucht sich der Computer die Datazeile und liest den ersten Wert, der mit einem Komma vom nächsten getrennt sein muß. Er liest jedoch nicht nur diesen Wert, sondern er merkt sich auch, welchen Wert er gelesen hat, er setzt intern einen »Merker«.

Dann geht er weiter zur nächsten Zeile, hier die Zeile 320. Dort berechnet er den vorhandenen Spannungsfall. Dieser gilt natürlich für den ersten Q-Wert. In Zeile 400 vergleicht er den vorhandenen Spannungsfall mit dem zulässigen. Ist hier die IF...THEN-Bedingung nicht erfüllt, dann geht er zu den nächsten Zeilen weiter.

Ist jedoch die Bedingung erfüllt, dann führt er den Befehl (oder die Befehle) aus, der nach THEN steht. Hier steht GOTO 310, folglich springt er (bedingter Sprung) nach 310. Hier steht nun wieder READ. Der Computer sucht die DATA-Zeile, liest den nächsten Wert nach dem Merker und setzt einen neuen Merker.

Schleifenprogramm

Ab Zeile 310 bis Zeile 400 wird das Programm solange durchlaufen, bis die IF...THEN-Bedingung nicht mehr stimmt. Die Zahl der Schleifendurchläufe ist also von den Bedingungen abhängig.

Ab Zeile 500 ist das Programm mit dem Programm BERSPAAB sinngemäß vergleichbar.

Abb. 2 zeigt den Bildschirmausdruck einer Programmerprobung. Die Zahlen in den Klammern geben die nacheinander durchlaufenen Zeilen bei der Programmbearbeitung an. Dadurch kann man die Schleifenbildung deutlich erkennen. Erreicht wird diese Ablaufverfolgung mit den Befehlen TRON (ein) und TROFF (aus). In diesem Modus kann man Ablauffehler aufspüren.

```
10 REM "Berechnung des Leiterqu
   erschnitts"
20 REM "Name: BERLEIQU"
100 INPUT "Leitungsstrom in A";I
110 INPUT "Leitungslänge in m";L
120 INPUT "Nennspannung des Netz
    es in V";UN
130 INPUT "zul. Spannungsfall in
    %";UVP
140 PRINT "Leitermaterial ?"
150 PRINT "    Kupfer     - 1"
160 PRINT "    Aluminium  - 2"
170 PRINT "    Eisen      - 3"
180 INPUT M
200 GOSUB 1000
300 LET UVZUL=UN*UVP/100
310 READ Q
320 LET UVVOR=2*L*I/KAPPA/Q
400 IF UVVOR>UVZUL THEN GOTO 310
500 PRINT
510 PRINT
520 PRINT "Es ist ein Leiterquer
    schnitt von ";Q;" mm^2 erfor
    derlich!"
530 PRINT "Bei diesem Querschni
    tt beträgt der Spannungfall
    ";UVVOR;" V!"
990 END
1000 IF M=1 THEN KAPPA=56:RETURN
1010 IF M=2 THEN KAPPA=36:RETURN
1020 IF M=3 THEN KAPPA=10:RETURN
1030 PRINT "Leitermaterial nicht
     erkannt":GOTO 990
1100 DATA 1.5,2.5,4,6,10,16,25,
     35,50,70,95,120,150,185
```

Abb. 1: Basic-Programm
»Berechnung des Leiterquerschnitts«

```
RUN
[10][20][100]Leitungsstrom in A
   ? 38
[110]Leitungslänge in m? 25
[120]Nennspannung des Netzes in
     V? 220
[130]zul. Spannungsfall in %? 1
   .5
[140]Leitermaterial ?
[150]    Kupfer     - 1
[160]    Aluminium  - 2
[170]    Eisen      - 3
[180]? 1
[200][1000][300][310][320][400]
   [310][320][400][310][320][40
   0][310][320][400][310][320][
   400][310][320][400][500]
[510]
[520]Es ist ein Leiterquerschni
   tt von 16 mm^2 erforderlich!
[530]Bei diesem Querschnitt bet
   rägt der Spannungsfall 2.120
   536  V!
[990]
Ok
```

Abb. 2: Bildschirmausdruck nach
Bearbeiten des Programms »BERLEIQU«
mit Zeilenablauf

13.4.3 Berechnung einer sinusförmigen Wechselspannung – gezielt geplante Programmwiederholung: Schleife – Tabellieren

Problemanalyse

Bei einer sinusförmigen Wechselspannung ändert sich während einer Periode die Spannungshöhe und die Spannungsrichtung. Die Momentanwerte u ändern sich also in Abhängigkeit von der Zeit. Bei einer Frequenz von 50 Hz dauert eine Periode 0,02 s oder 20 ms. Entsprechend der Formel $u = \hat{u} \cdot \sin(2 \cdot \pi \cdot f \cdot t)$ kann man für jeden Augenblick die Spannungshöhe berechnen, man muß dann nur die gewünschte Zeit einsetzen.

Aufstellung eines Algorithmus

Sind der Spitzenwert der Spannung (Eingabe) und die Frequenz bekannt, dann muß man je nach Anforderung mehrere Werte für unterschiedliche Zeitpunkte innerhalb einer Periode berechnen. Will man z.B. zwanzig Augenblickswerte bei einer Periodendauer von 20 ms berechnen, dann betragen die Zeitschritte 1 ms. Die Zeitwerte sind dann 0, 1, 2, … ms usw. Die Ergebnisse sollen paarweise in Tabellenform auf dem Bildschirm dargestellt werden.

Algorithmus

1. Eingabe des Spitzenwertes der Spannung.
2. Festlegung des ersten Zeitwertes mit 0.
3. Berechnung des ersten Momentanwertes der Spannung.
4. Darstellung des Zeitpunktes und des dazugehörigen Momentanwertes.
5. Erhöhung des Zeitwertes um den Zeitschritt.
6. Berechnung des zweiten Momentanwertes.
   Ab hier wiederholt sich der Vorgang, bis der Endwert der Zeit erreicht ist.

Programmablauf: Siehe Abb. 3

Programmerstellung: Siehe Abb. 4

Programminterpretation

CLS

Die Zeilen 10 und 20 bilden wieder den Programmanfang. Neu ist hier der Befehl CLS (Zeile 90). Er veranlaßt, daß der gesamte Bildschirm gelöscht und die neue Aufzeichnung in der oberen linken Bildschirmecke begonnen wird.

FOR … NEXT

Die gezielte Programmwiederholung wird mit dem FOR … NEXT-Befehl erreicht (Zeile 200 und 320). Hinter FOR steht der Schleifenanfang und hinter TO das Schleifenende (0 und 20). Hinter STEP steht der gewählte Schleifenschritt (1). Die NEXT-Zeile markiert die Stelle, ab der der Programmabschnitt wiederholt werden soll.

CINT

Die Zeile 210 veranlaßt die Berechnung der Spannungswerte. Diese Werte können bis zu 6 Dezimalstellen genau sein. Die CINT-Funktion (Zeile 220) wandelt das Ergebnis durch Auf- bzw. Abrundung in einen ganzzahligen Wert (Integer) um. Ein ganzzahliger Wert kann jedoch zu ungenau sein. Will man bis zu zwei Stellen nach dem Komma genau sein, dann muß man einen Trick anwenden: Man multipliziert zunächst das Ergebnis mit 100 und läßt danach runden. Der Faktor muß in der Klammer stehen. Jetzt ist natürlich der Wert 100mal zu groß, folglich muß man hinterher wieder durch 100 dividieren. Bei drei Stellen muß der Faktor 1000 sein usw.

Es gibt noch die INT-Funktion. Sie schneidet die Ziffern nach dem Punkt ab, rundet also nicht auf bzw. ab.

TAB

Mit der TAB-Funktion kann man die Spalte des Ausdruckbeginns festlegen. Ein Bildschirm mit 80 Zeichen pro Zeile besitzt 80 Spalten. Stehen mehrere TAB-Funktionen in einer Zeile, dann erfolgt also der Ausdruck in Tabellenform.

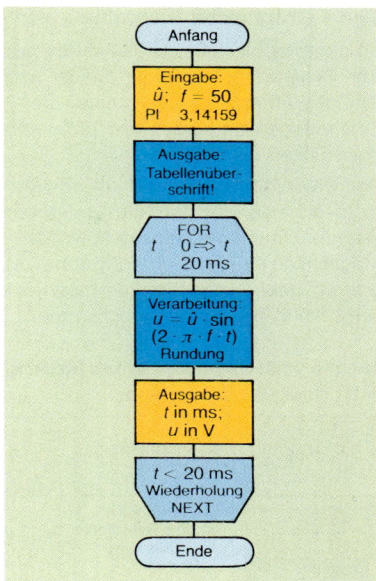

Abb. 3: Programmablaufplan des Programms »SINUSSPA«

```
10  REM "Sinusförmige Wechselspa
    nnung"
20  REM "Name: SINUSSPA"
90  CLS
100 INPUT "Spitzenwert der Span
    nung in V";US
110 LET F=50
120 LET PI=3.14159
190 PRINT TAB(8)"t in ms";TAB(2
    5)"u in V"
200 FOR T=0 TO 20 STEP 1
210 LET U=US*SIN(2*PI*F*T/1000)
220 LET U=CINT(U*100)/100
300 PRINT TAB(10)T;TAB(25)U
320 NEXT T
990 END
```

Abb. 4: Basic-Programm »Sinusförmige Wechselspannung«

t in ms	u in V
0	0
1	96.1
2	182.8
3	251.6
4	295.78
5	311
6	295.78
7	251.6
8	182.8
9	96.11
10	0
11	-96.11
12	-182.8
13	-251.6
14	-295.78
15	-311
16	-295.78
17	-251.6
18	-182.8
19	-96.11
20	0

Abb. 5: Bildschirmausdruck nach Bearbeiten des Programms »SINUSSPA«

13.4.4 Graphische Darstellung von Programmen

Zu den graphischen Darstellungen gehören der **Datenflußplan,** der **Programmablaufplan** (beide nach DIN 66001) und das **Struktogramm.** Sie erleichtern die Programmierarbeit, weil Zeichnungen oft kürzer und prägnanter die Zusammenhänge ausdrücken als Texte.

Der Datenflußplan ist mehr hardware-orientiert und wird hier nicht angewendet. Für die vorliegenden Beispiele sind Programmablaufpläne aufgestellt worden. Eine weitere verbreitete Möglichkeit stellt das Struktogramm (ausführlicher: Strukturdiagramm oder Nassi-Shneidermann-Diagramm) dar. Tab. 13.3 zeigt Sinnbilder für Struktogramme.

Tabelle 13.3: Sinnbilder eines Struktogramms nach Nassi-Shneidermann

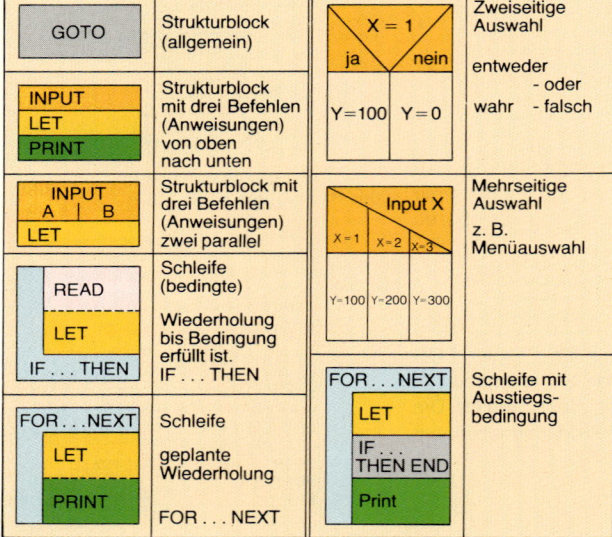

13.4.5 Grundlagen der Textverarbeitung

In den bisherigen Programmen wurden nur Variable für Zahlenwerte (numerische Variable) verwendet. Wenn wir einen Text auf den Bildschirm schreiben wollten, haben wir diesen in Anführungszeichen gesetzt. Eine solche Zeichenfolge stellt eine Text-Variable dar, auch **alphanumerische Variable** oder **String** genannt.

Einer solchen Variablen kann man auch einen Namen geben. Dazu muß nur ein Stringzeichen $ (Dollarzeichen) angehängt werden, z.B. D$ = »daten« oder V$ = »verarbeitung«. Strings können miteinander verknüpft werden, z.B. D$ + V$ = »datenverarbeitung« (Abb. 1) oder miteinander verglichen werden, z.B. bei einer IF…THEN-Bedingung. Die Anzahl der Zeichen eines Strings kann bestimmt werden, es können Teile aus einem String ermittelt und herausgenommen werden, Strings können geordnet werden. In Abb. 2 sind einige String-Funktionen dargestellt.

```
LIST
10 REM "Beispiele einer Verknüp
   fung"
100 INPUT "Vorname";V$
110 INPUT "Nachname";N$
120 INPUT "Wohnort";W$
200 LET S$="wohnt in"
210 LET P$="."
220 LET B$=" "
250 PRINT:PRINT
300 PRINT V$+B$+N$+B$+S$+B$+W$+P$
990 END
Ok

RUN
Vorname? Werner
Nachname? Müller
Wohnort? München


Werner Müller wohnt in München.
Ok
```

Abb. 1: Beispiel einer Stringverknüpfung

```
LIST
10 REM "Beispiele: Stringfunkti
   onen"
100 INPUT "alphanumerischer Aus
    druck";A$
200 LET L=LEN(A$)
250 PRINT "Der Ausdruck hat ";L
    ;" Zeichen!"
300 LET M$=MID$(A$,3,2)
350 PRINT "Ab dem 3. Zeichen si
    d sind die nächsten 2: ";M$
400 LET LI$=LEFT$(A$,4)
450 PRINT "Die ersten 4 Zeichen
    sind: ";LI$
500 LET RE$=RIGHT$(A$,5)
550 PRINT "Die letzten 5 Zeiche
    n sind: ";RE$
990 END
Ok

RUN
alphanumerischer Ausdruck? West
   ermann
Der Ausdruck hat 10 Zeichen!
Ab dem 3. Zeichen sind die näch
   sten 2: st
Die ersten 4 Zeichen sind: West
Die letzten 5 Zeichen sind: rma
   nn
Ok

RUN
alphanumerischer Ausdruck? Zuck
   erhut
Der Ausdruck hat 9 Zeichen!
Ab dem 3. Zeichen sind die näch
   sten 2: ck
Die ersten 4 Zeichen sind: Zuck
Die letzten 5 Zeichen sind: erh
   ut
Ok
```

Abb. 2: Beispiele für String-Funktionen

13.5 Möglichkeiten und Auswirkungen des Einsatzes von Datenverarbeitungsanlagen

Die Datenverarbeitung geht bis in die Zeit vor Christi Geburt zurück (vgl. Tab. 13.4). Jedoch erst die Entwicklung der IC-Technik machte es möglich, die Datenverarbeitung im großen Stil und in allen Bereichen durchzuführen. Die lawinenartige Verbreitung der Datenverarbeitung verändert unsere Arbeitsplätze, unser Privatleben und unser Zusammenleben unwiderruflich. Viele Arbeitsplätze werden wegfallen. Neue Arbeitsplätze entstehen, neue Berufe entstehen. Die Neuordnung der Ausbildung in der Elektrotechnik ist ein Beispiel dafür. Um auf dem Weltmarkt konkurrenzfähig zu bleiben, müssen wir die Entwicklung mitmachen. Wir müssen die neue Technik beherrschen, sonst beherrscht sie uns.

13.5.1 Einsatzmöglichkeiten in Forschung, Handwerk, Industrie und Verwaltung

Forschung

In der Forschung geht es darum, neue Gesetzmäßigkeiten zu ergründen, neue Produkte und Verfahren zu entwickeln, Auswirkungen zu studieren u.ä. Hierfür werden Modelle aufgestellt und ausprobiert. Das erfordete oft den Aufbau solcher Modelle und zeitraubendes Experimentieren. Kam man zu keinem befriedigenden Ergebnis, dann waren oft Kapital- und Zeitaufwand umsonst. Heute entwickelt man zunächst computerorientierte Modelle und simuliert die zu erforschenden Sachverhalte. Der Computer verarbeitet eine unvorstellbare Datenmenge in recht kurzer Zeit und liefert so erste Ergebnisse. Damit kann man schon Vermutungen anstellen, ob ein real durchzuführendes Experiment sinnvoll sein wird. Der Computereinsatz kann ein Forschungsexperiment nicht ersetzen, wohl aber unterstützen.

Handwerk, Industrie

In Handwerk, Industrie und Handel übernimmt heute der Computer fast den ganzen Informationsaustausch. Er überwacht Warenein- und -ausgang, den Geldverkehr, das Rechnungswesen. Er führt die Buchführung durch, projektiert Anlagen und vieles mehr.

In der Steuerungs- und Regelungstechnik übernimmt der Computer die Prozeßdatenverarbeitung. Über Sensoren (Meßwertaufnehmer) erfaßt er Informationen, verarbeitet sie und setzt das Verarbeitungsergebnis über Aktoren (Stellglieder) in den Prozeß um. Da in der Regel die Prozesse analog ablaufen und die Datenverarbeitung digital erfolgt, sind hier Analog-Digital-Wandler (AD-Wandler) und Digital-Analog-Wandler (DA-Wandler) im Einsatz. Ein Beispiel hierfür stellt die speicherprogrammierbare Steuerung (SPS) dar. Sie ersetzt mehr und mehr die verbindungsprogrammierbaren Steuerungen (Schützschaltungen).

Von sehr großer Bedeutung ist der Computereinsatz in der Produktion (CIM: Computer Integrated Manufacturing). Hier

Tabelle 13.4: Entwicklung der EDV

Zeit	Entwicklungsstand
ca. 1000 v.Chr.	Verwendung mechanischer Rechenhilfsmittel in Form von Rechenbrettern (Abakus), wie sie zum Teil heute noch in Asien verwendet werden.
ca. 1640	PASCAL entwickelt eine Addiermaschine für bis zu sechsstellige Zahlen.
ca. 1680	LEIBNIZ entwickelt leistungsfähige mechanische Rechenmaschinen.
1703	LEIBNIZ gibt eine Schrift über das duale Zahlensystem heraus, das auch heute noch die Grundlage für die Verarbeitung von Daten in Computern bildet.
1833	CHARLES BABBAGE entwickelt eine Maschine mit Rechen-, Steuer- und Ein-/Ausgabewerk. Speicherung von 1000 Zahlen zu je 50 Stellen; Programmspeicherung auf Lochkarten.
1890	Bei einer Volkszählung in USA werden von HOLLERITH Lochkarten für die Auswertung der Erhebung eingesetzt.
1941	KONRAD ZUSE entwickelt den ersten funktionsfähigen Relaisrechner.
1946	1. Computergeneration: Röhrenrechner ENIAC (17000 Röhren; Masse 30 Tonnen).
1950	Verkauf des 1. Computers (UNIVAC).
1957	2. Computergeneration: erster volltransistorisierter Computer (SIEMENS 2002).
1964	3. Computergeneration: Rechner mit integrierten Schaltkreisen (IBM 360, SIEMENS 4004); kleinere Abmessungen und größere Zuverlässigkeit als bei Transistorrechnern.
1970/ 1971	Entwicklung des ersten 4-Bit-Mikroprozessors (INTEL 4040).
1973/ 1974	Entwicklung des ersten 8-Bit-Mikroprozessors (INTEL 8080).
1975	4. Computergeneration: Personal-Computer mit hochintegrierten Schaltkreisen, geringeren Abmessungen und hoher Rechengeschwindigkeit; zunehmender Preisverfall läßt die Computer in den privaten Bereich vordringen; durch Entwicklung höherer Programmiersprachen und Einsatz vielfältiger Standardsoftware wird die Benutzerfreundlichkeit der Computer fortlaufend verbessert.
1979/ 1980	Entwicklung von 16-Bit-Mikroprozessoren.
1985	Zunehmender Einsatz von 16- und 32-Bit-Rechnern.
Ausblick	Weitere Miniaturisierung durch die Entwicklung höchstintegrierter Schaltkreise mit mehreren Millionen Komponenten pro Chip.

unterteilt man den Einsatz in drei Bereiche. Das computerunterstützte Zeichnen (CAD: Computer Aided Design) hat Einzug in
die Konstruktionsbüros gehalten. Arbeitsabläufe mit allen erforderlichen Unterlagen werden von der computerunterstützten
Planung (CAP: Computer Aided Planing) organisiert. Schließlich
sorgt die computerunterstützte Fertigung (CAM: Computer
Aided Manufacturing) mit ihren NC- oder CNC-Maschinen für
einen ungeheuren Rationalisierungseffekt.

Verwaltung

In der Verwaltung kommt schließlich jeder Bürger mit der
Datenverarbeitung in Berührung. Die Einwohner werden daten-
mäßig erfaßt. Die Steuerbescheide werden von Computern
bearbeitet. Alle Kraftfahrzeuge sind im Verkehrszentralregister
geführt. Die Verkehrssünderkartei ist heute eine Datenverarbei-
tungsdatei. Die Beispiele lassen sich noch fortführen.

Abb. 1: Beispiel für CAD

13.5.3 Datenschutz

Die obigen Ausführungen machen deutlich, daß mit Daten
Mißbrauch getrieben werden kann. Es ist deshalb erforderlich,
die Menschen vor nachteiligen Folgen der Datenverarbeitung
zu schützen. Deshalb hat der Bundestag das Datenschutzgesetz
erlassen.

Das Datenschutzgesetz regelt:

- die Speicherung, Übermittlung, Veränderung und Löschung
  von personenbezogenen Daten.
- das Datengeheimnis bei der Datenermittlung, -verarbeitung
  und -bekanntgabe.
- die Rechte des Bürgers in bezug auf Auskunft und Änderung.
- die Folgen von Gesetzesverletzungen in Form von Bußgel-
  dern und Strafen.

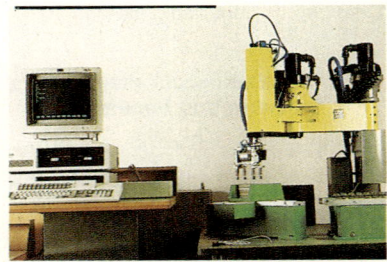

Abb. 2: Beipiel für CAM

Der Datenschutz wird von dem Datenschutzbeauftragten kon-
trolliert. Im öffentlichen Bereich gibt es den Datenschutzbeauftragten des Bundes und jeweils einen des Landes. In jedem
Betrieb mit mehr als fünf Angehörigen muß ein Datenschutz-
beauftragter bestellt werden.

Neben personenbezogenen Daten müssen auch andere Daten
geschützt werden. Als Stichworte sollen hier Bildschirmtext
(Btx) und das Bankwesen genannt werden. Bei vielen Banken
bearbeitet ein Computer die Konten. Damit nun nicht jeder
gezielt oder zufällig Geld abheben kann, müssen Sperren in
Form von Geheimcodes oder Paßwörtern vorgesehen werden.

Abb. 3: Beispiel für SPS

Aufgaben zu 13

1. Was versteht man unter Software?
2. Was ist Hardware und was gehört dazu?
3. Beschreiben Sie das EVA-Prinzip!
4. Nennen Sie Eingabe-, Ausgabe- und Speichergeräte!
5. Welche Aufgabe hat ein Betriebssystem?
6. Was gibt das Bereitschaftszeichen an?

7. Wandeln Sie die Rechenaufgabe 25 · 46 / 22E − 3 + 43ˆ2 / (22 · 12) um in die algebraische Schreibweise und ermitteln Sie das Ergebnis!

8. Worin unterscheidet sich der direkte Modus vom indirekten Modus?

9. Wie werden numerische Variable benannt?

10. Was bedeutet »Syntax error in 200«?

11. Wie kann man ein Programm auflisten?

12. Wie kann man ein Programm starten?

13. Wie kann man ein Programm löschen?

14. Wie kann man einen erläuternden Text in ein Programm einbauen?

15. Was ist ein Algorithmus?

16. In welchen Einheiten kann man das Speichervermögen angeben? Erklären Sie diese Einheiten!

17. Warum müssen Disketten formatiert werden?

18. Wie kann man ein Programm sichern?

19. Welchen Sinn erfüllt der Programmablaufplan?

20. Wie kann man das Inhaltsverzeichnis einer Diskette abfragen?

21. Beschreiben Sie die Menütechnik!

22. Wie kann man Zahlenwerte auf vier Stellen runden?

23. Interpretieren Sie das Programm in Abb. 4!

24. Erstellen Sie für das Programm in Abb. 4 den Programmablaufplan!

25. Worin unterscheiden sich alphanumerische Variable von numerischen Variablen?

26. Interpretieren Sie das Programm der Abb. 5!

27. Erstellen Sie für das Programm der Abb. 5 den Bildschirmausdruck!

28. Wie kann man eine Programmzeile ändern?

29. Wie kann man eine Programmzeile löschen?

30. Erklären Sie den Befehl »SAVE C:\WELEI«!

31. Wie kann man alphanumerische Variable miteinander verknüpfen?

32. Wie kann man numerische Variable miteinander verknüpfen?

33. Schreiben Sie die unten genannten Formeln in Basic-Form!

$$P = \frac{U^2}{R}$$

$$P_v = \frac{2 \cdot l \cdot I^2 \cdot \sigma}{q}$$

$$R_{ges} = \frac{R_1 \cdot R_2}{R_1 + R_2}$$

$$R_{ges} = \frac{1}{\frac{1}{R_1} + \frac{1}{R_2} + \frac{1}{R_3}}$$

```
LIST
10 REM "Wechselstromleistung"
20 REM "Name:WELEI"
90 CLS
100 INPUT "Effektivwert der
    Spannung in V";U
110 INPUT "Effektivwert des
    Stromes in A";I
120 LET F=50
130 LET PI=3.14159
140 LET US=2^(1/2)*U
150 LET IS=2^(1/2)*I
190 PRINT TAB(1)"t in ms";TAB(1
    1)"u in V";TAB(23)"i in A";
    TAB(35)"p in W"
200 FOR T=0 TO 20 STEP 1
210 LETU=US*SIN(2*PI*F*T/1000)
220 LETU=CINT(U*100)/100
230 LETI=IS*SIN(2*PI*F*T/1000)
240 LETI=CINT(I*100)/100
250 LETP=U*I
260 LETP=CINT(P*100)/100
300 PRINT TAB(3)T;TAB(11)U;TAB(
    23)I;TAB(35)P
320 NEXT T
990 END
Ok
```

Abb. 4: Programm zu den Aufgaben 23 und 24

```
LIST
10 REM "Beispiele: Stringfunkti
   onen"
100 INPUT "alphanumerischer Aus
    druck";A$
200 LET L=LEN(A$)
290 LET U$=""
300 FOR N=L TO 1 STEP -1
310 LET M$=MID$(A$,N,1)
320 LET U$=U$+M$
330 NEXT N
400 PRINT U$
990 END
Ok
```

Abb. 5: Programm zu den Aufgaben 26 und 27

Sachwortverzeichnis

Bildquellenverzeichnis

Hinweis: Ziffern vor dem Komma   = Seitenzahl;
          : Ziffern nach dem Komma = Bild-Nr.

AEG Telefunken, Nürnberg (13,5);

AEG Telefunken Kabelwerke AG, Rheydt, Mönchengladbach (245,2);

Amphenol-Tuchel Elektronics GmbH (233,1);

Bayer, Leverkusen (269,5, 271,3, 271,4);

BBC, Nürnberg (54,3, 127,3, 133,6, 154,6, 221,1, 261,5, 263,3, 264,1, 267,5);

W. Bender, Grünberg (231,5);

Prof. Dr. S. Berg, Universität Göttingen (235,3);

Berufsgenossenschaft für Feinmechanik, Köln – aus: VGB 4, S. 112 (236,2), aus: Elektroinstallation, S. 12 (237,5);

Hugo Binz FKH, Zürich und Baden (10);

Robert Bosch GmbH, Stuttgart (84, 267,6);

Foto-Service Brandes, Braunschweig (52, 66);

Bundesinstitut für Berufsbildung (BIBB), Berlin (247,5, 252,1, 252,2);

Bundesinstitut für Materialprüfung (BAM), Berlin (253,3);

Degussa, Frankfurt/M. (274,1);

DESAG, Delligsen (272,4);

Deutsches Kupfer-Institut, Berlin (260,1);

Deutsches Museum, München (11,1, 12,1, 19,3);

Friedrich Dick GmbH, Esslingen a.N. (256,4);

Werkbild »DODUCO« (15,3, 102,1, 273,7);

E.G.O. Elektro Geräte Blanc und Fischer, Obererdingen (50,1);

ELSIC GmbH, Mönchengladbach (235,8, 239,3, 239,4);

Festo, Esslingen (294,3);

Gloria Werke, Wadersloh (242,2);

Werkbild Gossen, Erlangen (21,4, 154,4);

Graphicteam, Köln (234);

Werkbild Hartmann & Braun, Frankfurt/M. (149,1);

Herbert Heinemann, Braunschweig (91,6, 198,2, 203,4, 206,3);

Hölder-Pichler-Tempsky Verlag, Wien – aus: Schreiner, Lehrbuch der Physik, 2. Teil (18,1);

hps-Systemtechnik, Berg (127,4);

IBM, München (278,2b, 278,3b, 294,1, 294,2);

Intel, München (12,4, 158, 198);

Jürgen Klaue, Roxheim (232,5)

Märklin, Göppingen (233,7);

Markt und Technik, Haar – aus: 64er, September 1987, S. 33 (278,2a);

Mirwald Electronik, München (277,1);

Mitutoyo/Sampoh GmbH, Neuss (20,1);

Moos Verlag, Gräfelfing (11,3);

Nixdorf, Paderborn (276, 278,3a, 278,4);

Osram GmbH, München (90,1, 90,3, 90,4b, 90,5, 93,7);

Philips-Lehrbriefe Elektrotechnik und Elektronik (91,7);

Foto & Grafik Rixe, Braunschweig (100,1, 161, Versuch 8–1, 168, Versuch 8–2, 175,5, 179,5, 254,3);

Schniewind, Neuenrade (89,5);

Siemens AG, Braunschweig (277,1);

Siemens AG, München (12,2, 27,7, 132,3, 183,3, 214, 260,2);

»VALVO«, Hamburg (159,1, 159,2);

Varta, Bad Homburg v.d.H. (119,4, 123,4);

alle übrigen Aufnahmen: Westermann-Bild / H. Buresch

Layoutkonzept: Gerd Gücker
Umschlagentwurf: Gerd Gücker mit einem Foto von D. Rixe, Braunschweig
Zeichnungen: Zeichenbüro Arnold Bälder, Rittergut Martinsbüttel / Meine und Technisch Grafische Abteilung, Westermann

Schalt-zeichen	Benennung	Schalt-zeichen	Benennung
	Gleichspannung, Gleichstrom		Dauermagnet, allgemein
	Wechselspannung, Wechselstrom		wahlweise Darstellung
	Mischspannung, Mischstrom		Wicklung, allgemein
	Verbindungsstelle allgemein		Wicklung mit Kern, in der Regel aus magnetischem Werkstoff
	lösbare Verbindung, z.B. Klemme		Kondensator, Kapazität allgemein
	Kennzeichen für stetige Veränderbarkeit durch mechanische Verstellung, allgemein		gepolter Kondensator
	Kennzeichen für stetige Veränderbarkeit durch mechanische Verstellung, linear		gepolter Elektrolyt-Kondensator
	Kennzeichen für stetige Veränderbarkeit durch mechanische Verstellung, nicht linear		Primär-Element, Akkumulator (Zelle), Batterie
	Kennzeichen für stufige Veränderbarkeit durch mechanische Verstellung		Generator
	Kennzeichen für Einstellbarkeit durch mechanische Verstellung, allgemein		Einschaltglied, Schließer
	Kennzeichen für Einstellbarkeit, stetig		Ausschaltglied, Öffner
	Kennzeichen für Einstellbarkeit, stufig		Umschaltglied, Wechsler
	Kennzeichen für die lineare Veränderbarkeit unter Einfluß einer physikalischen Größe		Einschaltglied, Zweiwegschließer mit drei Schaltstellungen
	Kennzeichen für die nichtlineare Veränderbarkeit unter Einfluß einer physikalischen Größe		Steckerstift
	Widerstand, allgemein		Steckerbuchse
	LDR		Steckverbinder mit Steckerstift und Steckerbuchse
	VDR		Steckverbinder mit Kennzeichnung des Schutzleiteranschlusses
	NTC		Schutzkontakt-Steckdose
	PTC		Leitung allgemein
	DMS		Bewegbare Leitung
	Magnetfeldabhängiger Widerstand		Neutralleiter
			Schutzleiter
			Nulleiter